Möglichkeiten und Grenzen der Stochastischen
Break even-Analyse
als Grundlage von Entscheidungsverfahren

Physica-Schriften zur Betriebswirtschaft

Otmar Welzel

Möglichkeiten und Grenzen der Stochastischen Break even-Analyse als Grundlage von Entscheidungsverfahren

Mit 27 Abbildungen

Physica-Verlag Heidelberg

Otmar Welzel
Feldstraße 25
D-6601 Saarbrücken-Bischmisheim

ISBN 978-3-7908-0378-5 ISBN 978-3-642-52491-2 (eBook)
DOI 10.1007/978-3-642-52491-2

CIP-Kurztitelaufnahme der Deutschen Bibliothek
Welzel, Otmar:
Möglichkeiten und Grenzen der stochastischen Break even-Analyse als Grundlage von Entscheidungsverfahren
Otmar Welzel. – Heidelberg: Physica-Verlag, 1987
(Physica-Schriften zur Betriebswirtschaft; 20)

NE: GT

7120/7130-543210

Vorwort

Die vorliegende Arbeit, die im Februar 1987 als Dissertationsschrift von der Rechts- und Wirtschaftswissenschaftlichen Fakultät der Universität des Saarlandes angenommen wurde, entstand in den Jahren meiner Assistententätigkeit am Lehrstuhl für Statistik und Ökonometrie (Prof. Dr. W. Neubauer) dieser Universität.

Zu danken habe ich meinem verehrten akademischen Lehrer, Herrn Prof. Dr. Werner Neubauer, für die mir jederzeit zuteil gewordene Förderung und für das angenehme Arbeitsklima an seinem Lehrstuhl.

Mein besonderer Dank gilt darüber hinaus Herrn Prof. Dr. Werner Dinkelbach für die engagierte Unterstützung der Arbeit und die Übernahme des Korreferates.

Zu Dank verpflichtet bin ich auch meinen Kollegen am Lehrstuhl für Statistik und Ökonometrie der Universität des Saarlandes, den Herren Dr. Rolf Hauser, Diplom-Volkswirt Joachim Recktenwald und Diplom-Mathematiker Ulrich Stolz für ihre stete Diskussionsbereitschaft sowie dem Herrn Diplom-Kaufmann Fritz Wengler für das sorgfältige Lesen des Manuskripts.

Saarbrücken, im März 1987 | Otmar Welzel

Inhaltsverzeichnis

Einleitung

Planerische Tätigkeiten bilden einen wichtigen Bestandteil des betrieblichen Führungssystems, welches die Aufgabe hat, dem Management einer Unternehmung die Informationen zu liefern, die die Grundlage für eine Analyse der jetzigen beziehungsweise der zukünftigen betrieblichen Situation und zur Früherkennung von Schwachstellen und Risiken bilden. Die komplexen Unternehmensstrukturen lassen es dabei sehr häufig als notwendig erscheinen, die in der letzten Teilphase der Planung, der Entscheidung, zu behandelnden Probleme in Form von Entscheidungsmodellen zu untersuchen, da durch eine solche formale, modellhafte Darstellung unter Berücksichtigung einzelner der Operationalisierung dienender Prämissensetzungen optimale numerische Lösungen ableitbar sind. Zudem kann die Sensitivität der optimalen Lösungen durch Variation einzelner die Modellösung determinierender Parameter untersucht werden.[1]

Lange Zeit beschäftigte sich die betriebswirtschaftliche Literatur lediglich mit deterministischen Entscheidungsmodellen, welche jedoch der allfällig möglichen Unsicherheit hinsichtlich einzelner die Entscheidungen beeinflussender Daten nicht gerecht werden konnten.

Stochastische Entscheidungsmodelle, die die Unsicherheit explizit im Modell aufnehmen, fanden erst in der jüngeren Vergangenheit vermehrt Beachtung in der Literatur.[2] Jedoch scheinen sich die stochastischen Modelle in der betrieblichen Praxis noch nicht durchgesetzt zu haben. Dies ist zum einen auf eine sicherlich vorhandene argwöhnische Einstellung der Praktiker dem Begriff der Wahrscheinlichkeit gegenüber zurückzuführen und andererseits darauf, daß von vielen der in der betrieblichen Praxis tätigen Führungspersonen die Ermittlungstechniken solcher Wahrscheinlichkeiten, vor allem unter dem Gesichtspunkt der Validität, als noch nicht ausreichend entwickelt angesehen werden. Vor diesem Hintergrund wird eine Zielsetzung dieser Arbeit darin bestehen, Möglichkeiten zur Wahrscheinlichkeitsbestimmung mit Blick auf die hier zu untersuchenden Problemstellungen aufzuzeigen.

Das Hauptaugenmerk der Arbeit wird jedoch auf die adäquate Berücksichtigung der entscheidungsrelevanten Größen im Rahmen kurzfristiger stochastischer

---

1. Zu den Vorteilen einer Modellösung in Formalstruktur vgl. u.a. DINKELBACH, Werner (1982), S. 31.
2. Vgl. LORSCHEIDER, Ulrich (1986), S. 1 und die dort angegebene Literatur.

Entscheidungsmodelle gerichtet sein. So soll gezeigt werden, daß für Entscheidungssituationen unter Unsicherheit und Vorhandensein bestimmter Rahmenbedingungen, die den Grad der Risikoaversion des Entscheidungsträgers und den Grad der Berücksichtigung des Zielkriteriumsniveaus betreffen, die in deterministischen Entscheidungssituationen nicht relevanten fixen Kosten durchaus entscheidungsrelevant sein können und somit auch eine explizite Berücksichtigung im Entscheidungskalkül erfordern.

Die Berücksichtigung der entscheidungsrelevanten fixen Kosten erfolgt in dieser Arbeit in Form eines dem Gewinnerwartungswert zur Seite zu stellenden Risikomaßes, welches den Break even - Punkt zur Grundlage hat, der seinerseits wiederum in unmittelbarer Abhängigkeit von den fixen Kosten zu interpretieren ist. Die solchermaßen gekennzeichnete, als stochastisch bezeichnete, Break even - Analyse unterscheidet sich von der im Rahmen der Kostenrechnung gebräuchlichen deterministischen Break even - Analyse dadurch, daß sie nicht nur als ein Hilfsmittel zur Entscheidungsvorbereitung anzusehen ist, sondern als Grundlage von Entscheidungsverfahren dient.

Die stochastische Break even - Analyse hat im Gegensatz zur deterministischen Break even - Analyse[1] im deutschen Sprachraum bisher kaum Beachtung gefunden. In der anglo-amerikanischen Literatur andererseits finden sich wohl zahlreiche Hinweise auf diesen Problemkreis, verschiedene Teilaspekte wurden auch schon eingehend diskutiert, eine geschlossene Theorie der stochastischen Break even - Analyse im Rahmen der Entscheidungsansätze fehlt jedoch. Vor allem eine detaillierte Auseinandersetzung mit den Prämissen und den Anwendungsmöglichkeiten dieser Methode ist noch erforderlich. Darüber hinaus wurden bisher Risikomaße benutzt, die den in dieser Arbeit gestellten Anforderungen nicht gerecht werden und somit die Ableitung eines geeigneteren, noch näher zu spezifizierenden Risikomaßes erfordern. Ein weiterer Schwerpunkt der Arbeit wird darin bestehen, den Einfluß dieses speziellen Risikomaßes auf die Lösung einzelner Modellkategorien aufzuzeigen.

---

1. In ihrer empirischen Untersuchung, die die Anwendung von Planungsverfahren in führenden deutschen und schweizerischen Industrieunternehmen zum Gegenstand hatte, kamen Kordina-Hildebrandt und Hildebrandt zu dem Ergebnis, daß die (deterministische) Break even - Analyse eine der am häufigsten verwendeten Planungsmethoden darstelle und weiterhin noch steigende Anwendungstendenzen aufweise.
   Vgl. HILDEBRANDT, Lutz; KORDINA-HILDEBRANDT, Ilse (1979), S. 159.

Diese vielfältigen Zielsetzungen lassen es als vorteilhaft erscheinen, den weiteren Gang der Untersuchung wie folgt festzulegen:

Im ersten Kapitel wird eine Systematik der angesprochenen Modellkategorien an die Hand gegeben, welche sich an den zu berücksichtigenden Elementen des Aktionenraumes und an dem zugrundeliegenden Informationsgrad orientiert. Darüber hinaus erschien es zweckmäßig, vor der Behandlung der stochastischen Break even - Analyse auch die klassische deterministische Break even - Analyse darzustellen, um auf diesem Weg die benötigten Grundbegriffe, die wichtigsten formelmäßigen und graphischen Darstellungsmöglichkeiten und vor allem die Notwendigkeit der dieser Methode zugrundeliegenden Prämissen im Hinblick auf die Erweiterung zu einem stochastischen Entscheidungsmodell zur Diskussion zu stellen.

Das zweite Kapitel beinhaltet die Untersuchung der Entscheidungsrelevanz bestimmter Größen und eng damit verbunden die Aufstellung einer auf den Break even - Punkt bezogenen Entscheidungsregel, welche anschließend hinsichtlich ihrer Kompatibilität mit dem Bernoulli-Kriterium und den Dominanzkriterien geprüft wird.

Das dritte Kapitel hat zunächst die Einordnung des im zweiten Kapitel spezifizierten Risikomaßes als ein Bestandteil der angesprochenen Entscheidungsregel in das Gebiet der Informationsbewertungsansätze zum Gegenstand. Weiterhin werden die Auswirkungen dieses Risikomaßes auf die im Rahmen der Informationsansätze zu bestimmenden Werte vollkommener beziehungsweise unvollkommener Zusatzinformation behandelt. Da insbesondere die Anwendung solcher Informationsbewertungsansätze an die Kenntnis a priori bekannter Wahrscheinlichkeiten über die unbekannten Zustände gebunden ist, erfolgt an dieser Stelle auch die Diskussion der Ermittlungstechniken von Wahrscheinlichkeiten. Der letzte Teil des Kapitels ist der Verallgemeinerung des Break even - Modells in ein "stochastisches Totalmodell", d.h., mehreren den Gewinn determinierenden Variablen wird ein stochastischer Charakter unterstellt, und den damit verbundenen Problemen gewidmet.

Im vierten Kapitel wird schließlich die Prämissenauflösung durchgeführt. Neben dem Übergang zum Mehrproduktfall erfolgt die Berücksichtigung von Abhängigkeiten zwischen den einzelnen Variablen sowohl über Preisabsatzfunktionen und Kostenfunktionen als auch in Form autokorrelierter Störterme.

Darüber hinaus werden die Auswirkungen verschiedener Produktions- und Nachfragemengenverläufe auf die Modellösung in Abhängigkeit von der Art des Entscheidungsproblems untersucht. Die Differenzierung nach der Art des Entscheidungsproblems beruht darauf, ob lediglich qualitative Entscheidungsvariablen ("Alternativenmodelle im engeren Sinn") oder ob zusätzlich auch quantitative Entscheidungsvariablen in Form von deterministischen Mengenausdrücken im Kalkül berücksichtigt werden ("Erweiterte Alternativenmodelle"). Dabei kommt in allen Modellvarianten das im zweiten Kapitel abgeleitete auf den Break even - Punkt bezogene Risikomaß zur Anwendung.

Erstes Kapitel

Grundlagen und Grundbegriffe der Break even - Analyse

1. Die Einordnung der Break even - Analyse in das betriebliche System der Managementaufgaben

a. Die Break even - Analyse: Definition, Aufgaben und Geschichte

Ein in der Literatur und Praxis gleichermaßen weit verbreitetes Werkzeug der Unternehmensführung und Unternehmenskontrolle, die Break even - Analyse, weist in der klassischen Ausgestaltungsform eine lange Tradition auf. Diese traditionelle Form der Break even - Analyse, die in ihrer rudimentären Ausprägung die Aufgabe erfüllt, den Punkt zu bestimmen, bei dem sich die Umsätze und Gesamtkosten entsprechen, kann auf das Unternehmen insgesamt aber auch auf einzelne abgegrenzte Unternehmensbereiche angewandt werden. Grundlage der Break even - Analyse ist dabei der angesprochene Break even - Punkt, der jene Absatzmenge beziehungsweise jene Umsatzgröße darstellt, für die sich Gewinn und Verlust gerade ausgleichen ("to break even").[1] Schär bezeichnet diesen Punkt als "toten Punkt"[2], während Kilger vom Deckungspunkt spricht.[3] Auch von dem Punkt der Vollkostenrechnung ist zuweilen die Rede.[4] Der Break even - Punkt ist bei dieser Betrachtungsweise als ein kritischer Wert zu interpretieren, der im Normalfall die kritische Beschäftigung (Menge, Umsatz) zum Gegenstand hat.

Eine Verallgemeinerung des Break even - Konzepts ist jedoch durchaus möglich. So entspricht die in der Investitionsrechnung wohlbekannte Bestimmung des Amortisationszeitpunktes, für den die summierten periodischen (diskontierten) Einzahlungen den summierten periodischen (diskontierten) Auszahlungen zuzüglich der Anschaffungsauszahlung entsprechen, einer Ausgestaltungsform der Break even - Analyse, die von Alewell als zeitbezogene Break even - Analyse bezeichnet wird.[5] Hier soll jedoch nur der beschäftigungsbe-

---

1. Zu einer ähnlichen Definition des Break even - Punktes vgl. JOSCHKE, Heinz K. (1982), S. 302.
2. Vgl. SCHÄR, Johann Friedrich (1911), S. 134-136.
3. Vgl. KILGER, Wolfgang (1981), S. 708.
4. Vgl. TUCKER, Spencer A. (1966), S. 37. Eine Zusammenstellung weiterer Synonyme findet man bei HAIDACHER, Oskar B. (1969), S. 33-36.
5. Vgl. ALEWELL, Karl (1974), S. 305, der zwischen den erwähnten zeit- und beschäftigungsbezogenen Ausgestaltungsformen der Break even - Analyse und einer raumbezogenen Ausgestaltungform unterscheidet.

zogene Ansatz zur Diskussion stehen, der die Errechnung des Mindestumsatzes bzw. der Mindestabsatzmenge zum Ziel hat.

Initialpunkt der Entwicklung des Break even - Konzepts war die Überlegung, daß die Gesamtkosten in variable und fixe Kostenbestandteile aufspaltbar sind. Denn nur unter Berücksichtigung dieser Kostenspaltung ist der Break even - Punkt bestimmbar. Aus diesen Überlegungen heraus ist die Definition des Break even - Punktes in der Weise zu modifizieren, daß darunter jener kritische Punkt zu verstehen ist, bei dem die Fixkosten durch die den abgesetzten Mengeneinheiten zurechenbaren Deckungsbeiträge voll gedeckt sind.[1]

Die Break even - Analyse bezieht sich aber nicht nur allein auf die Bestimmung des Break even - Punktes, sondern eine wichtige Aufgabe besteht auch darin, die wechselseitig verflochtenen Zusammenhänge der einzelnen Gewinnkomponenten (Menge, Preis, Kosten) und die Auswirkungen eventuell auftretender Veränderungen dieser Komponenten auf den Gewinn und auf den Break even - Punkt aufzuzeigen. Dieses Verfahren beinhaltet demnach mehr als die bloße Aufstellung eines kritischen Punktes, wenn dies auch eine wichtige Aufgabe der Break even - Analyse darstellt. Der in der anglo-amerikanischen Literatur gebräuchliche Begriff der "cost-volume-profit-analysis" bringt diese erweiterte Aufgabenstellung der Break even - Analyse explizit zum Ausdruck. So sprechen Dopuch, Birnberg und Demski von "cost-volume-profit-decisions", "because the focal point in the analysis is usually some alteration in volume and its cost and profit consequences."[2] Hier soll jedoch weiterhin der Begriff der Break even - Analyse benutzt werden, um damit zum Ausdruck zu bringen, daß die Auswirkungen unterschiedlicher Konstellationen der Gewinnkomponenten in unmittelbarer Beziehung zum zugrundeliegenden Break even - Punkt betrachtet werden. Eine solche Vorgehensweise erweist sich insbesondere im Rahmen stochastischer Entscheidungsmodelle als vorteilhaft, da in dieser Arbeit der Break even - Punkt als Grundlage eines noch näher zu spezifizierenden Risikomaßes dient, welches mit dem korrespondierenden Gewinnerwartungswert zu einer Entscheidungsregel kombiniert wird.

Vor allem aus entscheidungstheoretischer Sicht ist es wichtig, sich klarzumachen, daß die Break even - Analyse in ihrer traditionellen Form nicht die

1. In vergleichbarer Form wird der Break even - Punkt von KERN, Werner (1974), Sp. 992 und von POENSGEN, Otto H. (1981), Sp. 303 definiert.
2. DOPUCH, Nicholas; BIRNBERG, Jacob B.; DEMSKI, Joel S. (1982), S. 107. Vgl. auch HORNGREN, Charles T. (1977), S. 45 und CHATFIELD, Michael; NEILSON, Denis (1983), S. 319.

Optimierung der Beschäftigungsgröße unter Berücksichtigung bestimmter Zielkriterien zum Gegenstand hat, sondern daß sie ausschließlich dem Konzept der kritischen Werte zuzuordnen ist.[1]

Aber andererseits handelt es sich bei der traditionellen Break even - Analyse nicht nur um eine statistische Zusammenstellung bereits bekannter Ergebnisse, sondern die mittels der Break even - Analyse erhältlichen Einblicke in die Datenstruktur stellen durchaus ein wertvolles Hilfsmittel für anstehende deterministische Entscheidungen dar. Sie kann als ein Hilfsmittel zur Entscheidungsvorbereitung angesehen werden. Eine in diesem Sinn interpretierte Break even - Analyse ist somit dem Bereich des Management Accounting zuzuordnen. Mit dem Begriff des Management Accounting soll zum Ausdruck gebracht werden, daß das gesamte betriebliche Rechnungswesen auf die Bedürfnisse der Unternehmensführung auszurichten ist und eben nicht nur das Sammeln und Klassifizieren von sowie das Berichten über Daten zum Inhalt hat. Diese letztgenannte Richtung entspricht dem sogenannten Cost Accounting, welches jedoch andererseits einen bedeutenden Teil des Management Accounting ausmacht.[2]

Die Break even - Analyse im Rahmen des Management Accounting beinhaltet somit die entscheidungsorientierte Aufbereitung und Auswertung der Kostenrechnungsinformationen. So stellt es für den Entscheidenden sicherlich eine wertvolle Information dar zu wissen, wie weit sich der geplante Absatz vom Break even - Punkt entfernt befindet, d.h., wie groß der sogenannte Sicherheitsabstand ist. Auch die Kenntnis der Auswirkungen möglicher Komponentenänderungen (was wäre, wenn?) auf den Break even - Punkt, welche im Rahmen von Sensitivitätsanalysen untersucht werden, kann die Entscheidungsdurchführung erleichtern.

Die Break even - Analyse ist demnach in ihrer traditionellen Ausgestaltungsform ein wichtiger Informationslieferant für betriebliche Entscheidungsprozesse.[3]

---

1. In diesem Sinn wird die Break even - Analyse auch von Diller und von Buchner interpretiert. Vgl. DILLER, Hermann (1980), S. 74. BUCHNER, Robert (1981), S. 138/139.
2. Zu den Definitionen sowie der Gegenüberstellung von Management Accounting und Cost Accounting vgl. u.a. CHATFIELD, Michael; NEILSON, Denis (1983), S. 6/7 und auch ZWEIFEL, Sybille (1983), S. 3-9.
3. Demski und Kreps sprechen von dem "decision-facilitating case". Vgl. DEMSKI, Joel S.; KREPS, David M. (1982), S. 120.

Das Konzept des Management Accounting ist jedoch nicht mit dem des Financial Accounting zu verwechseln. Beide haben wohl das gemeinsame Ziel, die dem jeweiligen Konzept eigenen Informationen für das Management zur Verfügung zu stellen, aber mit Hilfe des Financial Accounting wird insbesondere der Publizitätspflicht des Unternehmens Genüge getan. So dienen die aus dem Financial Accounting erhältlichen Informationen, die in der Regel bestimmten gesetzlichen Vorschriften unterworfen sind, der Kommunikation zwischen Eigentümern und der Geschäftsleitung des Unternehmens. Die Zusammenstellung der Informationen für betriebliche Entscheidungen im Rahmen des Management Accounting ist dagegen mit mehr Freiheitsgraden verbunden. Vor allem können auch prognostizierte, mit Zufallsfehlern behaftete Größen als Informationsgrundlage dienen.

Unter Heranziehung solcher zufälligen Größen hat man aber auch schon den Übergang von der bisher behandelten traditionellen Ausgestaltungsform der Break even - Analyse, die im weiteren Verlauf der Arbeit lediglich punktuell behandelt werden soll, zu den Ausgestaltungsformen der Break even - Analyse geschaffen, die als Grundlage und nicht nur als Informationslieferant von Entscheidungsverfahren dienen. Man kann diesen Fall mit Demski und Kreps als "decision-influencing case" bezeichnen.[1]

Grundlage von Entscheidungsverfahren ist die Break even - Analyse in dem Sinn, daß bei den weiterhin betrachteten stochastischen Entscheidungsmodellen, welche hinsichtlich einer Lösung in adäquate deterministische Ersatzmodelle transformiert werden müssen, der Break even - Punkt Grundlage eines noch näher zu definierenden Risikomaßes ist, welches selbst wiederum ein Teil des in dieser Arbeit präferierten deterministischen Ersatzmodells ausmacht.[2]

Während der stochastische Ansatz der Break even - Analyse auf die Pionierarbeit von Jaedicke und Robichek im Jahr 1964 zurückgeführt werden kann[3] und eine bis zum heutigen Tag andauernde Diskussion, vor allem hinsichtlich der statistischen Eigenschaften des zugrundeliegenden Modells auslöste[4], kann die deterministische Break even - Analyse bis zum Anfang dieses Jahr-

---

1. DEMSKI, Joel S.; KREPS, David M. (1982), S. 121.
2. Die Erklärung dieser in der Entscheidungstheorie gebräuchlichen Begriffe wird Gegenstand des zweiten Kapitels sein.
3. Vgl. JAEDICKE, Robert K.; ROBICHEK, Alexander A. (1964).
4. Vgl. u.a. die Literaturübersichten bei YUNKER, Penelope J. und bei DEMSKI, Joel S.; KREPS, David M. (1982), S. 123-125.

hunderts nachweislich zurückverfolgt werden.[1]

Als "Väter" der traditionellen Break even - Analyse gelten Charles E. Knoeppel[2] und Walter Rautenstrauch[3], die sich als erste ausführlich mit dem Break even - Instrumentarium beschäftigt und es zu einem informationsreichen Break even - Konzept weiterentwickelt haben.[4]

Nach dem Zweiten Weltkrieg war es vor allem ein Verdienst der "National Association of Cost Accountants" aber auch von Joel Dean[5], daß sich heute in jedem einschlägigen Lehrbuch der Kostenrechnung ein Kapitel über die klassische Form der Break even - Analyse findet.

b. Von der Break even - Analyse als Teil der budgetorientierten Planungsrechnung zur Break even - Analyse als Grundlage von Entscheidungsverfahren

Als unabdingbare Voraussetzung für die optimale Kombination der betrieblichen Produktionsfaktoren ist eine adäquate Ausgestaltung des Führungssystems anzusehen.

Häufig versucht man den Begriff der Führung über die Beschreibung typischer Führungsphasen zu erklären. Im Rahmen solcher Definitionen wird unterstellt, daß die Führung einen Prozeß darstellt, der in mehreren Phasen abläuft. So wird der Begriff der Führung nach Wild[6] "als eine Tätigkeit definiert, die die Steuerung und Gestaltung des Handelns anderer Personen zum Gegenstand hat. Sie vollzieht sich in Teilprozessen (wie Zielbildung, Planung, Entscheidung, Kontrolle usw.), die wir Führungsprozesse nennen, und schafft Systeme, die der Koordinierung dieser Prozesse dienen."[7]

---

1. Zu erwähnen ist u.a. die im deutschsprachigen Raum erschienene Arbeit von Schär, der den Begriff des "toten Punktes" prägte. Vgl. SCHÄR,Johann Friedrich (1911), S. 134-136.
2. KNOEPPEL, Charles E. (1930).
3. RAUTENSTRAUCH, Walter (1930).
4. Eine ausführliche Würdigung der Historie der traditionellen Break even - Analyse findet man bei HAIDACHER, Oskar B. (1969).
5. Vgl. u.a. DEAN, Joel S. (1952).
6. WILD, Jürgen (1974), S. 158.
7. Weitere Autoren, die den Führungsprozeß in Form eines Phasenschemas darstellen, sind u.a. HEINEN, Edmund (1976), S. 27. GÖPPL; Hermann; ZOLLER, Klaus (1981), S. 481. FANDEL, Günter (1983), S. 481.
   Phasenschemata, die sich allein auf den Planungsprozeß beziehen, werden von SCHNEIDER, Dieter (1980), S. 27 und von EGGER, Anton; WINTERHELLER, Manfred (1983), S. 20ff. angegeben.

Trotz der bestehenden latenten Gefahr, daß man bei dem dieser Definition zugrundeliegenden Phasenschema die interdependenten Beziehungen der einzelnen Aktivitätsphasen nicht genügend zum Ausdruck bringt, soll dieser Vorgehensweise aufgrund der expliziten Auflistung der Teilaufgaben gefolgt werden.

Als Hauptphasen können dabei die Planung, die Realisation und die Kontrolle genannt werden, wobei diese Phasen selbst auch wieder in einzelne Teilphasen unterteilt werden können.[1]

So umfaßt die Kontrolle nicht nur den Soll-Ist-Vergleich, sondern es ist darüber hinaus auch eine Abweichungsanalyse mit anschließender Ursachenforschung durchzuführen.[2]

Weiterhin wird in dieser Arbeit unter dem Begriff der Realisation nicht nur die Ausführung, sondern auch die Durchsetzung geplanter Maßnahmen in den betroffenen Stellen subsumiert.[3]

Während die Abgrenzung der Realisation und der Kontrolle relativ unproblematisch ist, wird die betriebliche Planung als erste Hauptphase des Führungsprozesses sehr uneinheitlich definiert. So wird von manchen Autoren die Phase der Planung von der Entscheidungsphase getrennt, d.h., sie betrachten die Planung lediglich als einen Akt der Entscheidungsvorbereitung. Hier soll jedoch der überwiegend vertretenen Auffassung gefolgt werden, daß die Entscheidung als die letzte Teilphase der Planung anzusehen ist. In diesem Sinn definiert auch Wöhe die Planung als "die gedankliche Vorwegnahme zukünftigen Handelns durch Abwägen verschiedener Handlungsalternativen und Entscheidung für den günstigsten Weg".[4]

Die Begriffe Planung und Entscheidung stellen aber auch keine Synonyme dar, da Entscheidungen einerseits nicht nur auf planerischen Aktionen, sondern oft auch auf Improvisationen, d.h. auf einer nicht systematischen Vorgehensweise, beruhen und andererseits die Planung neben der eigentlichen Entschei-

---

1. Darüber hinaus kann die Phasengliederung auch innerhalb jeder einzelnen Phase wiederholt werden. Vgl. WILD, Jürgen (1974), S. 147. Besonders wird dies z.B. von HORVATH, Péter (1986), S. 179 ausgedrückt, der von einer "Planung der Planung (Metaplanung)" spricht.
2. Vgl. u.a. KILGER, Wolfgang (1986), S. 108/109.
3. Die Phasen der Realisation und der Kontrolle werden im weiteren Verlauf der Arbeit jedoch nur noch am Rande interessieren.
4. WÖHE, Günter (1981), S. 125.

dung in Form der Auswahl von Alternativen auch Aspekte der Entscheidungsvorbereitung beinhaltet.[1]

Die angesprochenen entscheidungsvorbereitenden Maßnahmen beziehen sich zum einen auf die Zielbildung[2], die Alternativensuche und die Bewertung der Alternativen hinsichtlich ihrer Zielbeiträge sowie andererseits auf die Analyse des Istzustandes und darauf aufbauend auf die Prognose der relevanten Daten.

Zusammenfassend kann man somit den Begriff der Planung durch folgende Begriffsinhalte kennzeichnen:

- die Planung hat immer prospektiven Charakter und ist somit an die Kenntnis prognostizierter Werte gebunden, die ihrerseits mit Unsicherheit behaftet sind
- die Planung läuft in Form eines gedanklichen Prozesses ab und ist somit eindeutig von der Realisation zu trennen
- die Planung hat rational und systematisch zu erfolgen und geht in diesem Sinn über die Improvisation als ein reaktives Entscheiden nach Intuition hinaus
- die Planung führt im letzten Schritt zur Entscheidung

Neben diesen mehr inhaltlichen Gesichtspunkten zeichnet sich eine gute Planung dadurch aus, daß sie den von Gutenberg aufgestellten Grundsätzen der Planung entspricht:[4]

- Vollständigkeit der Planung
- Interdependenz der Teilpläne
- Ausgleichsgesetz der Planung (Engpaßplanung)

Der inhaltliche Schwerpunkt dieser Arbeit liegt auf der Bereitstellung von Kalkülen zur Alternativenauswahl der noch näher zu spezifizierenden Planungssituationen. Aber auch jener Teil der betrieblichen Planung, der die entscheidungsvorbereitenden Maßnahmen in Form der Datenbereitstellung zum

---

1. Vgl. FANDEL, Günter (1983), S 481.
2. Egger und Winterheller benutzen den Ausdruck der Ziel<u>planung</u>, um damit explizit die Interdependenzen der einzelnen Phasen zum Ausdruck zu bringen. Vgl. EGGER, Anton; WINTERHELLER, Manfred (1983), S. 23.
3. Vgl. u.a. HILDEBRANDT, Lutz; KORDINA-HILDEBRANDT, Ilse (1979), S. 3 und FANDEL, Günter (1983), S. 480.
4. Vgl. GUTENBERG, Erich (1983), S. 149ff., S. 161ff.

Gegenstand hat, wird ausführlich angesprochen, während auf eine explizite Behandlung der Zielbildung sowie der Alternativensuche und der Alternativenbewertung verzichtet wird.[1]

Um die Brücke zur Break even - Analyse zu spannen, soll jedoch noch eine wichtige, auf Ferner zurückgehende[2], Abgrenzung getroffen werden, nach der die Planungsrechnung als ein Bestandteil der Planung anzusehen ist. So sieht Ferner eine wichtige Aufgabe der Planung darin, daß die neben der Zielsetzung im Planentwurf festzuhaltenden quantifizierbaren Größen "im Zuge einer anschließenden Rechenoperation systematisiert, ausgewertet und zu definitiven Plandaten verdichtet" werden.[3] Derartige Rechenoperationen werden von Ferner als "Planungsrechnung im engeren Sinn" bezeichnet.[3]

Demgegenüber kann man "Planungsrechnungen im weiteren Sinn" als budgetorientierte Planungsrechnung bezeichnen. Kilger meint damit jenen Teil des Rechnungswesens, der die rechnerische Abstimmung (unter Berücksichtigung der Interdependenz der Teilpläne) und die nachträgliche Kontrolle in Form von Soll-Ist-Vergleichen der Plangrößen zum Gegenstand hat.[4] Bei dieser Form der Planungsrechnung handelt es sich hinsichtlich der Relevanz für betriebliche Entscheidungen um Informationsrechnungen, die zum einen der Dokumentation und zum anderen der Kontrolle dienen. Eine solchermaßen verstandene Planungsrechnung hat jedoch nur einen mittelbaren Einfluß auf die Entscheidung, indem sie der Entscheidungsvorbereitung dient. Die im vorigen Abschnitt angesprochene traditionelle Break even - Analyse ist somit dieser entscheidungsvorbereitenden Informationsrechnung zuzuordnen (Die Break even - Analyse als Informationslieferant für betriebliche Entscheidungsprozesse).

Jene Ausgestaltungsform der Break even - Analyse jedoch, die als Grundlage von Entscheidungsverfahren dient, ist den Entscheidungsrechnungen zuzuordnen, bei denen es sich um diejenige Teilklasse von Planungsrechnungen, die Planungsrechnungen im engeren Sinn, handelt, welche einen unmittelbaren Einfluß auf die Entscheidung ausüben.

---

1. Das Ergebnis dieser einzelnen Planungsphasen manifestiert sich jedoch in den konstituierenden Elementen eines Entscheidungsmodells, dessen formale Struktur im zweiten Kapitel zur Diskussion stehen wird.
2. Vgl. FERNER, Walter (1965), S. 11-19.
3. FERNER, Walter (1965), S. 16.
4. Vgl. KILGER, Wolfgang (1965b), S. 55.

Die Zuordnung dieser Form der Break even - Analyse, welche den Break even - Punkt als Grundlage eines Risikomaßes benutzt, zu den Entscheidungsrechnungen gründet sich darauf, daß die Planungskomplexität sehr häufig die Aufstellung von Entscheidungsmodellen erfordert und daß bei Entscheidungen, die auf unsicheren Daten beruhen, neben einem Maß der Zielerreichung sinnvollerweise auch ein die Unsicherheit in angemessener Weise berücksichtigendes Risikomaß im Entscheidungsmodell Anwendung findet.

2. Die Anwendungsmöglichkeiten der Break even - Analyse in Abhängigkeit vom unterstellten Planungszeitraum

Die im vorigen Abschnitt erwähnte vollständige Berücksichtigung der Interdependenzen aller Teilpläne erfordert grundsätzlich die Durchführung einer Simultanplanung. Da die praktische Durchführung einer solchen simultanen Planung jedoch auf kaum zu überwindende Hindernisse stößt, geht man häufig von dem Konzept der rekursiven Planung aus. Hierbei werden in zuerst festzulegenden Teilplänen geschätzte Werte nachfolgend zu planender Teilpläne berücksichtigt. Bei der Erstellung der nachfolgenden Teilpläne werden schließlich die in den vorhergehenden Schritten solchermaßen ermittelten relevanten Daten einbezogen. Aufgrund der Interdependenzen einzelner Teilpläne sind die Planungsdurchgänge solange zu wiederholen, bis keine Revision mehr notwendig ist, d.h., bis die einzelnen Teilpläne in der geforderten Genauigkeit aufeinander abgestimmt sind.[1]

Um zusätzlich dem Grundsatz der Ausrichtung nach dem Minimumsektor (Engpaßplanung) gerecht zu werden, wird man mit dem Teilplan beginnen, der die stärkste restriktive Wirkung auf die anderen Teilplane ausübt. Dies wird in der Regel der Absatzplan sein.[2]

Neben dieser Separation in sachlich differenzierte Teilpläne wird der theoretisch optimalen Vorgehensweise in Form der Simultanplanung auch in organisatorischer und in zeitlicher Hinsicht nicht gefolgt.[3]

In organisatorischer Hinsicht bedeutet dies die Abkehr von der Zentralplanung zu einer dezentralen Planung, womit insbesondere der Überlastung der

1. Vgl. KILGER, Wolfgang (1986), S. 110.
2. Dieser Konzeption folgt auch Kilger. Vgl. KILGER, Wolfgang (1973), S. 26ff.
3. Vgl. u.a. FANDEL, Günter (1983), S. 484 ff. und LORSCHEIDER, Ulrich (1986), S. 11ff.

zentral planenden Stellen und der Demotivation der lediglich ausführenden Stellen unterer Hierarchieebenen vorgebeugt wird.

Von größerem Interesse ist hier jedoch die Differenzierung des Planungssystems hinsichtlich der zeitlichen Struktur. Häufig wird in Literatur und Praxis die Einteilung benutzt, nach der man die kurzfristige Planung als operativ, die mittelfristige als taktisch und die langfristige Planung als strategisch bezeichnet.[1] Hier soll jedoch einer Einteilung von Kilger gefolgt werden[2], der der strategischen Planung die langfristige Rahmenplanung einerseits und die operative Planung andererseits gegenüberstellt. Dabei unterscheidet er zwischen einer langfristigen operativen Planung, die der taktischen Planung entspricht, und einer kurzfristigen operativen Planung. Koch bezeichnet die langfristige Rahmenplanung als Grundsatzplanung, während er die strategische und die operative Planung (taktische und kurzfristige operative Planung) zu der Maßnahmenplanung zusammenfaßt.[3]

Im Rahmen der langfristigen Rahmenplanung wird dabei die gesamte Unternehmenskonzeption von der Rechtsform, über die langfristigen Wachstums- sowie Forschungs- und Entwicklungsziele bis zum Führungsstil festgelegt.

Im Rahmen der strategischen Planung, die sich gegenüber der langfristigen Rahmenplanung durch einen kürzeren Planungshorizont auszeichnet und somit deren Aktionsparameter als Daten zu berücksichtigen hat, werden die noch relativ vage gehaltenen Ziele der langfristigen Rahmenplanung konkretisiert. Hierbei wird in aller Regel von der Planung des Gesamtunternehmens zur Planung von strategischen Geschäftseinheiten, jedoch unter Berücksichtigung der gesamtunternehmensbezogenen Zielsetzung, übergegangen.[4]

Bei der nächsten Abgrenzungsstufe, der langfristigen operativen Planung, wird für einen längeren Zeitraum (i.d.R. 3-5 Jahre) die Produkt- und Kapazitätspolitik sowie der langfristige Einsatz des absatzpolitischen Instrumentariums festgelegt. Die Ziele und Maßnahmen der vorgeschalteten strategischen Planung werden im Rahmen der gesamten operativen Planung inhaltlich

---

1. Vgl. FANDEL, Günter (1983), S. 488 und LORSCHEIDER, Ulrich (1986), S. 13 und die dort angegebene Literatur.
2. Vgl. KILGER, Wolfgang (1986), S. 111.
3. Vgl. KOCH, Helmut (1977), S. 61ff.
4 Vgl. die Ausführungen bei KILGER, Wolfgang (1986), insbesondere S. 113-115.

konkretisiert, wobei die der langfristigen operativen Planung zugrundeliegenden Entscheidungen in der Regel mit Investitionen verbunden sind, die somit auch die Anwendung des auf Ein- und Auszahlungsströmen basierenden Instrumentariums der Investitionsrechnung erfordern.

Die kurzfristige operative Planung als letzte Planungsstufe hat nun wieder die "nur langfristig variierbaren Aktionsparameter, deren Festlegung Gegenstand der langfristigen operativen Planung ist"[1], als Daten zu berücksichtigen. Die Festlegung der Grundstruktur des Produktionsprogramms und die Veränderung betrieblicher Teilkapazitäten sind demnach nicht Gegenstand dieser Entscheidungen. Der Planungshorizont der kurzfristigen Planung sollte dem Fristigkeitsgrad der Kostenrechnung, der im Regelfall ein Jahr beträgt, entsprechen, wobei aber für spezielle Entscheidungsprobleme durchaus auch kürzere Zeiträume in Frage kommen.

Wie aus den bisherigen Ausführungen schon entnommen werden kann, ist eine Erhöhung des Planungshorizonts zum einen mit einem breiteren Entscheidungsfeld, aber andererseits auch mit einer größeren Datenunsicherheit verbunden. Weiterhin ist eine längerfristige Planung gegenüber einer kurzfristigeren Planung auch mit einem geringeren Detaillierungsgrad verbunden. Dieser geringere Detaillierungsgrad erlaubt zumindest für die langfristige Rahmenplanung die Planungsdurchführung in Form der Simultanplanung. Die Simultanplanung wird nach Lorscheider auf dieser Planungsstufe sogar zur Notwendigkeit, "soll nicht die gesamte Planung zur Farce werden."[2]

Für die langfristige Rahmenplanung, in der Regel aber auch für die strategische Planung, sind die zugrundeliegenden Daten jedoch so unsicher, daß die Unterstützung dieser Planungen durch Entscheidungsrechnungen noch wenig sinnvoll erscheint.[3] Fragen der langfristigen Rahmenplanung und der strategischen Planung werden deshalb im weiteren Verlauf der Arbeit nicht mehr zur Diskussion stehen.
Von grundlegender Bedeutung sind Entscheidungsrechnungen jedoch im Rahmen der operativen Planungsansätze. Für langfristige operative Planungsansätze,

---

1. KILGER, Wolfgang (1986), S. 116.
2. LORSCHEIDER, Ulrich (1986), S. 17.
3. Dies wird auch deutlich, wenn man sich die in jüngerer Zeit stark zunehmende Literatur über die strategische Planung betrachtet, die sich eben schwerpunktmäßig mit Instrumentarien wie dem Lebenszykluskonzept, den Portfolio-Ansätzen und den Kosten-Erfahrungskurven beschäftigt. Zur Darstellung dieser Konzepte vgl. KILGER, Wolfgang (1986), S. 123ff.

die das Betriebsgeschehen über mehrere Perioden beeinflussen, stellt die Investitionsrechnung als "projektorientierte Zahlungsstromanalyse"[1] das wichtigste Instrument dar. Aufgrund des mehrperiodischen Charakters der langfristigen operativen Planung muß eine die Kapitalbindung genau berücksichtigende Investitionsrechnung auf Ein- und Auszahlungsströmen basieren. Eine auf Erlös- und Kostenrechnungsgrößen basierende Investitionsrechnung ist andererseits nur als ein Approximationsverfahren anzusehen, da sie im Gegensatz zu der auf Ein- und Auszahlungsströmen basierenden Investitionsrechnung den Kapitaldienst - dieser entspricht den auf die einzelnen Perioden verteilten durchschnittlichen Anschaffungsauszahlungen im Rahmen der Annuitätenmethode - nicht explizit erfaßt, sondern diesen Kapitaldienst durch die periodisierten linearen Abschreibungsbeträge zuzüglich einer angenommenen Durchschnittsverzinsung der Anschaffungsauszahlungen approximiert.[2]

Damit kann auch die Break even - Analyse, die die Beziehungen der Kosten-Umsatz-Gewinngrößen zum Gegenstand hat, in der langfristigen operativen Planung lediglich als ein Approximationsverfahren eingesetzt werden. Andererseits läßt sich jedoch die Grundidee der Break even - Analyse auch ohne Schwierigkeiten auf eine Ein- und Auszahlungsrechnung anwenden.

Zum einen kann mittels der schon erwähnten zeitbezogenen Break even - Analyse der Amortisationszeitpunkt einer Investition berechnet werden, welcher angibt, wann die Anschaffungsauszahlung durch die kumulierten (diskontierten) Einzahlungsüberschüsse zurückgeflossen ist.

Zum anderen ist auch die Anwendung einer beschäftigungsbezogenen Break even - Analyse prinzipiell möglich, die im Gegensatz zu der Amortisationsrechnung die Bestimmung der kritischen Absatzmenge zum Ziel hat. Die explizite Angabe dieser Absatzmenge ist jedoch auch im Einproduktfall[3] nur dann möglich, wenn von im Zeitablauf konstanten Absatzmengen beziehungsweise von konstan-

---

1. Vgl. KILGER, Wolfgang; GRÖGLER, Herbert; PIROTH, Erwin (1980), S. 4.
2. Vgl. hierzu KILGER, Wolfgang; GRÖGLER, Herbert; PIROTH, Erwin (1980), S. 9/10.
   Dieser Kapitaldienst macht zusammen mit den in der Investitionsrechnung zu benutzenden ausgabewirksamen Kosten des laufenden Betriebs die in der Kostenrechnung benutzten Kosten aus. Die laufenden ausgabewirksamen Kosten andererseits entsprechen zusammen mit den Anschaffungsauszahlungen den gesamten Auszahlungen.
3. Im Mehrproduktfall muß zusätzlich ein konstantes Verkaufsmix unterstellt werden, wenn man zu eindeutigen Lösungen gelangen will.
   Vgl. hierzu die Ausführungen auf S. 51ff.

ten Steigerungsraten der unbekannten Absatzmengen ausgegangen werden kann.[1] In dem besonders einfachen Fall, daß alle Größen im Zeitablauf konstant sind, kann man die kritische Menge als Summe der Break even - Menge hinsichtlich der ausgabewirksamen Größen einer Periode und der Break even - Menge hinsichtlich der in den Kapitaldienst umgewandelten Anfangsinvestition ausdrücken.[2]

Diese langfristigen operativen Gesichtspunkte sollen jedoch nicht weiter zur Diskussion stehen, da das Anwendungsgebiet der auf Kostengrößen beruhenden Break even - Analyse in erster Linie im Rahmen der kurzfristigen operativen Planung zu sehen ist. Durch die Unterstellung kurzfristiger Entscheidungssituationen ist auch das Feld für die Anwendung der in dieser Arbeit im Mittelpunkt stehenden stochastischen Break even - Analyse als Grundlage von Entscheidungsverfahren geebnet, welche annahmegemäß von bekannten Wahrscheinlichkeitsverteilungen der Inputgrößen ausgeht, da ein kürzerer Planungshorizont eher mit einer solchen Annahme vereinbar ist. Für längerfristige Entscheidungen sind die Informationsprobleme häufig so groß, daß man in vielen Fällen lediglich von unvollständig bekannten Verteilungen (partielle Information) ausgehen kann.

Die Ausrichtung der Break even - Analyse auf kurzfristige Entscheidungen erfordert jedoch, daß die zur Bestimmung des Break even - Punktes notwendige Spaltung der Kosten in ausbringungsfixe und ausbringungsvariable Bestandteile grundsätzlich mit einem Fristigkeitsgrad durchzuführen ist, der gewährleistet, daß alle langfristigen Kosten, welche Auswirkungen auf mehrere Perioden haben, den fixen Kosten zugerechnet werden.[3] Alle Kosten, die auf mit Investitionen verbundene längerfristige Veränderungen der Kapazität zurückzuführen sind, werden demnach den fixen Kosten zugeordnet. Diese fixen Kosten sind für deterministische kurzfristige Entscheidungen nicht relevant, da sie für alle Alternativen in gleicher Höhe anfallen.[4] Zur besseren Unterscheidung sollen solche Kosten als ausbringungsfixe, kurzfristig dispositionsfixe Kosten bezeichnet werden.

---

1. Vgl. hierzu KILGER, Wolfgang (1965a), S. 348/349.
2. Vgl. KILGER, Wolfgang (1965a), S. 348 zur formalen Darstellung dieses Ergebnisses.
3. Vgl. KILGER, Wolfgang (1981), S. 364/365.
4. An anderer Stelle wird jedoch gezeigt, daß diese Kosten für Entscheidungen unter Unsicherheit bei Vorhandensein bestimmter Rahmenbedingungen durchaus relevant sein können. Vgl. hierzu die Ausführungen auf S. 70ff.

Andererseits sind jedoch auch im kurzfristigen Bereich Entscheidungen denkbar, die die Wahl zwischen mehreren Alternativen erfordern, wobei jede Alternative mit unterschiedlich hohen zusätzlich auftretenden fixen Kosten verbunden ist, die somit auch im deterministischen Fall entscheidungsrelevant sind.[1] Diese Kosten sollen als ausbringungsfixe, dispositionsvariable Kosten beziehungsweise als alternativenindividuelle fixe Kosten bezeichnet werden.

In der anglo-amerikanischen Literatur benutzt man als Beispiel für die Anwendung der Break even - Analyse sehr häufig die Entscheidung hinsichtlich der Neueinführung eines Produkts. Aber gerade die Neuprodukteinführung ist aufgrund ihrer langfristigen Auswirkungen an eine Investitionsrechnung gebunden, so daß die Anwendung der auf Kostengrößen beruhenden Break even - Analyse für diese Klasse von Entscheidungssituationen wenig sinnvoll ist.

Andererseits können Entscheidungsprobleme hinsichtlich der optimalen Produktdifferenzierung zu den kurzfristigen Entscheidungssituationen gezählt werden, wenn die Erweiterung einer vorhandenen Grundausstattung des Produkts durch bestimmte geschmackliche Ausgestaltungsformen für die nächste Periode geplant ist. Als alternativenindividuelle fixe Kosten können in diesem Fall die Kosten der Einführungswerbung auftreten.[2]

Weitere den kurzfristigen Einsatz des absatzpolitischen Instrumentariums betreffende Anwendungsfelder der Break even - Analyse sind Entscheidungsprobleme, die den Einsatz optimaler kurzfristiger Werbemaßnahmen betreffen.[3] Auch das Problem, ob der Absatz über Handelsvertreter oder über Reisende erfolgen soll, wird häufig den kurzfristigen Entscheidungssituationen zugeordnet. Diesem Vorgehen soll hier jedoch nicht gefolgt werden, da insbesondere im Personalbereich arbeitsrechtliche Bestimmungen den kurzfristigen Abbau personeller Kapazitäten praktisch unmöglich machen.[4]

---

1. Unter Unsicherheit und Vorhandensein der noch näher zu spezifizierenden Rahmenbedingungen werden diese Kosten auch entscheidungsrelevant, wenn sie für alle Alternativen in gleicher Höhe anfallen.
2. Vgl. KILGER, Wolfgang (1973), S. 542ff.
3. Vgl. KILGER, Wolfgang (1973), S. 552ff. In diesem Fall wird in der Regel jedoch keine kritische Absatzmenge, sondern die kritische Zahl der Werbemitteleinsätze bestimmt. Über Werbewirkungsfunktionen ist jedoch der Rückgriff auf die Absatzmenge wieder möglich.
4. Besonders kritisch mit den Anwendungsmöglichkeiten der Break even - Analyse im Rahmen dieser Fragestellung setzen sich DICHTL, Erwin; RAFFEE, Hans; NIEDETZKY, Hans-Manfred (1981), S. 21ff. auseinander.

Im Vertriebsbereich dient die Break even - Analyse zur Entscheidungsunterstützung, wenn es darum geht, eine Mindestauftragsgröße festzulegen, ab der ein möglicher Auftrag angenommen wird.[1] Schönfeld zählt dabei zu den auftragsgrößenfixen Kosten die Kosten für Kundenbesuche, für Werbung und für verwaltungstechnische Aufgaben wie Bestellbearbeitung und Rechnungserteilung.[2]

Aber auch im Rahmen der Produktionsvollzugsplanung[3] lassen sich Anwendungsmöglichkeiten der Break even - Analyse finden. Für Verfahrenswahlprobleme sind beispielsweise Fälle denkbar, bei denen darüber zu entscheiden ist, welche von mehreren möglichen Maschinen kurzfristig gemietet werden soll, wobei sich die einzelnen Maschinen nicht nur hinsichtlich der variablen Herstellkosten für das auf ihnen zu fertigende Produkt , sondern auch hinsichtlich der Höhe der fixen Leasinggrundgebühren unterscheiden.

Auch im Hinblick auf die Beantwortung der Frage, ob einzelne Vorprodukte in der nächsten Periode eigenerstellt oder fremdbezogen werden sollen, ist die Break even - Analyse geeignet, wobei z.B. die variablen Herstellkosten der Eigenfertigung den niedrigeren Einstandskosten zuzüglich eventueller fixer Transportkosten bei Fremdbezug gegenüberzustellen sind.

Zusammenfassend kann festgehalten werden, daß auch im Rahmen deterministischer Entscheidungssituationen durchaus Fälle denkbar sind, die die Anwendung der Break even - Analyse, insbesondere unter Berücksichtigung des ihr zugrundeliegenden kurzfristigen Planungshorizonts, sinnvoll erscheinen lassen. Die Allgemeingültigkeit der hier beispielhaft aufgeführten möglichen Entscheidungssituationen kann jedoch nicht gewährleistet werden. Vielmehr ist in praxi in jedem Fall gesondert zu prüfen, ob die mit der jeweiligen Entscheidung verbundenen fixen Kosten kurzfristig auch wieder abbaubar sind. Im anderen Fall haben diese zusätzlich auftretenden Fixkosten Auswirkungen auf mehrere Perioden und erfordern die Anwendung längerfristiger Kalküle wie die der auf Zahlungsströmen basierenden Investitionsrechnung.

---

1. Vgl. die Ausführungen bei SCHWARZ, Horst (1986), S. 126ff., insbesondere S. 131ff.
2. Vgl. SCHÖNFELD, Hans-Martin (1974), Bd. I, S.95.
3. Zu der Stellung der Produktionsvollzugsplanung im System der kurzfristigen Teilpläne vgl. KILGER, Wolfgang (1986), S. 180ff.

3. Die Systematisierung der im Kontext der Break even - Analyse relevanten Entscheidungssituationen

Im bisherigen Verlauf der Arbeit wurde dargestellt, daß die Anwendungsbereiche der Break even - Analyse schwerpunktmäßig im kurzfristigen Bereich zu suchen sind. An dieser Stelle soll eine allgemeine Systematisierung dieser kurzfristigen Entscheidungssituationen vorgenommen werden. Die Systematik orientiert sich dabei primär an den sich gegenseitig ausschließenden Elementen des Aktionenraums. Abweichend vom sonst üblichen Sprachgebrauch in der Entscheidungstheorie[1] sollen die Elemente des Aktionenraums nur bei Vorliegen einer qualitativen Entscheidungsvariablen Alternativen genannt werden, während bei Vorliegen einer quantitativen Entscheidungsvariablen allgemein von möglichen Ausprägungen dieser Variablen gesprochen werden soll. Auf diese Unterscheidung wird noch an anderer Stelle einzugehen sein.

In der Abbildung I.3.1 wird die Systematik graphisch veranschaulicht. Neben dem Einteilungskriterium bzgl. der zur Verfügung stehenden Entscheidungsvariablen wird auf einer weiteren Ebene auch der Informationsgrad berücksichtigt.

Auf der ersten Stufe wird eine Differenzierung dahingehend vorgenommen, ob in den einzelnen Modellen quantitative Entscheidungsvariablen berücksichtigt werden oder nicht. Bei diesen quantitativen Entscheidungsvariablen unterscheiden sich deren Modalitäten durch ihre Größe und nicht durch ihre Art.[2] Die ihnen entsprechenden Skalentypen sollen metrischer (kardinaler) Art sein. Es ist aber auch durchaus möglich, quantitative Variablen mit einer Ordinalskala zu erfassen, wenn aufgrund der Datenbeschaffungsproblematik diese nur in klassifizierter Form vorliegen bzw. erfaßt werden können.

Unabhängig vom Vorliegen einer solchen quantitativen Entscheidungsvariablen sollen in den einzelnen Modellansätzen hinsichtlich dieser Variablen fixe Kosten (ausbringungsfixe Kosten für die Bestimmung der Ausbringungsmenge, fixe Kosten der Einführungswerbung für die Bestimmung der Werbekontakte, auftragsgrößenfixe Kosten für die Bestimmung der Bestell- bzw. Seriengröße usw.) betrachtet werden. Damit soll jedoch der Beantwortung der

1. Vgl. DINKELBACH, Werner (1982), S. 12 und die dort angegebene Literatur.
2. Im Rahmen dieser Arbeit wird in der Regel die Produktions- bzw. die Absatzmenge als quantitative Entscheidungsvariable benutzt werden.

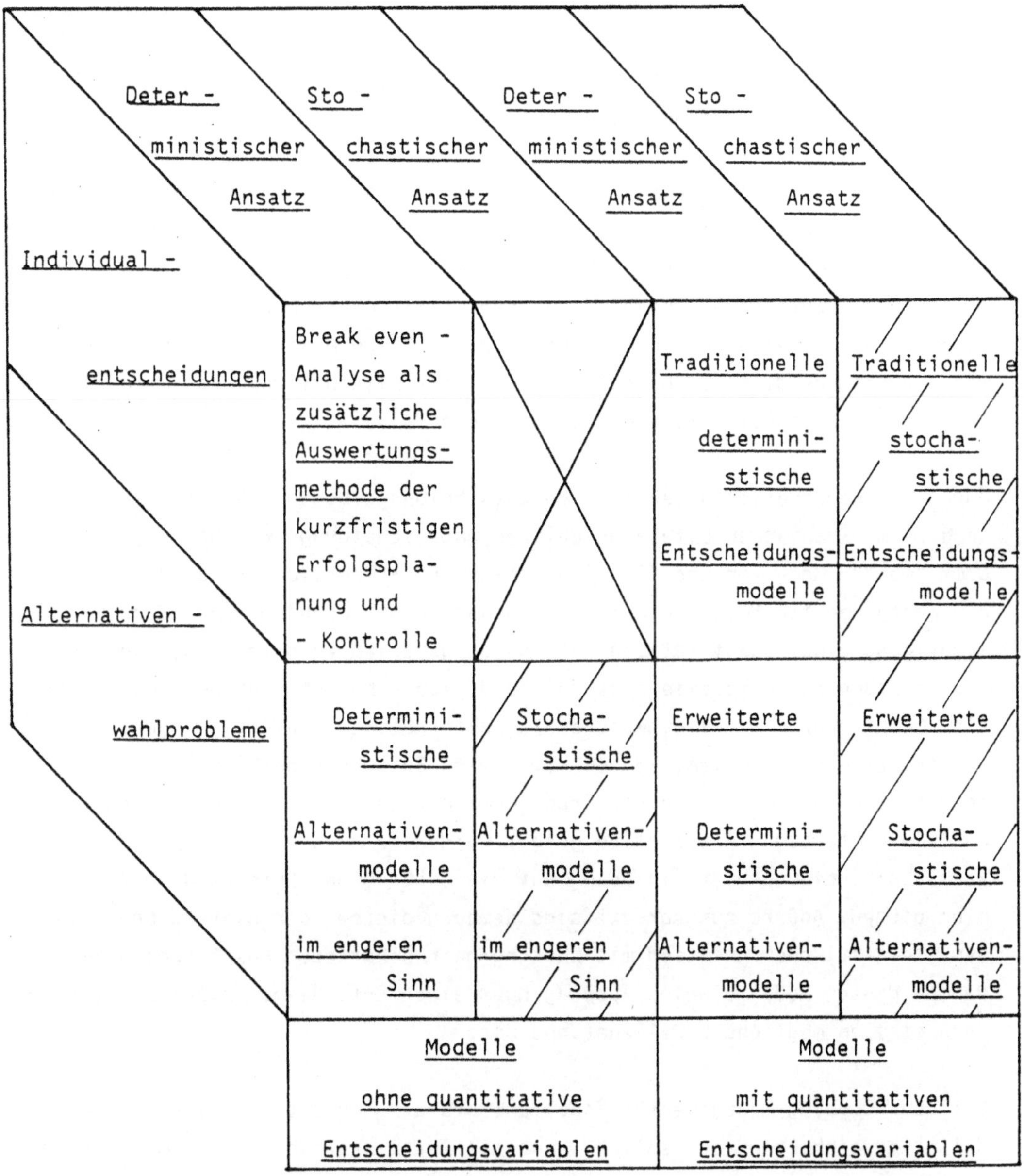

Abb. I.3.1: Die Relevanz der nach dem Informationsgrad und der Art der Entscheidungsvariablen gegliederten Entscheidungssituationen für die Break even - Analyse

Frage, ob diese Kosten in den einzelnen Fällen auch entscheidungsrelevant sind, nicht vorgegriffen werden. Die Beantwortung dieser Frage muß für jedes einzelne Rasterfeld der Abbildung I.3.1 gesondert erfolgen, zumal die Anwendbarkeit der Break even - Analyse im Rahmen eines Entscheidungsmodells, d.h. die Nutzung des Gewinnschwellenpunktes als Grundlage eines Risikomaßes im Fall eines stochastischen Ansatzes, von der Entscheidungsrelevanz der fixen Kosten abhängig ist.

Auf der zweiten Abgrenzungsstufe wird schließlich danach unterschieden, ob es sich um Alternativenprobleme in der hier benutzten Terminologie handelt, bei denen man eine endliche Zahl[1] von Ausprägungen qualitativer (artmäßiger) Entscheidungsvariablen unterstellt oder ob der Fall der sogenannten Individualentscheidungen vorliegt. Weiterhin wird angenommen, daß mit der Entscheidung zur Durchführung solcher Alternativen bestimmte alternativenindividuelle fixe Kosten verbunden sind.

Durch die Kombination dieser beiden Entscheidungsebenen läßt sich auch die in der amerikanischen Literatur übliche Unterscheidung zwischen "Initial Commitment"- Modellen und "Ongoing Management"- Modellen erklären.[2] Bei den erstgenannten Modellen werden Alternativenwahlprobleme ohne Berücksichtigung einer quantitativen Entscheidungsvariablen getroffen, während die letztgenannten Modelle eine solche Variable berücksichtigen. Die "Initial Commitment"- Modelle, welche als "Alternativenmodelle im engeren Sinn" bezeichnet werden sollen, können somit eine Entscheidungshilfe nur dahingehend bieten, daß mit ihnen die Frage nach der besten - im Rahmen vorgegebener Zielkriterien - Alternative gelöst werden kann. Sie können jedoch noch keine Entscheidungshilfe in bezug auf die Größe einer Entscheidungsvariablen bieten. Anders ausgedrückt sind demnach die bei den hier zu behandelnden stochastischen Ansätzen mit Unsicherheit behafteten Absatzmengen im Rahmen dieser Modelle keine Ausprägungen einer Entscheidungsvariablen, sondern stellen mögliche Umweltzustände dar.

Bei den "Ongoing Management"- Modellen, die als "Erweiterte Alternativenmodelle" bezeichnet werden sollen, kann die Zufallsvariable Absatzmenge dage-

---

1. Die Forderung der endlichen Zahl von Alternativen ist nicht zwingend. Sie erlaubt aber praktisch, die Elemente des Aktionenraums explizit durch vollständige Enumeration darzustellen. Vgl. hierzu auch die Ausführungen bzgl. der konstituierenden Elemente eines Entscheidungsmodells auf S. 96ff.
2. Vgl. YUNKER, James A.; YUNKER, Penelope J. (1982), S. 22.

gen in einen als deterministische Entscheidungsvariable anzusehenden Teil (geplanter Output) und in einen zufälligen Teil (vom Absatzmarkt herrührenden Störterm) aufgespalten werden.[1] Die Ausprägungen dieses Störterms entsprechen dann wiederum möglichen Umweltzuständen.

Auf der übergeordneten dritten Ebene , die die beiden zuerst genannten Ebenen überdeckt, wird auf die schon angesprochene Unterscheidung zwischen deterministischen und stochastischen Modellansätzen abgestellt.

Durch die Kombination der drei Ebenen erhält man ein Raster von acht Entscheidungssituationen, deren Relevanz für die als Entscheidungsverfahren konzipierte Break even - Analyse einzeln zu prüfen ist.

Bei der Kombination Individualentscheidungen/Modelle ohne quantitative Entscheidungsvariablen handelt es sich um keine Entscheidungssituationen im eigentlichen Sinn, da weder qualitative noch quantitative Entscheidungsvariablen vorliegen. Insbesondere der deterministische Ansatz deckt jedoch den Bereich ab, der traditionellerweise in der Kostenrechnungsliteratur mit der Break even - Analyse verbunden wird: Die Break even - Analyse als zusätzliche Auswertungsrechnung der kurzfristigen Erfolgsplanung und Erfolgskontrolle.[2] Im Rahmen dieser kostenrechnerischen Aufgabe wird mittels der ausbringungsfixen Kosten der Gewinnschwellenpunkt berechnet, der beim deterministischen Ansatz jedoch nur als ein kritischer Wert zu interpretieren ist und eben nicht als Baustein eines wie auch immer gearteten Risikomaßes.

Der stochastische Ansatz ist im Rahmen einer als Zusatzrechnung zur Erfolgsplanung bzw. Erfolgskontrolle konzipierten Break even - Analyse nicht üblich. In einem Übergangsstadium befindet man sich aber dann, wenn der Planungsansatz durch eine Sensitivitätsanalyse in der Weise ergänzt wird, daß man die Auswirkungen bestimmter Parameteränderungen auf die Lage des Gewinnschwellenpunktes untersucht. Diese Vorgehensweise entspricht dem Durchrechnen unterschiedlicher Konstellationen, wobei jedoch das Eintreten der einzelnen Konstellationen als gleichwahrscheinlich angesehen wird.

---

1. In beiden Fällen, ob mit oder ohne Berücksichtigung einer quantitativen Entscheidungsvariablen, handelt es sich um stochastische Entscheidungsmodelle, bei denen in der Zielfunktion und/oder bei dem Aktionenraum zufällige Größen zu berücksichtigen sind.
2. Vgl. zu dieser Interpretation der Break even - Analyse DEAN, Joel (1952), S. 231. MATZ, Adolph (1964), S. 217. TUCKER, Spencer A. (1966), S. 30-35. HORNGREN, Charles T. (1977), S. 59. KILGER, Wolfgang (1981), S. 708.

Bei dem als "Traditionelle deterministische Entscheidungsmodelle" bezeichneten Feld soll zusätzlich als quantitative Entscheidungsvariable die Menge auftreten, wobei annahmegemäß unabhängig von der gewählten Größe dieser Variablen ausbringungsfixe Kosten anfallen.[1] Es handelt sich demnach um den klassischen Anwendungsfall der Mengenpolitik unter Sicherheit, bei dem diese ausbringungsfixen Kosten nicht relevant sind.[2] Unter der Voraussetzung eines nach dem Gewinnmaximum strebenden Entscheidungsträgers bietet sich die Break even - Analyse demnach nicht an. Die Break even - Analyse ist jedoch dann sinnvoll anwendbar, wenn sich der Entscheidende nicht am Gewinnmaximum orientiert, sondern sich ein Satisfizierungsziel setzt, welches die Break even - Menge zum Gegenstand hat.

Bei den "Traditionellen stochastischen Modellen" wird nun zusätzlich der Unsicherheit Rechnung getragen und somit eine Mengenpolitik unter Unsicherheit verfolgt. In diesem Fall werden auch die ausbringungsfixen Kosten entscheidungsrelevant, falls es sich um einen, in dieser Arbeit unterstellten, risikoaversen Entscheidungsträger handelt, der zudem das Gewinniveau in seinen Entscheidungskalkül mit einbeziehen will. Damit kann der Break even - Punkt als Grundlage eines dieses Niveau berücksichtigenden Risikomaßes dienen[3].

Bei den "Deterministischen Alternativenmodellen im engeren Sinn" gilt Analoges wie bei der Break even - Analyse als Auswertungsmethode der kurzfristigen Erfolgsplanung und Erfolgskontrolle. Auch hier kann der Break even - Punkt als kritische Größe dienen, aber aufgrund des deterministischen Modellcharakters nicht als Fundament eines Risikomaßes. Jedoch ist auch hier mittels der Sensitivitätsanalysen der Übergang zum stochastischen Fall schon geebnet.

Bei den "Stochastischen Alternativenmodellen im engeren Sinn" wird nun zu-

---

1. Zu unterscheiden sind diese Modelle von den sogenannten Fixkostenproblemen als Spezialfälle der "fixed-charge" - Probleme. Bei den Fixkostenproblemen treten die Fixkosten nicht unabhängig von der Ausbringungsmenge auf, sondern nur für positive Werte dieser quantitativen Entscheidungsvariablen. Vgl. hierzu DANTZIG, George B.; HIRSCH, Warren M. (1968), S. 423 - 424. BRUCKER, Peter (1975), S. 10 - 12.
2. Die klassische Entscheidungsregel, nach der sich ein nach dem Gewinnmaximum orientierender Entscheidungsträger ausrichtet, lautet Grenzerlös gleich Grenzkosten, so daß die fixen Kosten zur Bestimmung der gewinnmaximalen Menge keine Rolle spielen.
3. Vgl. zu diesen Ausführungen SCHNEIDER, Dieter (1984) und die im zweiten Kapitel getätigten ergänzenden Bemerkungen (S. 70ff.).

sätzlich wieder die Unsicherheit bzgl. einzelner Daten berücksichtigt. Diese Modelle stellen einen typischen Anwendungsfall der Break even - Analyse dar, da die unterschiedlichen (alternativenindividuellen) fixen Kosten die Entscheidung beeinflussen. Diese alternativenindividuellen fixen Kosten bleiben auch dann noch relevant, wenn sie für alle Alternativen in gleicher Höhe anfallen. Dies gilt wieder unter der Voraussetzung eines risikoaversen, das Zielkriteriumsniveau berücksichtigenden Entscheidungsträgers.

Die "Erweiterten deterministischen Entscheidungsmodelle" werden in jenen kurzfristigen Entscheidungssituationen angewandt, die im Rahmen von Alternativenwahlproblemen unter Berücksichtigung alternativenindividueller fixer Kosten auch eine Entscheidung hinsichtlich der Größe einer quantitativen Entscheidungsvariablen verlangen. Aufgrund des unterstellten deterministischen Modellcharakters verliert hier jedoch die Anwendung der Break even - Analyse zumindest bei Gewinnmaximierung als Zielkriterium ihre Bedeutung. Auf die Behandlung dieses Rasterfeldes kann demnach verzichtet werden.

Die "Erweiterten stochastischen Alternativenmodelle" stellen schließlich den allgemeinsten Anwendungsfall der Break even - Analyse dar, bei dem neben einzelnen Alternativen auch quantitative Entscheidungsvariablen unter Berücksichtigung stochastischer Gesichtspunkte betrachtet werden.

Als Fazit bleibt festzuhalten, daß gemäß der Zielsetzung dieser Arbeit lediglich die schraffierten Rasterfelder der Abbildung I.3.1 einer eingehenden Untersuchung bedürfen. Andererseits soll im folgenden Abschnitt aber auch die klassische deterministische Break even - Analyse als ergänzende Auswertungsrechnung zur Erfolgsplanung und Erfolgskontrolle dargestellt werden, um auf diesem Weg die Grundbegriffe, die wichtigsten formelmäßigen Beziehungen und graphischen Darstellungsmöglichkeiten sowie die zugrundeliegenden Prämissen dieser Methode vorzustellen. Dabei gilt es zu untersuchen, ob diese Prämissen auch für die hier interessierenden Rasterfelder notwendig sind und inwieweit sie die Anwendungsmöglichkeiten der Methode einschränken können.

4. Die Break even - Analyse als zusätzliche Auswertungsrechnung zur kurzfristigen Erfolgsplanung und Erfolgskontrolle

a. Fundamentale formelmäßige und graphische Darstellungsmöglichkeiten

Für die Break even - Analyse existiert eine Reihe von Darstellungsmöglichkeiten, deren Vorteile je nach Fragestellung und zugrundeliegender Fertigungsstruktur unterschiedlich zu beurteilen sind.[1] Die Darstellungsmöglichkeiten lassen sich jedoch auf drei Grundvarianten reduzieren.

Beim traditionellen Break even - Chart in Form eines Kosten/Umsatz-Mengen-Diagramms bestimmt sich die Break even - Menge als jener Punkt, bei dem die Gesamtkosten gleich den Umsätzen sind bzw. bei dem der Gewinn gleich Null ist.
Es gilt:[2]

$$G = U - K = p \cdot x - k_v \cdot x - K_{Fix}$$

$$\text{(I.4.1)} \qquad G = (p - k_v) \cdot x - K_{Fix}$$

Durch Nullsetzen dieser Gleichung erhält man für den Break even - Punkt:

$$\text{(I.4.2)} \qquad x_B = \frac{K_{Fix}}{p - k_v}$$

x_B	:	Break even - Menge	[ME/Periode]	G	:	Gewinn	[DM/Periode]
k_v	:	variable Stückkosten	[DM/ME]	K	:	Gesamtkosten	[DM/Periode]
p	:	Verkaufspreis	[DM/ME]	U	:	Umsatz	[DM/Periode]

K_{Fix} : fixe Kosten [DM/Periode]

Unter Berücksichtigung fixer Erlöse U_{Fix} und eines eventuell geforderten Mindestgewinns G_{Min} ergibt sich der Break even - Punkt analog zu:

---

1. Vgl. u.a. MATZ, Adolph (1964), S. 220-225 und S. 241-244. HOLMES, Geoffrey, (1970). KLEINEBECKEL, Herbert (1976), S. 51-54. BOCKHOLT, Heinrich (1977), S. 20-34. TUCKER, Spencer A. (1980), S. 29-56. JOSCHKE, Heinz K. (1982), S. 301-306.
2. Dabei wird von den klassischen Prämissen der Break even - Analyse ausgegangen, die insbesondere die unterstellte Linearität der Kosten- und Erlösfunktionen umfassen.

(I.4.3) $$x_B' = \frac{K_{Fix} + G_{Min} - U_{Fix}}{p - k_v}$$

Das zugehörige Kosten/Umsatz-Mengen-Diagramm (ohne Berücksichtigung von G_{Min} und U_{Fix}) hat folgendes Aussehen:[1]

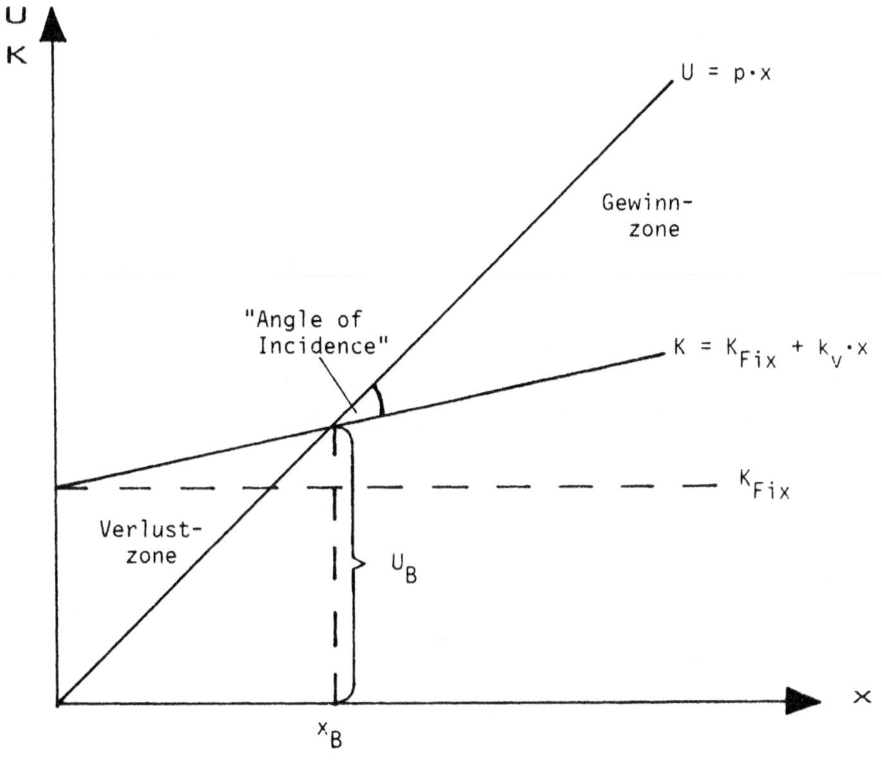

Abb. I.4.1: Der Break even - Chart in Form eines Kosten/Umsatz-Mengen-Diagramms

1. Diese rudimentäre Darstellung gewinnt an Aussagekraft, wenn man sowohl den Gewinn als auch die Kosten in einzelne Bestandteile zergliedert. So kann man die fixen Kosten in ausgabenwirksame und nichtausgabenwirksame Kosten, die variablen Kosten in Kosten für das Fertigungsmaterial, in Fertigungslöhne sowie in die unterschiedlichen variablen Gemeinkosten unterteilen. Durch Abspaltung der Ertragssteuern kann zudem der Bruttogewinn in den Nettogewinn übergeführt werden. Die Aufgliederung in die einzelnen Teile hat dabei nach dem zugrundeliegenden Interessenschwerpunkt zu erfolgen.
Vgl. zu den einzelnen Beispielen MATZ, Adolph (1964), S. 224. KERN, Werner (1974), Sp. 995. TUCKER, Spencer A. (1980), S. 34. POENSGEN, Otto H. (1981), Sp. 305.

Den Winkel, der von der Gesamtkosten- und der Umsatzkurve in der Gewinnzone gebildet wird, bezeichnet Gupta[1] als "Angle of Incidence". Je größer dieser Winkel ist, um so vorteilhafter wird es sein, die Ausbringungsmenge über den Break even - Punkt hinaus zu vergrößern. Anders ausgedrückt ist bei zwei Alternativen mit gleichem Break even - Punkt und gleichhoher geplanter Ausbringungsmenge diejenige zu wählen, deren "Angle of Incidence" am größten ist.[2]

Die graphische Darstellung gemäß der Abbildung I.4.1 in Form eines Kosten/Umsatz-Mengen-Diagramms eignet sich jedoch nur für Einproduktunternehmen bzw. für solche Mehrproduktunternehmen, bei denen es möglich ist, die Mengen der einzelnen Produkte über Äquivalenzziffern in Mengeneinheiten eines Referenzproduktes auszudrücken. Für den normalen Mehrproduktfall sind jedoch andere Darstellungsformen zu wählen. Auf der Idee der Äquivalenzziffernrechnung aufbauend werden statt mit im Regelfall nicht erhältlichen Äquivalenzziffern auf physischer Basis (z.B. bei Vorliegen von Kuppelproduktion) die Produkteinheiten mit Geldeinheiten bewertet. Bei dieser Vorgehensweise erhält man jedoch keine Break even - Menge, sondern einen Break even - Umsatz.

Ausgehend von der Gleichung (I.4.1) erhält man:

$$G = (p-k_v)\cdot x - K_{Fix} = d\cdot x - K_{Fix}$$

(I.4.4) $$G = - K_{Fix} + DBU\cdot U$$

DBU	: Deckungsbeitrag pro DM Umsatz (prozentualer Deckungsbeitrag, Deckungsgrad, DB/U - Verhältnis, DBU - Faktor, Profit/Volume - Ratio)	[ ]
DB	: Deckungsbeitrag pro Periode	[DM/Periode]
d	: Stückdeckungsbeitrag	[DM/ME]

1. Vgl. GUPTA, Das S.R. (1976), S.19.
2. Aus diesen Bemerkungen kann schon an dieser Stelle geschlossen werden, daß ein Entscheidungskalkül, welcher allein auf den Break even - Punkt abstellt, nicht den gesetzten Ansprüchen genügen kann. Der Break even - Punkt wird vielmehr nur als Grundlage eines Risikomaßes benutzt werden, dem jedoch ein Gewinnmaß, z.B. in Form des erwarteten Gewinns, zur Seite zu stellen ist. Dieses Gewinnmaß kann dann wiederum als Ausdruck des erläuterten Einfallswinkels interpretiert werden.

Den DBU - Faktor kann man folgendermaßen ausdrücken:

$$DBU = \frac{DB}{U} = \frac{d \cdot x}{p \cdot x} = \frac{d}{p} = 1 - \frac{k_v}{p}$$

Den Break even - Umsatz erhält man durch Nullsetzen der Gleichung (I.4.4):

$$(I.4.5) \quad U_B = \frac{K_{Fix}}{DBU}$$

Dieser Break even - Umsatz kann selbstverständlich auch für den Einproduktfall bestimmt werden. Hierzu sind in der Gleichung (I.4.2) beide Seiten mit dem Preis p zu multiplizieren. Für den Mehrproduktfall enthält die Bestimmungsgleichung (I.4.5) jedoch noch weitere Annahmen bzgl. des Verkaufsmix, auf die explizit im Rahmen der Prämissendiskussion einzugehen sein wird.[1]

Der graphischen Darstellung der Break even - Analyse in Form des Gewinn-Umsatz-Diagramms liegt nun die Gleichung (I.4.4) zugrunde:

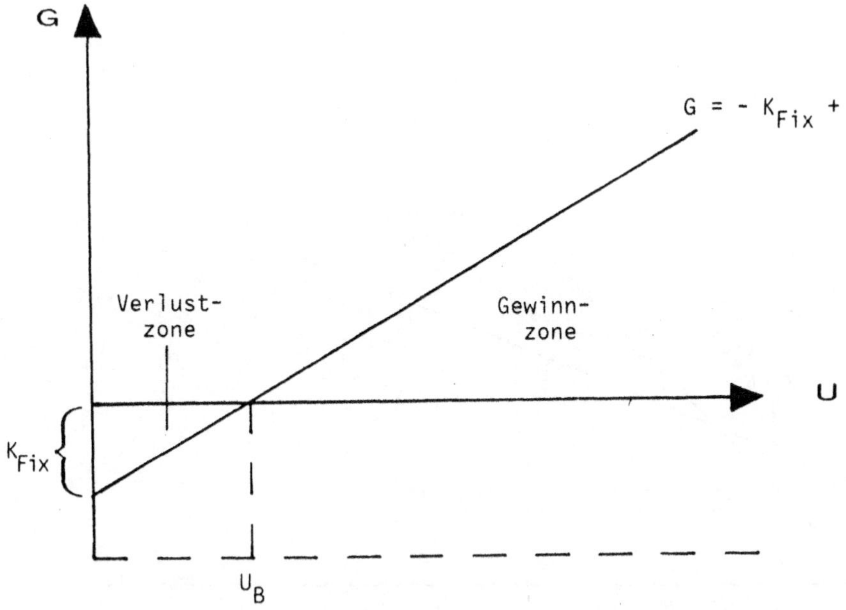

Abb. I.4.2: Der Break even - Chart in Form eines Gewinn-Umsatz-Diagramms

1. Vgl. die Ausführungen auf S. 51ff. dieser Arbeit.

Bei dieser Darstellung wird auf den expliziten Ausdruck der Umsatz- und der Kostenkurve verzichtet. Durch einfache Umformungen gelingt es jedoch, sowohl die Kosten- als auch die Umsatzkurve in Abhängigkeit vom Umsatz darzustellen.
Ausgehend von der Gleichung (I.4.4) erhält man:

$$G = - K_{Fix} + DBU \cdot U = - K_{Fix} + (1 - \frac{k_v}{p}) \cdot U$$

(I.4.6) $$G = U - (K_{Fix} + \frac{k_v}{p} \cdot U)$$

In einem auf dieser Gleichung beruhenden Kosten/Umsatz - Umsatz-Diagramm wird demnach die Umsatzkurve durch die Winkelhalbierende und die Kostenkurve durch eine Gerade mit der Steigung k_v/p und dem Ordinatenabschnitt K_{Fix} dargestellt.

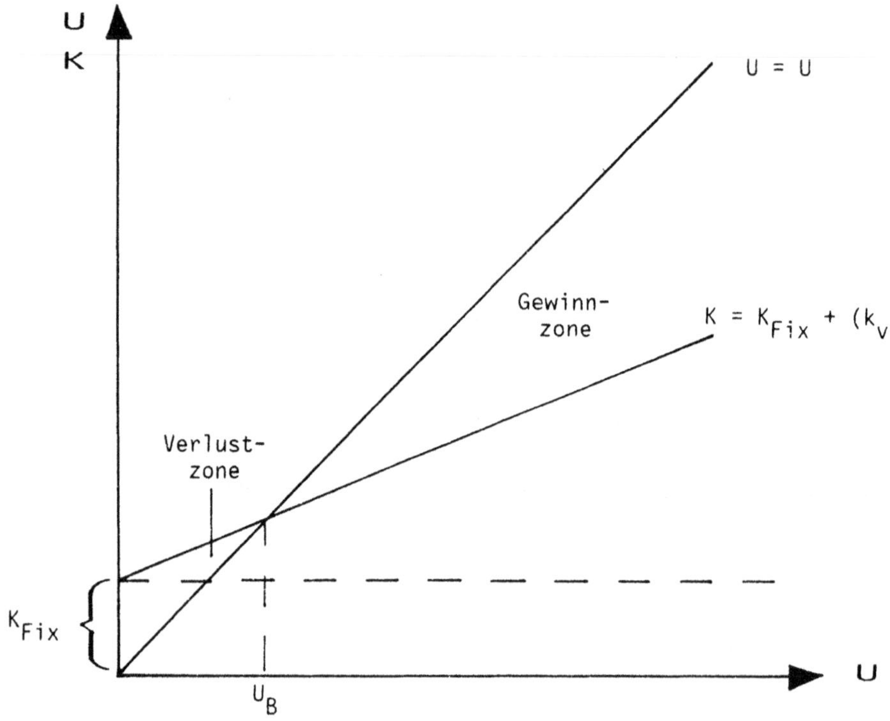

Abb. I.4.3: Der Break even - Chart in Form eines Kosten/Umsatz-Umsatz-Diagramms

b. Sensitivitätsanalysen: Der Übergang vom deterministischen zum stochastischen Fall

Der starre Charakter der Break even - Analyse wird häufig in der Weise aufgelockert, daß man die Auswirkungen möglicher Koeffizientenänderungen auf die Lage des Break even - Punktes untersucht. Diese Art der Analyse wird allgemein als Sensitivitätsanalyse bezeichnet, bei der im Normalfall der Einfluß von Koeffizientenänderungen im Rahmen eines Entscheidungsmodells betrachtet wird.[1]

Die Sensitivitätsanalyse trägt somit dem Effekt Rechnung, daß praktisch eine vollkommene Vorhersage einzelner Modellkoeffizienten nicht möglich ist. Bei der in diesem Abschnitt als deterministisch unterstellten Break even - Analyse wird wohl im ersten Schritt der Deckungspunkt unter der Annahme fester Koeffizienten berechnet, in einem zweiten Schritt wird jedoch die Sensitivität der gefundenen Lösung bzgl. einzelner Koeffizientenänderungen untersucht. Ausgehend von der Sensitivität der Lösung bzgl. einzelner Koeffizienten läßt sich dann auch die Frage beantworten, hinsichtlich welcher Koeffizienten eine zusätzliche Informationsbeschaffung in Abwägung mit den dabei entstehenden Kosten einen angemessenen Vorteil erwarten läßt.[2] In diesem zweiten Schritt wird man sich somit der allfälligen Unsicherheit bzgl. einzelner oder aller Koeffizienten bewußt und befindet sich damit in einem Übergangsstadium vom deterministischen zum stochastischen Fall. Besonders deutlich tritt dieser Übergang im Rahmen einer Spezialform der Sensitivitätsanalyse in Erscheinung, bei der einzelne Koeffizienten mit einem pessimistischen, einem mittleren und einem optimistischen Wert angesetzt werden. Der Nachteil gegenüber stochastischen Modellen, die z.B. Wahrscheinlichkeitsverteilungen für die einzelnen unsicheren Koeffizienten benutzen, besteht darin, daß jedem Koeffizientenwert die gleiche Wahrscheinlichkeit zugeordnet wird.

Im Rahmen der Break even - Analyse erfolgt die Sensitivitätsanalyse häufig innerhalb der graphischen Darstellungen, wobei Koeffizientenänderungen

---

1. Zu einem umfassenden Überblick über den Komplex der Sensitivitätsanalyse vgl. DINKELBACH, Werner (1969), insbesondere S. 25ff. Dinkelbach unterscheidet dabei zwischen Änderungen, die die Zielfunktionskoeffizienten betreffen und solchen, die die Koeffizienten der Alternativenmenge beeinflussen.
2. Dinkelbach stellt diese die Informationsbeschaffung betreffende Begründung für die Notwendigkeit einer Sensitivitätsanalyse den Begründungen gegenüber, die sich auf die Stabilität der Lösung einerseits und auf die Unsicherheit der Daten andererseits beziehen. Vgl. DINKELBACH, Werner (1969), S. 2/3.

einerseits die Steigungen der Kurven verändern (z.B. eine Änderung von k_v oder von p) oder andererseits zu einer Parallelverschiebung der Kurven führen (z.B. eine Änderung von K_{Fix}).[1]

An dieser Stelle soll in Anlehnung an Alewell eine algebraische Darstellung erfolgen.[2] Alewell drückt den nach einer möglichen Koeffizientenänderung erzielbaren Break even - Punkt in Abhängigkeit vom ursprünglichen Break even - Punkt und in Abhängigkeit von der relativen Veränderung des betrachteten Koeffizienten aus.

Er erhält bei Veränderung des Stückdeckungsbeitrages d um Δd die folgende Beziehung:[3]

(I.4.7) $x_B' = (1/\alpha)\cdot x_B$ mit $\alpha = d'/d = (d+\Delta d)/d$, wobei

x_B' : neue Break even - Menge nach Veränderung des Stückdeckungsbeitrages um Δd [ME/Periode]

α : relative Stückdeckungsbeitragsänderung [ ]

Δd : absolute Stückdeckungsbeitragsänderung [DM/ME]

Die Beziehung (I.4.7) erhält man nach Einsetzen von $\alpha\cdot d = d'$ in die Bestimmungsgleichung für die Break even - Menge nach Koeffizientenänderung:

$$x_B' = K_{Fix}/d' = K_{Fix}/\alpha\cdot d = (1/\alpha)\cdot K_{Fix}/d = (1/\alpha)\cdot x_B \quad \text{q.e.d.}$$

Auf analoge Weise erhält man die Beziehungen für die Fixkostenänderung:

$$\beta = K_{Fix}'/K_{Fix} = (K_{Fix} + \Delta K_{Fix})/K_{Fix} \qquad \text{mit}$$

β : relative Fixkostenänderung

ΔK_{Fix} : absolute Fixkostenänderung

---

1. Zu diesen Darstellungen der Sensitivitätsanalysen vgl. u.a. MATZ, Adolph (1964), S. 235-240. GARRISON, Ray H. (1979), S. 168-172. DILLER, Hermann (1980), S. 74. TUCKER, Spencer A. (1980), S. 57-82.
2. Vgl. ALEWELL, Karl (1974), S. 310/311.
3. Dabei kann eine Stückdeckungsbeitragsänderung sowohl auf eine Preisänderung als auch auf eine Änderung von k_v zurückzuführen sein.

Setzt man den Ausdruck für β wieder in die Bestimmungsgleichung für die Break even - Menge nach Koeffizientenänderung ein, so erhält man:

$$x'_B = K'_{Fix}/d = \beta \cdot K_{Fix}/d$$

(I.4.8) $$x'_B = \beta \cdot x_B$$

Bei Vorliegen voneinander unabhängiger Änderungen von K_{Fix} und von d ergibt sich x'_B als:

(I.4.9) $$x'_B = (\beta/\alpha) \cdot x_B$$

Hinsichtlich der Ausgestaltung der Sensitivitätsanalyse können nun zwei Fälle unterschieden werden: die direkte Sensitivitätsanalyse und die parametrische Sensitivitätsanalyse.[1]

Die erste Ausgestaltungsform entspricht der in der Break even - Analyse üblichen Vorgehensweise, bei der der direkte Zusammenhang zwischen Koeffizientenänderung und der Kriteriumsgröße untersucht wird. Dabei wird in aller Regel nur die Veränderung einer Koeffizientengröße innerhalb eines interessierenden Intervalls untersucht. Die Verallgemeinerung auf mehrere bzw. alle Koeffizienten ist zumindest theoretisch möglich.

Im oben dargestellten Fall der Veränderung zweier Koeffizienten gilt:[2]

(I.4.10) $$x'_B = \frac{K'_{Fix} \cdot d}{K_{Fix} \cdot d'} \cdot x_B = \frac{d(K_{Fix} + \Delta K_{Fix})}{K_{Fix}(d + \Delta d)} \cdot x_B$$

$$\text{für} \quad \begin{array}{ccccc} \Delta K_{Fix,u} & \leqq & \Delta K_{Fix} & \leqq & \Delta K_{Fix,o} \\ \Delta d_u & \leqq & \Delta d & \leqq & \Delta d_o \end{array}$$

Eine parametrische Sensitivitätsanalyse wird dann notwendig, wenn einzelne interessierende Koeffizientenänderungen nicht unabhängig voneinander, sondern nur in Abhängigkeit eines gemeinsamen Parameters erfolgen können. Häufig werden lineare Abhängigkeiten zwischen diesem Parameter t und den

---

1. Vgl. DINKELBACH, Werner (1969), S. 26-30 und DINKELBACH, Werner (1982), S. 42-50.
2. Die Indices "u" und "o" symbolisieren dabei die Untergrenze bzw. Obergrenze der einzelnen Intervalle.

Koeffizienten in der Art $P'(t) = P + \kappa \cdot t$ unterstellt.[1]
Im vorliegenden Fall erhält man:

$$x'_B = \frac{d \cdot (K_{Fix} + b \cdot t)}{K_{Fix} \cdot (d + a \cdot t)} \cdot x_B \qquad \text{für } t_u \leqq t \leqq t_o$$

Da $d' = d + a \cdot t$ und $K'_{Fix} = K_{Fix} + b \cdot t$, folgt:

$$\text{(I.4.11)} \quad (d'-d)/a = \Delta d/a = t = \Delta K_{Fix}/b = (K'_{Fix} - K_{Fix})/b$$

Setzt man diese Beziehungen in die Bestimmungsgleichung für x'_B ein, so kann man den Break even - Punkt nach parametrischer Koeffizientenänderung folgendermaßen ausdrücken:

$$\text{(I.4.12)} \quad x'_B = \frac{d \cdot (K_{Fix} + \Delta K_{Fix})}{K_{Fix} \cdot (d + \Delta d)} \cdot x_B \qquad \text{für} \quad \begin{array}{l} \Delta K_{Fix,u} \leqq \Delta K_{Fix} \leqq \Delta K_{Fix,o} \\ \Delta d_u \leqq \Delta d \leqq \Delta d_o \end{array}$$

$$\text{u.d.N} \quad \Delta d = (a/b) \cdot \Delta K_{Fix}$$

Gegenüber der Bestimmungsgleichung (I.4.10) bei der direkten Sensitivitätsanalyse wird hier durch die Nebenbedingung zusätzlich gefordert, daß sich Stückdeckungsbeitrag und die fixen Kosten in einer ganz bestimmten Weise verändern, und zwar in Abhängigkeit vom gemeinsamen Parameter t.

Der Übergang von der parametrischen zur direkten Sensitivitätsanalyse wird jedoch dann vollzogen, wenn nur ein Koeffizient von dem Parameter t beeinflußt wird. Dies soll am Beispiel des Stückdeckungsbeitrages gezeigt werden.

Gemäß Gleichung (I.4.7) erhält man für die direkte Sensitivitätsanalyse:

$$x'_B = x_B/\alpha = (d/d') \cdot x_B = d \cdot x_B/(d + \Delta d) \qquad \text{für} \quad \Delta d_u \leqq \Delta d \leqq \Delta d_o$$

Für den Fall der parametrischen Sensitivitätsanalyse ergibt sich:

---

1. Es ist aber auch durchaus möglich, die Koeffizientenänderung in Abhängigkeit von mehreren Parametern auszudrücken.

$$x'_B = \frac{d}{d'} \cdot x_B = \frac{d \cdot x_B}{d + a \cdot t} \qquad \text{für} \qquad t_u \leq t \leq t_o$$

Da wiederum $d' = d + a \cdot t$ gilt, folgt $t = (d'-d)/a = \Delta d/a$ und somit

$$x'_B = \frac{d \cdot x_B}{d + \Delta d} \qquad \text{für} \qquad \frac{\Delta d_u}{a} \leq \frac{\Delta d}{a} \leq \frac{\Delta d_o}{a} \quad \text{bzw.} \quad \Delta d_u \leq \Delta d \leq \Delta d_o$$

Diese Arten der Sensitivitätsanalyse können nun auch hinsichtlich der Gewinngröße und nicht nur hinsichtlich des Break even - Punktes erfolgen. Eine solche zusätzliche Analyse wird man vor allem im Rahmen einer als Entscheidungsverfahren konzipierten Break even - Analyse wählen. In diesem Fall interessiert man sich nicht nur für den Einfluß der Koeffizientenänderung auf den kritischen Punkt x_B, sondern gerade auch für den Einfluß auf die Zielkriteriumsgröße Gewinn. Aus diesen Überlegungen heraus erklärt sich auch der in der amerikanischen Literatur gebräuchliche Begriff "Cost-Volume-Profit-Analyse".

Im Rahmen der parametrischen Sensitivitätsanalyse könnte man z.B. den Einfluß von Preisänderungen und den damit eventuell induzierten Mengenänderungen, welche über Preisabsatzfunktionen ($p = a - b \cdot x$) erfaßbar sind, auf den Gewinn untersuchen. Unter Nutzung der bisherigen Terminologie gelten somit bei einer Preisänderung und damit induzierter Mengenänderung folgende Beziehungen:

$$\left.\begin{aligned} d' &= d+\Delta d = d+\Delta p =: d + t \\ x' &= x+\Delta x = x-\Delta p/b =: x - t/b \end{aligned}\right\} \text{ für } t_u \leq t \leq t_o$$

Die Preisänderung $\Delta p =: t$ ist somit als der gemeinsame die Koeffizienten Preis und Menge verändernde Parameter interpretierbar.

Ein ebenfalls der Sensitivitätsanalyse zuzuordnendes Konzept besteht in der Bestimmung von Elastizitätskoeffizienten. In dem obigen der Preistheorie entstammenden Beispiel gelingt es, den Effekt einer Preisänderung auf den Gewinn mittels der Preiselastizität ε der Nachfrage und dem DBU-Faktor auszudrücken und hat damit eine Verbindung zwischen dem Elastizitätskonzept und der Cost-Volume-Profit-Analyse geschaffen.[1]

---

1. Vgl. NASH, John F. (1975).

Ausgehend von der Gewinngleichung $G = (p-k_v) \cdot x(p) - K_{Fix}$ erhält man den Einfluß einer Preisänderung auf den Gewinn durch die 1. Ableitung

$$\frac{dG}{dp} = x + (p-k_v) \cdot \frac{dx}{dp}$$

Unter Berücksichtigung, daß für den DBU-Faktor $DBU = (p-k_v)/p$ gilt, ergibt sich:

$$\frac{dG}{dp} = x + DBU \cdot \frac{p \cdot dx}{dp}$$

Unter Verwendung des Elastizitätskoeffizienten $\varepsilon = - \frac{p \cdot dx}{x \cdot dp}$ ergibt sich der Wert dieser 1. Ableitung zu:

$$\frac{dG}{dp} = x - DBU \cdot \varepsilon \cdot x \qquad \text{bzw.}$$

$$\text{(I.4.13)} \quad \frac{dG}{dp} = x \cdot [1 - DBU \cdot \varepsilon]$$

Mittels dieser wichtigen Beziehung können folgende Ergebnisse abgeleitet werden:

- Für $DBU > 1/\varepsilon$ bewirkt eine Preissenkung eine Gewinnerhöhung

- Für $DBU < 1/\varepsilon$ bewirkt eine Preissenkung eine Gewinnverminderung

- Für $DBU = 1/\varepsilon$ bleiben Preisänderungen ohne Auswirkungen auf den Gewinn oder anders ausgedrückt: je kleiner der DBU-Faktor ist, um so größer muß die Preiselastizität ε der Nachfrage sein, damit keine Gewinnänderung erfolgt.

Man ersieht schon aus diesen kurzen Ausführungen, daß die Sensitivitätsanalysen vor allem bei deterministischen Modellen eine wertvolle Hilfe leisten und dem Entscheidungsträger eine wichtige Informationsgrundlage liefern. Für Modelle mit expliziter Berücksichtigung des Unsicherheitscharakters einzelner Daten kann diese Vorgehensweise jedoch nicht genügen, sondern es sind die mit den unsicheren Daten verbundenen Eintrittswahrscheinlichkeiten zu berücksichtigen.

c. Die Prämissendiskussion

Die Beschreibung und Vorhersage von Cost-Volume-Profit-Relationships ist ein wichtiger Bestandteil der betrieblichen Analysemethoden, und insbesondere die Break even - Analyse ist aufgrund ihrer einfachen Handhabung und ihrer Flexibilität ein gern benutztes Planungs- und Kontrollmittel. Dabei sollte jedoch nicht übersehen werden, daß die Flexibilität und die Simplizität der Methode auf teilweise restringenten Prämissen beruhen, die es an dieser Stelle zu untersuchen gilt.

Aufgabe dieses Abschnitts soll es sein, die Grenzen der Verläßlichkeit dieser Methode zu erkennen, falsche auf Validitätsmängeln beruhende Schlußfolgerungen zu vermeiden und Möglichkeiten aufzuzeigen, wie man ganz oder zumindest teilweise auf einzelne Prämissen verzichten kann.[1] In einem weiteren Schritt ist zu untersuchen, ob die Prämissen im Rahmen einer als Entscheidungsverfahren konzipierten Break even - Analyse ebenfalls notwendig sind.

Um diesen Aufgaben gerecht zu werden, kann es jedoch nicht genügen, eine schlichte Aufzählung dieser Voraussetzungen durchzuführen, ohne die vorhandenen Interdependenzen zwischen den einzelnen Prämissen deutlich aufzuzeigen und ihre Notwendigkeit zur Diskussion zu stellen.[2]

Die in der Literatur am meisten genannten Prämissen lassen sich vereinfachend in folgende nicht überschneidungsfreie Gruppen unterteilen:

- die Prämissen hinsichtlich der Informationsgrundlagen

- die Prämissen hinsichtlich der Kostengrößen

- die Prämissen hinsichtlich der Erlösgrößen

- die Prämissen hinsichtlich der Fertigungsstruktur

- die Prämissen hinsichtlich des unterstellten Kostenrechnungssystems

---

1. Vgl. DEAN, Joel (1952), S 245, der sich als einer der ersten auch inhaltlich mit den Prämissen auseinandersetzte und der oben beschriebenen Aufgabenstellung gerecht zu werden versuchte.
2. Dies ist leider die gängige Vorgehensweise in der Literatur. Vgl. u.a. RAUN, Donald L. (1964), S. 929. KERN, Werner (1974), S. 954. HORNGREN, Charles T. (1977), S. 51. MOORE, Brian; TALBOTT, John (1978), S. 31/32.

α. Die Prämissen hinsichtlich der Informationsgrundlagen

Die Prämisse hinsichtlich der Informationsgrundlagen, deren Auflösung den Kernpunkt dieser Arbeit ausmacht, besteht in der Annahme vollkommener Information. So wird bei einer als Auswertungsrechnung konzipierten Break even - Analyse im Rahmen der Kostenrechnung angenommen, daß die Erlös- sowie die Kostenfunktion deterministisch sind. Für eine im Rahmen von Entscheidungsverfahren zu benutzende Break even - Analyse soll der allfällig vorhandenen Unsicherheit bzgl. einzelner Modellparameter jedoch Rechnung getragen werden. Von besonderer Relevanz ist der stochastische Datencharakter dabei hinsichtlich der Absatzmenge, einer Größe, welche von durch die Unternehmensleitung nicht oder nur geringfügig beeinflußbaren Marktgegebenheiten abhängig ist. Aber auch in bezug auf die die Kostenfunktionen bestimmenden Parameter ist der Ansatz einwertiger Größen kaum gerechtfertigt. Dies betrifft insbesondere den Verlauf der Kostenfunktionen außerhalb des sogenannten relevanten Beschäftigungsbereichs, für den allein das Unternehmen relativ valide Informationen aus Erfahrungswerten ableiten kann.[1]

Die Berücksichtigung der Unsicherheit im Entscheidungskalkül wirft jedoch andererseits auch Probleme aus schätzstatistischer und entscheidungstheoretischer Sicht auf. So ist zu klären, wie man bei Entscheidungen unter Risiko, die die Kenntnis der zu den stochastischen Parametern gehörenden Wahrscheinlichkeitsverteilungen erfordern, die mit der Erstellung dieser Verteilung einhergehenden Informationsprobleme bewältigen kann. Sollen diese Verteilungen mittels der aus Vergangenheitswerten bestimmten objektiven Wahrscheinlichkeiten oder mittels subjektiver Wahrscheinlichkeiten aufgestellt werden? Vielfach wird es gar nicht möglich sein, Vergangenheitsdaten heranzuziehen, da sie der momentan bestehenden Entscheidungssituation nicht gerecht werden.

Weitere statistische in den folgenden Kapiteln zu behandelnde Problempunkte liegen in der Berücksichtigung von Abhängigkeiten zwischen den einzelnen Zufallsvariablen sowie in der Bestimmung der Wahrscheinlichkeitsverteilung des Gewinns, wenn mehrere den Gewinn determinierende Variablen einen stochastischen Charakter aufweisen. Aufgabe dieser Kapitel wird es somit sein, die Eigenschaften der "objective variable" Gewinn im Rahmen der Break even-Analyse aus den bekannten bzw. leichter ermittelbaren stochastischen Eigenschaften der "primary variables" Menge, Preis und Kosten abzuleiten.[2]

---

1. Zum Konzept des relevanten Beschäftigungsbereichs vgl. S. 46ff.
2. Vgl. KOTTAS, John F.; LAU, Amy Hing-Ling; LAU, Hon-Shiang (1978), S. 389.

Aus entscheidungstheoretischer Sicht erfordert die Berücksichtigung der Unsicherheit im Modell die Beantwortung der Frage nach dem Grad der Risikoabneigung des Entscheidenden sowie die Auswahl eines geeigneten Gewinn- und Risikomaßstabs und damit verbunden die Bestimmung brauchbarer Entscheidungsregeln. Die Behandlung dieser Problematik wird der Gegenstand des folgenden zweiten Kapitels sein.

β. Die Prämissen hinsichtlich der Kostengrößen

Die Prämissen bezüglich der Kostengrößen lassen sich mit Vorteil am System der Kostenbestimmungsfaktoren erklären.

So wird der Hauptkritikpunkt an der Break even - Analyse darin gesehen, daß nur die Ausbringungsmenge als einzige explizit erfaßte Einflußgröße bei der Rechnung berücksichtigt wird, obgleich doch eine ganze Palette von Einflußfaktoren auf die Kostenhöhe wirkt. Dem Modell wird in dem Sinn ein statischer Charakter nachgesagt, daß außer der Ausbringungsmenge alle anderen Kosteneinflußfaktoren als konstant angesehen werden. Dies erscheint auf den ersten Blick als die Crux dieser Methode und auch der gesamten traditionellen Kostentheorie, zumal damit unterstellt wird, daß insbesondere die ausbringungsfixen Kosten die Auswirkungen aller unberücksichtigten Einflußfaktoren in sich vereinigen.[1]

Diesem Gedanken folgen auch die Vertreter einer periodenbezogenen Kostenrechnung[2], die aufbauend auf Input-Output-Modellen (häufig auch Betriebsmodelle genannt) die relevanten Kosten nicht auf die Erzeugnismenge, sondern auf die Kosteneinflußgrößen beziehen. Ihre Zielsetzung besteht demnach darin, Erzeugnis-Grenzkosten durch Einflußgrößen-Grenzkosten zu ersetzen. Andererseits darf aber auch nicht übersehen werden, daß die der Break even - Analyse idealerweise zugrundeliegende Grenzplankostenrechnung ebenfalls solche Einflußgrößen-Grenzkosten ausweist, die dort als Grenzkosten pro Bezugsgrößeneinheit bezeichnet werden. Die Planung dieser Grenzkosten erfolgt dabei im Rahmen der Kostenstellenrechnung. Erst bei der Kostenträgerstückrechnung (Kalkulation) werden dann aufbauend auf diesen Grenzkosten pro Bezugsgrößeneinheit und unter Berücksichtigung der für eine Produkteinheit notwendigen Anzahl von Bezugsgrößeneinheiten die Erzeugnis-Grenzkosten festgelegt. Somit werden auch bei diesem Verfahren

1. Vgl. CHMIELEWICZ, Klaus (1981), S. 219.
2. Vgl. LASSMANN, Gert (1968 und 1973) sowie FRANKE, Reimund (1972).

mehrere Kosteneinflußfaktoren berücksichtigt.

Aber es bleibt weiterhin die Frage zu klären, welche Kosteneinflußfaktoren zu beachten sind und ob der bei der Break even - Analyse im allgemeinen unterstellte lineare Kostenverlauf in Abhängigkeit von der Absatzmenge, d.h. die Annahme konstanter Erzeugnis-Grenzkosten, gewährleistet ist. Hierzu ist das System der Kostenbestimmungsfaktoren näher zu untersuchen.[1]

Die Einflußfaktoren kann man zunächst in durch das Unternehmensmanagement beeinflußbare bzw. nicht beeinflußbare unterteilen. Die nicht beeinflußbaren Faktoren haben dabei für die Kostenrechnung und anstehende Entscheidungen Datencharakter. Nach Dellmann sind dies vor allem jene Tatbestände, die er mit "betrieblichen Nebenbedingungen" bezeichnet:[2]
gesetzliche Vorschriften, institutionelle Gegebenheiten wie z.B. die Gewerkschaften, naturgegebene Bedingungen und technische Nebenbedingungen.

Bei einer als Auswertungsrechnung zur kurzfristigen Erfolgsrechnung konzipierten Break even - Analyse werden zusätzlich die Faktorpreise, welche multipliziert mit den Faktorverbrauchsmengen die Kosten ergeben, als exogen und in Höhe eines jahresbezogenen Durchschnittspreises als konstant angenommen. Mit Hilfe eines solchen Planpreissystems gelingt es, Preis- und Lohnschwankungen zu eliminieren und zu gewährleisten, daß von den Kostenstellenleitern nicht zu verantwortende Faktorpreisänderungen aus dem Soll-Ist-Vergleich ferngehalten werden. Andererseits muß jedoch im Rahmen kurzfristiger Entscheidungen berücksichtigt werden, daß jahresbezogene Planpreise, insbesondere bei stark schwankenden Faktorpreisen, zu Fehlentscheidungen führen können. Aus diesem Grund wird auch in der Kostenrechnungsliteratur vorgeschlagen, Sonderrechnungen zur Ermittlung entscheidungsorientierter Planpreise durchzuführen bzw. für die dispositiven Aufgaben der Kostenrechnung von jahresbezogenen Planpreisen auf kürzere Planungsperioden überzugehen (Verfahren der zeitlich differenzierten Preisplanung), während für die laufende Abrechnung weiterhin jahresbezogene Planpreise benutzt werden.[3]

---

1. Es werden u.a. von folgenden Verfassern systematische Darstellungen der Kosteneinflußgrößen gegeben: KOSIOL, Erich (1964), S. 49ff. GUTENBERG, Erich (1965), S. 332ff. HEINEN, Edmund (1970), S. 469 ff.
   Eine zusammenfassende Darstellung dieser Systeme findet man bei SCHWEITZER, Marcell; KÜPPER, Hans-Ulrich (1974), S. 179-208.
   Die dieser Arbeit zugrundeliegende Systematisierung der Kosteneinflußfaktoren beruht auf KILGER, Wolfgang (1981), S. 135-165.
2. DELLMANN, Klaus (1980), S. 190.
3. Vgl. KILGER, Wolfgang (1981), S.210/211.

Die Prämisse der konstanten Faktorpreise ist somit in der Ausgestaltung der Break even - Analyse als kostenrechnerische Auswertungsmethode die logische Konsequenz aus den für die Kostenrechnung geforderten Aufgaben. Für eine als Entscheidungshilfsmittel anzusehende Break even - Analyse ist diese Prämisse jedoch nicht notwendig. So haben Dhavale und Wilson gezeigt, daß es ohne größere Schwierigkeiten möglich ist, inflatorische Preisbewegungen in das Modell aufzunehmen.[1]

Neben den Faktorpreisen werden auch Qualitätsänderungen und damit auch die Wechselbeziehungen zwischen Faktorpreisen und Faktorqualitäten einerseits und zwischen Faktorverbrauchsmengen und Faktorqualitäten andererseits nicht berücksichtigt. Bei oszillativen Qualitätsschwankungen im Sinne Gutenbergs, d.h. die Qualitätsschwankungen erfolgen um einen festen Mittelwert, ist diese Annahme durchaus vertretbar.[2] Handelt es sich dagegen um stetige bzw. mutative Qualitätsänderungen, so können diese jedoch Auswirkungen auf die unterstellte Kostenfunktion haben, die zumindest bei einer als Entscheidungsverfahren konzipierten Break even - Analyse berücksichtigt werden sollten. Einen ersten Ansatz in dieser Richtung unternimmt Chmielewicz, der die "mehrfach wechselseitig verflochtenen Erfolgseffekte einer qualitätspolitischen Maßnahme" analytisch darstellt.[3] Er unterscheidet dabei zwischen direkten qualitätsbedingten Einflüssen auf die Absatzmenge, die Verkaufspreise und die Kosten sowie indirekten Einflüssen wie Absatzmengenänderungen aufgrund von Qualitätsänderungen induzierten Preisänderungen oder Fixkostenänderungen aufgrund der durch Qualitätsänderungen induzierten direkten und indirekten Absatzmengenänderungen.

Im weiteren Verlauf dieser Arbeit sollen jedoch weder Qualitätsänderungen noch inflationäre Tendenzen Berücksichtigung finden.

Damit stehen nach Kilger nur noch die folgenden Bestimmungsfaktoren des

---

1. Die Autoren unterstellen dabei aufgrund des kurzfristigen Charakters der Break even - Analyse neben dem inflatorischen Einfluß auf die Verkaufspreise diesen Einfluß nur noch bzgl. der variablen Kosten und nicht bzgl. der Fixkosten. Weiterhin stellen sie die Auswirkungen einer konstanten und einer exponentiell steigenden Inflationsrate auf das Modell vergleichend gegenüber und gelangen in beiden Fällen zu nichtlinearen Gewinnfunktionen und damit auch zu mehreren Break even - Punkten. Vgl. DHAVALE, Dileep G.; WILSON, Hoyt G. (1980).
2. Zu den einzelnen Arten der Qualitätsänderungen vgl. GUTENBERG, Erich (1965), S. 382-390.
3. CHMIELEWICZ, Klaus (1972), S. 601.

Produktionsfaktorverbrauchs zur Diskussion:[1]

- Entscheidungen über den Aufbau zeitungebundener Nutzungspotentiale
- Entscheidungen über die Kapazitäten betrieblicher Teilbereiche
- Entscheidungen über die Verfahren betrieblicher Teilbereiche
- Entscheidungen über die Ausbringungen betrieblicher Teilbereiche

Da in der Plankostenrechnung gegebene Kapazitäten unterstellt und langfristige Verfahrenswahlprobleme ausgeschlossen werden sowie die mit Entscheidungen über den Aufbau zeitungebundener Nutzungspotentiale verbundenen Vorleistungskosten eine Sonderstellung in der Weise einnehmen, daß sie projektweise und nicht produktspezifisch geplant werden, verbleiben als Hauptbestimmungsfaktoren der Kosten die Entscheidungen über die Ausbringungen betrieblicher Teilbereiche. Die mit den Entscheidungen über die Kapazität bzw. die Verfahren verbundenen Kosten werden dagegen als konstante Größen geplant und entweder den ausbringungsfixen oder ausbringungsvariablen Kosten zugeschlagen, da der Einsatz von Potentialfaktoren,[2] der aus Kapazitätsentscheidungen resultiert, nicht in allen Fällen zu Fixkosten führen muß. Dies gilt nur für die zeitverschleißabhängigen und die nicht ausbringungsabhängig disponierbaren nicht verschleißabhängigen Potentialfaktoren. Dagegen führen die gebrauchsverschleißabhängigen Potentialfaktoren zu variablen Kosten und die ausbringungsabhängig disponierbaren nicht verschleißabhängigen Potentialfaktoren je nach dem unterstellten Fristigkeitsgrad der Planung zu fixen bzw. intervallfixen Kosten.[3] Da in der Plankostenrechnung ein relativ geringer Fristigkeitsgrad unterstellt wird, kann man von der Approximation ausgehen, daß die intervallfixen Kosten als fixe Kosten angesetzt werden können. Die exakte Vorgehensweise würde jedoch darin bestehen, bei vorgegebenem Fristigkeitsgrad die sprungfixen Kosten gesondert auszuweisen und sie gerade nicht den fixen oder auch variablen Kosten zuzuordnen.[4] Dies ist auch die Vorgehensweise, die einer als Entscheidungsverfahren konzipierten Break even - Analyse theoretisch am besten entspricht.

---

1. Vgl. KILGER, Wolfgang (1981), S. 137.
2. Zu den Einteilungsmöglichkeiten der Produktionsfaktoren und dem Begriff der Potentialfaktoren vgl. KILGER, Wolfgang (1975).
3. Zu diesen Ausführungen vgl. KILGER,Wolfgang (1981), S. 137-141.
4. Zu den Möglichkeiten der Berücksichtigung intervallfixer Kosten vgl. KILGER, Wolfgang (1981), S. 158-161.

Nun führt die alleinige Berücksichtigung der Ausbringungsmenge als Kostenbestimmungsfaktor jedoch noch nicht notwendigerweise zu eindeutig konstanten Erzeugnis-Grenzkosten, vielmehr ist der Verlauf der Kostenfunktion von der Art der Kostenverursachung abhängig.

Bei homogener Kostenverursachung hat man wohl eindeutige konstante Grenzkosten pro Bezugsgrößeneinheit und auch konstante Erzeugnis-Grenzkosten, die aber nur dann eindeutig sind, wenn keine Alternativenwahlprobleme bzw. nur Wahlprobleme ohne Berücksichtigung von Engpässen auftreten. Im letzten Fall kann man in die Kalkulation mit den Werten der optimalen Alternative eingehen, ansonsten kommt es zu alternativ konstanten Erzeugnis-Grenzkosten im Sinne von Kilger[1].

Bei produktbedingter Heterogenität der Kostenverursachung, d.h., mehrere produktbezogene Bezugsgrößen sind für eine Kostenstelle notwendig, erhält man für alle Bezugsgrößen wieder konstante Grenzkosten. Wegen der Produktbezogenheit der Bezugsgrößen liegt die Anzahl der Bezugsgrößeneinheiten für eine Produkteinheit fest, so daß man auch in diesem Fall wieder zum Idealfall der konstanten Erzeugnis-Grenzkosten gelangt.

Schwierigkeiten treten nun aber in Fällen verfahrensbedingter Heterogenität auf, bei denen eben nicht nur die Ausbringungsmenge, sondern auch Entscheidungsprobleme der Produktionsvollzugsplanung wie Seriengrößenplanung, Einsatz von Mehrarbeitszeiten, Variation von Bedienungsrelationen und Prozeßbedingungen sowie intensitätsmäßige Anpassungsprozesse die Kosten beeinflussen.

Bei gleichbleibender Intensität erhält man im Rahmen der Verfahrenswahlprobleme konstante Grenzkosten pro Bezugsgrößeneinheit (für jede Bezugsgröße), jedoch ist die Anzahl dieser Bezugsgrößeneinheiten von den Entscheidungen des Produktionsvollzugs abhängig. Man gelangt somit wieder zu alternativ konstanten Grenzkosten pro Produkteinheit.

Besondere Probleme treten jedoch bei intensitätsmäßigen Anpassungsprozessen auf.[2] Bei rein intensitätsmäßiger Anpassung liegt schon in den Kosten-

1. Vgl. KILGER, Wolfgang (1981), S. 162.
2. Vgl. zu der Problematik der intensitätsmäßigen Anpassungsprozesse KILGER, Wolfgang (1981), S. 153-158 und S. 167. Zu den Ausgestaltungsformen der intensitätsmäßigen Anpassung vgl. KILGER, Wolfgang (1973), S. 231-271 und zu dem Fall der rein intensitätsmäßigen Anpassung mit Intensitätssplitting DELLMANN, Klaus; NASTANSKY, Ludwig (1969).

stellen ein nichtlinearer (hier s-förmiger) Kostenverlauf vor[1], der mit variablen Grenzkosten pro Bezugsgrößeneinheit und somit auch mit variablen Erzeugnis-Grenzkosten verbunden ist. Dieses Ergebnis legt den Schluß nahe, daß bei einer als Auswertungsrechnung zur Erfolgsplanung konzipierten Break even - Analyse in der Tat nicht alle Kosteneinflußfaktoren berücksichtigt werden, da bei dieser Konzeption von eindeutig konstanten Erzeugnis-Grenzkosten ausgegangen wird. Allerdings treten intensitätsmäßige Anpassungsprozesse in der Praxis relativ selten auf und es besteht zudem die Möglichkeit, den nichtlinearen Kostenverlauf durch eine stückweise Linearisierung zu approximieren, wobei jedem Segment eine eigene Bezugsgröße mit linearem Kostenverlauf zugeordnet werden kann. In diesem Fall erhält man wiederum alternativ konstante Erzeugnis-Grenzkosten.

Hinsichtlich der alternativ konstanten Erzeugnis-Grenzkosten wird in der Plankostenrechnung der Weg beschritten, daß man auf durchschnittlich zu erwartenden bzw. auf optimalen Produktionsentscheidungen aufbauend zu eindeutig konstanten Erzeugnis-Grenzkosten gelangt. Nach Kilger[2] kann man von optimalen Entscheidungen insbesondere bei den sogenannten dispositiv variierbaren Prozeßparametern (Seriengröße, Bedienungsrelation, dispositiv variierbare technologische Prozeßparameter wie Verweilzeit, Umlaufgeschwindigkeit, Druck usw.) ausgehen, da sich diese unabhängig vom Ausbringungsvolumen optimal bestimmen lassen.[3] In Abhängigkeit von diesen Prozeßparametern ergeben sich wohl primär nichtlineare variable Kostenfunktionen, deren Nichtlinearität jedoch wegen der Möglichkeit einer vom Ausbringungsvolumen unabhängigen Optimierung der Prozeßparameter faktisch nicht wirksam wird.

Falls spätere Produktionsentscheidungen von den durchschnittlich erwarteten bzw. von den vorab als optimal bestimmten Entscheidungen abweichen, werden die damit verbundenen Kostenabweichungen in der kurzfristigen Er-

---

1. Dieser Kostenverlauf beruht auf der von Gutenberg entwickelten Theorie der Verbrauchsfunktionen (Produktionsfunktionen vom Typ B). Die Produktionsfunktionen vom Typ B unterstellen dabei Limitationalität der Produktionsfaktoren, während Produktionsfunktionen vom Typ A (abgeleitet aus dem Ertragsgesetz) zumindest in bestimmten Bereichen Substitutionalität unterstellen. Vgl. hierzu GUTENBERG, Erich (1965), S. 314-326.
2. Vgl. KILGER, Wolfgang (1982).
3. Jedoch vor allem bei Rüstprozessen ist die Annahme einer isolierten optimalen Bestimmung des mit solchen produktionsvorbereitenden Prozessen einhergehenden Prozeßparameters "Seriengröße" wegen der Seriensequenzproblematik und den von der Seriengröße abhängigen Lagerkosten anderer Stellen zumindest fragwürdig. Kilger weist auch selbst auf diese Problematik hin: "Rüstprozesse lösen stets interdependente Kostenbeziehungen zwischen mehreren Stellen aus".
   KILGER, Wolfgang (1982), S. 137.

folgsrechnung erfaßt.

Bei einer als Entscheidungsverfahren konzipierten Break even - Analyse tritt das Problem der alternativ konstanten Erzeugnis-Grenzkosten jedoch nicht in Erscheinung, da das Anwendungsgebiet eines solchen Entscheidungsverfahrens unter anderem im Rahmen dieser Produktionsvollzugsentscheidungen gesehen wird und mit seiner Hilfe die Alternativenauswahl an Hand der zugehörigen alternativenindividuellen Kosten erfolgen soll.

Als Fazit dieses Abschnitts kann festgehalten werden, daß hinsichtlich einer als Auswertungsrechnung fungierenden Break even - Analyse in aller Regel die relevanten Kostenbestimmungsfaktoren berücksichtigt werden und die unterstellte Linearität der Kostenfunktion die logische Konsequenz aus der Nichtberücksichtigung einzelner im Rahmen der Kostenrechnung nicht relevanter Kostenbestimmungsfaktoren ist. Andererseits bereitet es aber keine größeren Schwierigkeiten, nichtlineare Kostenfunktionen zu unterstellen, wenn spezielle Entscheidungssituationen dies erfordern. Dieser Fall tritt vor allem dann auf, wenn man nicht von konstanten Faktorpreisen und Faktorqualitäten ausgehen kann bzw. wenn intensitätsmäßige Anpassungsprozesse zu berücksichtigen sind.[1]

γ. Die Prämissen hinsichtlich der Erlösgrößen

Ähnliche Überlegungen können auch bezüglich der die Erlösseite betreffenden Prämissen angestellt werden. Auch hier wird der Break even - Analyse die unterstellte Linearität der Umsatz (Erlös) -funktion zum Vorwurf gemacht. Insbesondere unterscheidet man dabei zwischen einem kostenrechnerischen und einem ökonomischen Konzept, wobei das zweite Konzept der möglichen Nichtlinearität Rechnung trägt.[2] Die im Rahmen der kostenrechnerischen Konzeption unterstellte Linearität der Erlösfunktion erfordert einen konstanten Verkaufspreis bzw. eine unendliche Preiselastizität der Nachfrage, d.h., die Nachfrager sind bereit, zu einem bestimmten Preis je-

1. So ist eine konstante qualitative Struktur der Produktionsfaktoren dann nicht mehr gewährleistet, wenn die Produktivität bzw. die Effektivität der Produktionsfaktoren zur Kapazitätsgrenze hin abnimmt. Vgl. VOHARIWATT, Pongtawan (1983), S. 25/26.
2. Diese Bezeichnungen sind auch als Ausdruck der unterschiedlichen Annahmen hinsichtlich des Kostenkurvenverlaufs gebräuchlich. Vgl. u.a. SOLDOWSKY, Robert M. (1959). BELL, Albert L. (1969). DOPUCH, Nicholas; BIRNBERG, Jacob B.; DEMSKI, Joel S. (1982), S. 108-115.

de beliebige Menge zu kaufen, wogegen sie zu einem auch nur geringfügig höherem Preis nichts nachfragen. In diesem Fall verläuft die individuelle Preisabsatzfunktion in einem Preis-Mengen-Koordinatensystem parallel zur Mengenachse.

Theoretisch unbedenklich ist diese Annahme sicherlich dann, wenn es sich um den Fall der vollständigen Konkurrenz handelt, bei dem der einzelne Anbieter als Mengenanpasser auftritt. Bei anderen Marktformen jedoch sieht sich der einzelne Anbieter dem Nachfragegesetz gegenüber, welches bei steigenden Preisen sinkende Nachfrage signalisiert. Aber auch bei diesen Marktformen wird im Rahmen des kostenrechnerischen Ansatzes der Break even - Analyse von fest vorgegebenen Preisen ausgegangen, wobei die Argumentation am Begriff des bei kurzfristiger Betrachtungsweise "relevanten Beschäftigungsbereiches" anknüpft.[1] Innerhalb dieses relevanten Bereiches kann der mittels der Marginalanalyse abgeleitete Preis p_C auf der Grundlage bisheriger Erfahrungswerte auch bei Nachfrageveränderungen als konstant angesehen werden. Man geht davon aus, daß eine Nachfrageänderung beispielsweise durch Werbemaßnahmen und nicht durch Preisänderungen aufgefangen werden soll. Es handelt sich somit, wie die Abbildung I.4.4 zeigt, um die lineare Approximation der gekrümmten Umsatzkurve $U_{Ö}$. Diese Approximation gilt aber realiter nur für den relevanten Bereich und es würde zu Fehlentscheidungen führen, wenn man die Approximationsgerade U_K darüber hinaus verlängern wollte. Genaugenommen bedeutet diese Vorgehensweise die Abkehr vom deterministischen Modellcharakter. Man ist sich der Schätzunsicherheit bezüglich der Preisabsatzfunktion bewußt, glaubt aber aufbauend auf vorliegenden Erfahrungswerten, zumindest den (relevanten) Bereich angeben zu können, der bei vorgegebenem festen Preis die Punktschätzung der Absatzmenge x_C überdeckt. Nach ökonomischer Konzeption ist dieser Effekt eigentlich nur durch eine Verschiebung der Preisabsatzfunktion erklärbar (vgl. oberes Schaubild in der Abbildung I.4.4), während nach kostenrechnerischer Konzeption diese Kurvenverschiebung sozusagen durch eine Bewegung auf der mittels des festen Preises ermittelten linearen Erlöskurve approximiert wird (vgl. unteres Schaubild der Abbildung I.4.4).[2] Anders ausgedrückt erhält man die unterstellte lineare Umsatzkurve als Strahl durch den Ursprung und durch den zu diesem festen Preis gehörigen Punkt auf der Umsatzkurve nach ökonomischer Konzeption $U_{Ö}$.

---

1. Vgl. HORNGREN, Charles T. (1977), S. 49/50.
2. Vgl. BELL, Albert L. (1969), S. 33. HARTL, Robert J. (1975).

Im Rahmen dieser Arbeit soll bei Vorliegen einer anderen Marktform als der des Polypols der kostenrechnerischen Konzeption jedoch nicht gefolgt werden.

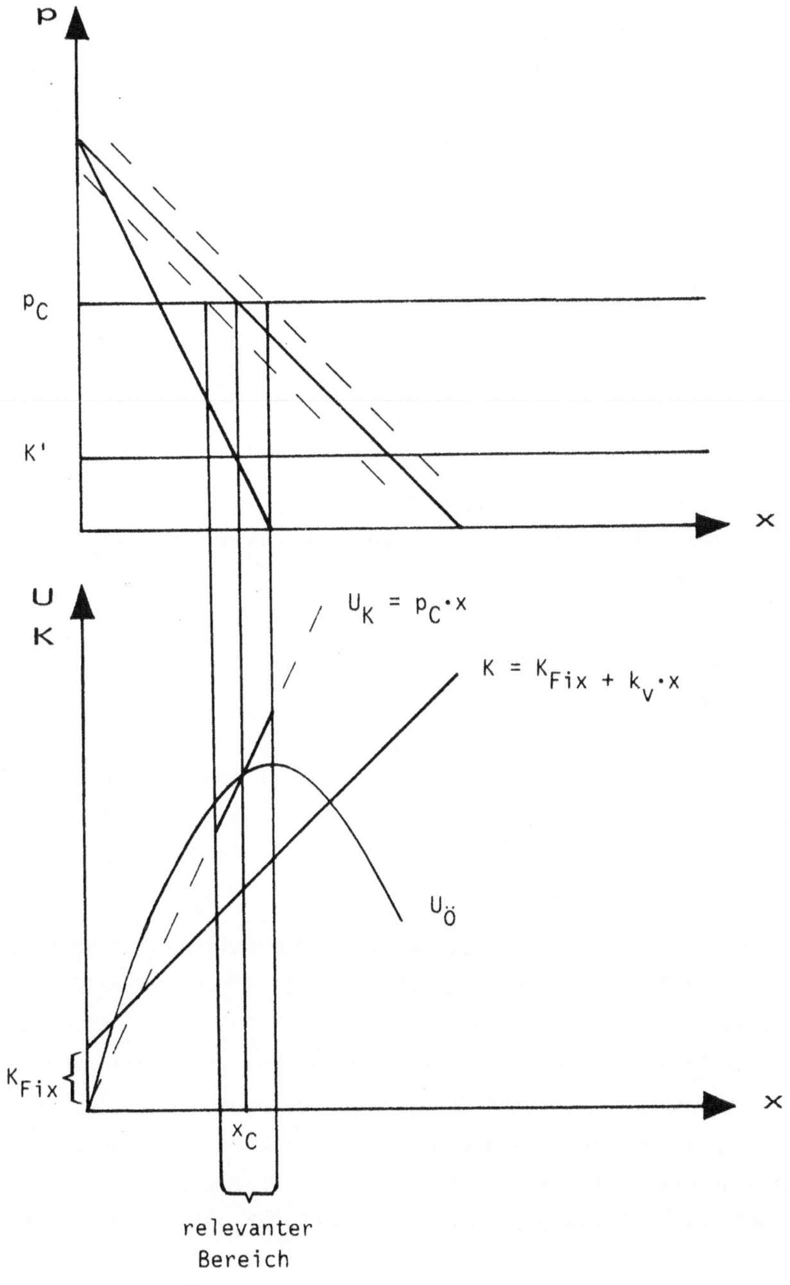

Abb. I.4.4: Die lineare Approximationskurve des Umsatzes nach dem Konzept des relevanten Beschäftigungsbereiches

Es mag zwar sein, daß eine lineare Gesamtumsatzkurve eine brauchbare Approximation für eine gekrümmte Umsatzkurve innerhalb des relevanten Beschäftigungsbereichs darstellt, jedoch ist gerade nicht mehr gewährleistet, daß der mittels der linearen Approximationskurve ermittelbare Break even - Punkt in diesem Bereich liegt. Aus diesem Grund wird auch an anderer Stelle der Einfluß bestimmter Marktformen auf den zu untersuchenden Break even - Punkt aufgezeigt werden.[1] Neben der Berücksichtigung unterschiedlicher Marktformen ist es darüber hinaus auch möglich, den Einfluß von inflatorischen Preisbewegungen[2] und von fixen Erlösen[3] in den Kalkül aufzunehmen.

Eine weitere jedoch insbesondere die als Entscheidungsverfahren konzipierte Break even - Analyse betreffende Prämisse bezüglich der Erlösgrößen fordert den Gleichlauf von Produktion und Absatz. Diese Annahme ist vor allem im Rahmen der stochastischen Break even - Analyse interpretierungsbedürftig, da die ihr zugrundeliegenden Plausibilitätserklärungen von der betrachteten Marktform, der Art des Entscheidungsverfahrens ("Alternativenmodelle im engeren Sinn" bzw. "Erweiterte Alternativenmodelle") und der Lagerfähigkeit der Produkte abhängig sind.[4]

Ausgangspunkt der Kritik ist dabei die Nichtberücksichtigung folgender Mengenbeziehungen:

$$(I.4.14) \quad x_A = \begin{cases} x_p & \text{für} \quad x_N \geq x_p \\ x_N & \text{für} \quad x_N \leq x_p \end{cases}$$

mit
x_A: Absatzmenge [ME/Per.]
x_N: Nachfragemenge [ME/Per.]
x_p: Produktionsmenge [ME/Per.]

Durch die Berücksichtigung der Lagerhaltung im Modell kann jedoch gewährleistet werden, daß die nachgefragte Absatzmenge abgesetzt werden kann ($x_A = x_N$), da man von der Annahme ausgeht, daß bei Übernachfrage dieser Teil durch den Lagerabbau kompensiert wird, während bei Überproduktion ein Lageraufbau stattfindet. Im Rahmen der als Auswertungsrechnung zur kurzfristigen Erfolgsplanung und Erfolgskontrolle konzipierten Break even - Analyse hat die Berücksichtigung der Lagerbestandsbewertung bei Anwendung der Grenzplankostenrechnung darüber hinaus aufgrund der damit verbundenen Be-

---

1. Dies ist vor allem auch im Hinblick auf die "Erweiterten Alternativenmodelle" notwendig.
2. Vgl. DHAVALE, Dileep G.; WILSON, Hoyt G. (1980).
3. Vgl. ALEWELL, Karl (1974), S. 308.
4. Vgl. hierzu die Ausführungen auf S. 244ff. dieser Arbeit.

standsbewertung mit ausschließlich variablen Herstellkosten keinen Einfluß auf den Break even - Punkt bzw. auf den Gewinnausweis.[1]

Dies kann man sich wie folgt klarmachen:
Für die Kosten erhält man allgemein $K = K_{Fix} + k_{v,Her} \cdot x_p + k_{v,VuV} \cdot x_A$

Dabei bezeichnen $k_{v,Her}$ die variablen Stückherstellkosten und $k_{v,VuV}$ die variablen Verwaltungs- und Vertriebskosten pro Stück mit $k_v = k_{v,Her} + k_{v,VuV}$. Zieht man auf der rechten Seite einmal $k_{v,Her} \cdot x_A$ ab und addiert diese Größe gleich wieder hinzu, so erhält man:

$$K = K_{Fix} + k_{v,Her} \cdot x_p - k_{v,Her} \cdot x_A + k_{v,VuV} \cdot x_A + k_{v,Her} \cdot x_A$$

$$K = K_{Fix} + k_{v,Her} (x_p - x_A) + k_v \cdot x_A \quad \text{bzw. da } x_A = x_N \text{ gilt}$$

$$K = K_{Fix} + k_{v,Her} (x_p - x_N) + k_v \cdot x_N$$

Für den Fall $x_N \geqq x_p$ gibt der mittlere Ausdruck den Teil der Herstellkosten an, der in $k_v \cdot x_N$ zuviel erfaßt wird.

Für die Erlösseite erhält man andererseits:

$$p \cdot x_N + k_{v,Her} (x_p - x_N) = p \cdot x_N - k_{v,Her} (x_N - x_p)$$

Hierbei gibt $p \cdot x_N$ den Erlös der abgesetzten Einheiten und der zweite Summand die bewertete Lagerbestandsabnahme an.

Für den Gewinn im Fall $x_N \geqq x_p$ erhält man somit:

$$G = p \cdot x_N - k_{v,Her} (x_N - x_p) - K_{Fix} + k_{v,Her} (x_N - x_p) - k_v \cdot x_N$$

$$G = (p - k_v) \cdot x_N - K_{Fix}$$

---

1. Bei Anwendung einer Vollkostenrechnung ist die Lagerbestandsveränderung dagegen von größerer Bedeutung. Durch die willkürliche nicht verursachungsgerechte Zuordnung der Fixkosten zu den Erzeugnissen wird bei einem Lageraufbau der Gewinn zu hoch und bei einem Lagerabbau zu niedrig ausgewiesen. Neben diesem nachteiligen Effekt auf den Gewinnausweis führt die Anwendung einer auf Vollkosten basierenden Kostenrechnung weiterhin dazu, daß nicht nur ein Break even - Punkt, sondern eine Break even - Linie existiert. Zur Behandlung der Break even - Analyse bei Vollkostenrechnung vgl. S. 61ff. dieser Arbeit.

Für den Bereich $x_N \leqq x_p$ gilt analog:

$$G = p \cdot x_N + k_{v,Her}\,(x_p - x_N) - K_{Fix} - k_{v,Her}\,(x_p - x_N) - k_v \cdot x_N$$

$$G = (p - k_v) \cdot x_N - K_{Fix}$$

In diesem Fall entsprechen die Kosten der Überproduktion dem bewerteten Lageraufbau.

Durch Zusammenführung der beiden Definitionsbereiche $x_N \geqq x_p$ und $x_N \leqq x_p$ erhält man schließlich folgenden von der Lagerveränderung unabhängigen Gewinnausweis:

(I.4.15) $\quad G = (p - k_v) \cdot x_N - K_{Fix} \quad$ q.e.d.

Als Fazit der Diskussion über die drei bisher behandelten Prämissengruppen kann festgehalten werden, daß es sich bei diesen um keine notwendigen, sondern lediglich um die Break even - Analyse vereinfachende Prämissen handelt.

Aus diesem Grund kann auch in den folgenden Kapiteln, die sich mit den entscheidungstheoretischen und statistischen Grundlagen beschäftigen, auf die Auflösung dieser Prämissen verzichtet werden. Die Prämissenauflösung erfolgt erst im Rahmen allgemeinerer Modelle, die dann auf nichtlineare Funktionsverläufe und auf die Berücksichtigung quantitativer Entscheidungsvariablen in Verbindung mit der Lagerhaltungsproblematik eingehen.

δ. Die Prämissen hinsichtlich der Fertigungsstruktur: Einprodukt- versus Mehrproduktfall[1]

Für eine die kurzfristige Erfolgsrechnung unterstützende und somit unternehmensbezogene[2] Break even - Analyse wird eine stark einschneidende Prämisse dann gesetzt, wenn man die Bestimmung des Break even - Punktes auf den Einproduktfall beschränkt. Dabei wird entweder von Einproduktunternehmen ausgegangen oder von Fällen, "in denen es die organisatorische und fertigungstechnische Struktur der Unternehmung erlaubt, alle fixen Kosten auf betriebliche Teilbereiche zu verteilen, von denen jeder nur eine Produktart erstellt."[3]

Im praktisch relevanten Fall der Mehrproduktunternehmung ist die Bestimmung des Break even - Punktes jedoch nicht mehr so einfach möglich, da hier neben dem Problem der verursachungsgerechten Zuordnung der Gemeinkosten vor allem auch das Fixkostenzuordnungsproblem zu den einzelnen Produkten besteht. Falls es ohne größere Zuordnungsprobleme möglich ist, die Fixkostenauflösung durchzuführen, so kann auch im Mehrproduktfall für jedes Produkt der individuelle Break even - Punkt ermittelt werden. Im Normalfall kann eine solche Aufteilung jedoch nicht ohne größeren Genauigkeitsverlust vonstatten gehen, so daß die Validität der Break even - Analyse bei einer solchen Vorgehensweise nicht mehr gewährleistet ist. Die gesamten Fixkosten sind somit den Artikeldeckungsbeiträgen en bloc gegenüberzustellen. Dadurch gelangt man jedoch immer zu Mehrfachlösungen, wenn man nicht weitere relativ einschneidende Annahmen trifft.

Eine erste Annahme besteht darin, daß es gelingt, die Produkte gemäß ihrer DBU-Faktoren selektiv abzusetzen.[4] Diese DBU-Faktoren stellen in einem bei Mehrproduktunternehmen zu benutzenden Gewinn-Umsatz-Diagramm die Stei-

---

1. Diese Gegenüberstellung hätte auch im Rahmen der Kosteneinflußfaktoren erfolgen können, da die Fertigungsstruktur und ihre Veränderung ebenfalls die Kosten beeinflußt. Wegen der speziellen Relevanz des Produktionsprogramms für die Bestimmung des Break even - Punktes erfolgt die Gegenüberstellung jedoch in einem gesonderten Kapitel.
2. Damit soll zum Ausdruck gebracht werden, daß im Rahmen der kurzfristigen Erfolgsrechnung ein Entscheidungsfeld besteht, welches zeitlich aber nicht sachlich abgegrenzt ist. Innerhalb eines solchen Entscheidungsfeldes sind demnach alle Kosten zu berücksichtigen, die durch die Aktivitäten des Unternehmens entstehen. Vgl. SCHOLL, Hermann-Josef (1981), insbesondere S. 73 und S. 115, der der unternehmensbezogenen Betrachtungsweise die kostenstellenorientierte gegenüberstellt.
3. KILGER, Wolfgang (1962), S. 94.
4. Vgl. ANDERSON, Lane K. (1975), S. 30/31. KLIPPER, Harold (1978), S. 51/52. KILGER, Wolfgang (1981), S. 710.

gungsparameter dar. Der Umsatz als Bezugsgröße hat dabei die Aufgabe, die nicht aggregierbaren Mengengrößen der verschiedenen Produkte über die Bewertung in Geld (Produktpreise) auf höherer Aggregationsstufe gleichnamig zu machen. Die Produktpreise sollen unter der Voraussetzung funktionierender Märkte die Knappheit der einzelnen Produkte ausdrücken. Aber insbesondere bei Auftreten von Engpässen sind die Deckungsbeiträge nicht mehr auf den Umsatz zu beziehen, sondern auf die knappe Engpaßkapazität (z.B. relativer Deckungsbeitrag als DM/Maschinenstunde). Die Disposition hat jetzt so zu erfolgen, daß mit einer Engpaßeinheit der höchstmögliche Deckungsbeitrag erzielt wird.[1] Auf die Behandlung der Engpaßproblematik wird an dieser Stelle jedoch verzichtet, so daß die traditionelle Form des Gewinn-Umsatz-Diagramms benutzt werden kann.

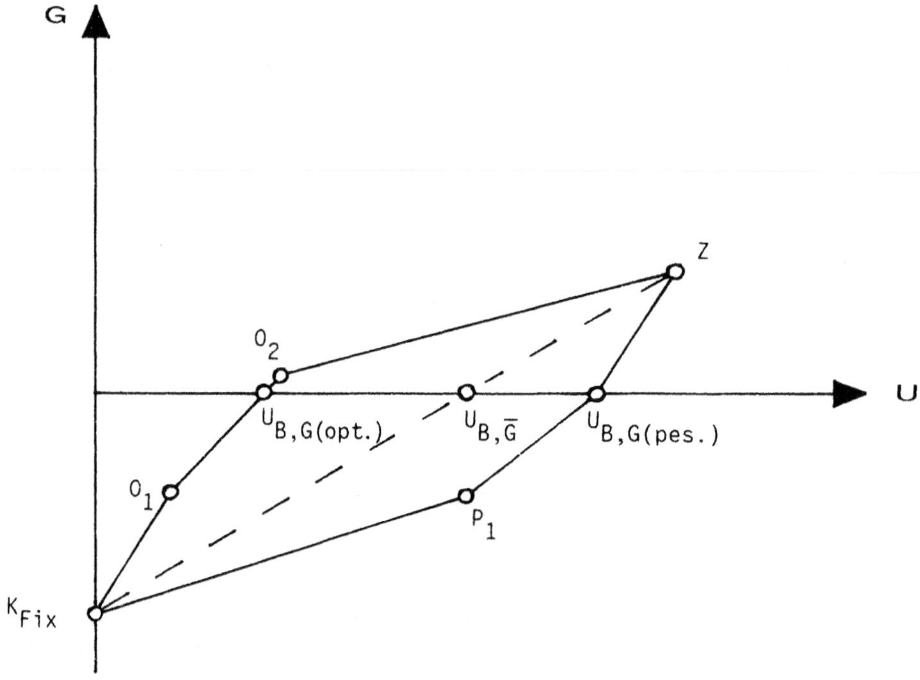

Abb. I.4.5:[2] Die Break even - Analyse in Form des "hip roof profit/volume chart"

1. Vgl. hierzu die Vorgehensweise bei ALEWELL, Karl (1974), S. 311/312 und bei TUCKER, Spencer A. (1980), S. 135.
2. Vgl. KILGER, Wolfgang (1981), S. 710.

Gelingt es, zunächst das Produkt mit dem größten DBU-Faktor, dann das Produkt mit dem zweithöchsten DBU-Faktor usw. abzusetzen, so gelangt man zu dem sogenannten optimistischen Pfad, der in Abbildung I.4.5 durch den Streckenzug K_{Fix}, 0_1, $U_{B,G(opt.)}$, 0_2, Z wiedergegeben wird, wobei der Punkt $U_{B,G(opt.)}$ den zu diesem Verkaufsmix gehörenden Break even - Umsatz angibt.

Im umgekehrten Fall, d.h. es muß zunächst das Produkt mit dem kleinsten DBU-Faktor usw. abgesetzt werden, erhält man den pessimistischen Pfad K_{Fix}, P_1, $P_2 = U_{B,G(pes.)}$, Z , wobei $U_{B,G(pes.)}$ den zu diesem Verkaufsmix gehörenden Deckungsumsatz darstellt.

Eine weitere Annahme, mit der es gelingt, zu einwertigen Ergebnissen zu kommen, besteht darin, ein konstantes Verkaufsmix zu unterstellen. Es wird demnach unterstellt, daß sich das Verkaufsmix, wie z.B. im Fall der Kuppelproduktion, in Abhängigkeit von der Umsatzgröße nicht verändert.[1] In diesem Fall werden die einzelnen produktspezifischen DBU-Faktoren durch einen durchschnittlichen DBU-Faktor ersetzt, der sich als gewogenes arithmetisches Mittel der individuellen DBU-Faktoren ergibt. Gewichtet wird dabei mit den (effektiven oder geplanten) Umsatzanteilen der einzelnen Produkte am Gesamtumsatz:

$$(I.4.16) \qquad \overline{DBU} = \sum_{j=1}^{n} \left[DBU_j \cdot \frac{U_j}{\sum\limits_{j=1}^{n} U_j} \right] = \frac{\sum\limits_{j=1}^{n} \frac{d_j}{p_j} \cdot p_j \cdot x_j}{\sum\limits_{j=1}^{n} p_j \cdot x_j}$$

$$= \frac{\sum\limits_{j=1}^{n} d_j \cdot x_j}{\sum\limits_{j=1}^{n} p_j \cdot x_j} = \frac{\sum\limits_{j=1}^{n} p_j \cdot x_j - \sum\limits_{j=1}^{n} k_{v,j} \cdot x_j}{\sum\limits_{j=1}^{n} p_j \cdot x_j} = 1 - \frac{\sum\limits_{j=1}^{n} k_{v,j} \cdot x_j}{\sum\limits_{j=1}^{n} p_j \cdot x_j}$$

<u>wobei</u> j: Produktartenindex ($j=1,\dots,n$)

x_j: Absatzmenge der Produktart j

---

1. Vgl. u.a. ALEWELL, Karl (1974), S. 311. KILGER, Wolfgang (1981), S. 709. JOSCHKE, Heinz K. (1982), S. 308/309. CHATFIELD, Michael; NEILSON, Denis (1983), S. 347/348. MORIARITY, Shane; ALLEN, Carl P. (1984), S. 194.

Diese Größe bezeichnet man als "profit-volume-ratio". Die Relation gibt an, wie sich der Gewinn in Abhängigkeit vom Umsatz unter der Annahme eines konstanten Verkaufsmix verändert.[1]

Im Gewinn-Umsatz-Diagramm entsteht demnach eine Gerade mit dem Ordinatenabschnitt $-K_{Fix}$ und dem durchschnittlichen DBU-Faktor als Steigung. Man bezeichnet die so entstehende Gerade häufig als zentralen Pfad:[2]

(I.4.17) $$G = -K_{Fix} + \overline{DBU} \cdot U$$

Für den Break even - Umsatz erhält man somit:

(I.4.18) $$U_{B,\overline{G}} = \frac{K_{Fix}}{1 - \dfrac{\sum_{j=1}^{n} k_{v,j} \cdot x_j}{\sum_{j=1}^{n} p_j \cdot x_j}}$$

Den mit der Annahme des konstanten Verkaufsmix verbundenen Break even - Umsatz $U_{B,\overline{G}}$ kann man auch über die Bestimmung der einzelnen Break even - Mengen erhalten. Denn unter der Annahme eines konstanten Verkaufsmix kann man ein Produkt als Referenzgröße heranziehen:

(I.4.19) $x_j = C_j \cdot x_k$ für $(j = 1,\ldots,n)$, wobei C_j das Verhältnis des Produktes j zum Referenzprodukt k angibt (C_k=1).

Man erhält dann für $\overline{DBU}$:

$$\overline{DBU} = \frac{\sum_{j=1}^{n} d_j \cdot x_j}{\sum_{j=1}^{n} p_j \cdot x_j} = \frac{\sum_{j=1}^{n} d_j \cdot C_j \cdot x_k}{\sum_{j=1}^{n} p_j \cdot C_j \cdot x_k} = \frac{\sum_{j=1}^{n} d_j \cdot C_j}{\sum_{j=1}^{n} p_j \cdot C_j}$$

---

1. Vgl. KILGER, Wolfgang (1981), S. 709.
2. Vgl. ANDERSON, Lane K. (1975), S. 32 und in der Abbildung I.4.5 die gestrichelte Gerade durch die Punkte K_{Fix} und Z.

Damit ergibt sich der Gewinn gemäß (I.4.17):

$$G = - K_{Fix} + \frac{\sum_{j=1}^{n} d_j \cdot C_j}{\sum_{j=1}^{n} p_j \cdot C_j} \cdot U$$

$$G = - K_{Fix} + \frac{\sum_{j=1}^{n} d_j \cdot C_j}{\sum_{j=1}^{n} p_j \cdot C_j} \cdot \sum_{j=1}^{n} p_j \cdot C_j \cdot x_k$$

$$G = - K_{Fix} + x_k \cdot \sum_{j=1}^{n} d_j \cdot C_j$$

Für die Break even - Mengen erhält man damit:

$$\text{(I.4.20)} \quad x_{B,k} = \frac{K_{Fix}}{\sum_{j=1}^{n} d_j \cdot C_j} \quad \text{bzw.} \quad x_{B,j} = C_j \cdot x_{B,k} \quad \text{für} \quad (j=1,\ldots,n) \text{ und } C_k = 1$$

Der Break even - Umsatz ergibt sich damit wieder zu:

$$\sum_{j=1}^{n} p_j \cdot x_{B,j} = \sum_{j=1}^{n} p_j \cdot C_j \cdot x_{B,k} = \sum_{j=1}^{n} p_j \cdot C_j \cdot \frac{K_{Fix}}{\sum_{j=1}^{n} d_j \cdot C_j}$$

$$= \frac{K_{Fix}}{\overline{DBU}} = U_{B,\overline{G}}$$

Zu einem ähnlichen Ergebnis gelangt man unter der ebenfalls sehr realitätsfremden Annahme, daß alle Produkte den gleichen Deckungsbeitrag je DM Umsatz (DBU-Faktor) erzielen.[1] In diesem Fall ist das Verkaufsmix nicht relevant, so daß man im Gewinn-Umsatz-Diagramm wiederum eine Gerade mit dem für alle Produkte identischem DBU-Faktor als Steigung und mit K_{Fix} als negativen

1. Vgl. POENSGEN, Otto H. (1981), Sp. 308. CHATFIELD, Michael; NEILSON, Denis (1983), S. 345/346.

Ordinatenabschnitt erhält.

Die bisher getätigten Annahmen schränken die Anwendbarkeit der Break even - Analyse jedoch in starkem Maß ein. Deshalb wird man eine befriedigende Lösung nur dann finden, wenn man auf diese Prämissen verzichtet und die damit resultierenden Mehrfachlösungen explizit angibt. Die Mehrfachlösungen lassen sich auch in der Abbildung I.4.5 erkennen. Sie liegen zwischen dem Break even - Umsatz des optimistischen Pfades $U_{B,G(opt.)}$ und dem des pessimistischen Pfades $U_{B,G(pes.)}$.

Zur Bestimmung der Mehrfachlösungen ist die folgende Gleichung unter der Nebenbedingung $x_j \geqq 0$ nach x_j $(j=1,\ldots,n)$ zu lösen:

$$K_{Fix} = \sum_{j=1}^{n} (p_j - k_{v,j}) \cdot x_j \qquad \text{(I.4.21)}$$

Diese unendliche Zahl von Mehrfachlösungen kann man dabei als Konvexkombination sogenannter Elementarlösungen erhalten, die sich dadurch ergeben, daß man jeweils n-1 x-Werte gleich null setzt. Eine erste Elementarlösung lautet beispielsweise:

$$\underline{x}^1 = \begin{pmatrix} x_1 = \dfrac{K_{Fix}}{d_1} \\ x_2 = 0 \\ \vdots \quad\quad \vdots \\ x_n = 0 \end{pmatrix}$$

Für die zweite Elementarlösung gilt analog:

$$\underline{x}^2 = \begin{pmatrix} x_1 = 0 \\ x_2 = \dfrac{K_{Fix}}{d_2} \\ \vdots \quad\quad \vdots \\ x_n = 0 \end{pmatrix}$$

Man erhält insgesamt n solcher Elementarlösungen. Zusätzlich erfüllen aber auch alle Konvexkombinationen der Elementarlösungen die Gleichung (I.4.21).

Die Konvexkombination der beiden angegebenen Elementarlösungen lautet

$$\lambda \cdot \underline{x}^1 + (1-\lambda) \cdot \underline{x}^2 \qquad \text{für} \quad 0 \leqq \lambda \leqq 1$$

Nun führt aber nicht nur die Konvexkombination dieser zwei ausgewählten Elementarlösungen zu weiteren Lösungen von (I.4.21), sondern jede mögliche Konvexkombination der einzelnen Elementarlösungen:

$$(I.4.22) \qquad \sum_{j=1}^{n} \lambda_j \cdot \underline{x}^j \qquad \text{mit} \quad \lambda_j \geqq 0 \quad \text{und} \quad \sum_{j=1}^{n} \lambda_j = 1$$

Wie man jedoch sofort erkennt, ist die Operationalität einer solchen Vorgehensweise für größeres n kaum mehr gewährleistet.

Für den Fall, daß neben der Nichtnegativität [$x_j \geqq 0$, (j=1,...,n)] auch die Ganzzahligkeit der Produktmengen gefordert wird, hat Kilger einen Lösungsansatz vorgestellt[1], der auf den sogenannten diophantischen Gleichungen beruht.

Bei dieser auf Leonhard Euler zurückgehenden Methode wird die Bestimmungsgleichung (I.4.21) nach dem x_j-Wert (j=1,...,n) mit dem kleinsten Koeffizienten aufgelöst. Der daraus resultierende Ausdruck wird schließlich in einen ganzzahligen Anteil und in einen Bruch zerlegt. Dieser Bruch wird gleich einer Hilfsvariablen gesetzt und daran anschließend wieder nach dem x-Wert mit dem kleinsten Koeffizienten unter den verbleibenden x_j-Werten aufgelöst. Das Verfahren wird solange wiederholt, bis man zu einem nur noch ganzzahligen Ausdruck kommt, der als Ausgangspunkt der herzuleitenden Lösung dient. Durch suksessives Einsetzen des jeweils zuletzt erhaltenen Ausdrucks erhält man schließlich unter Beachtung der Nichtnegativitätsbedingungen für die Absatzmengen die gesuchten Mehrfachlösungen.[2] Doch auch dieses Verfahren verliert an Operationalität, wenn mehr als zwei Produkte zu berücksichtigen sind.

Insbesondere wenn die Existenz von Lösungen aufgrund zusätzlich zu berücksichtigender Restriktionen nicht gewährleistet ist, bietet sich die Bestimmung von "Näherungswerten" über Lineare Programmierungsansätze an.

---

1. Vgl. KILGER, Wolfgang (1962), S. 95-98.
2. Beispiele zu diesem Verfahren findet man bei KILGER, Wolfgang (1962), S. 95-98 und bei SCHÖNFELD, Hanns-Martin (1974), Bd. III, S. 71-73.

Betrachtet man für die Break even - Analyse im Mehrproduktfall die Deckung der Fixkosten durch die Summe der Artikeldeckungsbeiträge als ein Approximationsziel, so bietet sich in Anlehnung an Charnes, Cooper und Ijiri[1] ein Goal Programming-Ansatz an, bei dem der absolute Abstand der Fixkosten von der Summe der Artikeldeckungsbeiträge minimiert wird:

$$\text{Min} \left\{ z(x) = y^+ + y^- \right\}$$

$$\text{u.d.N.} \quad \sum_{j=1}^{n} d_j \cdot x_j + y^- - y^+ = K_{Fix}$$

$$y^+, y^- \geq 0$$

$$x_j \geq 0 \quad (j=1,\dots,n)$$

<u>wobei</u>

$$y^+ = \sum_{j=1}^{n} d_j \cdot x_j - K_{Fix} \quad \text{für} \quad K_{Fix} < \sum_{j=1}^{n} d_j \cdot x_j$$

$$y^- = K_{Fix} - \sum_{j=1}^{n} d_j \cdot x_j \quad \text{für} \quad K_{Fix} > \sum_{j=1}^{n} d_j \cdot x_j$$

Aus den bisherigen Erläuterungen wird ersichtlich, daß der Break even - Analyse im Mehrproduktfall und im Rahmen eines als ergänzende Auswertungsrechnung zur Erfolgsanalyse konzipierten Verfahrens durchaus ihre Grenzen gesetzt sind.

Im Rahmen der als Entscheidungsverfahren konzipierten Break even - Analyse andererseits soll es sich jedoch nicht um ein unternehmensbezogenes Totalmodell, sondern um ein sachlich partielles Entscheidungsmodell handeln, bei dem die Problematik der Fixkostenauflösung nicht oder nur in vernachlässigbar geringem Ausmaß auftritt. Die produktspezifischen (alternativenindividuellen) Fixkosten und damit die alternativenindividuellen Break even - Punkte sind demnach im Rahmen solcher Partialmodelle angebbar. Der Aufgabenschwerpunkt dieser Modelle verlagert sich jedoch dann in die Richtung, daß das optimale Produktmix zusammenzustellen ist, wobei in aller

---

1. Vgl. CHARNES, Abraham; COOPER, William W.; IJIRI, Yuji (1963), S. 19-22.

Regel Abhängigkeiten zwischen den Alternativen (Produkten) über die Kovarianzen zu berücksichtigen sind. Auf Grundlage dieser Aufgabenstellung ist es auch plausibel, die Anwendbarkeit der Portfolio-Selektionsansätze und einzelner stochastischer Linearer Programmierungsansätze zu untersuchen.[1]

In den folgenden Kapiteln über die entscheidungstheoretischen und statistischen Grundlagen kann jedoch weiterhin vom Einproduktfall ausgegangen werden.

ε. Die Prämissen hinsichtlich des unterstellten Kostenrechnungssystems

Eine unabdingbare Voraussetzung für die Durchführung der Break even - Analyse betrifft die Möglichkeit der Kostenauflösung, d.h. der Gesamtkostenspaltung in ihre fixen und variablen Bestandteile.[2] Denn ohne eine solche Kostenauflösung ist es schon technisch nicht möglich, den Break even - Punkt zu bestimmen.

Die Problematik der Kostenauflösung ist dabei eher von praktischer als von theoretischer Bedeutung, denn bei Vorhandensein eines der Grenzplankostenrechnung entsprechenden Systems kann die Prämisse getrennt ausgewiesener fixer sowie mengenabhängiger Bestandteile theoretisch als erfüllt angesehen werden. Man sollte sich aber vor Augen halten, daß gerade mit der aus praktischer Sicht adäquaten Aufteilung der Kosten die Qualität der Break even - Analyse als Auswertungsrechnung sowie auch als Entscheidungshilfsmittel entscheidend verbessert wird.

Als die beiden wichtigsten Varianten der Kostenauflösung sind die mathematisch-statistische Kostenauflösung und die planmäßige Kostenauflösung zu nennen, deren gemeinsame, sich gegenseitig ergänzende, Durchführung am vorteilhaftesten ist.[3]

---

1. Vgl. JOHNSON, Glenn L.; SIMIK, Stephen S. (1971). MAGEE, Robert P. (1975). CHEN, Joyse T. (1983).
2. Dabei wird man die Kostenauflösung separat nach Kostenarten und Kostenstellen durchführen, um schließlich auf höherer Aggregationsstufe unter Berücksichtigung der jeweiligen Bezugsgrößen die Gesamtkostenfunktion zu erstellen.
3. Zu den einzelnen Verfahren der Kostenauflösung und ihrer kritischen Würdigung vgl. u.a. KILGER, Wolfgang (1981), S. 360-369. Neben den hier angesprochenen Verfahren unterscheidet Kilger noch die buchtechnische Kostenauflösung und die Kostenauflösung mittels Variatoren. Beide Verfahren weisen jedoch schwerwiegende Defekte auf.

Bei den mathematisch - statistischen Verfahren unterscheidet man zwischen regressionsanalytischen Ansätzen und rudimentäreren Formen wie der "Scattergraph-Method" und der "High-Low-Method", wobei letztere der mathematischen Kostenauflösung Schmalenbachs entspricht.

Kilger sieht die Nachteile der statistischen Verfahren jedoch als so schwerwiegend an, daß er sie für die Kostenplanung einer flexiblen Plankostenrechnung als wenig geeignet beurteilt.[1]

Der Hauptkritikpunkt an diesen Verfahren besteht darin, daß sie von Istwerten vergangener Perioden ausgehen und somit nur dann sinnvoll anwendbar sind, wenn man von einem relativ stabilen Verhalten der Kostenverursachungsgrößen im Zeitablauf ausgehen kann. Zumindest ist es bei diesen Verfahren erforderlich, die Istwerte von solchen Einflüssen zu bereinigen, die den heutigen Gegebenheiten nicht mehr entsprechen. Daneben bereitet die Bestimmung der Regressionskurven Schwierigkeiten, wenn sogenannte Streupunktballungen auftreten oder Kostenremanenzen zu berücksichtigen sind.

Bei der planmäßigen Kostenauflösung löst man sich von den Istwerten vergangener Perioden und vermeidet somit, unerkannte Unwirtschaftlichkeiten fortzuschreiben. Grundlage dieser Verfahren sind ingenieurwissenschaftliche Methoden, d.h., man versucht über Messungen, Berechnungen aber auch über Erfahrungswerte und Schätzungen die Kostenaufteilung vorzunehmen.

Vor allem die Dispositionsbestimmtheit einzelner Kostenarten läßt für diese nur die planmäßige Kostenauflösung als einziges sinnvolles Verfahren zu. Jedoch können andere Kostenarten durchaus auch statistisch aufgelöst werden, wenn die Eliminierung störender Einflüsse gelingt und darüber hinaus die spezifizierte Regressionsfunktion bestimmten kritischen Prüfungen unterzogen wird. Eine wertvolle Unterstützung in dieser Hinsicht stellen die Streupunktdiagramme dar, welche eigentlich immer vor der Regressionsberechnung zu erstellen sind, da mit diesen nicht nur Streupunktballungen, Strukturbrüche, Heteroskedastizitäten und Extremwerte spezifizierbar sind, sondern die darüber hinaus auch die Prüfung "signifikanter" (partieller) Regressionskoeffizienten hinsichtlich ihres Zustandekommens erlauben.

Unabhängig von dem gewählten Verfahren der Kostenauflösung ist aber gerade

1. Vgl. KILGER, Wolfgang (1981), S. 358.

wegen der entscheidungsorientierten Ausgestaltung der Kostenrechnung die alleinige Anwendung eines auf Vollkosten basierenden Kostenrechnungssystems nicht sinnvoll.

Bei einer Plankostenrechnung auf Vollkostenbasis wird wohl ebenfalls eine Kostenauflösung durchgeführt, jedoch wird das Ergebnis dieser Kostenauflösung nicht in der Kostenträgerstückrechnung berücksichtigt, so daß die damit verbundene willkürliche und nicht verursachungsgerechte Zuordnung der fixen Kosten auf die betrieblichen Erzeugnisse im dispositiven Bereich zu Fehlentscheidungen führt. Neben der fälschlichen Eliminierung von sogenannten Verlustartikeln[1] weist die Anwendung von Vollkostensätzen bei Verfahrenswahlproblemen der Produktionsvollzugsplanung eine gefährliche Tendenz dahingehend auf, daß gerade fixkostenintensive Verfahren im Vergleich zu niedriger mechanisierten Verfahren noch weniger ausgelastet werden, da es über die verrechneten Plankosten zu einer künstlichen Proportionalisierung der fixen Kosten kommt.[2]

Aber auch die Aussage der Erfolgsanalyse ist bei Anwendung einer Vollkostenrechnung aufgrund der gegenüber einer Grenzplankostenrechnung andersartigen Behandlung der fixen Herstellkosten eine andere. So bewirkt ein Lageraufbau ($x_p > x_A$) bei der Vollkostenrechnung einen größeren Gewinn als bei der Grenzplankostenrechnung. Für den Fall eines Lagerabbaus ($x_p < x_A$) wird der Erfolg dagegen kleiner ausgewiesen. Dies ist darauf zurückzuführen, daß bei einer auf Vollkosten basierenden Kostenrechnung die fixen Herstellkosten bei einem Lageraufbau in die Lagerbestandsbewertung eingehen, während in Perioden, in denen ein Lagerabbau stattfindet, die in früheren Perioden aktivierten fixen Herstellkosten jetzt in die Erfolgsrechnung einbezogen werden.

Als Gewinndifferenz von Vollkostenrechnung und Grenzplankostenrechnung (bei Anwendung des Umsatzkostenverfahrens) erhält man:[3]

$$(I.4.23) \quad \Delta G = G_{VK} - G_{GK} = k_{Fix,Her} (x_p^i - x_A)$$

Man erkennt, daß nur im Fall sich entsprechender Istproduktionsmenge x_p^i und Absatzmenge x_A (keine Lagerbestandsveränderung) der Gewinn auf Vollko-

---

1. Vgl. PLAUT, Hans Georg (1955), S. 32/33.
2. Vgl. zu dieser Problematik u.a. KILGER, Wolfgang (1966), S. 163.
3. Die Herleitung dieser Beziehung findet man u.a. bei KILGER, Wolfgang (1976), S. 427-430.

stenbasis gleich dem Gewinn auf Grenzkostenbasis ist.

Für den Gewinn auf Vollkostenbasis ergibt sich somit:

(I.4.24) $$G_{VK} = G_{GK} + \Delta G = (p-k_v)\cdot x_A - K_{Fix} + k_{Fix,Her}\,(x_p^i - x_A)$$

Berücksichtigt man, daß für die geplanten fixen Stückherstellkosten $k_{Fix,Her} = K_{Fix,Her}/x_p^p$ (x_p^p: geplante Produktionsmenge) gilt, so kann man die Beziehung (I.4.24) umformen zu:

$$G_{VK} = (p-k_v)\cdot x_A - K_{Fix,VuV} - \frac{K_{Fix,Her}}{x_p^p}\cdot x_p^p + \frac{K_{Fix,Her}}{x_p^p}\,(x_p^i - x_A)$$

(I.4.25) $$G_{VK} = (p-k_v)\cdot x_A - K_{Fix,VuV} - \frac{K_{Fix,Her}}{x_p^p}\cdot x_A - \frac{K_{Fix,Her}}{x_p^p}\,(x_p^p - x_p^i)$$

Mittels dieser Darstellung, welche auch von Solomons benutzt wird[1], kann man die zwei unterschiedlichen Einflüsse auf den Gewinn bei Anwendung der Vollkostenrechnung erkennen:

- die oben schon angesprochene Lagerbestandsveränderung und
- *die Nichtauslastung der Kapazität (für* $x_p^p > x_p^i$*)*

Neben dem zu der Grenzplankostenrechnung unterschiedlichen Erfolgsausweis hat die Vollkostenrechnung noch die weitere Eigenart, daß für jede tatsächliche Produktionsmenge x_p^i eine zugehörige Break even - Menge existiert.

Diese lassen sich ausgehend von der Beziehung (I.4.25) folgendermaßen bestimmen:[1]

(I.4.26) $$x_{B,A(VK)} = \frac{(x_p^p - x_p^i)\cdot\dfrac{K_{Fix,Her}}{x_p^p} + K_{Fix,VuV}}{p - k_v - \dfrac{K_{Fix,Her}}{x_p^p}}$$

1. Vgl. SOLOMONS, David (1968), S. 447-452.

Aus dieser Bestimmungsgleichung für die Break even - Menge läßt sich auch der bei Verwendung der Vollkostenrechnung entstehende Defekt erkennen, daß trotz fixer Herstellkosten der Break even - Punkt bei null Absatzmengeneinheiten erreichbar ist. Dieser Fall tritt für $K_{Fix,VuV} = o$ und planmäßiger Kapazitätsauslastung ($x_p^p = x_p^i$) ein. Bei Realisierung dieser Break even - Absatzmenge in Höhe von null Einheiten geht die gesamte Produktion auf Lager, so daß die mit $k_{v,Her}$ bewertete Lagerbestandsveränderung gerade den Produktionskosten entspricht.

Die Zusammenhänge lassen sich auch mittels der Abbildung I.4.6 graphisch interpretieren:

Es ist zu beachten, daß alle Funktionen in Abhängigkeit von der Absatzmenge zu interpretieren sind. Insbesondere hat die "dick" eingezeichnete Vollkostenkurve (mit Berücksichtigung der Beschäftigungsabweichung) $\overline{BM}$ nur für den speziellen in der Abbildung benutzten x_p^i - Wert Gültigkeit. Weiterhin wird aus Vereinfachungsgründen von der Nettoerlöskurve ausgegangen, die man dadurch erhält, daß man von den Verkaufspreisen die variablen VuV-Kosten pro Stück abzieht:[1]

(I.4.27) $$U_N = (p - k_{v,VuV}) \cdot x_A$$

Unter Berücksichtigung der Beziehung (I.4.25) liegt der Break even - Punkt bei Vollkostenrechnung $x_{B,A(VK)}$ für den in der Abbildung I.4.6 unterstellten x_p^i - Wert dort, wo eine Deckung der

(1) fixen VuV - Kosten

$$K_{Fix,VuV} \mathrel{\hat{=}} \overline{D,x_{B,A(VK)}}$$

(2) gesamten Herstellkosten der abgesetzten Menge

$$k_{Her} \cdot x_{B,A(VK)} = \left(k_{v,Her} + \frac{K_{Fix,Her}}{x_p^p} \right) \cdot x_{B,A(VK)} \mathrel{\hat{=}} \overline{ED}$$

1. Wegen der Ausklammerung der variablen VuV - Kosten werden in den folgenden Abbildungen I.4.6 und I.4.7 die Kostenfunktionen mit K' bezeichnet.

(3) durch die Vollkostenrechnung bedingten Beschäftigungsabweichung

$$\frac{K_{Fix,Her}}{x_p^p} \cdot (x_p^p - x_p^i) \hat{=} \overline{FE}$$

durch den Nettoerlös $(p - k_{v,VuV}) \cdot x_{B,A(VK)}$ erfolgt.

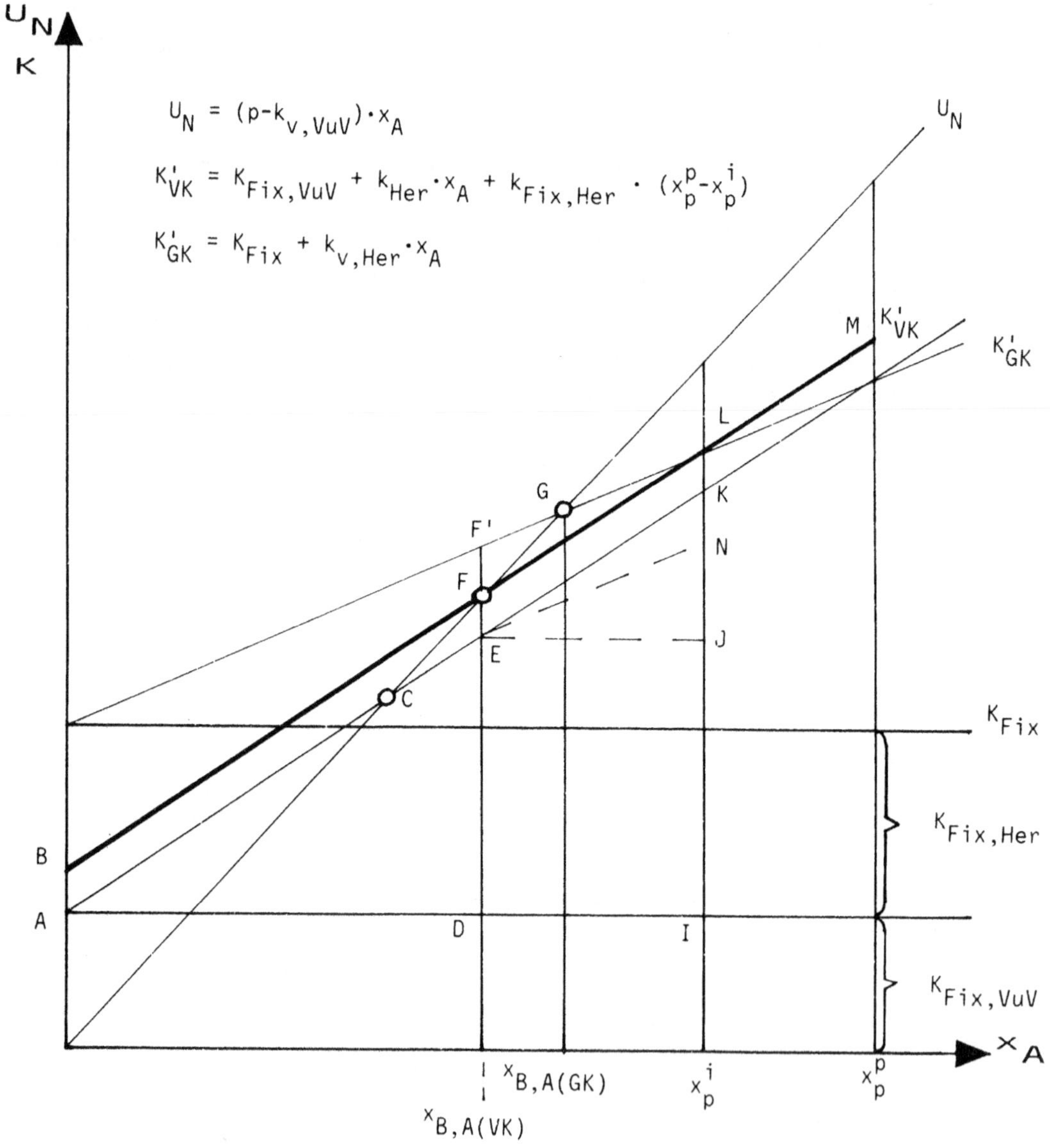

Abb. I.4.6: Auswirkungen unterschiedlicher Kostenrechnungssysteme auf den Gewinnausweis und die Lage des Break even - Punktes

Zieht man vom Punkt E aus eine Hilfslinie parallel zur Abszisse bis zu der Vertikalen über x_p^i , so lassen sich die Zusammenhänge für die Break even - Menge auch in Verbindung mit der Istproduktionsmenge darstellen.

An der Stelle x_p^i sind neben $K_{Fix,VuV}$ $(\overline{I,x_p^i})$, den gesamten Herstellkosten der abgesetzten Mengeneinheiten $x_{B,A(VK)}$ $(\overline{JI} \mathrel{\hat=} \overline{ED})$ und der Beschäftigungsabweichung $(\overline{LK} \mathrel{\hat=} \overline{FE})$ noch die gesamten Herstellkosten der nicht abgesetzten Produktionseinheiten $(x_p^i - x_{B,A(VK)})\cdot k_{Her}$ zu berücksichtigen. Der letztgenannte Kostenbestandteil $(\overline{KJ})$ wird jedoch gerade wieder durch die bei einer Vollkostenrechnung mit k_{Her} bewertete Lagerbestandsveränderung kompensiert, so daß den Nettoerlösen an der Stelle $x_{B,A(VK)}$ nur die Kosten entsprechend den Strecken $\overline{J,x_p^i}$ und $\overline{LK}$ - beide Teile entsprechen $\overline{F,x_{B,A(VK)}}$ - gegenüberzustellen sind.

Beachtet man, daß bei einer Grenzplankostenrechnung die nicht abgesetzten Produktionseinheiten mit $k_{v,Her}$ und nicht mit k_{Her} bewertet werden - dies läßt sich geometrisch so deuten, daß man von E ausgehend eine Linie mit der Steigung $k_{v,Her}$ (Parallele zu K'_{GK}) bis zur Vertikalen über x_p^i zieht -, so drückt $\overline{KN} \mathrel{\hat=} \overline{F'F}$ den bei Vollkostenrechnung gegenüber einer Grenzkostenrechnung zuviel ausgewiesenen Gewinn aus. Dieser Fehler der Vollkostenrechnung tritt nur für den Fall $x_A = x_p^i$ nicht auf [vgl. auch die Beziehung (I.4.23)].

Neben diesem im Rahmen einer als Kontrollrechnung ausgerichteten kurzfristigen Erfolgsrechnung auftretenden Defekt resultieren aus der Anwendung eines auf Vollkosten basierenden Kostensystems bei einer als Planungsrechnung ausgerichteten Erfolgsrechnung vergleichbare Mängel. So führt diese Vorgehensweise unter Berücksichtigung des stochastischen Charakters der Mengen zu anderen Ergebnissen hinsichtlich des Risikomaßes als bei einer auf Grenzkosten beruhenden Kostenrechnung.

Selbst wenn man von der im Rahmen der Break even - Analyse traditionellen Annahme der Gleichheit von Absatz- und Produktionsmenge ausgeht, ist die eindeutige Bestimmung eines Break even - Punktes und des damit verbundenen Risikowertes bei einer Vollkostenrechnung nicht möglich.

Interpretiert man in der Abbildung I.4.6 x_p^p als erwartete Nachfrage und x_p^i als eine Realisation der Zufallsvariablen Absatzmenge $\mathrel{\hat=}$ Produktionsmenge, so erkennt man, daß für alle möglichen Realisierungen dieser Zufallsvariablen aufgrund der Berücksichtigung der Beschäftigungsabweichungen - diese sind wegen der Abhängigkeit von x_p^i ebenfalls Realisationen einer Zufallsvariablen - unterschiedliche Kostenkurven entstehen, die wiederum zu unterschiedlichen Break even - Punkten führen. Damit entsteht das Problem der Auswahl des "geeigneten" Break even - Punktes als Grundlage des darauf aufbauenden Risikomaßes.

An dieser Stelle soll mittels des in Abbildung I.4.7 dargestellten Schemas nur noch gezeigt werden, daß zwischen den möglichen Produktionsmengen x_p^i und den korrespondierenden Break even - Absatzmengen im Rahmen einer Vollkostenrechnung eine lineare Beziehung besteht.[1]

Ausgangspunkt ist das Diagramm 1 (rechts oben), in welchem neben der Kostenkurve K'_{GK} der Grenzkostenrechnung die Kostenfunktionen auf Vollkostenbasis in Abhängigkeit einiger beispielhaft ausgewählter Istproduktionsmengen ($x_p^{i,0} = 0$, $x_p^{i,1}$, $x_p^{i,2}$, $x_p^{i,3}$, x_p^p) dargestellt werden. Diese Kostenkurven K'_{VK} werden im Diagramm 1 noch gestrichelt eingezeichnet, da sie in einem K,x_p^i - Koordinatensystem nur für den jeweils zugrundeliegenden Istproduktionswert Gültigkeit haben. Unter der Voraussetzung, daß diese Istproduktionsmengen mit den Absatzmengen übereinstimmen, erhält man die eingezeichnete Kostenkurve K'_{GK} der Grenzkostenrechnung.

Im nächsten Schritt erfolgt die Übertragung der einzelnen Vollkostenkurven in das Diagramm 2 (links oben), innerhalb dessen diese der Nettoerlöskurve gegenübergestellt werden und so die Bestimmung der jeweiligen Break even - Punkte erlauben. In diesem K,x_A - Koordinatensystem drücken die einzelnen Kostenkurven die Abhängigkeit von K'_{VK} bei jeweils festen x_p^i-Werten von der Absatzmenge x_A aus und sind somit für alle x_A-Werte definiert [vgl. auch die Kostenkurve K'_{VK} ($\hat{=}$ $\overline{BM}$) in Abbildung I.4.6].

Die so erhaltenen Break even - Mengen werden dann mittels des Hilfsdiagramms (links unten) in das Diagramm 4 (rechts unten) übertragen. Damit erhält man als Schnittpunkt der Break even - Absatzmengen aus Diagramm 2 über Diagramm 3 mit den dazugehörigen Produktionsmengen aus Diagramm 1 die Break even - Linie.

---

1. Auf die lineare Beziehung zwischen den Produktionsmengen x_p^i und den Break even - Mengen hat schon Pattrick hingewiesen.
   Vgl. PATTRICK, A.W. (1958), S. 577/578.

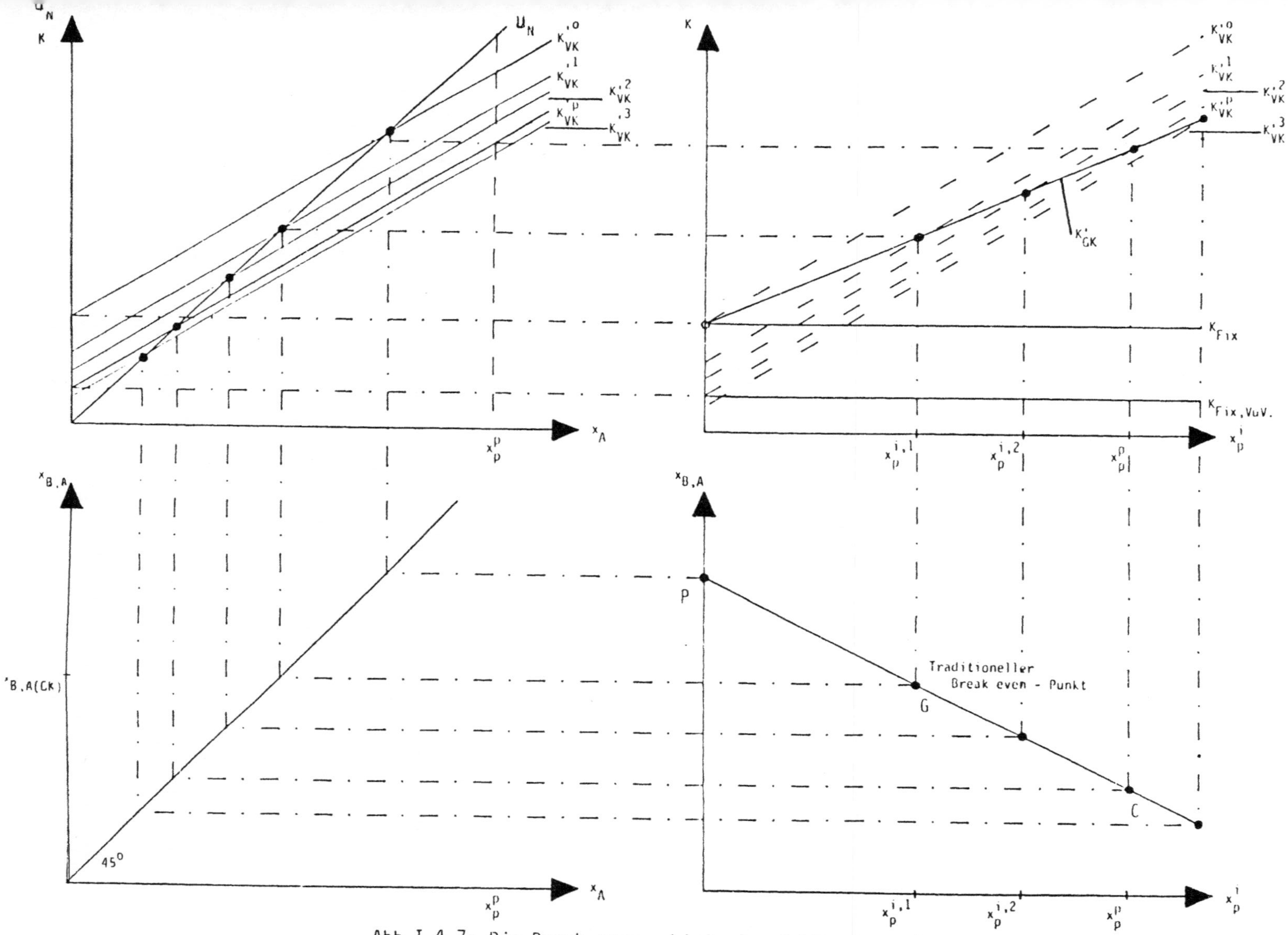

<u>Abb.I.4.7:</u> Die Break even - Linie der Vollkostenrechnung

Diese Break even - Linie verdeutlicht sehr anschaulich, daß der traditionelle Break even - Punkt, der dem bei Anwendung einer auf Grenzkosten basierenden Kostenrechnung entspricht, im Rahmen einer Vollkostenrechnung genau dann erreicht wird, wenn Produktionsmenge ($x_p^{i,1}$) und Break even - Absatzmenge [$x_{B,A(GK)}$] übereinstimmen.

Die Punkte, die im Bereich $\overline{PG}$ der Break even - Linie liegen, stellen solche Gewinnschwellenpunkte dar, die mit einem Lagerabbau verbunden sind. Punkte auf dem anderen Teil dieser Linie sind dagegen mit einem Lageraufbau verbunden, wobei die Break even - Punkte des Teilstücks $\overline{GC}$ mit Produktionsmengen verbunden sind, die zu einer positiven Beschäftigungsabweichung führen.

Aufgrund der dargestellten Mängel einer auf Vollkosten basierenden Kostenrechnung wird im weiteren Verlauf der Arbeit immer ein der Grenzplankostenrechnung entsprechendes Kostenrechnungssystem unterstellt.

Zweites Kapitel

Die entscheidungstheoretischen Grundlagen

1. Die Bestimmung der entscheidungsrelevanten Größen

a. Die Bestimmung der entscheidungsrelevanten Größen bei freien Kapazitäten

Eine mit Erfolg verbundene Anwendung von Entscheidungsverfahren ist sicherlich nur dann gewährleistet, wenn man sich darüber im klaren ist, welches die entscheidungsrelevanten Größen sind, die in den jeweiligen Kalkül einzubeziehen sind.

Zunächst sollen die Kosten zur Diskussion stehen, da gerade der Begriff der entscheidungsrelevanten Kosten, vor allem im Rahmen der dispositiven Aufgaben der Kostenrechnung, Gegenstand weitergehender Behandlung ist. Wie an anderer Stelle schon festgestellt wurde, besteht die Zielsetzung dieser Arbeit darin, ein Entscheidungsverfahren auf Grundlage der stochastischen Break even - Analyse im Rahmen kurzfristiger Entscheidungen abzuleiten. Auf alle langfristigen, mit Investitionen verbundenen Entscheidungen, soll demnach verzichtet werden. Die entscheidungsrelevanten Kosten können somit mit Kilger als jene Kosten definiert werden, die in einer funktionalen Abhängigkeit von den Aktionsparametern der kurzfristigen Planung stehen.[1] Den entscheidungsrelevanten Kosten wird dabei stets der Charakter von Plankosten zugeordnet, um dem Zukunftsbezug von Entscheidungen Rechnung zu tragen. Der gleiche Sachverhalt wird durch den in der amerikanischen Literatur gebräuchlichen Begriff der "sunk costs" ausgedrückt.[2] Dieser Begriff beinhaltet, daß die durch in der Vergangenheit getroffene Entscheidungen entstehenden Kosten für jetzt anstehende Entscheidungen nicht relevant sind. Die Begründung wird in der Weise geliefert, daß über den ökonomischen Gehalt dieser Kosten schon in einem früheren Stadium entschieden wurde - normalerweise unter Zuhilfenahme einer Investitionsrechnung - und somit unabhängig von der gewählten Entscheidungsalternative im Rahmen eines jetzt auftretenden kurzfristigen Entscheidungsproblems anfallen.

---

1. Vgl. zum Begriff der entscheidungsrelevanten Kosten u.a. KILGER, Wolfgang (1981), S. 186-190 und die dort angegebene Literatur und auch SCHÖNFELD, Hanns-Martin (1974), S. 61-64.
2. Vgl. u.a. HORNGREN, Charles T. (1965), S. 322f. und SHILLINGLAW, Gordon (1972), S. 25.

Häufig findet man in der Literatur als Synonym für entscheidungsrelevante Kosten den Begriff der Alternativkosten. So definiert Horngren die relevanten Kosten als jene zukünftigen Kosten, die bei verschiedenen Alternativen unterschiedlich ausfallen.[1] Bei den variablen Kosten wird hinsichtlich dieser Unterscheidung eine Einteilung in relevante Kosten 1. Grades und relevante Kosten 2. Grades getroffen. Unter der ersten Kategorie werden jene variablen Kosten subsumiert, die von der Wahl der jeweiligen Alternative unabhängig sind, d.h. für alle Alternativen in gleicher Höhe anfallen.[2]

Für eine Wahlentscheidung unter Sicherheit reicht es demnach aus, im Optimierungskalkül nur die vom Wahlproblem abhängigen Kosten, die relevanten Kosten 2. Grades, zu berücksichtigen. Mit der gleichen Begründung werden auch nicht zusätzlich auftretende, sondern entscheidungstheoretisch schon vorhandene fixe Kosten außen vor gelassen.

In neuerer Zeit wird aber immer häufiger darauf hingewiesen, daß auch solche nicht zusätzlich auftretenden Kosten bei Vorhandensein bestimmter Rahmenbedingungen durchaus entscheidungsrelevant sein können.[3] Diese Rahmenbedingungen betreffen den Informationsgrad und den Grad der Risikoeinstellung des Entscheidenden.

So soll hier gezeigt werden, daß bei Entscheidungen unter Unsicherheit und bei Vorliegen eines - in dieser Arbeit angenommenen - risikoavers handelnden, das Zielkriteriumsniveau berücksichtigenden Entscheidungsträgers diese Kosten entscheidungsrelevant sind.

Hierzu folgendes einfaches Beispiel: Es werden zwei Situationen unterschieden, die jeweils parallel zu betrachten sind. In beiden Situationen ist eine Entscheidung dahingehend zu treffen, ob ein mit sicheren Daten verbundener Auftrag B oder ein mit unsicheren Daten verbundener Auftrag A - zur Vereinfachung werden jeweils nur zwei Umweltzustände mit den dazugehörigen Wahrscheinlichkeiten angenommen - auf einer Spezialmaschine getätigt

1. Vgl. HORNGREN, Charles T. (1977), S. 353.
2. Zu den Begriffen der entscheidungsrelevanten Kosten 1. Grades und 2. Grades im Rahmen der optimalen Produktions- und Absatzplanung vgl. KILGER, Wolfgang (1973), S.70.
3. Die Entscheidungsrelevanz wird von den einzelnen Autoren am Beispiel der Fixkosten gezeigt, wobei aber weiterhin jene Teile der "sunk costs", die Istkosten vergangener Perioden darstellen, ausgeschlossen bleiben. Vgl. DILLON, Ray; NASH,John F. (1978). DOPUCH, Nicholas; BIRNBERG, Jacob B. (1982), S. 135-137. SCHNEIDER, Dieter (1984).

werden soll. Die beiden Situationen unterscheiden sich primär dadurch, daß sie bzgl. der schon vorhandenen Maschine mit unterschiedlich hohen Fixkosten verbunden sind.

Situation 1	Situation 2
$K_{Fix,1} = 5000$ [DM/Periode]	$K_{Fix,2} = 150000$ [DM/Periode]
$G_{B,1} = 150000$ [DM/Periode]	$G_{B,2} = 5000$ [DM/Periode]

Für die Zufallsvariable Gewinn des unsicheren Auftrags A gelten folgende Verteilungsfunktionen:

$$F_{\tilde{G}_{A,1}}(G_{A,1}) = \begin{cases} 0 & \text{für } G_{A,1} < 145000 \\ 0{,}5 & \text{für } 145000 \leq G_{A,1} < 160000 \\ 1 & \text{für } 160000 \leq G_{A,1} \end{cases}$$

$$F_{\tilde{G}_{A,2}}(G_{A,2}) = \begin{cases} 0 & \text{für } G_{A,2} < 0 \\ 0{,}5 & \text{für } 0 \leq G_{A,2} < 15000 \\ 1 & \text{für } 15000 \leq G_{A,2} \end{cases}$$

Zunächst sollen auch die Verteilungsfunktionen der Deckungsbeiträge bestimmt werden. Dabei gilt für lineare Transformationen von Zufallsvariablen der Art $\tilde{y} = \alpha \cdot \tilde{x} + \beta$ (mit $\alpha > 0$), wobei $\tilde{x}$ die Verteilungsfunktion $F_{\tilde{x}}(x)$ besitzt, die folgende Beziehung[1]:

$$F_{\tilde{y}}(y) = P(\tilde{y} \leq y) = P(\alpha \cdot \tilde{x} + \beta \leq y) = P(\tilde{x} \leq \frac{y-\beta}{\alpha}) = F_{\tilde{x}}(\frac{y-\beta}{\alpha})$$

Ersetzt man für das zu betrachtende Beispiel $\tilde{y}$ durch $\tilde{G}$, $\tilde{x}$ durch $\tilde{DB}$, α durch 1 und β durch $-K_{Fix}$, so erhält man folgende hinsichtlich der beiden Situationen identische Verteilungsfunktion der Deckungsbeiträge:

$$F_{\tilde{DB}_{A,1}}(DB_{A,1}) = F_{\tilde{DB}_{A,2}}(DB_{A,2}) = \begin{cases} 0 & \text{für } DB_{A,1}(DB_{A,2}) < 150000 \\ 0{,}5 & \text{für } 150000 \leq DB_{A,1}(DB_{A,2}) < 165000 \\ 1 & \text{für } 165000 \leq DB_{A,1}(DB_{A,2}) \end{cases}$$

1. Vgl. u.a. HARTUNG, Joachim (1985), S. 109.

Die in den einschlägigen Lehrbüchern zur Kostenrechnung vertretene Ansicht, daß die Fixkosten nicht entscheidungsrelevant sind, gilt tatsächlich nur dann, wenn es sich um deterministische Entscheidungssituationen handelt bzw. um Entscheidungen unter Unsicherheit, bei denen der Entscheidungsträger sich risikoneutral verhält. Für den letzten Fall genügt es, den Erwartungswert zur Entscheidung heranzuziehen.[1]

Man erhält somit für obiges Beispiel unter Heranziehung des Zielkriteriums Gewinn folgendes Ergebnis:[2]

Situation 1	Situation 2
$E(\tilde{G}_{A,1}) = 0{,}5 \cdot 145000 + 0{,}5 \cdot 160000 = 152500$	$E(\tilde{G}_{A,2}) = 0{,}5 \cdot 0 + 0{,}5 \cdot 15000 = 7500$
$E(G_{B,1}) = G_{B,1} = 150000$	$E(G_{B,2}) = G_{B,2} = 5000$

In beiden Situationen wird demnach der mit Unsicherheit behaftete Auftrag A dem mit sicherem Gewinn verbundenen Auftrag B vorgezogen.

Dieses risikoneutrale Verhalten des Entscheidungsträgers (bzw. das Vorliegen von deterministischen Entscheidungssituationen) hat nun den weiteren Effekt, daß man auch bei Verwendung der Deckungsbeiträge zur gleichen Lösung gelangt, da Gewinnminderungen genauso gewichtet werden wie gleichhohe, gleichwahrscheinliche Gewinnerhöhungen oder anders ausgedrückt: Unabhängig von dem zugrundeliegenden Niveau des Gewinns - sei es 152500 bzw. 150000 für die Situation 1 - wird eine Erhöhung dieser Größen um gleichhohe und gleichwahrscheinliche Fixkosten gleichbewertet, so daß der Alternativenvergleich auf Deckungsbeitragsbasis zum gleichen Ergebnis führen muß wie der auf Gewinnbasis.[3]
Dies ist auch der Grund, weshalb in der Kostenrechnungsliteratur, die traditionellerweise stochastische Gesichtspunkte unberücksichtigt läßt, die einfacher handhabbaren Deckungsbeiträge benutzt werden.
Für obiges Beispiel kann man die Übereinstimmung beider Vorgehensweisen

1. Vgl. u.a. BITZ, Michael (1981), S. 165/166 und S. 193.
2. Da eine diskrete Zufallsvariable unterstellt wird, läßt sich der Erwartungswert gemäß der Formel $E(\tilde{x}) = \sum_i x_i \cdot P(\tilde{x}=x_i)$ berechnen.
3. Diese Ausführungen gelten in analoger Weise auch für die Situation 2.

wie folgt zeigen:

Situation 1	Situation 2
$E(\tilde{DB}_{A,1}) = 157500$	$E(\tilde{DB}_{A,2}) = 157500$
$DB_{B,1} = 155000$	$DB_{B,2} = 155000$
$E(\tilde{DB}_{A,1}) - DB_{B,1}$	$E(\tilde{DB}_{A,2}) - DB_{B,2}$
$= E(\tilde{G}_{A,1}) - G_{B,1} = 2500$	$= E(\tilde{G}_{A,2}) - G_{B,2} = 2500$

Diese Übereinstimmung gilt jedoch für einen risikoscheuen Entscheidungsträger nicht mehr. Dieser gewichtet Gewinnschmälerungen höher als Gewinnerhöhungen. Plausibel erscheint außerdem die Annahme, daß die Diskrepanz zwischen den unterschiedlichen Gewichtungen sich um so stärker zeigen wird, je niedriger das Ausgangsniveau ist. Oder in der Terminologie der Break even - Analyse gesprochen: ein Entscheidungsträger wird um so risikoscheuer sein, je näher er sich in der Gewinnzone am Break even - Punkt befindet.

Bei Verwendung einer Risikonutzenfunktion[1] als Ausdruck der Risikoaversion muß diese demnach degressiv steigen und als Ausdruck eines das Zielkriteriumsniveau im oben beschriebenen Sinn berücksichtigenden Entscheidungsträgers zudem sinkende absolute Risikoaversion aufweisen.[2]

Als Maß der absoluten Risikoaversion an der Stelle G wird der Risikoaversionskoeffizient A(G) herangezogen:

$$(II.1.1) \quad A(G) = \frac{-u''(G)}{u'(G)}$$

Dabei stellen u"(G) und u'(G) die ersten bzw. zweiten Ableitungen der Risikonutzenfunktionen nach G dar. Für die geforderte Eigenschaft abnehmender absoluter Risikoaversion muß die erste Ableitung A'(G) einen negativen Wert annehmen.[2]

1. Die Bezeichnungen Nutzenfunktion und Risikonutzenfunktion werden in dieser Arbeit synonym gebraucht. Zur Aussage einer Risikonutzenfunktion vgl. den Abschnitt über das Bernoulli-Entscheidungskriterium S. 113ff.
2. Vgl. hierzu PRATT, John W. (1964), S. 122-136. KEENEY, Ralph L.; RAIFFA, Howard (1976), S. 159ff. und auch BITZ, Michael (1981), S. 163 und S. 167-176.

Hat man eine diesen Bedingungen genügende Risikonutzenfunktion gefunden, so erfolgt die Alternativenauswahl mittels des Nutzenerwartungswertes.[1] Zur Veranschaulichung wird an dieser Stelle von der Risikonutzenfunktion $u(G) = \sqrt{G}$ ausgegangen.

Für eine Risikonutzenfunktion dieser Art gilt:

$$\left.\begin{aligned} u'(G) &= 0{,}50 \cdot G^{-0{,}5} \\ u''(G) &= -0{,}25 \cdot G^{-1{,}5} \end{aligned}\right\} \quad \text{degressiv steigend als Ausdruck der Risikoaversion}^{2}$$

$$A(G) = 0{,}50 \cdot G^{-1}$$

$$A'(G) = -0{,}50 \cdot G^{-2} \qquad \text{abnehmende absolute Risikoaversion}$$

Aufgrund der im Beispiel zugrunde gelegten diskreten Wahrscheinlichkeitsverteilung kann man den Nutzenerwartungswert folgendermaßen bestimmen:[3]

$$E(u) = \sum_i u_i \cdot p_i \qquad \text{mit} \quad p_i = P(G_i) \qquad \text{bzw.}$$

$$E(u) = \sum_i (G_i^{0{,}5} \cdot p_i)$$

Situation 1

$$E(u_{A,1}) = 0{,}5 \cdot (145000)^{0{,}5} + 0{,}5 \cdot (160000)^{0{,}5} = 390{,}394$$

$$E(u_{B,1}) = (150000)^{0{,}5} = 387{,}298$$

Situation 2

$$E(u_{A,2}) = 0{,}5 \cdot (15000)^{0{,}5} + 0{,}5 \cdot 0^{0{,}5} = 61{,}24$$

$$E(u_{B,2}) = (5000)^{0{,}5} = 70{,}71$$

---

1. Diese Vorgehensweise entspricht der Entscheidungsfindung nach dem Bernoulli-Kriterium. Ausführlich wird auf dieses Verfahren jedoch erst im Abschnitt 2 dieses Kapitels eingegangen.
2. Für diese spezielle Form der Risikonutzenfunktion gilt somit, daß der Nutzen eines sicheren Gewinns in Höhe von 5000($\sqrt{5000}$) gleichgesetzt wird dem Nutzen einer unsicheren Alternative, die mit jeweils 50% Wahrscheinlichkeit zu einem Gewinn von 0 bzw. von 20000 führt ($\sqrt{5000} = 0{,}5 \cdot \sqrt{0} + 0{,}5 \cdot \sqrt{20000}$).
3. Auf die unterschiedliche Kennzeichnung von Zufallsvariablen und ihrer Realisationen soll, falls keine Verwechslungsgefahr besteht, im weiteren Verlauf der Arbeit verzichtet werden. Man erkennt an diesem Beispiel ein weiteres Charakteristikum eines risikoaversen Entscheidungsträgers, für den der Erwartungswert der unsicheren Alternative (0,5·0 + 0,5·20000) größer ist als sein Sicherheitsäquivalent (5000). Vgl. hierzu auch die Ausführungen auf S. 78f.

Der risikoaverse Entscheidungsträger wird bei der hier unterstellten Risikonutzenfunktion in Situation 1 weiterhin den mit unsicheren Daten verbundenen Auftrag präferieren, in Situation 2 wegen des geringeren Gewinniveaus aber gerade nicht mehr. Benutzt man zur Vereinfachung wiederum die Deckungsbeiträge und leugnet somit die Entscheidungsrelevanz der fixen Kosten, so führt diese Vorgehensweise in der Situation 2 zu Fehlentscheidungen. Denn für beide Situationen gilt aufgrund identischer Datenbasis hinsichtlich der Deckungsbeiträge:

$$E(u_A) = 0{,}5\cdot(150000)^{0,5} + 0{,}5\cdot(165000)^{0,5} = 396{,}75$$

$$E(u_B) = (155000)^{0,5} = 393{,}70$$

Diese Fehlentscheidung ist, um es noch einmal in anderen Worten auszudrükken, darauf zurückzuführen, daß in Situation 2 ein höheres Zielkriteriumsniveau vorgetäuscht wird (Deckungsbeitragsbasis) als für den als Gewinnmaximierer Entscheidenden eigentlich in Frage kommt. Dieses höhere Niveau läßt die Risikoaversion des Entscheidenden nicht deutlich genug hervortreten.

Es bleibt aber einschränkend festzuhalten, daß eine generelle Relevanz der fixen Kosten auch unter Unsicherheit und bei risikoaversem Verhalten des Entscheidungsträgers nicht gewährleistet ist.[1] Diese generelle Relevanz ist nur dann nicht zu leugnen, wenn der Entscheidende auch das Niveau bzgl. des Zielkriteriums berücksichtigen will. In diesem Fall ist dann auch ein entsprechendes Risikomaß zu konstruieren (z.B. eine Risikonutzenfunktion der Form $u = \sqrt{G}$). Dagegen ist das klassische μ,σ - Prinzip in der Form $\mu - \alpha\cdot\sigma$ ($\alpha > 0$ für Risikoaversion)[2] dazu aber gerade nicht geeignet, da aufgrund der Translationsinvarianz der Standardabweichung σ unabhängig vom gewählten Zielkriterium (Deckungsbeitrag oder Gewinn) der gleiche Wert ausgewiesen wird. Mit dem Hinweis, daß bei Verwendung des Gewinns als Zielkriterium der Erwartungswert sinkt und damit auch bei diesem Entscheidungsprinzip die fixen Kosten relevant sind[3], erliegt man zumindest für die hier dargestellte Form des μ,σ - Prinzips einem Irrglauben. Denn der erwartete

1. Damit befindet sich der Verfasser in einer konträren Position zu SCHNEIDER, Dieter (1984), S. 5222, der diese generelle Relevanz unterstellt.
2. Zum μ,σ - Prinzip in der dargestellten Form vgl. BITZ, Michael (1981), S. 194 und DINKELBACH, Werner (1982), S. 84.
3. Vgl. SCHNEIDER , Dieter (1984), S. 5222.

Gewinn wird - um bei obigem Beispiel zu bleiben - bei beiden Alternativen um die Fixkosten niedriger ausfallen als der erwartete Deckungsbeitrag, so daß unabhängig davon, welches der Zielkriterien man benutzt, die Entscheidung immer zugunsten derselben Alternative ausfallen muß.

Dies soll am Beispiel für die Situation 2 gezeigt werden:[1]

<u>Zielkriterium Gewinn:</u>

$E(G_A) = \mu_{G_A} = 7500$ (vgl. S.72) mit

$$\sigma(G_A) = \Big[\sum_i [G_{A,i} - E(G_A)]^2 \cdot P(G_{A,i})\Big]^{0,5}$$

$$= [(0-7500)^2 \cdot 0,5 + (15000-7500)^2 \cdot 0,5]^{0,5} = 7500$$

$E(G_B) = 5000$ mit $\sigma(G_B) = 0$

Damit erhält man folgenden Alternativenvergleich auf Gewinnbasis:

<u>Alternative A</u> : $7500 - \alpha \cdot 7500 \gtreqless 5000$: <u>Alternative B</u>

Als kritischer Wert für α ergibt sich somit $\alpha_{Krit.} = \frac{1}{3}$

<u>Zielkriterium Deckungsbeitrag:</u>

$E(DB_A) = 157500$ (vgl. S.73) mit

$$\sigma(DB_A) = [(150000-157500)^2 \cdot 0,5 + (165000-157500)^2 \cdot 0,5]^{0,5} = 7500$$

$E(DB_B) = 155000$ mit $\sigma(DB_B) = 0$

Für den Alternativenvergleich auf Deckungsbeitragsbasis gilt somit:

<u>Alternative A :</u> $157500 - \alpha \cdot 7500 \gtreqless 155000$: <u>Alternative B</u>

Auch hier ergibt sich ein kritischer Wert von $\alpha_{Krit.} = \frac{1}{3}$

---

1. Dabei wird auf die Indizierung bezüglich der Situation 2 verzichtet.

Der Alternativenvergleich führt somit unabhängig vom gewählten Zielkriterium immer zum gleichen Ergebnis.[1]

Man kann sich diesen Effekt auch mittels der dieser Ausprägungsform des μ,σ - Prinzips zugrundeliegenden μ,σ - Indifferenzkurven klarmachen. Für das Funktionsgesetz einer solchen Indifferenzkurve erhält man:

$$C = \mu - \alpha \cdot \sigma \qquad \text{bzw.}$$

$$\text{(II.1.2)} \qquad \sigma = -\frac{C}{\alpha} + \frac{1}{\alpha} \cdot \mu$$

und somit Geradengleichungen mit negativem Absolutglied und positiver Steigung [für C>0 und $\alpha>0$ (Risikoaversion)]

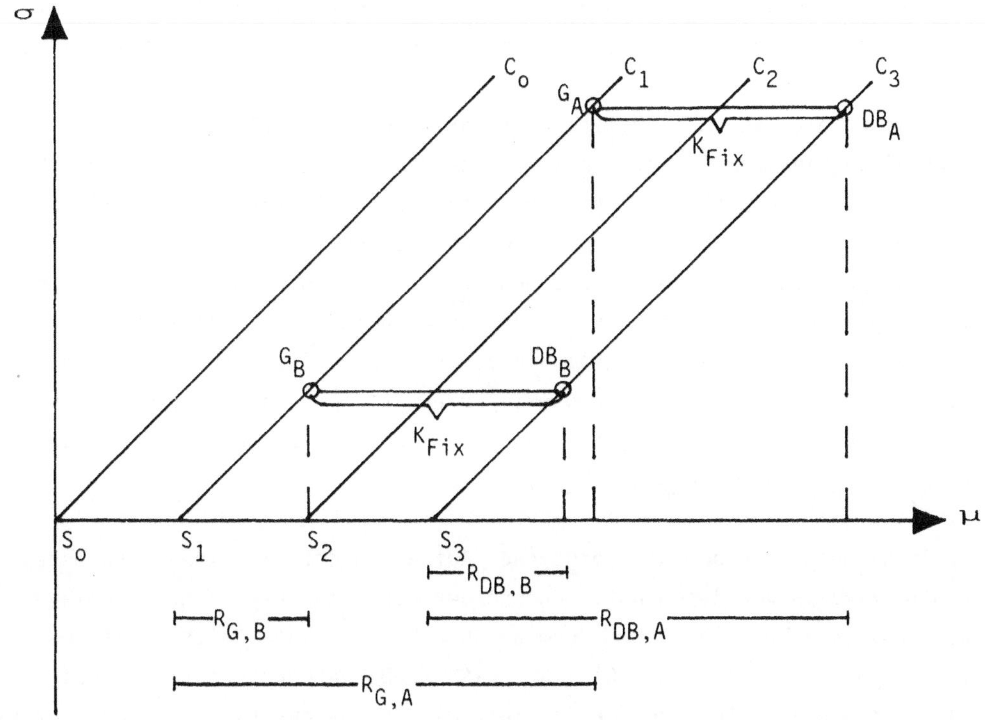

Abb. II.1.1: Irrelevanz der Fixkosten bei Unterstellung des linearen μ,σ-Prinzips $\mu - \alpha \cdot \sigma$ ($\alpha>0$ für Risikoaversion)

1. Wie auf S. 125 noch festzustellen sein wird, berücksichtigt die Varianz bzw. die Standardabweichung wegen der Translationsinvarianz auch nicht den Abstand der erwarteten Menge E(x) vom Break even - Punkt und wird deshalb im Rahmen des hier zu untersuchenden Entscheidungsmodells, welches sich des Break even - Punktes als Bezugsgröße für ein Risikomaß bedient, durch ein geeigneteres Maß ersetzt werden.

Aus der graphischen Darstellung in Abbildung II.1.1 erkennt man, daß die beiden Alternativen A und B, die bei Benutzung des Deckungsbeitrags DB indifferent sind (DB_A und DB_B liegen beide auf der Indifferenzkurve C_3), dies auch bei Benutzung des Gewinns als Zielkriterium sind (G_A und G_B liegen immer noch auf einer Indifferenzkurve). Dieser Effekt ist eben auf die Unabhängigkeit der Standardabweichung σ von der Fixkostenänderung zurückzuführen.

Ein äquivalentes Ergebnis erhält man, wenn man über die Sicherheitsäquivalente S und die Risikoabschläge R argumentiert.[1] Das Sicherheitsäquivalent einer Alternative gibt dabei den sicheren Betrag S an, der dem Entscheidungsträger gemäß seiner Entscheidungsregel indifferent zu der unsicheren Alternative erscheint. Für alle Alternativen, deren μ,σ - Kombinationen auf der Indifferenzkurve C_3 liegen, gibt S_3 das Sicherheitsäquivalent an (für S_3 ist $\sigma=0$). Für risikoaverse Entscheidungsträger gilt dabei stets $S < \mu$.

Der Risikoabschlag andererseits gibt gerade die Differenz zwischen dem Sicherheitsäquivalent und dem entsprechenden Erwartungswert an. Bei risikoaversem Verhalten ist der Risikoabschlag für indifferente Alternativen um so größer, je größer das dazugehörige Risiko ist (vgl. in der Abbildung II.1.1 $R_{DB,A}$ und $R_{DB,B}$ bzw. $R_{G,A}$ und $R_{G,B}$). Für einen Entscheidungsträger mit abnehmender absoluter Risikoaversion wird man sinnvollerweise fordern, daß der Risikoabschlag bei Erhöhung der Fixkosten (bzw. beim Übergang vom Deckungsbeitrag zum Gewinn) zunimmt.[2] Dies ist für das lineare μ,σ - Prinzip jedoch nicht gewährleistet, da die Risikoabschläge konstant bleiben ($R_{DB,A} = R_{G,A}$ bzw. $R_{DB,B} = R_{G,B}$).

Falls Schneider in dem angesprochenen Aufsatz nicht die lineare Form des μ,σ - Prinzips vor Augen hat, sondern der Ausgangspunkt seiner Überlegungen das μ,σ - Prinzip in der Form $\mu - b\cdot(\mu^2 + \sigma^2)$ ist, welches mit quadratischen Nutzenfunktionen $u(G) = G - b\cdot G^2$ $(b>0)$ verbunden ist, so werden die Niveauunterschiede berücksichtigt. Denn diese quadratischen Nutzenfunktionen sind ihrerseits mit Indifferenzkurven verbunden, die im relevanten Bereich ($G \leq 1/2b$) steigende Äste von nach unten geöffneten Parabeln darstellen.[3]

---

1. Zu diesen Begriffen vgl. u.a. ARROW, Kenneth J. (1970), S. 95/96.
2. Den Beweis dieser Beziehung führt PRATT, John W. (1964), S. 130/131.
3. Zu den einzelnen Ausprägungsformen des μ,σ - Prinzips mit den dazugehörigen Nutzenfunktionen und Indifferenzkurven vgl. u.a. BITZ, Michael (1981), S. 193-199 und LAUX, Helmut (1982), S. 158-166.

Diese Form des μ,σ - Prinzips berücksichtigt jedoch das Zielkriteriumsniveau genau in umgekehrter Richtung, d.h., die Risikoaversion wird um so ausgeprägter, je weiter man sich auf der Gewinnseite vom Break even - Punkt entfernt befindet. Der Risikoabschlag nimmt somit beim Übergang vom Deckungsbeitrag zum Gewinn ab.

Dies läßt sich wiederum über den Risikoaversionskoeffizienten A(G) zeigen:

$$u'(G) = 1 - 2bG \quad > 0 \qquad \text{(im relevanten Bereich)}$$

$$u''(G) = - 2b \quad < 0 \qquad \text{(Risikoaversion)}$$

$$A(G) = \frac{-u''(G)}{u'(G)} = \frac{2b}{1-2bG} \qquad \text{und somit}$$

$$A'(G) = \frac{4b^2}{(1-2bG)^2} \quad > 0$$

Die unterstellte Nutzenfunktion impliziert somit steigende absolute Risikoaversion.

Als Fazit dieses Abschnitts bleibt festzuhalten, daß bei stochastischen Entscheidungssituationen und Vorliegen eines risikoscheuen Entscheidungsträgers, der abnehmende absolute Risikoaversion aufweisen soll, die Fixkosten durchaus entscheidungsrelevant sind. Andererseits muß aber durch die Wahl einer geeigneten Risikonutzenfunktion auch gewährleistet sein, daß die beschriebenen Rahmenbedingungen erfüllt sind.

In einem nächsten Schritt soll nun untersucht werden, inwiefern die Erlösseite von Belang ist. Die Beantwortung dieser Frage ist dabei abhängig von der Abgrenzung des zugrundeliegenden Entscheidungsfeldes. Nach Kilger können dabei drei Fälle unterschieden werden.[1]

In der ersten Stufe plant der Absatzbereich den Einsatz des absatzpolitischen Instrumentariums und insbesondere die Absatzmengen losgelöst von den anderen kurzfristigen Teilplänen. Im Rahmen der Produktionsprogramm- und der Produktionsvollzugsplanung sind die Absatzmengen somit vorgegebene Daten, und es genügt, die Entscheidungen am Prinzip der Kostenminimierung auszurichten, da die Erlöse als Produkt von Menge und Preis nicht beeinfluß-

---

1. Vgl. KILGER, Wolfgang (1973), S. 77/78.

bar sind. Dies sind somit Anwendungsfälle der "Alternativenmodelle im engeren Sinn", bei denen Entscheidungen aufgrund einer vorab festgelegten bzw. im stochastischen Fall aufgrund der erwarteten Absatzmenge[1] darüber getroffen werden, ob eine bestimmte Alternative durchgeführt wird oder nicht.

In einer weiteren Abgrenzungsstufe berücksichtigen die dazugehörigen Modelle insofern Interdependenzen zwischen Teilplänen als von der Absatzseite nur noch Absatzhöchstmengen x_H vorgegeben werden. Es kann somit zu Unterschreitungen dieser vorgegebenen Absatzhöchstmengen kommen, wenn Engpässe auftreten. In diesen Fällen werden auch die Absatzmengen zu Entscheidungsvariablen, so daß die Entscheidungen sich am Ziel Gewinnmaximierung ausrichten müssen. Im Rahmen der als Entscheidungsverfahren dienenden Break even - Analyse ist das ein Spezialfall zu den "Erweiterten Alternativenmodellen", die sich von den "Alternativenmodellen im engeren Sinn" eben dadurch unterscheiden, daß sie zusätzlich quantitative Entscheidungsvariablen berücksichtigen.[2]

In der die Realität am ehesten widerspiegelnden Abgrenzungsstufe werden schließlich Reaktionsfunktionen, die die Interdependenzen zwischen den einzelnen Größen berücksichtigen, in den Kalkül miteinbezogen. Hierbei handelt es sich vor allem um Preisabsatzfunktionen für unterschiedliche Marktformen sowie um Werbewirkungsfunktionen. Mit Hilfe dieser Reaktionsfunktionen kann dann über das absatzpolitische Instrumentarium entschieden werden.[3] Auch bei dieser Abgrenzungsstufe erfolgt die Entscheidung über einen Gewinnmaximierungsansatz, da die Erlösseite über die Absatzmenge tangiert wird. Diese dritte Abgrenzungsstufe stellt für den Nichtengpaßfall das klassische Anwendungsgebiet der "Erweiterten Alternativenmodelle" dar.

An dieser Stelle soll nun gezeigt werden, daß es auch für Entscheidungsprobleme der ersten Abgrenzungsstufe besser ist, von einem Gewinnmaximierungsansatz auszugehen und somit die Erlösdaten zu berücksichtigen. Die Begrün-

---

1. Im Rahmen des bei dieser Abgrenzungsstufe zugrundeliegenden Entscheidungsfeldes ist es durchaus sinnvoll, davon auszugehen, daß im stochastischen Fall die erwartete Absatzmenge von der Absatzseite her als Datum für die Produktionsseite vorgegeben wird.
2. Diese Modelle sind jedoch nur im Engpaßfall den "Erweiterten Alternativenmodellen" zuzurechnen, da im Nichtengpaßfall keine Notwendigkeit besteht, die Absatzhöchstmengen zu unterschreiten und diese damit wiederum eine feste Größe darstellen.
3. Die Entscheidungsproblematik bzgl. des absatzpolitischen Instrumentariums kann dabei ohne Schwierigkeiten mit den Verfahrenswahlproblemen des Produktionsvollzugs kombiniert werden.

dung ergibt sich auch in diesem Fall aus dem Effekt, daß es sich um Entscheidungsprobleme unter Unsicherheit handeln soll. In diesem Fall genügt es nicht, die Entscheidungen an einem Erfolgsmaßstab auszurichten, sondern es ist auch das mit den einzelnen Alternativen verbundene unterschiedliche Risiko zu berücksichtigen.[1]

Wird z.B. entsprechend der graphischen Darstellung in Abbildung II.1.2 von der Absatzseite eine erwartete Absatzmenge E(x) geplant und vorgegeben, so würde man sich bei alleiniger Ausrichtung am Erfolgsmaßstab für die Alternative A entscheiden, da für diese Alternative die mit E(x) verbundenen Kosten kleiner sind als die der Alternative B bei gleichhohen mit E(x) verbundenen Erlösen beider Alternativen. Für den Erfolgsmaßstab genügt es demnach, nur die Kosten zu berücksichtigen. Hierbei handelt es sich jedoch um eine quasi-deterministische Vorgehensweise[2], denn damit hat man der Unsicherheit noch nicht Rechnung getragen, daß die tatsächlich realisierte Absatzmenge einen anderen Wert als E(x) annimmt. Es ist demnach dem Erfolgsmaßstab ein Risikomaßstab zur Seite zu stellen. Im Rahmen der als Entscheidungsverfahren konzipierten Break even - Analyse wird sich dabei auf ein Risikomaß gestützt, welches den Break even - Punkt zur Grundlage hat. So besteht z.B. das Risiko bei Wahl der Alternative A darin, daß die tatsächlich realisierte Absatzmenge unter dem Deckungspunkt $x_{B,A}$ liegt. Wie man unschwer erkennen kann, ist zur Bestimmung dieses Punktes - analog bei der Bestimmung von $x_{B,B}$ - die Erlösfunktion notwendig.

Die Ausführungen machen deutlich, daß es im Gegensatz zum deterministischen Fall auch schon bei dieser Abgrenzungsstufe zu Unterschreitungen der geplanten Absatzmenge E(x) kommen kann. Dem Produktionsbereich wird wohl die erwartete Absatzmenge als Datum für anstehende Entscheidungsprobleme vorgegeben, auf deren Basis die Alternativenauswahl zu erfolgen hat, doch ist man sich dessen bewußt, daß diese geplante Menge vielleicht gar nicht absetzbar ist.

Man könnte nun zur Verteidigung der alleinigen Kostenbetrachtung anführen, daß der kritische Punkt $x_{K,AB}$ auch nichts anderes als einen Break even -

---

1. Der Fall der Risikoneutralität, bei dem die Entscheidung allein am Erwartungswert ausgerichtet werden kann, soll außen vor bleiben.
2. Diese quasi-deterministische Vorgehensweise führt nur wegen des hier unterstellten speziellen Modells mit nur einer Zufallsvariablen zum gleichen Ergebnis wie das sogenannte Erwartungswertmodell, bei dem der Erwartungswert über die Zielfunktion selbst gebildet wird. Zum Erwartungswertmodell vgl. u.a. DINKELBACH, Werner (1982), S. 78f.

Punkt darstellt. Doch wie an anderer Stelle noch zu zeigen sein wird[1], ist dieser Punkt nicht als Grundlage eines Risikomaßes geeignet, da er gegenüber dem Erfolgsmaßstab keine zusätzlichen Informationen liefert.

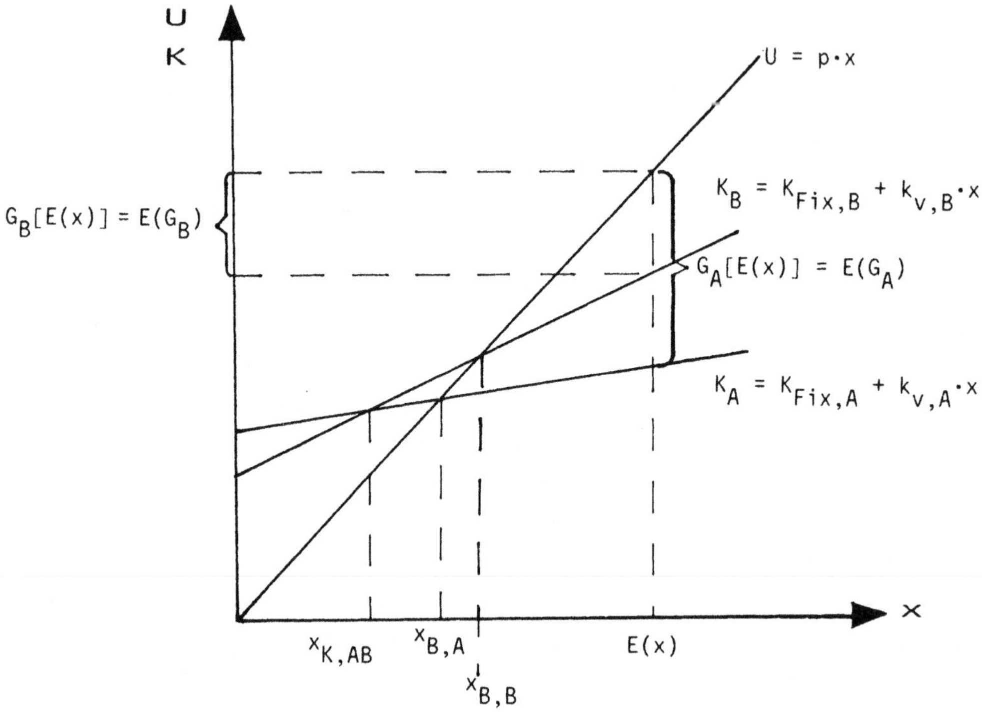

Abb. II.1.2: Aussagegehalt des Alternativenvergleichs unter Berücksichtigung der Erlösgrößen

b. Die Bestimmung der entscheidungsrelevanten Größen bei Vorliegen von Engpässen

Bis jetzt wurde davon ausgegangen, daß es sich um Entscheidungen handelt, bei denen über alle Produktionsfaktoren frei verfügt werden kann. Es wurden demnach keine Engpässe berücksichtigt.

Tritt beispielsweise bei Verfahrenswahlproblemen der Produktionsvollzugsplanung bzgl. des bei freien Kapazitäten optimalen Verfahrens ein Engpaß auf, so wird man bei Nichtvorhandensein zusätzlicher Fixkosten, die mit diesem Verfahren nicht realisierbaren Absatzmengen dem Alternativverfah-

1. Vgl. hierzu die Ausführungen auf S. 136ff.

ren zuordnen, welches die geringste absolute Verfahrensabweichung pro Stück aufweist.[1] Diese absoluten Verfahrensabweichungen sind als Opportunitätskosten im engeren Sinn zu interpretieren, die nach Charnes und Cooper am Nutzen der besten nicht realisierten Alternative zu messen sind.[2] Auf eine weitere Ausprägung der Opportunitätskosten, die auf mangelnde Informationen (Ungewißheitskosten) zurückzuführen ist , wird an anderer Stelle noch ausführlich einzugehen sein.[3] Münstermann bezeichnet die Ungewißheitskosten als objektiv vermeidbare Opportunitätskosten, während er die Opportunitätskosten im engeren Sinn als objektiv unvermeidbar ansieht.[4]

Erschwert wird die Betrachtung von Entscheidungsproblemen bei Berücksichtigung von Engpässen noch dadurch, wenn zusätzlich entstehende Fixkosten in den Entscheidungskalkül einzubeziehen sind.[5] In diesem Fall erhält man keine konstanten Verfahrensabweichungen. Die variablen Stückkosten sind wohl ebenfalls wegen der Nichtberücksichtigung kurzfristiger Anpassungsprozesse von der Größe der Menge unabhängig, aber es kann dann zu Fehlentscheidungen kommen, wenn man ungeprüft die bei maximaler Kapazität herstellbare Menge x_{Max} mit dem optimalen Engpaßverfahren produziert und den noch ausstehenden Rest bis zur vorgegebenen Menge x_F ($\Delta x = x_F - x_{Max}$) auf den Alternativverfahren.[6] Dieser Effekt ist darauf zurückzuführen, daß für die Menge x_F das Engpaßverfahren optimal ist, dies aber für die bei maximaler Kapazität produzierbare Menge x_{Max} nicht mehr zutreffen muß. Dabei soll o.B.d.A. angenommen werden, daß das fixkostenintensivere Verfahren den Engpaß darstellt.[7]

1. Die Berücksichtigung von relativen Verfahrensabweichungen pro Stück würde zum gleichen Ergebnis führen, da hier noch der Einproduktfall unterstellt wird. Interessant wird die Berücksichtigung von Engpässen eigentlich erst bei Mehrproduktunternehmen, da im Normalfall jede Produktart die knappe Kapazität des Verfahrens unterschiedlich beansprucht und man deshalb relative Abweichungen benutzen muß. Zu der Problematik von Engpässen im Mehrproduktfall vgl. KILGER, Wolfgang (1973), insbesondere S. 83-88 und für Verfahrenswahlprobleme S. 175-178.
2. Vgl. CHARNES, Abraham; COOPER, William W. (1961), S. 23.
3. Vgl. die Ausführungen auf S. 128ff.
4. Vgl. MÜNSTERMANN, Hans (1976), S. 96.
5. Es wird an dieser Stelle der gedankliche Umweg über den deterministischen Fall beschritten, um ausgehend von dessen Ergebnissen den stochastischen Fall zu untersuchen.
6. Dies ist die übliche Vorgehensweise, wenn keine zusätzlichen fixen Kosten auftreten. Vgl. hierzu KILGER, Wolfgang (1973), S. 175, der jedoch wegen der Annahme eines Mehrproduktunternehmens und mehrerer Alternativen eine Reihung relativer Verfahrensabweichungen vornimmt.
7. Diese Forderung beinhaltet lediglich die Voraussetzung, daß x_F größer $x_{K,EB}$ ist.

Aus der Abbildung II.1.3 ist unmittelbar ersichtlich, daß für die vorgegebene Absatzmenge x_F das Verfahren E optimal ist. Jedoch können aufgrund der Kapazitätsbeschränkung nur $x_{Max,E}$ Mengeneinheiten mit dieser Alternative produziert werden. Aus diesem Grund ist eine Überprüfung dahingehend notwendig, ob x_F nur mit dem Verfahren B (Variante 1) oder ob $x_{Max,E}$ mit dem Engpaßverfahren E und die noch ausstehende Menge $\Delta x = x_F - x_{Max,E}$ mit Verfahren B getätigt werden soll (Variante 2).[1]

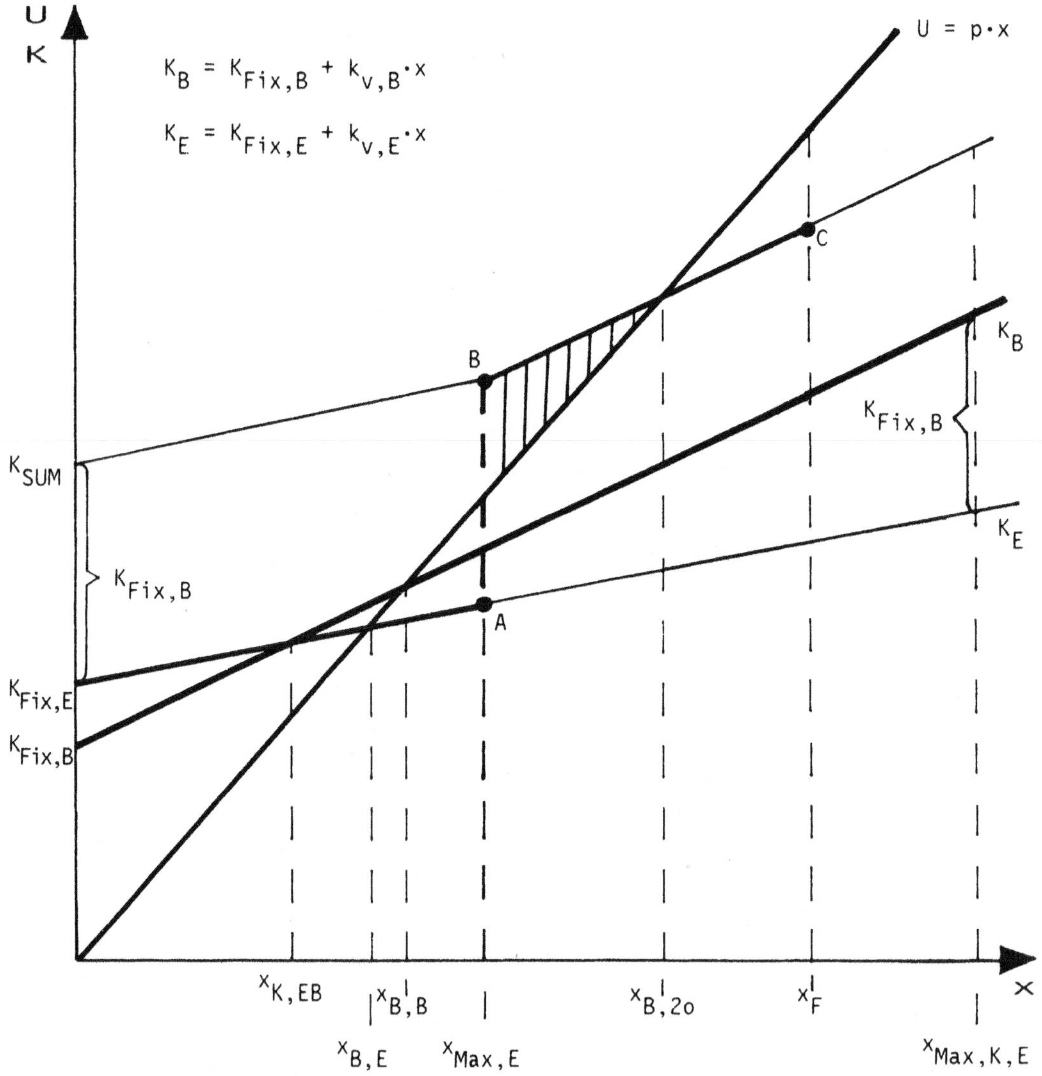

Abb. II.1.3: Alternativenwahlprobleme unter Berücksichtigung eines Engpasses und von Fixkosten

1. Der Fall $x_{Max,E} < x_{K,EB}$ führt trivialerweise zu der Lösung, daß nur mit Verfahren B zu fertigen ist.

Man kann dabei unter Beachtung, daß für den Engpaßfall $x_F > x_{Max,E}$ gelten muß, den folgenden Alternativenvergleich durchführen:

Variante 1:

$$K_1 = K_{Fix,B} + k_{v,B} \cdot x$$

Variante 2:

$$K_2 = \begin{cases} K_{Fix,E} + k_{v,E} \cdot x & \text{für } 0 \leqq x \leqq x_{Max,E} \\ \left.\begin{array}{l} K_{Fix,E} + k_{v,E} \cdot x_{Max,E} + \\ K_{Fix,B} + k_{v,B} \cdot (x - x_{Max,E}) \end{array}\right\} & \text{für } x > x_{Max,E} \end{cases}$$

bzw.

$$K_2 = \begin{cases} K_{Fix,E} + k_{v,E} \cdot x & \text{für } 0 \leqq x \leqq x_{Max,E} \\ \left.\begin{array}{l} (K_{Fix,E} + K_{Fix,B}) + k_{v,B} \cdot x \\ - (k_{v,B} - k_{v,E}) \cdot x_{Max,E} \end{array}\right\} & \text{für } x > x_{Max,E} \end{cases}$$

Bei Durchführung eines Kostenvergleichs kann man die kritische Absatzmenge bei Maximalkapazität des Engpaßverfahrens folgendermaßen bestimmen:

$$K_{Fix,B} + k_{v,B} \cdot x = (K_{Fix,E} + K_{Fix,B}) + k_{v,B} \cdot x - (k_{v,B} - k_{v,E}) \cdot x_{Max,E}$$

Aus dieser Bestimmungsgleichung erhält man schließlich:

$$\text{(II.1.3)} \quad x_{Max,K,E} = \frac{K_{Fix,E}}{k_{v,B} - k_{v,E}}$$

Für $x_{Max,E} > x_{Max,K,E}$ wählt man demnach die Variante 2, ansonsten die Variante 1, um die vorgegebene Menge x_F zu erstellen.

Diese Vorgehensweise ist auch bei mehr als zwei Alternativen möglich, wobei sich die Zahl der zu vergleichenden Varianten bei z+1 Alternativen auf 2z beläuft. Dabei stellen z Varianten die Produktion der x_F Mengeneinheiten mit den einzelnen Nichtengpaßverfahren μ ($\mu = 1,\ldots,z$) dar und die weiteren z Varianten sind wiederum eine Kombination aus der Produktion von

$x_{Max,E}$ mit dem Engpaßverfahren und der Produktion von $\Delta x = x_F - x_{Max,E}$ auf den jeweiligen alternativen Verfahren. Ausgeschlossen wird bei dieser Betrachtung wieder der triviale Fall $x_{Max,E} < x_{K,E\mu'}$ (μ' beliebige Alternative), da sich dann das Problem auf den Nichtengpaßfall reduziert. Bei einer solchen Konstellation wäre das Engpaßverfahren nicht mehr in der optimalen Lösung, da für $x_{Max,E}$ das weniger fixkostenintensive Verfahren μ' zu geringeren Kosten führt.

Nun sind aber im Engpaßfall unter Berücksichtigung von Unsicherheitsaspekten die gleichen Bedenken gegenüber einem alleinigen Kostenvergleich zu äußern wie im Nichtengpaßfall. Auch hier ist dem Erfolgsmaßstab ein Risikomaßstab beiseite zu stellen, welcher berücksichtigt, daß die tatsächlich absetzbare Absatzmenge - nachdem die Entscheidung für eine bestimmte Alternative getroffen wurde - von der den Produktionsvollzugsentscheidungen vorgegebenen geplanten Menge E(x) abweichen kann. Dieser Risikomaßstab soll sich dabei wiederum an den (varianten-) individuellen Break even - Punkten ausrichten.

Für die Variante 1 (identisch mit Alternative B) erhält man den Break even - Punkt als:

$$(II.1.4) \qquad x_{B,B} = \frac{K_{Fix,B}}{p - k_{v,B}}$$

Für die Variante 2 können nun jedoch zwei zur Bestimmung des Risikomaßes zu berücksichtigende Break even - Punkte auftreten.[1]

Der "untere" Break even - Punkt bestimmt sich dabei als:

$$(II.1.5) \qquad x_{B,2u} = x_{B,E} = \frac{K_{Fix,E}}{p - k_{v,E}} \qquad \text{für} \quad 0 \leq x \leq x_{Max,E}$$

1. Die folgenden Ausführungen gelten eigentlich nur für den Fall, daß man sich nach der Entscheidung für die Variante 2 auch bei einer tatsächlich realisierbaren Menge, die kleiner als die vorgegebene Menge E(x) ist, auf der Kostenkurve $K_{Fix,E}$, A,B,C bewegt. Dies ist nur dann gewährleistet, wenn es kurzfristig möglich ist, die mit der zusätzlichen Alternative entstehenden Fixkosten $K_{Fix,B}$ abzubauen. Im anderen Fall würde man sich auf der Kostenkurve K_{SUM}, B,C bewegen, welche nur zu einem Break even - Punkt führt.

Den "oberen" Break even - Punkt der Variante 2 erhält man durch Gleichsetzen der Erlösfunktion und des zweiten Astes der zu dieser Variante gehörenden Kostenfunktion (für $x > x_{Max,E}$):

$$p \cdot x = (K_{Fix,E} + K_{Fix,B}) + k_{v,B} \cdot x - (k_{v,B} - k_{v,E}) \cdot x_{Max,E}$$

(II.1.6) $$x_{B,2o} = \left[\frac{(K_{Fix,E} + K_{Fix,B}) - (k_{v,B} - k_{v,E}) \cdot x_{Max,E}}{p - k_{v,B}} \right] \quad \text{für } x > x_{Max,E}$$

Dieser "obere" Break even - Punkt tritt wiederum nur dann auf, wenn durch den Kostensprung an der Stelle $x_{Max,E}$ die Erlöskurve überschritten wird, d.h. wenn gilt:

$$p \cdot x_{Max,E} < (K_{Fix,E} + K_{Fix,B}) - (k_{v,B} - k_{v,E}) \cdot x_{Max,E} + k_{v,B} \cdot x_{Max,E}$$

$$(p - k_{v,E}) \cdot x_{Max,E} < K_{Fix,E} + K_{Fix,B}$$

$$x_{Max,E} < x_{B,E} + \frac{K_{Fix,B}}{p - k_{v,E}}$$

Der Bereich, für den demnach zwei Break even - Punkte auftreten, lautet somit in Abhängigkeit von der maximal mit dem Engpaßverfahren herstellbaren Menge $x_{Max,E}$:

(II.1.7) $$x_{B,E} \leq x_{Max,E} < x_{B,E} + \frac{K_{Fix,B}}{p - k_{v,E}}$$

Da gemäß der Bestimmung von $x_{Max,K,E}$ [vgl. (II.1.3)] die Variante 2 nur dann gewählt wird, wenn $x_{Max,E} > x_{Max,K,E}$ gilt und, unter der sinnvollen Voraussetzung $p > k_v$, $x_{Max,K,E}$ immer größer als $x_{B,E}$ ist, muß dies auch für $x_{Max,E}$ gelten, so daß der "untere" Break even - Punkt immer zu berücksichtigen ist.

Bei einer großen Anzahl von Alternativen führt diese nicht simultane Vorgehensweise wohl zu einem relativ hohen Rechenaufwand, aber auch in diesen Fällen scheint die Vorteilhaftigkeit eines Linearen Programms noch nicht gewährleistet zu sein, zumal dieses aufgrund seiner Ganzzahligkeitsbedingungen ebenfalls mit einem hohen Rechenaufwand verbunden ist.

Das zu lösende Lineare Programm hat für den deterministischen Fall folgendes Aussehen:

$$\text{(II.1.8a)} \quad G = \sum_{\mu=1}^{z} (p-k_{V,\mu}) \cdot x_{\mu} - \sum_{\mu=1}^{z} K_{Fix,\mu} \cdot u_{\mu} + (p-k_{V,E}) \cdot x_E - K_{Fix,E} \cdot u_E \rightarrow \text{Max!}$$

$$\text{(II.1.8b)} \quad \sum_{\mu=1}^{z} x_{\mu} + x_E = x_F$$

$$\text{(II.1.8c)} \quad l_E \cdot x_E - L_E \cdot u_E \leqq 0$$

$$\text{(II.1.8d)} \quad x_{\mu} - x_F \cdot u_{\mu} \leqq 0$$

$$x_{\mu}, x_E \geqq 0 \qquad (\mu = 1,\ldots,z)$$

$$u_{\mu}, u_E \in \{0,1\} \qquad (\mu = 1,\ldots,z)$$

In der zu maximierenden Zielfunktion werden zur besseren Kennzeichnung die mit der Engpaßalternative verbundenen Daten gesondert aufgeführt und mit dem Index E versehen.

Die erste Nebenbedingung stellt sicher, daß die geplante Menge x_F eingehalten wird.

Die zweite Nebenbedingung bewirkt zum einen die Einhaltung der Engpaßbegrenzung (L_E = Engpaßkapazität; l_E = beanspruchte Engpaßkapazität pro Mengeneinheit) und stellt zum anderen sicher, daß bei Herstellung des Produkts auf dem Engpaßverfahren ($x_E>0$) u_E den Wert 1 annimmt und somit der mit der

Produktion verbundene Fixkostenteil $K_{Fix,E}$ in der Zielfunktion berücksichtigt wird.

Die gleiche Aufgabe erfüllt auch die dritte Nebenbedingung hinsichtlich der Nichtengpaßverfahren $\mu = 1,...,z$.[1]

Zur Bewältigung dieses ganzzahligen Linearen Programms kann man zunächst mit der Zweiphasenmethode die stetige Lösung bestimmen. Ausgehend von der stetigen Lösung kann dann mit Hilfe eines Verfahrens der Ganzzahligen Programmierung (Branch and Bound-Verfahren, Cutting plane Verfahren)[2] die optimale Lösung gefunden werden, die der mit Hilfe des oben dargestellten nicht simultanen Verfahrens erhältlichen Lösung entspricht.

Neben dem schon angesprochenen hohen Rechenaufwand - verursacht durch die Ganzzahligkeitsbedingungen - hat die Darstellung mittels dieses Linearen Programms den weiteren Nachteil, daß wohl durch das Vorzeichen der Zielfunktionsgröße gezeigt wird, wenn man sich im Verlustbereich befindet, aber daß dieser kritische Bereich gerade nicht über die Break even - Punkte näher spezifiziert wird. Unter stochastischen Gesichtspunkten ist das gleichbedeutend damit, daß das zu lösende stochastische Entscheidungsmodell mittels eines (deterministischen) Ersatzprogramms gelöst wird, welches nur auf den Erwartungswert abstellt (Erwartungswertmodell vom Typ II) und somit

1. Dabei kann man statt x_F auch jede beliebige größere Zahl einsetzen, da die Beschränkung $x_\mu \leq x_F$ in Verbindung mit den Nichtnegativitätsbedingungen schon in der ersten Restriktion zum Ausdruck kommt.
Das dargestellte Lineare Programm ist in seiner Struktur identisch mit den Fixkostenproblemen als Teilmenge der sogenannten "fixed-charge"-Probleme. Vgl. hierzu BRUCKER, Peter (1975), S. 10-12.
Diese Fixkostenprobleme sind neben den angesprochenen Struktureigenschaften des obigen Linearen Programms noch dadurch gekennzeichnet, daß für ein $x_\mu=0$ die Nebenbedingungen zusammen mit der Zielfunktion auch einen u_μ-Wert von Null bewirken und die Fixkosten somit entfallen. Diese spezielle Struktureigenschaft kann im Fall der Unsicherheit, wenn es gilt ein Risikomaß zu bestimmen, welches auch die Höhe der Kosten für Realisierungen von $x<x_B$ berücksichtigen soll, zu Verständnisschwierigkeiten führen. In diesem Fall muß unterschieden werden, ob bei einer Realisierung von x=0 die Fixkosten entfallen ("fixed-charge"-Probleme) oder aufgrund der Entscheidung für eine bestimmte Alternative weiterhin zu berücksichtigen sind.
2. Zu den theoretischen Grundlagen der einzelnen Verfahren vgl. u.a. DINKELBACH, Werner (1969), S. 61ff., insbesondere zur Zweiphasenmethode. KORTE, Bernhard (1971), S. 61-127. NEUMANN, Klaus (1975), S. 311ff.
Zu dem Verfahren nach Dakin sowie dem Verfahren nach Land und Doig (beide zählen zu den Branch and Bound - Verfahren), die im hier vorliegendem Fall von Binärvariablen zum gleichen Ergebnis führen, vgl. LAND, A.H.; DOIG, A.G. (1960), S. 497-520. BURKHARD, Rainer E. (1972), S. 170-185. BRUCKER, Peter (1975), S. 47-86. MURTY, Katta (1976), S. 437-480.

keinen Risikomaßstab berücksichtigt.[1]

Wegen der Annahme eines Einproduktunternehmens und der vorgegebenen Menge x_F bzw. E(x) läßt sich auch für den Fall mehrerer Engpässe die Lösung noch auf nicht simultanem Weg erreichen.[2] Stehen insgesamt z+k Alternativen zur Auswahl, wobei k die Zahl der Engpaß- und z die Zahl der Nichtengpaßalternativen angibt, so sind maximal

$$z + k \cdot z + \sum_{r=2}^{k} \frac{k!}{(k-r)!} + z \cdot \sum_{r=2}^{k} \frac{k!}{(k-r)!}$$

Varianten zu berücksichtigen.

Die beiden ersten Summanden drücken dabei die Möglichkeit aus, die vorgegebene Menge x_F bzw. E(x) mit den z Nichtengpaßalternativen oder als Kombination der Engpaßalternativen mit jeder Nichtengpaßalternative (k·z) zu erreichen.

Der dritte Summand gibt weiterhin die Möglichkeit an, die Menge x_F durch beliebige Kombinationen der Engpaßverfahren zu erreichen. Für r=2 werden demnach zwei Engpaßalternativen miteinander kombiniert, wobei aber zusätzlich dem Effekt Rechnung zu tragen ist, daß die Reihenfolge der Aufnahme dieser Alternativen von Bedeutung ist. Im Rahmen der Kombinatorik spricht man dann von geordneten Proben ohne Wiederholung bzw. von Kombinationen mit Berücksichtigung der Reihenfolge ohne Wiederholung vom Umfang r aus der Menge mit

---

1. Zu dem Begriff und den Ausgestaltungsformen von Ersatzprogrammen im Rahmen stochastischer Entscheidungsmodelle vgl. DINKELBACH, Werner (1982), S. 57f. und zum Begriff des Erwartungswertmodells vom Typ II vgl. LORSCHEIDER, Ulrich (1986), S. 57.
2. Wenn hier von mehreren Engpässen die Rede ist, soll darunter der Fall verstanden werden, bei dem bzgl. eines Wahlproblems mehrere Engpaßalternativen auftreten und nicht der Fall, daß für parallel zu lösende Wahlprobleme jeweils ein Engpaß auftritt. So reicht im Fall der optimalen Verfahrenswahl bei Auftreten von jeweils nur einem Engpaß in den verschiedenen Arbeitsgängen auch bei Vorgabe von Absatzhöchstmengen und im Mehrproduktfall die nicht simultane Vorgehensweise aus, falls gewährleistet ist, daß der Deckungsbeitrag unabhängig von den gewählten Verfahren immer positiv ist, da in diesem Fall keine Mengeninterdependenzen zu berücksichtigen sind.
   Diesen engeren Begriff mehrerer Engpässe - mehrere Engpässe in einem Arbeitsgang - meint auch Kilger, ohne dies jedoch explizit auszudrücken. Vgl. KILGER, Wolfgang (1973).

dem Umfang k.[1] Von diesen Kombinationen existieren genau k!/(k-r)!. Da es möglich ist, daß mehrere Engpaßalternativen zur Erreichung der festgelegten Menge x_F nötig sind, wird dies durch die Summation von r=2 bis r=k ausgedrückt.

Der letzte Summand berücksichtigt weiterhin die Möglichkeit, diese geordneten Proben ohne Wiederholung aus Engpaßalternativen mit den z Nichtengpaßalternativen zu verbinden.

Man erhält somit z.B. für z=2 und k=4 die beachtliche Zahl von 190 möglichen Varianten. Die Zahl der tatsächlich zu untersuchenden Varianten läßt sich jedoch beträchtlich verringern, wenn man die sich aus der jeweiligen Datenkonstellation ergebenden redundanten Varianten streicht.

So können zunächst jene Kombinationen von Engpaßverfahren (Teil des dritten Summanden) unberücksichtigt bleiben, mit denen die festgesetzte Menge gar nicht erreichbar ist. Andererseits erübrigt sich für jene geordneten Proben, die diese Bedingung erfüllen, die Überprüfung jener Varianten des vierten Summanden, die diese Kombinationen von Engpaßalternativen mit den z Nichtengpaßalternativen verbinden. Zudem kann in diesem Fall auch auf jene Kombinationen verzichtet werden, die zusätzlich zu den die Menge x_F schon erreichenden Kombinationen noch weitere Engpaßalternativen berücksichtigen.[2]

Unter Beachtung der Unsicherheit kann man schließlich unter den verbleibenden Varianten die Auswahl mittels der zu E(x) gehörenden Gewinne und der den verschiedenen Varianten entsprechenden Break even - Punkte als Grundlage variantenindividueller Risikomaße treffen.

Als vorläufiges Ergebnis dieses Abschnitts kann man festhalten, daß bzgl. der Modelle, bei denen die Menge fest vorgegeben wird, auch bei Berücksichtigung von Engpässen keine weiteren Schwierigkeiten auftreten.[3]

---

1. Vgl. hierzu u.a. HARTUNG, Joachim (1985), S. 96.
2. Ist z.B. gewährleistet, daß durch jede beliebige Kombination von zwei Engpaßverfahren die Menge x_F erreichbar ist, so entfällt der vierte Summand gänzlich und beim dritten Summanden ist die Summation für $r>2$ hinfällig. Für z=2 und k=4 ergeben sich somit 2+(4·2)+4!/2!= 22 Varianten.
3. Diese Modelle können strenggenommen nur im Nichtengpaßfall als "Alternativenmodelle im engeren Sinn" bezeichnet werden, da bei Berücksichtigung von Engpässen insofern deterministische Entscheidungsvariablen auftreten, daß die festgelegte Menge x_F auf die einzelnen Alternativen aufgeteilt werden muß.

Mit der nächsten Abgrenzungsstufe, bei der die Absatzmenge der Produktionsprogrammplanung nicht als Datum, sondern in Form einer Absatzhöchstmenge vorgegeben wird, werden die Interdependenzen zwischen beiden Teilplänen insofern berücksichtigt, daß bei auftretenden Engpässen Fehlmengen zugelassen sind. Über das absatzpolitische Instrumentarium und hierbei vor allem über die Verkaufspreise werden jedoch noch keine optimalen Entscheidungen getroffen.

Die Lösung der einzelnen Entscheidungsprobleme im Rahmen dieser Abgrenzungsstufe läßt sich in analoger Weise erzielen wie bei der vorigen Abgrenzungsstufe. Dabei ist x_F durch x_H (deterministischer Fall) bzw. E(x) durch den Erwartungswert der maximalen Aufnahmefähigkeit des Marktes E(β) (stochastischer Fall) zu ersetzen.

Ohne Engpässe genügt wiederum ein einfacher Gewinnvergleich, wobei als weitere Variante die Nichtproduktion (x=0) mit zu berücksichtigen ist. Im Fall eines Engpasses kann die Lösung über den Vergleich der einzelnen Varianten erfolgen. Im einfachsten Fall für eine Engpaß- und eine Nichtengpaßalternative können neben der Nichtproduktion folgende Varianten auftreten[1]:

V_1: x_H bzw. E(β) wird mit dem Nichtengpaßverfahren gefertigt

V_2: $x_{Max,E}$ wird mit dem Engpaßverfahren E, $x_H - x_{Max,E}$ bzw. $E(\beta) - x_{Max,E}$ mit dem Nichtengpaßverfahren gefertigt.

V_3: $x_{Max,E}$ wird mit dem Engpaßverfahren E gefertigt und auf das Nichtengpaßverfahren N wird verzichtet (unter der Voraussetzung $x_{Max,E} > x_{K,EN}$)

Die Lösung des Problems kann auch mittels des Linearen Programms (II.1.8) erfolgen, wobei dann jedoch die Restriktion (II.1.8.a) mittels einer Kleiner-gleich-Beziehung darzustellen ist:

$$\sum_{\mu=1}^{z} x_\mu + x_E \leqq E(\beta)$$

---

1. Es ist zu beachten, daß bei Aufnahme einer Alternative ($x>0 \rightarrow K_{Fix}>0$) auch die maximale Menge bzw. der noch ausstehende Rest bis x_H zu produzieren ist, da für d>0 die Produktion jeder zusätzlichen Mengeneinheit zur Fixkostendeckung beiträgt.

Ein analoges Modell unter Beachtung der Unsicherheit - jedoch ohne Berücksichtigung der fixen Kosten - findet man bei Dinkelbach. Dabei entspricht die oben dargestellte Form der Nebenbedingung wiederum der Vorgehensweise im Rahmen eines Erwartungswertmodells vom Typ II, bei dem kein Risikomaß Anwendung findet.[1] Auch die Berücksichtigung mehrerer Engpässe ist in diesem Modellansatz ohne weiteres möglich.

Eine genaue Untersuchung dieser Abgrenzungsstufe soll jedoch nicht erfolgen, zumal die Berücksichtigung von Absatzhöchstmengen nicht ohne Beachtung der zugrundeliegenden Marktform erfolgen sollte. So führt bei atomistischer Konkurrenz auf vollkommenen Märkten die Berücksichtigung von Absatzhöchstmengen zu Widersprüchen, da für einen gegebenen Preis von der Absatzseite her keine Restriktionen bestehen. Die Angebotsmenge kann im Polypol bei vollkommenen Märkten höchstens durch Kapazitäten außerhalb des Absatzbereichs beschränkt sein.[2] Für den Monopolfall andererseits ist der Ansatz von Absatzhöchstmengen nur dann sinnvoll, wenn man auf die explizite Angabe der konjekturalen Preisabsatzfunktion verzichtet und den Preis weiterhin als konstant annimmt. Für diesen festen Preis ist eben nur ein Punkt <u>auf</u> der konjekturalen Preisabsatzfunktion erzielbar, und zwar jener Punkt, der zu der Absatzhöchstmenge führt. Ansonsten sind für festes p lediglich Mengen unterhalb dieser Absatzhöchstmenge realisierbar.

Da in dieser Arbeit im Monopolfall der Zusammenhang zwischen Preis und Menge über die Preisabsatzfunktion erfolgen soll, kann auf die Abgrenzungsstufe, bei der von der Absatzseite Absatzhöchstmengen vorgegeben werden, verzichtet werden.

Ebenso soll an dieser Stelle auf die Darstellung der stochastischen Break even - Analyse unter Berücksichtigung dieser Reaktionsfunktionen verzichtet werden. Auch bei dieser Abgrenzungsstufe gelangt man unter Berücksichtigung von Engpässen zu den "Erweiterten stochastischen Alternativenmodellen", innerhalb derer nun jedoch die zufällige Gesamtnachfrage $\tilde{x}$ auf die Nichtengpaßverfahren und die Engpaßverfahren aufgeteilt werden muß. Es tritt demnach wiederum die Schwierigkeit auf, daß in den Nebenbedingungen

1. Vgl. DINKELBACH, Werner (1982), S. 10 und S. 99ff.
2. Die Vorgabe einer Absatzhöchstmenge hätte bei polypolistischer Angebotsstruktur nur dann einen Sinn, wenn man von der doppelt geknickten Preisabsatzfunktion von Gutenberg ausgehen würde. Auf die Darstellung dieses Spezialfalles soll hier jedoch verzichtet werden.
   Vgl. GUTENBERG, Erich (1965), S. 241f.

Zufallsvariablen auftreten, welche eine mehr oder weniger rigorose Transformation des stochastischen Modells in ein deterministisches Ersatzmodell erfordern.[1]

Als Fazit kann jedoch festgehalten werden, daß zumindest für den Einproduktfall die Berücksichtigung von Engpässen im Rahmen der Break even - Modelle keine größeren Schwierigkeiten bereitet.

Im folgenden werden nur noch die allgemeineren und realitätsnäheren Modelle der dritten Abgrenzungsstufe zur Diskussion stehen, da für den weiterhin unterstellten Nichtengpaßfall nur auf dieser Stufe "Erweiterte Alternativenmodelle" ableitbar sind. Darüber hinaus ist die Anwendung der "Erweiterten stochastischen Alternativenmodelle" an zusätzliche Bedingungen gebunden. So sind solche Modelle nur dann sinnvoll anwendbar, wenn bei Vorliegen eines Polypols sogenannte Newsboy-Probleme unterstellt werden und bei Vorliegen eines Monopols die Zufallsvariable Menge in einen deterministischen Teil und einen Störterm aufgespalten wird.[2]

1. Häufig verwendet man in solchen Fällen das Erwartungswertmodell vom Typ II. Für den Spezialfall des Polypols innerhalb der dritten Abgrenzungsstufe und alleiniger Berücksichtigung der Nachfragemenge als Zufallsvariable erhält man dann das analoge Modell der ersten Abgrenzungsstufe.
2. Vgl. hierzu die Ausführungen auf S. 244ff. des vierten Kapitels.

2. Die Interpretation der stochastischen Break even - Analyse als Entscheidungsmodell

In diesem Abschnitt soll mittels eines Entscheidungsmodells die formale Darstellung[1] der im Rahmen der Break even - Analyse als relevant erachteten Entscheidungssituationen erfolgen. Das Entscheidungsmodell kann dabei als ein Abbild der Realität angesehen werden, wobei die Komplexität der ökonomischen Wirklichkeit durch Prämissensetzung[2] in vereinfachter Form zum Ausdruck kommt. Eine detailgetreue Abbildung der Realität ist einerseits aus Informationsgründen nicht möglich und andererseits aus rechentechnischen Gründen nicht gewollt. Der letzte Aspekt beinhaltet für den Modellkonstrukteur ein "Meta-Entscheidungsproblem", welches darin besteht, einen Kompromiß zwischen einer relativ wirklichkeitstreuen und einer von der Realität stärker abstrahierenden Modellvariante zu finden. Während im ersten Fall die Modellösung sehr unhandlich werden kann, birgt die zweite Modellvariante die Gefahr, eine formale Lösung zu produzieren, die ex post vom Entscheidenden nicht als optimal erachtet wird.[3] Damit wird ein wichtiges Element der Entscheidungsmodelle angesprochen, welches in dem Aufsuchen optimaler Lösungen vorgegebener Entscheidungssituationen besteht, während Beschreibungs- und Erklärungsmodelle andererseits eher der Datenbereitstellung für Entscheidungssituationen dienen.[4]

Bevor aber explizit auf Problemlösungstechniken eingegangen wird, sollen zunächst die konstituierenden Elemente des Break even - Modells dargestellt und diskutiert werden.

---

1. Zu den Vorteilen einer Modellösung in Formalstruktur vgl. DINKELBACH, Werner (1982), S. 31.
2. Zum Modellisationsprozeß vgl. TIETZ, Bruno (1975), S. 678f. und auch ZENTES, Joachim (1976), S. 31/32.
3. Zum Modellbegriff in der Entscheidungstheorie und den damit verbundenen Problemen vgl. u.a. DINKELBACH, Werner (1973), S. 151-162 sowie HIERONIMUS, Albert (1979), S. 16-22 und die dort angegebene Literatur.
4. Zu dieser Unterscheidung vgl. BAMBERG, Günter; COENENBERG, Adolf Gerhard (1985), S. 13/14.

a. Die konstituierenden Elemente des stochastischen Break even - Entscheidungsmodells

In Anlehnung an Sieben/Schildbach[1] wird das Entscheidungsmodell durch zwei Hauptkategorien von Informationen gekennzeichnet: durch das Entscheidungsfeld als Ausdruck der für das Entscheidungsproblem relevanten Umweltbedingungen und durch das Zielsystem des Entscheidungsträgers[2], welches einerseits die für den Entscheidenden als relevant erachteten Zielgrößen und andererseits die angestrebte Zielintensität beinhaltet. Während das Entscheidungsfeld somit Informationen über die interessierende Entscheidungssituation liefert, wird durch das Zielsystem ein Abbild der subjektiven Zielvorstellungen des Entscheidungsträgers geliefert.

α. Die Bestandteile des Entscheidungsfeldes

Das Entscheidungsfeld setzt sich aus der Menge der Handlungsmöglichkeiten, auch Aktionenraum genannt, aus einer Menge von Umweltzuständen und aus einer Ergebnisfunktion zusammen, die jeder Kombination von Handlungsmöglichkeit und Umweltzustand eindeutig ein Ergebnis zuordnet.

α_1. Der Aktionenraum

Die Menge der Handlungsmöglichkeiten besteht, wie an anderer Stelle schon erwähnt[3], bei Vorliegen einer qualitativen Entscheidungsvariablen ("Alternativenmodelle im engeren Sinn") aus Alternativen, während bei Vorliegen einer quantitativen Entscheidungsvariablen ("Traditionelle Entscheidungsmodelle") die Elemente des Aktionenraumes als Realisierungen oder Ausprägungen dieser Variablen bezeichnet werden. Falls das Modell eine endliche Anzahl von Alternativen aufweist, spricht man häufig von einem diskreten Aktionenraum, der sich z.B. in der Form $A = \{a_1, a_2, ..., a_i, ..., a_n\}$ angeben läßt. Bei den quantitativen Entscheidungsvariablen liegt dagegen in der Regel der nicht diskrete Fall vor, wobei die Menge der Handlungsmöglichkeiten aus einem Intervall der reellen Zahlen (z.B. bei Vorgabe von

---

1. Vgl. SIEBEN, Günter; SCHILDBACH, Thomas (1980), S. 14f.
2. Auf die Behandlung von Gruppen- (Kollektiventscheidungen) - Bamberg/Coenenberg sprechen auch von Entscheidungen durch Gremien - und die damit verbundene Problematik der interpersonellen Konflikte wird hier verzichtet und auf die Literatur verwiesen. Vgl. u.a. LAUX, Helmut (1982), S. 121ff. und BAMBERG, Günter; COENENBERG, Adolf Gerhard (1985), S. 192ff.
3. Vgl. hierzu die Ausführungen auf S. 20.

Höchst- und Mindestmengen) oder aus den reellen Zahlen $\mathbb{R}$ selbst besteht.

Handelt es sich dagegen um "Erweiterte Alternativenmodelle", die sowohl quantitative als auch qualitative Entscheidungsvariablen aufweisen, so bietet sich die Vorgehensweise an, bei der die quantitative Entscheidungsvariable eine zusätzliche Indizierung mit den Elementen des diskreten Aktionenraums der qualitativen Entscheidungsvariablen erhält (ein typischer Anwendungsfall sind Verfahrenswahlprobleme im Rahmen der Produktionsvollzugsplanung):

$$X = \left\{ \begin{bmatrix} x_1 \\ x_2 \\ \vdots \\ x_i \\ \vdots \\ x_n \end{bmatrix} \in \mathbb{R}^n \right\}$$

Durch eine solche Vorgehensweise wird auch die in der Literatur allgemein geforderte Eigenschaft der Exklusivität der Aktionen gewährleistet[1], womit ausgedrückt werden soll, daß immer nur eine der Aktionen gewählt werden kann.[2] Das Exklusionsprinzip betrifft aber nur die Aktionen und nicht die Aktionsparameter.[3] Für den gerade angesprochenen Fall der "Erweiterten Alternativenmodelle" bedeutet das, daß die n-Tupel $(x_1, \ldots, x_i, \ldots, x_n)^T \in \mathbb{R}^n$ die sich einander ausschließenden Aktionen darstellen, während Aktionsparameter einerseits durch die quantitative Variable x (z.B. Produktionsmenge) und andererseits durch Verfahrenswahlmöglichkeiten - symbolisiert durch die Indizierung der quantitativen Entscheidungsvariablen x - zum Ausdruck gebracht werden. Dabei ist es jedoch möglich, daß die Produktion der Menge x mit mehreren Verfahren erfolgen kann und somit das Exklusionsprinzip bzgl. der qualitativen Variablen "Verfahren" nicht erforderlich und auch nicht sinnvoll ist.

---

1. Zur Forderung der Exklusivität bzgl. der Aktionen vgl. SCHNEEWEISS, Hans (1967), S. 8. SIEBEN, Günter; SCHILDBACH, Thomas (1980), S. 15/16. BAMBERG, Günter; COENENBERG, Adolf Gerhard (1985), S. 15.
2. Um sinnvollerweise von einem Entscheidungsmodell sprechen zu können, muß jedoch gewährleistet sein, daß mindestens zwei solcher sich ausschließende Aktionen zur Disposition stehen.
3. Auf den Unterschied zwischen Aktionen und Aktionsparametern hat u.a. SCHNEEWEISS, Hans (1967), S. 8/9 hingewiesen.

Eine weitere häufig geforderte Eigenschaft der Handlungsmöglichkeiten besteht darin, daß die Aktionen keinen eigenständigen Wert besitzen, sondern sich der Wert einer Aktion allein in ihrem Zielbeitrag manifestiert.[1]

Von größerer Bedeutung ist jedoch die Forderung, daß die einzelnen Handlungsmöglichkeiten deterministischen Charakter haben und somit die Einführung von Aktionswahrscheinlichkeiten nicht erforderlich ist.[2] Diese Forderung schließt jedoch nicht aus, daß der Aktionenraum zum Entscheidungszeitpunkt nicht mit Sicherheit bekannt ist. Der Fall eines stochastischen Aktionenraumes kann dann auftreten, wenn durch Nebenbedingungen eine Einschränkung des Aktionenraumes erfolgt und in diese Restriktionen Zufallsvariablen mit einfließen.[3] Die besondere Problematik solcher Entscheidungsmodelle mit einem stochastischen Aktionenraum besteht darin, daß die endgültige Menge der Handlungsmöglichkeiten, die sich nach Realisation der Zufallsvariablen ergibt, nicht bekannt ist. Es kann somit der Fall eintreten, daß eine zum Entscheidungszeitpunkt gewählte Aktion nach Realisierung der Zufallsvariablen nicht zulässig "im strengen Sinn" ist. Aus diesem Grund ist der Begriff der Zulässigkeit zu modifizieren.[4]

Beim sogenannten Modell der "fetten Lösungen" (Fat-Solution-Model) wird die ex post - Zulässigkeit unabhängig von der Realisation der Zufallsvariablen immer verlangt und somit eine sehr strenge Forderung gestellt. Aus diesem Grund haben auch Modelle mit Wahrscheinlichkeitsrestriktionen (Chance-Constraint-Modelle) eine größere Verbreitung gefunden, da sie die ex post - Zulässigkeit der Lösungen nur mit einer vorzugebenden Mindestwahrscheinlichkeit fordern.[5] Bei den Kompensationsmodellen als weiterer

---

1. Vgl. SIEBEN, Günter; SCHILDBACH, Thomas (1980), S.16.
2. Menges weist darauf hin, daß solche Aktionswahrscheinlichkeiten vor allem in der Theorie der strategischen Spiele sinnvoll anwendbar sind, um dem jeweiligen Kontrahenten das Erkennen der eigenen Entscheidungen zu erschweren. Man spricht bei Berücksichtigung solcher Wahrscheinlichkeiten von gemischten Strategien im Gegensatz zu den in der (statistischen) Entscheidungstheorie gebräuchlichen deterministischen Strategien. Vgl. MENGES, Günter (1974), S. 101 und S. 217f.
3. Vgl. hierzu die Ausführungen zu der Engpaßproblematik auf S. 82ff. dieser Arbeit. Eine weitere Aufgabe solcher Nebenbedingungen wird im Rahmen der Modellösungstechniken noch angesprochen werden. Dort sind sie als Bestandteil des Zielplanes interpretierbar.
4. Vgl. zu den folgenden Ausführungen u.a. ABEL, Peter; THIEL, Reiner (1981), S. 21ff.
5. Oft unterscheidet man innerhalb der Chance-Constraint-Modelle noch zwischen Modellen mit getrennten Wahrscheinlichkeitsrestriktionen, bei denen jede einzelne Nebenbedingung mit einer vorgegebenen Wahrscheinlichkeit erfüllt sein muß und Modellen mit gemeinsamen Wahrscheinlichkeitsrestriktionen, bei denen eine Mindestwahrscheinlichkeit für alle Restriktionen in toto gefordert wird.

Modellvariante wird zusätzlich dem Aspekt Rechnung getragen, daß Möglichkeiten bestehen können, eine ex post auftretende Verletzung der Restriktionen durch bekannte mit einem bestimmten Kostenaufwand verbundene Maßnahmen zu kompensieren.

Hier wird jedoch auf die Berücksichtigung von Nebenbedingungen zur Beschränkung des Aktionenraumes verzichtet und somit auch von der Problematik hinsichtlich der Behandlung eines durch unsichere Koeffizienten im Aktionenraum charakterisierten stochastischen Modells abstrahiert.[1]

α_2. Der Zustandsraum

Der Zustandsraum beinhaltet die Gesamtheit jener Umweltsituationen (Zustände), die vom Entscheidenden nicht beeinflußt werden können, die aber ihrerseits Auswirkungen auf die zu treffenden Entscheidungen haben.[2] Aus Vereinfachungsgründen soll zunächst von einer endlichen Anzahl der Umweltsituationen ausgegangen werden, so daß der Zustandsraum Z in der Form $Z = \{z_1, \ldots, z_j, \ldots, z_m\}$ darstellbar ist. Auch für den Zustandsraum wird analog zum Aktionenraum das Exklusionsprinzip, die Abgeschlossenheit sowie das Nichtvorhandensein eines eigenständigen Nutzens der Umweltzustände gefordert.[3]

Im Rahmen der Break even - Analyse sollen die möglichen Realisierungen der nachgefragten Menge als Umweltsituationen interpretiert werden. Je nach Informationsstand des Entscheidungsträgers über die einzelnen möglichen Umweltzustände differenziert man in der Literatur folgende Entscheidungssituationen:[4]

- Entscheidungen unter Sicherheit: Hierbei handelt der Entscheidende bei vollkommener Information, d.h., er erachtet nur eine Umweltsituation für

---

1. Zu den Chance-Constraint- und Kompensationsmodellen und deren Problematik vgl. u.a. DINKELBACH, Werner (1982), S. 106-113 und LORSCHEIDER, Ulrich (1986), S. 58ff. sowie die dort angegebene Literatur.
2. Wechselbeziehungen zwischen dem Aktionenraum und dem Zustandsraum der Art, daß das Eintreten bestimmter Zustände von der gewählten Aktion abhängt, werden hier nicht betrachtet. Solche Entscheidungssituationen sind typisch für Spiele gegen rational handelnde Gegner (Spieltheorie).
3. Vgl. MAG, Wolfgang (1977), S. 15.
4. Vgl. u.a. MAG, Wolfgang (1977), S. 17-23. SIEBEN, Günter; SCHILDBACH, Thomas (1980), S.25/26. BITZ, Michael (1981), S. 13-15. LAUX, Helmut (1982), S. 25. MENGES, Günter (1982), S. 386.

das anstehende Entscheidungsproblem als relevant.

- Entscheidungen unter Risiko:[1] Diese Entscheidungssituationen sind dadurch gekennzeichnet, daß mehrere Umweltzustände als relevant erachtet werden und der Entscheidende darüber hinaus in der Lage ist, den einzelnen Elementen des Zustandsraumes a priori objektive bzw. subjektive Wahrscheinlichkeiten zuzuordnen.[2]

- Entscheidungen unter Ungewißheit im engeren Sinn: In diesem Fall ist es im Gegensatz zu den Entscheidungssituationen unter Risiko dem Entscheidungsträger nicht möglich, den einzelnen Umweltsituationen Wahrscheinlichkeiten zuzuordnen.

Im Rahmen dieser Arbeit werden, wenn von stochastischen Entscheidungsmodellen die Rede ist, immer Entscheidungsmodelle unter Risiko gemeint. Verzichtet wird somit neben Entscheidungsmodellen unter Sicherheit und unter Unsicherheit im engeren Sinn auch auf die Behandlung von Modellen unter partieller Information, die sich durch unvollständige Information über die Wahrscheinlichkeitsverteilungen der Zustände auszeichnen.[3]

α_3. Die Ergebnisfunktion

Jener Teil des Entscheidungsfeldes, der die Brücke zu den wertenden Prämissen des Entscheidungsträgers, dem Zielplan, schlägt, ist die Ergebnisfunktion. Jeder Kombination von Aktion und Umweltzustand wird durch die Ergebnisfunktion eine bestimmte Handlungskonsequenz zugeordnet.[4]

---

1. Eine andere Interpretation des Risikobegriffs, die nicht auf die formale Meßbarkeit der Unsicherheit abstellt, sondern die inhaltliche Präzisierung des Risikobegriffs zum Gegenstand hat, wird bei der Auswahl geeigneter Risikomaße im Rahmen der klassischen Entscheidungskriterien zur Diskussion stehen. Vgl. hierzu S. 126ff. dieser Arbeit.
2. Manche Autoren sprechen in Anlehnung an Knight jedoch nur bei Vorliegen objektiver Wahrscheinlichkeiten von Entscheidungen unter Risiko. Vgl. KNIGHT, Frank H. (1957), S. 232f. ALBACH, Horst (1959), S. 3f. GUTENBERG, Erich (1962), S. 77f.
3. Vgl. zu diesen Modellen KOFLER, Eduard; MENGES, Günter (1976) und HUSCHENS, Stefan (1985). Die oben angesprochenen klassischen Entscheidungssituationen sind dabei als Spezialfälle der Modelle mit partieller Information anzusehen.
4. Bei den Break even - Modellen handelt es sich bei den Handlungskonsequenzen um die monetäre Größe Gewinn.

Es gilt somit folgende Zuordnung:

$$f: \quad A \times Z \rightarrow E$$

$$(II.2.1) \qquad e_{ij} = f(a_i, z_j) \qquad \begin{matrix}(i=1,\ldots,n)\\(j=1,\ldots,m)\end{matrix}$$

und e_{ij} ist Element des Ergebnisraumes E ($e_{ij} \in E$)

Beim Grundmodell der Entscheidungstheorie, welches sich durch einen endlichen Aktionen- und einen endlichen Zustandsraum auszeichnet, kann das Entscheidungsfeld durch eine Ergebnismatrix dargestellt werden, welche in der Vorspalte die Aktionen, in der Kopfzeile die Umweltsituationen mit den dazugehörigen Wahrscheinlichkeiten und in den einzelnen Matrixfeldern die Ergebniswerte aufweist.[1] Die Ergebniswerte e_{ij} sind wiederum von den Ergebnisdefinitionen (Zielinhalten) abhängig, die vom Entscheidenden als relevant erachtet werden. Interessiert sich der Entscheidende für mehrere Zielgrößen (k=1,...,K) und unterscheidet er diese zusätzlich hinsichtlich des Zeitpunktes ihres Anfalls (t=1,...,T), so erhält man für jede Kombination von Aktion und Umweltzustand eine Matrix von Merkmalsausprägungen. Für die Ergebnisfunktion gilt dann:

$$(II.2.2) \qquad e_{ij}^{k,t} = f(a_i, z_j) \qquad \begin{matrix}(i=1,\ldots,n)\\(j=1,\ldots,m)\\(k=1,\ldots,K)\\(t=1,\ldots,T)\end{matrix}$$

Andererseits reduziert sich für den Spezialfall eines deterministischen Modells die Ergebnismatrix zu einem Spaltenvektor (m=1). In diesem Fall kann man die Ergebnisfunktion als Konglomerat mehrerer Zielfunktionen auffassen [z_k (k=1,...,K)], wobei diese Teilzielfunktionen jedoch noch nicht in irgendeiner Weise wichtend zusammengefaßt werden.[2]

1. Zur Darstellung des Grundmodells mittels einer Ergebnismatrix vgl. u.a. SIEBEN, Günter; SCHILDBACH, Thomas (1980), S. 21 und BAMBERG, Günter; COENENBERG, Adolf Gerhard (1985), S.22.
2. Eine solche Zusammenfassung von Teilzielfunktionen stellt die typische Aufgabenstellung der Vektoroptimierungsmodelle dar. Vgl. u.a. DINKELBACH, Werner (1982), S. 153ff.
Für stochastische Modelle soll jedoch der Begriff Zielfunktion vermieden werden, wenn man darunter eine Abbildung der Elemente des Aktionenraumes in die Menge der reellen Zahlen (monetäre Größen werden voraus-

(Fortsetzung der Fußnote auf der nächsten Seite)

β. Das Zielsystem des Entscheidungsträgers

Einen Bestandteil des Zielsystems stellen die gerade angesprochenen Ergebnisdefinitionen dar, die zur genauen Festlegung der Zielgrößen notwendig sind. Die Zielgrößen drücken die für die Entscheidungssituation relevanten, über die Ergebnisdefinition zu erfassenden Ergebniskategorien aus. Eng verbunden mit der Problematik der inhaltlichen Festlegung des Zieles ist die Frage nach den entscheidungsrelevanten Größen, wie sie im ersten Abschnitt dieses Kapitels zur Diskussion stand. Es sei noch einmal erwähnt, daß hinsichtlich der Zielgröße Gewinn bei stochastischen Entscheidungssituationen auch die fixen Kosten in der Ergebnisfunktion ihren Niederschlag finden müssen. Weiterhin muß durch die Ergebnisfunktion die bei den Break even - Modellen zur Diskussion stehende Zielgröße Gewinn genau abgegrenzt werden. Insbesondere ist festzulegen, ob dem Modellkalkül der Gewinn vor Steuern oder der Gewinn nach Steuern zugrunde gelegt werden soll. So haben Morse und Posey gezeigt, daß die Berücksichtigung eines Steuersatzes durchaus signifikante Auswirkungen auf das Break even - Modell hat und hiervon neben dem erwarteten Gewinn auch das gewählte Risikomaß betroffen ist.[1] Andere Autoren benutzen statt der absoluten Größe Gewinn relative Größen wie die Umsatzrentabilität[2] $R_U = G/U$ oder unter Berücksichtigung des investierten Kapitals den Return on Investment[3] $ROI = G/I$. In dieser Arbeit soll jedoch nur von der absoluten Gewinnhöhe ausgegangen werden. Die Berücksichtigung relativer Größen bereitet aber keine größeren Schwierigkeiten.

Neben diesem den Zielinhalt betreffenden Teil des Zielsystems interessiert auch die Intensität des Strebens nach den Zielgrößen.Diese Zielintensität

---

gesetzt) versteht. Denn bei stochastischen Modellen handelt es sich um Korrespondenzen (Punkt-Mengen-Abbildungen), die jedes a_i auf eine Teilmenge des $\mathbb{R}^m$ abbilden. Auf Funktionen, die auch in stochastischen Modellen eine Abbildung in die Menge der reellen Zahlen bewirken, wird an anderer Stelle noch einzugehen sein. Diese werden i.d.R. jedoch nicht als Zielfunktionen, sondern als Präferenzfunktionen bezeichnet. Vgl. hierzu die Ausführungen auf S. 105.

1. Vgl. MORSE, Wayne J.; POSEY, Imogene A. (1979/80), die jedoch ein Risikomaß benutzen (die Varianz des Gewinns), welches den in dieser Arbeit gestellten Anforderungen nicht gerecht wird. Vgl. auch die Ausführungen auf S. 125. Weitere Autoren, die sich mit der Steuerproblematik im Rahmen von Break even - Modellen - jedoch nur für den deterministischen Fall - befassen, sind MORIARITY, Shane; ALLEN, Carl P. (1984), S. 132-136.
2. Vgl.CHMIELEWICZ, Klaus (1974), S. 51.
3. Vgl. KLEINEBECKEL, Herbert (1976), S. 52 und LOUDERBACK. Joseph G.; MANNERS, George E. (1980/81).

wird durch die Präferenzordnung des Entscheidenden ausgedrückt. Nach Sieben/Schildbach können folgende Präferenzen unterschieden werden:[1]

- als notwendigen Bestandteil eines jeden Präferenzsystems die <u>Höhenpräferenzen</u>, welche die unterschiedlichen Höhen der einzelnen Ergebnisse bewerten sollen. "Die Höhenpräferenz gibt an, wie der jeweilige Entscheidungsträger diese Ergebnisse allein wegen ihrer unterschiedlichen Höhenmerkmale im Hinblick auf ihre Vorteilhaftigkeit für ihn beurteilt, wie sich also ceteris paribus bei Variation nur der Höhe von Ergebnissen deren Grad der Erwünschtheit für den Entscheidungsträger ändert."[2]
  Neben Extremierungskonzepten als Ausprägungsformen der Höhenpräferenz unterscheidet man anspruchsniveaubezogene Konzepte (Satisfizierungskonzepte), die von einem mindestens zu erreichenden Niveau ausgehen und Fixierungskonzepte, bei denen die Zielgröße einen konkret vorgegebenen Wert annehmen soll.[3]

- die <u>Artenpräferenzen</u>, welche immer dann notwendiger Bestandteil des Präferenzsystems sein müssen, wenn mehrere Zielgrößen bei der Entscheidungsfindung herangezogen werden und diese gemäß ihrer relativen Bedeutung im Entscheidungskalkül zum Ausdruck kommen sollen. Man spricht in diesen Fällen von multikriteriellen Entscheidungsmodellen bzw. bei alleiniger Berücksichtigung zu extremierender Teilzielfunktionen z_k $(k=1,...,K)$ von Vektoroptimierungsmodellen.[4]
  Die Berücksichtigung von Artenpräferenzen im Break even - Modell erübrigt sich jedoch, da hier als einzige Zielgröße der Gewinn zur Diskussion steht.[5]

- die <u>Zeitpräferenzen</u>, deren Aufnahme in das Präferenzsystem des Entscheidenden dann notwendig ist, wenn er zu verschiedenen Zeitpunkten anfallende Ergebnisse unterschiedlich bewertet. "Die Zeitpräferenz zeigt die relative Vorteilhaftigkeit auf, die zu unterschiedlichen Zeitpunkten eintretende Ergebnisse allein wegen des jeweiligen Zeitpunkts ihres Eintritts für den Entscheidungsträger besitzen."[6]

---

1. Vgl. SIEBEN, Günter; SCHILDBACH, Thomas (1980), S. 24-26.
2. SIEBEN, Günter; SCHILDBACH, Thomas (1980), S. 24.
3. Eng verwandt mit den Fixierungskonzepten sind Approximationsansätze, bei denen der vorgegebene Wert nicht unbedingt exakt, aber zumindest in guter Annäherung, erreicht werden soll. Vgl. DINKELBACH, Werner (1982), S. 154/155.
4. Vgl. DINKELBACH, Werner (1980), S. 335.
5. Zu einem Ansatz der Break even - Analyse bei Mehrfachzielsetzung vgl. WALLIN, Jan (1978).
6. SIEBEN, Günter; SCHILDBACH, Thomas (1980), S. 26.

Auch auf die Berücksichtigung der Zeitpräferenz im Break even - Modell kann verzichtet werden, da die Break even - Analyse als Hilfsmittel für kurzfristige Entscheidungssituationen mit nur einer Zeitperiode angesehen wird. Die Break even - Analyse ist somit als eine periodenbezogene Rechnung anzusehen.[1]

- die Sicherheitspräferenzen, welche wegen der im Rahmen von stochastischen Entscheidungsmodellen notwendigen Aufstellung von Sicherheitspräferenzrelationen von besonderem Interesse sind. Die Sicherheitspräferenzrelation bringt dabei zum Ausdruck, wie sich der Einfluß der Unsicherheit auf die Vorziehenswürdigkeit der Aktionen auswirkt.

Mit dem Begriff der stochastischen Entscheidungsmodelle soll dabei der Terminologie Lorscheiders gefolgt werden[2], um damit zum Ausdruck zu bringen, daß keine Lösungen über quasi-deterministische bzw. über vektorielle Entscheidungsmodelle erfolgen sollen.

Bei den quasi-deterministischen Modellansätzen wird der Vorteil der guten Lösbarkeit und der Nichtnotwendigkeit von Risikopräferenzen mit einer sehr rigorosen Transformation unsicherer Daten in quasi-deterministische Größen erkauft.

Bei den vektoriellen Modellansätzen zur Lösung von Unsicherheitsproblemen hingegen sind, wie bei den klassischen stochastischen Modellösungstechniken, die Risikopräferenzen zu berücksichtigen. Den Vorteil vektorieller Lösungsansätze sieht Lorscheider darin, daß sie einer Lösung mittels interaktiver Verfahren zugänglich sind und somit vom Entscheidenden a priori nicht die Offenlegung seines Präferenzsystems erfordern. Vielmehr wird es durch dieses Verfahren dem Entscheidenden ermöglicht, "schrittweise seine Präferenzen auszukundschaften".[3]

Gegenstand dieser Arbeit sind jedoch die klassischen stochastischen Entscheidungsmodelle, welche bedingt durch die Mehrdeutigkeit der Zielfunktionswerte - die Zielgröße Gewinn ist eine Zufallsvariable - eine Bewertungs-

---

1. Zu der Aufnahme eines Diskontierungsfaktors in das Modell und der damit verbundenen Vermischung von Break even - Analyse und Capital Budgeting - Ansätzen vgl. MANES, René (1966).
2. Vgl. LORSCHEIDER, Ulrich (1986), S. 26/27.
3. LORSCHEIDER, Ulrich (1986), S. 87/88.

vorschrift erfordern, die jeder Aktion unter Berücksichtigung des Präferenzsystems des Entscheidenden eine reelle Zahl zuordnet. Da jede Aktion durch eine bestimmte Wahrscheinlichkeitsverteilung der Zielgröße Gewinn beschrieben wird, wobei der zu einem Umweltzustand (entspricht im Break even - Modell einer bestimmten Realisierung der nachgefragten Menge) gehörende Gewinn mit derselben Wahrscheinlichkeit realisiert wird wie dieses Nachfragevolumen, kann man statt von einer Bewertung der Aktionen von einer Bewertung der diese Aktionen charakterisierenden Wahrscheinlichkeitsverteilungen ausgehen.[1]

Diese Bewertungsfunktion, für die sich die Bezeichnung Präferenzfunktion bzw. Präferenzfunktional[2] durchgesetzt hat, ordnet jeder Alternative a_i $(i=1,...,n)$ bzw. der dazugehörigen Wahrscheinlichkeitsverteilung $w_i \in W$ $(i=1,...,n)$ [W: Menge der Wahrscheinlichkeitsverteilungen] einen reellen Wert so zu, daß über die Rangfolge dieser Zahlen die subjektive Wertvorstellung des Entscheidenden hinsichtlich der zu vergleichenden Wahrscheinlichkeitsverteilungen zum Ausdruck kommt.

Für die Präferenzfunktion soll demnach gelten:[3]

$$PF : W \rightarrow \mathbb{R} \quad \underline{\text{mit}}$$

$$\begin{aligned} PF(w_j) &\geqq PF(w_k) \iff w_j \succsim w_k \\ PF(w_j) &> PF(w_k) \iff w_j \succ w_k \\ PF(w_j) &= PF(w_k) \iff w_j \sim w_k \end{aligned} \qquad \text{(II.2.3)}$$

Gemäß (II.2.3) ist die Präferenzfunktion somit Ausdruck der Präferenzrelation " $\succsim$ ", die der Entscheidungsträger hinsichtlich der Wahrscheinlichkeitsverteilungen (Aktionen) besitzt. Allgemein wird gefordert, daß die Präferenzrelation die Eigenschaft der Transitivität und der Vollständigkeit erfüllt, d.h., daß die Menge der Wahrscheinlichkeitsverteilungen voll-

1. Vgl. SCHNEEWEISS, Hans (1967), S.30/31.
2. Der Begriff Präferenzfunktional soll zum Ausdruck bringen, daß das Urbild der Abbildung PF selbst wiederum eine Funktion darstellt (die Wahrscheinlichkeitsverteilung w ist durch die kumulative Verteilungsfunktion beschreibbar). Vgl. SCHNEEWEISS, Hans (1967), S. 36 und MENGES, Günter (1974), S. 167 sowie S. 272.
Im Rahmen vektorieller Entscheidungsmodelle ist dagegen die Bezeichnung Kompromißzielfunktion gebräuchlich. Vgl. DINKELBACH, Werner (1980) und GEBER, Wolfgang (1985).
3. Schneeweiß spricht vom ordinalen Prinzip. Vgl. SCHNEEWEISS, Hans (1967), S. 36.

ständig prägeordnet ist.[1]

Diese Präferenzrelation bzgl. der Wahrscheinlichkeitsverteilungen soll demnach vom Entscheidenden ermittelt werden, wobei er sich gemäß dem ordinalen Prinzip der Präferenzfunktion PF bedienen kann. Dagegen stellt das Vorhandensein einer Präferenzordnung bzgl. der Ergebnisse $e \in E$ eine Mindestanforderung dar, ohne deren Erfüllung das Entscheidungsproblem nicht lösbar ist. Dies kann man mit Bamberg/Coenenberg auch folgendermaßen ausdrücken: "Die (für den Entscheidungsträger zu komplizierte) unmittelbare Bewertung der Aktionen wird somit auf die (für den Entscheidungsträger einfachere) Bewertung der Ergebnisse zurückgeführt..."[2].

In Ausnahmefällen ist es auch möglich, eine Entscheidung allein auf der Präferenzrelation bzgl. der Ergebnisse und damit unter Nichtberücksichtigung der Risikopräferenzen des Entscheidenden durchzuführen. Dies gilt bei der in dieser Arbeit vorgenommenen Annahme einer einzigen Zielgröße neben dem trivialen Fall, daß nur ein Umweltzustand möglich ist (deterministische Entscheidungssituation), immer dann, wenn eine sogenannte "perfekte Lösung" auftritt. Eine "perfekte Lösung" tritt immer dann auf, wenn es mittels ausgewählter Dominanz- bzw. Effizienzkriterien gelingt, die Menge der Handlungsmöglichkeiten auf eine einzige nicht dominierte Aktion zu verringern. Im Normalfall ist es jedoch nur möglich, eine Teilmenge auszusondern, die im Sinne dieser Kriterien effizient ist.

Die ausführliche Diskussion der Dominanzkriterien und anderer Modellösungstechniken soll in den folgenden Abschnitten dieses Kapitels erfolgen.

---

1. Vgl. zur Definition einer vollständigen Präordnung GEBER, Wolfgang (1985), S. 135 und die dort angegebene Literatur.
   Wegen der zugelassenen Indifferenz von Wahrscheinlichkeitsverteilungen spricht man auch von einer schwachen Ordnung. Vgl. SCHNEEWEISS, Hans (1967), S. 11.
2. BAMBERG, Günter; COENENBERG, Adolf Gerhard (1985), S. 31.

b. Entscheidungskriterien zur Lösung stochastischer Break even - Modelle

α. Dominanzprinzipien: Die Vorauswahl von Handlungsmöglichkeiten

Vorab soll noch eine Bemerkung zur Terminologie erfolgen. In der entscheidungstheoretischen Literatur unterscheidet man hinsichtlich der Entscheidungskriterien zwischen Entscheidungsprinzipien und Entscheidungsregeln.[1] Bei ersteren wird die Präferenzfunktion noch nicht eindeutig festgelegt, sondern nur Aussagen über die grundsätzliche Vorgehensweise getroffen, während Entscheidungsregeln neben der expliziten Angabe der Funktionsparameterverknüpfung auch die Festlegung eines Optimierungskriteriums erfordern. Entscheidungsregeln erlauben somit die eindeutige Angabe der optimalen Lösungen. In diesem Sinn entsprechen die Dominanzkriterien einer Entscheidungsregel, wenn sie zu einer "perfekten Lösung" führen. In dem oben angesprochenem Normalfall sind sie jedoch als Dominanzprinzipien zu interpretieren, für die es in Anlehnung an Hadar/Russell, Whitmore, Fishburn/Vickson folgende Ausprägungsformen gibt:[2]

DEFINITION (II.2.4): Dominanzprinzipien

Es sei

$$F_i(t) := F_{G_i}(t) = P[G(a_i,z) \leq t]$$

die Verteilungsfunktion der Zufallsvariablen Gewinn für die Alternative a_i $(i=1,2)$ mit $F_1(t)$ und $F_2(t)$ nicht identisch.

Weiter gelte:

$$FF_i(t) := \int_{s=-\infty}^{t} F_i(s)\, ds$$

$$FFF_i(t) := \int_{s=-\infty}^{t} FF_i(s)\, ds$$

1. Vgl. SCHNEEWEISS, Hans (1967), S. 17 und LAUX, Helmut (1982), S. 29-32.
2. Vgl. HADAR, Josef; RUSSELL, William R. (1969), S. 27. WHITMORE, G. A. (1970), S. 457. FISHBURN, Peter C.; VICKSON, Raymond G. (1978), S.64ff. sowie S. 102 ff.

Dann gilt:

Die Alternative $a_1 \in A$ dominiert die Alternative $a_2 \in A$ im Sinne der

- absoluten Dominanz ($a_1 \succ_a a_2$) genau dann, wenn

$$\min_{z \in Z} G(a_1,z) \geqq \max_{z \in Z} G(a_2,z)$$

- stochastischen Dominanz nullten Grades (Zustandsdominanz)($a_1 \succ_o a_2$) genau dann, wenn

$$G(a_1,z) \geqq G(a_2,z) \qquad \text{für alle } z \in Z$$

- stochastischen Dominanz ersten Grades ($a_1 \succ_1 a_2$) genau dann, wenn

$$F_2(t) \geqq F_1(t) \qquad \text{für alle } t \in \mathbb{R}$$

- stochastischen Dominanz zweiten Grades ($a_1 \succ_2 a_2$) genau dann, wenn

$$FF_2(t) \geqq FF_1(t) \qquad \text{für alle } t \in \mathbb{R}$$

- stochastischen Dominanz dritten Grades ($a_1 \succ_3 a_2$) genau dann, wenn

$$FFF_2(t) \geqq FFF_1(t) \qquad \text{für alle } t \in \mathbb{R} \text{ und}$$

$$E[G(a_1,z)] =: \mu_{G_1} \geqq E[G(a_2,z)] =: \mu_{G_2}$$

Aus dieser Definition werden folgende Beziehungen unmittelbar ersichtlich:

(II.2.5) $\quad a_1 \succ_a a_2 \Rightarrow a_1 \succ_o a_2 \Rightarrow a_1 \succ_1 a_2 \Rightarrow a_1 \succ_2 a_2 \Rightarrow a_1 \succ_3 a_2$

bzw. wenn man die Mengen der nicht im Sinne obiger Dominanzprinzipien dominierten Alternativen mit x^a_{eff}, x^o_{eff}, x^1_{eff}, x^2_{eff} und x^3_{eff} bezeichnet

$$\text{(II.2.6)} \quad x^3_{eff} \subseteq x^2_{eff} \subseteq x^1_{eff} \subseteq x^o_{eff} \subseteq x^a_{eff}$$

Gemäß dem Prinzip der absoluten Dominanz ist die Aktion a_1 der Aktion a_2 dann vorzuziehen, wenn der höchstmögliche Gewinn von a_2 nicht größer ist als der niedrigstmögliche Gewinn von a_1. Dies stellt aber eine sehr strenge Forderung dar, so daß die damit verbundene Reduzierung der Aktionen kaum ins Gewicht fallen dürfte.

Eine größere Einschränkung der Aktionenmenge erlaubt die Zustandsdominanz, welche dann vorliegt, wenn die Aktion bei keinem Zustand zu einem niedrigeren Gewinn und mindestens bei einem Zustand zu einem höheren Gewinn führt als die Aktion a_2.

Eine noch weitergehende Einschränkung der Handlungsmöglichkeiten kann schließlich mittels der stochastischen Dominanz k. Grades (k=1,2,3) erfolgen, wobei mit steigendem k der Selektionsgrad zunimmt. Der höhere Selektionsgrad ist jedoch an bestimmte Annahmen hinsichtlich des Verhaltens des Entscheidungsträgers gebunden. Dies kann durch folgende zu Definition (II.2.4) äquivalente Definition zum Ausdruck gebracht werden, welche die enge Beziehung der stochastischen Dominanz k. Grades zu bestimmten korrespondierenden Nutzenfunktionen aufzeigt:[1]

DEFINITION (II.2.7.): Stochastische Dominanz und Nutzenfunktionen

Es seien folgende Klassen von Nutzenfunktionen im jeweiligen Definitionsbereich I definiert (I^I entspricht dabei dem Inneren des Definitionsbereichs)[2]:

$$U_1(U_1^s) = \left\{ u(G) \,\middle|\, \begin{array}{l} u(G),\ u'(G) \text{ sind stetig und beschränkt auf } I \\ \text{und } u'(G) \geq (>)\ 0 \text{ für } G \in I^I \end{array} \right\}$$

---

1. Zum Beweis der Äquivalenz dieser Definitionen vgl. u.a. FISHBURN, Peter C.; VICKSON, Raymond G. (1978), S. 64 ff., die zur Vereinfachung von auf dem Definitionsbereich beschränkten und stetigen Nutzenfunktionen u(G) sowie deren Ableitungen ausgehen und damit die Existenz endlicher Nutzenerwartungswerte implizieren.
   Zu der Äquivalenz der Definitionen bei Aufhebung dieser Annahmen vgl. ebenda S. 102ff.
2. In Klammern sind jeweils die Beziehungen für die strenge stochastische Dominanz angegeben.

$$U_2(U_2^s) = \left\{ u(G) \in U_1(U_1^s) \;\middle|\; \begin{array}{l} u''(G) \text{ stetig und beschränkt auf } I \\ \text{und } u''(G) \leqq (<)\ 0 \quad \text{für } G \in I^I \end{array} \right\}$$

$$U_3(U_3{}^s) = \left\{ u(G) \in U_2(U_2^s) \;\middle|\; \begin{array}{l} u'''(G) \text{ stetig und beschränkt auf } I \\ \text{und } u'''(G) \geqq (>)\ 0 \text{ für } G \in I^I \end{array} \right\}$$

Dann gilt:

Die Alternative $a_1 \in A$ dominiert die Alternative $a_2 \in A$ im Sinne der stochastischen Dominanz k. Grades genau dann, wenn

$$E\,[\,u[G(a_1,z)]\,] \quad \geqq (>) \quad E[\,u[G(a_2,z)]\,]$$

$$\text{für alle } u(G) \in U_k(U_k^s)$$

Diese Definition erlaubt wohl eine bessere Interpretation der stochastischen Dominanz durch die Einbeziehung der Nutzenfunktionen und deren Verläufe, erfordert jedoch einen nicht zu bewältigenden Überprüfungsaufwand, da eine Aussage bzgl. aller Nutzenfunktionen einer Nutzenklasse nicht zu gewährleisten ist.

Weiterhin läßt sich die Gültigkeit des folgenden Satzes zeigen, der an anderer Stelle noch eine wichtige Rolle spielen wird.

SATZ (II.2.8):

Gelten für zwei Aktionen $a_1, a_2 \in A$ mit nicht identischen Verteilungsfunktionen die stochastischen Dominanzbeziehungen k. Grades (k=1,2,3) in der Weise, daß $a_1 \succ_k a_2$, dann folgt

(1) aus der stochastischen Dominanz ersten Grades ($a_1 \succ_1 a_2$)

$$\mu_{G_1} > \mu_{G_2}$$

(2) aus der stochastischen Dominanz zweiten und dritten Grades ($a_1 \succ_{2,3} a_2$)

$$\mu_{G_1} \geqq \mu_{G_2}$$

Als Fazit dieses Satzes kann demnach festgehalten werden, daß eine notwendige Voraussetzung für stochastische Dominanzbeziehungen k. Grades die Bedingung $\mu_{G_1} \geqq \mu_{G_2}$ ist.

Beweis:

Die Gültigkeit des Satzes wird offensichtlich, wenn man zur Bestimmung des (Gewinn-) Erwartungswertes folgende Beziehung benutzt:[1]

(II.2.9) $$\mu_{G_i} = \int_{t=0}^{\infty} P\left\{ G(a_i,z)>t\right\} dt - \int_{t=-\infty}^{0} P\left\{G(a_i,z)\leqq t\right\} dt$$

zu (1): $a_1 \succ_1 a_2 \xrightarrow{\text{II.2.4}} F_1(t) \leqq F_2(t)$ für alle $t \in \mathbb{R}$ und $F_1(t)$ nicht identisch mit $F_2(t)$

bzw. äquivalent hierzu

$P[G(a_1,z)\leqq t] \leqq P[G(a_2,z)\leqq t]$ für alle $t \in \mathbb{R}$ oder

$P[G(a_1,z)>t] \geqq P[G(a_2,z)>t]$ für alle $t \in \mathbb{R}$

und damit folgt unter Berücksichtigung der Nichtidentität von $F_1(t)$ und $F_2(t)$ über die Beziehung (II.2.9) die Behauptung.

zu (2):

- Für die stochastische Dominanz dritten Grades folgt die Behauptung unmittelbar aus der Definition (II.2.4), innerhalb derer $\mu_{G_1} \geqq \mu_{G_2}$ schon gefordert wird.
- Hinsichtlich der stochastischen Dominanz zweiten Grades gilt:

$$a_1 \succ_2 a_2 \xrightarrow[\text{II.2.7}]{\text{II.2.4}} \int_{s=-\infty}^{t} F_1(s)\, ds \leqq \int_{s=-\infty}^{t} F_2(s)\, ds$$

für alle $t \in I^I = [I_u, I_o]$

1. Die Gültigkeit dieser Beziehung für beliebige Zufallsvariablen mit endlichem Erwartungswert wird von ROHATGI, V. K. (1976), S. 84-86 gezeigt.

Unter Berücksichtigung, daß man (II.2.9) auch in der Form

$$\mu_{G_i} = \int_{s=0}^{I_o} [1 - F_i(s)]ds - \int_{s=I_u}^{0} F_i(s)\,ds$$

$$= I_o - \int_{s=I_u}^{I_o} F_i(s)\,ds$$

schreiben kann, folgt auch hier $\mu_{G_1} \geqq \mu_{G_2}$.[1]

Welcher Grad der stochastischen Dominanz soll nun in dieser Arbeit Berücksichtigung finden, d.h., welcher Verlauf der Nutzenfunktionen und damit welches Risikoverhalten wird für den Entscheidenden unterstellt?

Entsprechend den an anderer Stelle getätigten Annahmen soll es sich um einen Entscheidungsträger mit sinkender absoluter Risikoaversion [$A'(G)<0$] handeln, d.h., für die unterstellte Nutzenfunktion gilt:

$$u'(G) > 0 \qquad u''(G) < 0 \qquad u'''(G) > 0$$

Das positive Vorzeichen von $u'''(G)$ läßt sich folgendermaßen erklären:

$$A'(G) = \frac{\partial A(G)}{\partial G} = \frac{\partial}{\partial G}\,\frac{-u''(G)}{u'(G)} = \frac{u''(G)\cdot u''(G) - u'(G)\cdot u'''(G)}{[u'(G)]^2}$$

Ein $A'(G)$-Wert < 0 ist somit nur dann erfüllt, wenn $u'(G)\cdot u'''(G)>[u''(G)]^2$ ist. Da bei der unterstellten Risikoaversion des Entscheidungsträgers $u'(G) > 0$ und $u''(G) < 0$ gilt, folgt als notwendige (jedoch nicht hinreichende) Bedingung für sinkende absolute Risikoaversion $u'''(G) > 0$.

1. Im Gegensatz zu (1) gilt hier nicht die strenge Ungleichung, da Verläufe von Verteilungsfunktionen denkbar sind, bei denen die Fläche der dominierten (im Sinne der stochastischen Dominanz zweiten Grades) Verteilungsfunktion ab einem bestimmten Punkt $t' \in I^I$ gleich der Fläche unter der dominierenden Verteilungsfunktion ist und ab diesem Punkt t' beide Verteilungsfunktionen identisch verlaufen.

Damit sind alle Nutzenfunktionen, die die Forderung nach sinkender absoluter Risikoaversion erfüllen auch Elemente der Nutzenklasse U_3^s. Mit anderen Worten bedeutet das, daß aufgrund der genaueren Präferenzvorstellungen des Entscheidenden eine Vorauswahl der Aktionen mittels der stochastischen Dominanz dritten Grades getroffen werden kann und somit eine stärkere Einschränkung der Aktionenmenge ermöglicht wird.

Eine Bestimmung aller im Sinne des gewählten Dominanzprinzips effizienten Lösungen ist in der Regel jedoch zu aufwendig.[1] Deshalb soll in dieser Arbeit nur gefordert werden, daß die im Rahmen des Break even - Modells gewählten Entscheidungskriterien in Form noch näher zu spezifizierender deterministischer Ersatzmodelle zu mindestens einer Lösung führen, die im Sinne der stochastischen Dominanz dritten Grades effizient ist. Solche Entscheidungskriterien werden als mit dem Dominanzprinzip vereinbar angesehen.

β. Das Bernoulli-Entscheidungskriterium: Die Risikonutzenfunktion als Konglomerat von Höhenpräferenz- und Risikopräferenzfunktion

Das Bernoulli-Entscheidungskriterium[2], welches in der praktisch - normativen Entscheidungstheorie eine herausragende Stellung einnimmt, spezifiziert die Präferenzfunktion (II.2.3) in folgender Weise[3]:

$$\text{(II.2.10)} \quad PF(w_i) = E[u[G(a_i,z)]] = \int_{G=-\infty}^{\infty} u(G)\, dF_i(G)$$

---

1. Dies ist auch der Grund, weshalb auf Dominanzprinzipien noch höherer Ordnung verzichtet wird, die die sinkende absolute Risikoaversion explizit und nicht nur über die notwendige Voraussetzung $u'''(G)>0$ berücksichtigen. Vgl. z.B. zu Dominanzprinzipien bei nichtsteigender absoluter Risikoaversion und den damit verbundenen Problemen FISHBURN, Peter C.; VICKSON, Raymond G. (1978), S. 82-88 und S. 106.
2. Eine Darstellung des Bernoulli - Entscheidungskriteriums findet sich in allen klassischen Lehrbüchern zur Entscheidungstheorie. Beispielhaft erwähnt seien SCHNEEWEISS, Hans (1967), S. 61-84. SIEBEN, Günter; SCHILDBACH, Thomas (1980), S. 55-62. BITZ, Michael (1981), S. 153-192. LAUX, Helmut (1982), S. 167-194 und BAMBERG, Günter; COENENBERG, Adolf Gerhard (1985), S. 64-82.
3. Zur allgemeinen Berücksichtigung diskreter und stetiger Verteilungen ist das hier benutzte Integral im Sinne eines Lebesque-Stieltjes Integral zu interpretieren.

Eine Wahrscheinlichkeitsverteilung w_1 (bzw. Aktion a_1) wird einer Wahrscheinlichkeitsverteilung w_2 (Aktion a_2) somit dann vorgezogen, wenn der Erwartungswert ihrer Nutzenfunktion $u[G(a_1,z)]$ größer ist als der der Aktion a_2:

$$(II.2.11) \quad PF_1 \succ PF_2 \quad \Longleftrightarrow \quad E[u[G(a_1,z)]] > E[u[G(a_2,z)]]$$

Die Anwendung des Bernoulli-Kriteriums erfordert somit die Existenz einer Risikonutzenfunktion u(G), die jedem Ergebnis G den zugehörigen subjektiven Nutzenwert für den Entscheidungsträger zuordnet. Die aus Konsistenzgründen kaum realisierbare vergleichende Bewertung der Wahrscheinlichkeitsverteilungen wird durch die Bewertung der zugehörigen Ergebnisse ersetzt, und die so entstehenden Einzelpräferenzen werden über eine Gewichtung der mit ihnen korrespondierenden Wahrscheinlichkeiten zu einem Gesamtpräferenzwert der Verteilung zusammengefaßt, der einer vergleichenden Beurteilung zugänglich ist.[1]

Seine große Beliebtheit verdankt das Bernoulli-Kriterium insbesondere der auf der Risikonutzenfunktion beruhenden Flexibilität, da durch unterschiedliche Verläufe der Risikonutzenfunktion auch unterschiedliche Risiko- und Höhenpräferenzvorstellungen zum Ausdruck gebracht werden können.[2] Erst durch die Konkretisierung der Risikonutzenfunktion wird das Bernoulli-Kriterium schließlich zu einer Entscheidungsregel.

Eine wichtige Voraussetzung für die Anwendung dieses Kriteriums ist somit die Existenz einer solchen kardinalen Nutzenfunktion, die bis auf eine positiv-lineare Transformation eindeutig bestimmt ist.[3] Die Ermittlung der Risikonutzenfunktion erfolgt dabei über die sogenannte Bernoulli-Befragung, bei der der Entscheidende mit besonders einfach strukturierten hypothetischen Wahlakten konfrontiert wird. Diese Wahlakte beinhalten den Vergleich eines sicheren Ergebnisses $\bar{G}$ mit sogenannten Lotterien oder Chancen (G_{Min},p,G_{Max}), um so die kritische Erfolgswahrscheinlichkeit $p^*(\bar{G})$ zu be-

---

1. Vgl. BITZ, Michael (1981), S. 32.
2. Zu den Aussagen hinsichtlich des Risikoverhaltens für unterschiedliche Verläufe der Risikonutzenfunktion vergleiche die in der Fußnote 2 auf der vorigen Seite angegebene Literatur und die Ausführungen auf S. 73ff. dieser Arbeit.
3. Bei kardinalen Nutzenfunktionen ist der Nullpunkt und die Maßeinheit frei wählbar. Man kann auch vom intervallskalierten Merkmal "Nutzen" sprechen, bei dem der Entscheidende nicht nur den Nutzen selbst, sondern auch die Nutzenunterschiede in eine Rangfolge bringen kann.

stimmen, die zur Indifferenz der beiden Wahlmöglichkeiten aus der Sicht des Entscheidenden führt $[\bar{G} \sim [G_{Min}, p^*(\bar{G}), G_{Max}]]$.[1]

Neben der großen Flexibilität beruht die Attraktivität des Bernoulli- Kriteriums auch darauf, daß es zwingend aus einigen plausibel erscheinenden Axiomen folgt - insbesondere die Bernoulli-Befragung wird durch diese Axiome gewährleistet.

In der Literatur werden eine Reihe solcher Axiomensysteme vorgestellt.[2] Hier soll in Anlehnung an Fishburn ein sehr allgemeines Axiomensystem eingeführt werden, welches die auf ihm beruhende Existenz des Nutzenerwartungswertes nicht nur für beschränkte diskrete Verteilungen, sondern für die Menge aller reellen Verteilungen (Verteilungsfunktionen) zeigt.[3]

1. Axiom: (Ordinales Prinzip)

Die Menge $\mathcal{F}$ der Verteilungsfunktionen sei durch die Präferenzrelation "$\succsim$" vollständig schwach geordnet.[4]

2. Axiom: (Substitutionsaxiom, Unabhängigkeitsaxiom)

Mit $F_1, F_2, F_3 \in \mathcal{F}$ und $F_1 \succ F_2$ sowie $0 < a < 1$ folgt

$$a \cdot F_1 + (1-a) \cdot F_3 \succ a \cdot F_2 + (1-a) \cdot F_3$$

3. Axiom: (Stetigkeitsaxiom, Archimedisches Prinzip)

Für $F_1, F_2, F_3 \in \mathcal{F}$ sowie $F_1 \succ F_2 \succ F_3$ existieren Werte a und b mit $0<a,b<1$, so daß gilt:

$$a \cdot F_1 + (1-a) \cdot F_3 \succ F_2 \quad \text{und} \quad F_2 \succ b \cdot F_1 + (1-b) \cdot F_3$$

---

1. Genaugenommen erfordert eine solche Vorgehensweise die Kenntnis der Präferenzordnung bzgl. Lotterien und nicht nur bzgl. der Ergebnisse. Vgl. die Ausführungen auf S. 106. Zur genauen Beschreibung einer Bernoulli-Befragung vgl. u.a. BITZ, Michael (1981), S. 158-162 und LAUX, Helmut (1982), S. 170-173.
2. Vgl. die Gegenüberstellung der bekanntesten Axiomensysteme bei SCHNEEWEISS, Hans (1963), S. 203ff.
3. Vgl. FISHBURN, Peter C. (1970), S. 137f.
4. Es sei nochmals darauf hingewiesen, daß mit diesem Axiom nur die Existenz einer solchen Ordnung über die Menge $\mathcal{F}$ gefordert wird und nicht, daß dem Entscheidenden die Ordnung bekannt ist. In einem solchen Fall würde sich das Aufstellen von Entscheidungsregeln erübrigen.

4. Axiom: (Dominanzprinzip):

Sei F_2 und $F_3 \in \mathcal{F}$ und $I = [I_u, I_o]$ ein Intervall von $E = \mathbb{R}$. Es gelte für die Aktion a_1 mit der zugehörigen Verteilungsfunktion F_1 $P[G_1 \in I] = 1$ und es gelte weiterhin

(1) G [mit P(G)=1] $\succ F_2$ für alle $G \in I$, dann gilt auch

$$F_1 \succ F_2$$

(2) $F_3 \succ G$ [mit P(G)=1] für alle $G \in I$, dann gilt auch

$$F_3 \succ F_1$$

Hieronimus hat erstmals darauf hingewiesen, daß die Existenz eines Nutzenerwartungswertes für alle reellen Verteilungen nur dann gewährleistet ist, wenn das 4. Axiom in das Axiomensystem aufgenommen wird.[1] Dieses Axiom stellt dabei nichts anderes als ein Dominanzprinzip dar, was man sich mit Hilfe der Abbildung II.2.1 klarmachen kann.

Die Aussage (1) beinhaltet: falls jede Einpunktverteilung des abgeschlossenen Intervalls I einer Verteilung mit der Verteilungsfunktion F_2 vorgezogen wird, so wird auch jede Verteilung mit Wahrscheinlichkeitsmasse auf einzel-Trägerpunkten im Intervall I der Verteilung F_2 vorgezogen.[2] In der Terminologie der stochastischen Dominanz ersten Grades bedeutet das z.B.: die Funktion F_2 muß ihren Maximum $F_2=1$ vor der Intervallgrenze I_u erreicht haben. Dann gilt auch $F_2(t) \geq F_1(t)$ für alle $t \in \mathbb{R}$ und somit $F_1 \succ F_2$ (in der Abbildung II.2.1 sind beispielhaft fünf verschiedene Verläufe von F_1 und zwei Verläufe von F_2 zur Belegung der Aussage (1) eingetragen).[3]

---

1. Vgl. HIERONIMUS, Albert (1979), S. 156-172, insbesondere S. 168-172. Die Anordnung aller reellen Verteilungsfunktionen erfordert andererseits aber das Vorhandensein beschränkter Nutzenfunktionen, um so die Existenz des Erwartungsnutzens zu gewährleisten.
2. Fishburn benutzt dagegen ein allgemeineres (offenes) Intervall, so daß es auch zur Indifferenz von F_1 und F_3 kommen kann. Vgl. FISHBURN, Peter C. (1970), S. 138.
3. Hinsichtlich der Aussage (2) muß analog gelten, daß die Verteilungsfunktion F_3 erst nach der Intervallobergrenze I_o einen Wert größer Null annimmt.

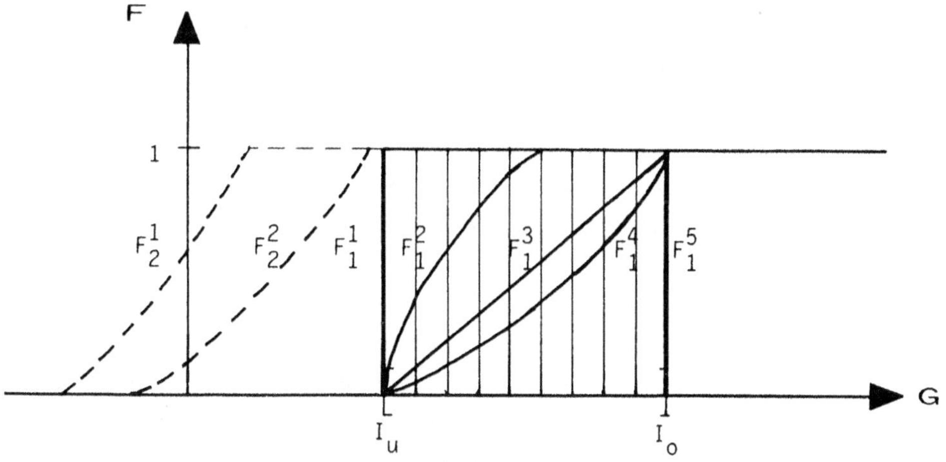

Abb. II.2.1: Die Interpretation des 4. Axioms nach Fishburn als Dominanzprinzip

Die einzelnen Prämissen waren in der Literatur immer wieder der Kritik ausgesetzt, wobei vor allem das Substitutionsprinzip häufig diskutiert wurde. Eine Darstellung und Würdigung dieser Kritikpunkte würde jedoch den Rahmen der Arbeit sprengen, so daß auf die Literatur verwiesen wird.[1]

Von entscheidenderer Bedeutung ist jedoch die Kritik am Bernoulli-Kriterium, welche Ausgangspunkt einer weiteren noch andauernden Diskussionsrunde war. So sind Hieronimus sowie Sieben, Schildbach und Ewert der Ansicht[2], daß durch die Risikonutzenfunktion eben gerade keine subjektive Risikoeinstellung zum Ausdruck kommt, sondern nur die subjektive Einstellung des Entscheidenden gegenüber unterschiedlich hohen sicheren Ergebnissen. Ihrer Meinung nach impliziert die Risikonutzenfunktion zwangsläufig eine risikoneutrale Einstellung des Entscheidungsträgers. Diese Kritik stellt natür-

---

1. Vgl. hierzu neben den schon angesprochenen Lehrbüchern zur Entscheidungstheorie insbesondere die erste Diskussionsrunde in der Zeitschrift für Betriebswirtschaft: LEBER, Wilhelm (1975). COENENBERG, Adolf Gerhard; KLEINE-DÖPKE, Rainer (1975). LAUX, Helmut (1976). JACOB, Herbert; LEBER, Wilhelm (1976a). KRELLE, Wilhelm (1976). JACOB, Herbert; LEBER, Wilhelm (1976b). BITZ, Michael; ROGUSCH, Michael (1976). KRELLE, Wilhelm (1978) sowie JACOB, Herbert; LEBER, Wilhelm (1978).
2. Vgl. HIERONOMUS, Albert (1979). SIEBEN, Günter; SCHILDBACH, Thomas (1980), S. 62. SCHILDBACH, Thomas; EWERT, Ralf (1983, 1984a, 1984b).

lich die Rationalität des Bernoulli-Kriteriums vollkommen in Frage. Die von den Kritikern vorgenommene Schlußfolgerung beruht jedoch letztendlich darauf, daß nicht klar genug herausgestellt wird, welcher Risikobegriff von diesen Autoren angewandt wird.[1]

Ausgangspunkt der Kritik ist eine gedachte - in der Praxis weder gewollte noch durchführbare - Zerlegung der Risikonutzenfunktion in eine Höhenpräferenz h(G) und eine Risikopräferenz r:

(II.2.12) $u(G) = r[h(G)]$

Bitz schlägt deshalb vor, die Risikoeinstellung im engeren Sinn - gemessen durch die Funktion r - von der Risikoeinstellung nach Pratt und Arrow, die durch den Verlauf der Risikonutzenfunktion u(G) gekennzeichnet ist, nicht nur gedanklich, sondern auch symbolmäßig zu unterscheiden.[2]

Die Kritiker des Bernoulli-Kriteriums argumentieren nun in der Weise, daß die Argumente der Risikonutzenfunktion im Spezialfall auch sichere Ergebnisse sein könnten, und daß der durch die Funktion u(G) gemessene Wert in diesem Fall nichts anderes als die reine Höhenpräferenz widerspiegele. Wenn man somit die Risikonutzenfunktion mit der Höhenpräferenz gleichsetzt, ist es klar, daß die Risikofunktion r zwangsläufig die identische Abbildung sein muß und somit das Bernoulli - Kriterium Risikoneutralität im engeren Sinn beinhaltet.

Aber wie Wilhelm in einem maßtheoretischen Ansatz gezeigt hat[3], ist es gerade nicht zulässig, die Argumente der Funktion u als sichere Ergebnisse aufzufassen. Das Bernoulli-Kriterium beruht allein auf einer über die Risikonutzenfunktion bewirkten Bewertung unsicherer Ergebnisse. Die Risikonutzenfunktion ist somit als Konglomerat von Höhenpräferenz und Risikopräferenz interpretierbar, wobei sie die spezifische Risikoeinstellung des Ent-

1. Damit ist die Vermutung Vetscheras, daß der Disput sich zumindest zum Teil auf unterschiedlichen Definitionen gründet, doch nicht so einfach von der Hand zu weisen, wie es von Albrecht und von Schildbach/Ewert geschehen ist.
   Vgl. hierzu VETSCHERA, Rudolf (1984). ALBRECHT, Peter (1984). SCHILDBACH, Thomas; EWERT, Ralf (1984a).
2. Vgl. BITZ, Michael (1984), S. 1075.
3. Vgl. WILHELM, Jochen (1977) und insbesondere (1985), S. 636 sowie WILHELM, Jochen (1986), S.481.

scheidenden durchaus zum Ausdruck bringen kann, wenn man Risikoeinstellung im Sinne von Pratt und Arrow versteht.[1]

Andererseits kann man sich jedoch eines unguten Gefühls nicht erwehren, wenn die Risikoeinstellung im engeren Sinn damit nicht explizit zum Ausdruck gebracht wird. Aus diesem Grund soll die Lösung von Break even - Entscheidungsproblemen über ausgewählte klassische Entscheidungskriterien erfolgen, die die angesprochene Risikoeinstellung im engeren Sinn über ein auf den Break even - Punkt bezogenes Risikomaß explizit zum Ausdruck bringen.[2] Darüber hinaus wird jedoch das gewählte Entscheidungskriterium bezüglich seiner Kompatibilität mit dem Bernoulli-Kriterium überprüft werden.

γ. Die Wahl des Zielerreichungs- und Risikomaßes zur Bestimmung geeigneter klassischer Entscheidungskriterien

γ₁. Allgemeine Anforderungen

Im Gegensatz zum Bernoulli- Kriterium wird bei den klassischen Entscheidungskriterien das Präferenzfunktional nicht in Abhängigkeit von der gesamten Wahrscheinlichkeitsverteilung der Gewinne, sondern in Abhängigkeit von einigen ausgewählten die Verteilung näher beschreibenden Parametern α_l ($l=1,...,n$) bestimmt. Man spricht auch von einem $(\alpha_1, \alpha_2,..., \alpha_n)$-Prinzip, welches zu einer $(\alpha_1, \alpha_2,..., \alpha_n)$-Regel konkretisiert wird, wenn man neben der Optimierungsvorschrift den funktionalen Zusammenhang der Parameter vorgibt:

(II.2.13) $$PF(w_i) = f[\alpha_1(w_i),..., \alpha_n(w_i)]$$

Gemäß den im Break even - Kalkül allein zu berücksichtigenden Höhen- und Risikopräferenzen bietet es sich an, von einem Lageparameter als Maß der Zielerreichung und von einem Risikomaß auszugehen.[3]

1. Zu einer zusammenfassenden Darstellung der aufgezeigten Problematik vgl. auch BAMBERG, Günter; COENENBERG, Adolf Gerhard (1985), S. 86-88.
2. Ein weiterer Grund ist darin zu sehen, daß die Bestimmung der Risikonutzenfunktion für den Entscheidenden einen hohen Aufwand erfordert und empirische Untersuchungen zudem gezeigt haben, daß sich Unternehmen i.d.R. nicht nach diesem Prinzip richten. Das Bernoulli-Kriterium hat damit wohl seinen Platz in einer praktisch-normativen, aber nicht in einer deskriptiven Entscheidungstheorie.
3. Bitz differenziert die Parameter bzgl. ihres Informationsgehalts in Zentral-, Extrem-, Streuungs- und Verteilungsmaße höherer Ordnung. Die drei letzten Gruppen können dabei als Bausteine eines Risikomaßes benutzt werden. Vgl. BITZ, Michael (1981), S. 46.

Um die weitere Argumentation zu erleichtern, soll beispielhaft von einem Alternativenwahlproblem ausgegangen werden, bei dem die Unternehmensleitung über eine Sortimentserweiterung zu entscheiden hat. Dabei wird neben linearen Kosten- und Erlöskurven aus Vereinfachungsgründen eine Normalverteilung der Absatzmenge mit dem Erwartungswert $E(x) = \mu_x$ und der Standardabweichung σ_x unterstellt.[1] Das Ausgangsproblem ist in der Abbildung II.2.2 graphisch dargestellt.

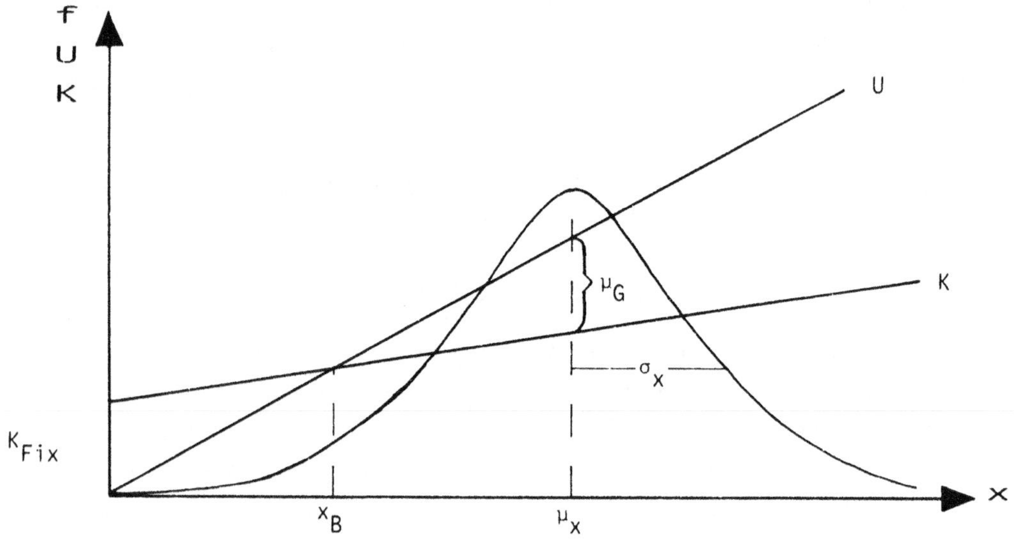

Abb. II.2.2: Das stochastische Break even - Entscheidungsmodell als Alternativenwahlproblem

Hinsichtlich des Lageparameters hat sich in der Literatur der Erwartungswert durchgesetzt. Vereinzelt wird auch auf die Möglichkeit hingewiesen, andere Lageparameter wie den Modalwert oder den Median zu benutzen.[2] Der Modalwert ist aber - außer bei nominal skalierten Merkmalen - nur dann sinnvoll anwendbar, wenn eine ausgeprägt eingipflige Verteilung vorliegt. Weiterhin sind der Modalwert und der Median hinsichtlich ihrer ma-

1. Auf die Problematik von Verteilungsannahmen wird im dritten Kapitel ausführlich eingegangen.
2. Vgl. die kritische Würdigung dieser Parameter bei Schneeweiß, der für die Klasse der ordinalen Parameter (Median, Modalwert, Quantile usw.) die fehlende Kompatibilität mit dem Bernoulli-Kriterium zeigt. Vgl. SCHNEEWEISS, Hans (1967), S. 52 und S. 103-111.

thematischen Behandlung in komplizierten Modellkalkülen sehr unhandlich.[1] Aus vorgenannten Gründen wird auch in dieser Arbeit der Erwartungswert des Gewinns als Maßstab der Zielerreichung gewählt:

$$\mu_G = (p-k_v)\cdot\mu_x - K_{Fix}$$

$$\mu_G = d\cdot\mu_x - K_{Fix}$$ und unter Berücksichtigung von (I.4.2)

$$\mu_G = d\cdot(\mu_x - x_B) \qquad \text{(II.2.14)}$$

Das Hauptaugenmerk soll nun jedoch auf die inhaltliche Präzisierung des Risikobegriffs gerichtet sein. Dabei können zwei Grundrichtungen unterschieden werden. Eine Richtung, die insbesondere von Hieronimus, Karten und Dieter Schneider vertreten wird[2], versteht unter Risiko die Ungewißheit über die Zielerreichung bei den einzelnen Alternativen. Die Vertreter dieser Richtung sehen jede Abweichung vom Zielerreichungsgrad (Erwartungswert des Gewinns), sei es eine Abweichung nach oben oder nach unten, als Ausdruck des Risikos an. Sie interpretieren somit das Risiko als Streuung und benutzen die aus statistischen Lehrbüchern bekannten Streuungs- bzw. Dispersionsmaße als Risikomaße (z.B. Varianz, Standardabweichung, mittlere absolute Abweichung, Variationskoeffizient).

Die Vertreter der zweiten Richtung verstehen unter Risiko die Gefahr eines Verlustes bzw. die Gefahr einer Fehlentscheidung und drücken dies durch negative Abweichungen von einem bestimmten Bezugspunkt ("target level") aus.[3] Auch in dieser Arbeit wird die zweite Richtung präferiert, da es dem Verfasser nicht sinnvoll erscheint, positive Abweichungen vom Bezugspunkt (Chancen) als Risikobestandteil aufzufassen.

---

1. Es soll jedoch nicht verschwiegen werden, daß trotz der Unhandlichkeit der Median M wegen seiner Minimaleigenschaft bzgl. der absoluten Abweichungen, d.h., das Minimum der Funktion $g(m) = \Sigma\,|x_j - m|$ wird für m=M angenommen, in letzter Zeit öfter Beachtung in der (ökonometrischen) Literatur findet ("median regression").
2. Vgl. KARTEN, Walter (1972), S. 158-169. SCHNEIDER, Dieter (1975), S. 81/82. HIERONIMUS, Albert (1979), S. 103-116
3. Vgl. u.a. KRELLE, Wilhelm (1957). WITTMANN, Waldemar (1959), S. 35 und S. 189. KUPSCH, Peter U. (1973), S. 26. FISHBURN, Peter C. (1977) und auch HOLTHAUSEN, Duncan M. (1981). YILMAZ, Mustafa R. (1983). Yilmaz faßt den Gedanken des "target level" noch weiter und zieht zur Messung des Zielerreichungsgrades nur die positiven Abweichungen vom Bezugspunkt heran.

Im Rahmen eines Break even - Modells bietet es sich an, die Break even - Menge x_B als Bezugspunkt des Risikomaßes heranzuziehen. Für den in der Abbildung II.2.2 vorliegenden Fall $\mu_x > x_B$ ($\mu_G > 0$), welcher als Entscheidung gemäß des Gewinnerwartungswertkriteriums die Sortimentserweiterung zur Folge hat, liegt eine Fehlentscheidung dann vor, wenn die tatsächlich realisierte Absatzmenge x_R den Wert x_B unterschreitet und somit einen Verlust in Höhe der nicht gedeckten fixen Kosten herbeiführt. Die Höhe der nicht gedeckten fixen Kosten K_U beträgt dabei $K_{Fix} - d \cdot x_R$ bzw. (da $K_{Fix} = d \cdot x_B$) $K_U = d \cdot (x_B - x_R)$.

" Die im Falle des Risikoeintritts verbleibende Fixkostenunterdeckung läßt sich als durch die Ungewißheit über die zukünftige Absatzentwicklung verursachte Kosten interpretieren."[1] Man spricht auch von Ungewißheitskosten.[2] Falls $x_R \geq x_B$ gilt, treten keine Ungewißheitskosten auf, da dann die Entscheidung zur Sortimentserweiterung ($\mu_x > x_B$) im nachhinein bei dem hier unterstellten Risikoverständnis bestätigt wird.

Die Höhe der Ungewißheitskosten kann für alle möglichen Fälle aus der folgenden Tabelle entnommen werden:[3]

	Entscheidungsphase	Realisationsphase	K_U
1	$\mu_x > x_B$	$x_R < x_B$	$d \cdot (x_B - x_R)$
2	$\mu_x > x_B$	$x_R \geq x_B$	0
3	$\mu_x < x_B$	$x_R > x_B$	$d \cdot (x_R - x_B)$
4	$\mu_x < x_B$	$x_R \leq x_B$	0

Tab. II.2.3: Wert der Ungewißheitskosten K_U für unterschiedliche Konstellationen von μ_x, x_B und x_R

Die Fälle 3 und 4 lassen sich analog zu den Fällen 1 und 2 erklären. Für $\mu_x < x_B$ wird gemäß des Gewinnerwartungswertkriteriums auf die Sortimentserweiterung verzichtet. Für $x_R > x_B$ würde diese vorab getroffene Entscheidung

1. COENENBERG, Adolf Gerhard (1967), S. 345.
2. Vgl. SCHLAIFER, Robert (1959), S. 449.
3. Vgl. COENENBERG, Adolf Gerhard (1967), S. 346 und (1969), S. 181.

jedoch zu einem entgangenen Gewinn in Höhe von $d \cdot x_R - K_{Fix} = d \cdot (x_R - x_B)$ führen.[1]

Ein das Absatzrisiko zusätzlich berücksichtigender Entscheidungskalkül muß daher neben dem Gewinnerwartungswert die absolute Höhe der Ungewißheitskosten aufnehmen. Das Eintreten der Ungewißheitskosten ist selbst wiederum abhängig von der zum Entscheidungszeitpunkt unbekannten Realisierung der Zufallsvariablen x, so daß neben der absoluten Höhe von K_U auch die Wahrscheinlichkeit des Anfalls der Ungewißheitskosten berücksichtigt werden muß.

Um eine sinnvolle Beurteilung potentieller Risikomaße zu gewährleisten, ist es notwendig, die Komponenten des angesprochenen Absatzrisikos anzugeben und die Eignung der einzelnen Risikomaße an diesen Komponenten auszurichten.

Die Komponenten des Absatzrisikos können folgendermaßen eingeteilt werden:[2]

(1) <u>Einflußfaktoren auf die absolute Höhe der Ungewißheitskosten</u>

(a) Die Höhe der fixen Kosten K_{Fix}

(b) Das Steigungsmaß d der Ungewißheitskosten

Diese beiden Einflußfaktoren lassen sich unmittelbar aus der Definition der Ungewißheitskosten ableiten, da

(II.2.15) $$K_U = d \cdot (x_B - x_R) = K_{Fix} - d \cdot x_R$$

(2) <u>Einflußfaktoren auf die Wahrscheinlichkeit des Anfalls von K_U</u>

(a) Parameter der Wahrscheinlichkeitsverteilung als primäre Einflußfaktoren[3]

(a_1) Der Erwartungswert der Absatzmenge μ_x

(a_2) Die Standardabweichung der Absatzmenge σ_x

---

1. O.B.d.A. wird im weiteren Verlauf der Arbeit vom Fall $\mu_x > x_B$ ausgegangen.
2. Die vorgenommene Einteilung geht über die in der Literatur übliche hinaus, um den Einfluß von d und K_{Fix} deutlicher hervortreten zu lassen. Vgl. u.a. BIERMAN, Harold; FOURAKER, Lawrence E.; JAEDICKE, Robert K. (1961), S. 52. COENENBERG, Adolf Gerhard (1967), S. 347.
3. Zur Beschreibung der unterstellten Normalverteilung genügen der Erwartungswert und die Standardabweichung.

(b) Komponenten der Break even - Menge als sekundäre Einflußfaktoren

(b_1) Die Höhe der fixen Kosten K_{Fix}

(b_2) Das Steigungsmaß d der Ungewißheitskosten

Erläuterungen:

zu (a): Der Einfluß der beiden Verteilungsparameter auf die Wahrscheinlichkeit des Anfalls von K_U läßt sich unmittelbar aus der Abbildung II.2.4 erkennen. Für alle dargestellten Verteilungen gelten gleiche d- und K_{Fix}-Werte. Die Verteilung w_3 hat jedoch im Vergleich zu w_1 bei gleichem σ_x einen höheren Erwartungswert. Die Wahrscheinlichkeit für x-Werte kleiner x_B ist somit bei der Verteilung w_3 kleiner als bei w_1.
Analog ergeben sich für die Verteilung w_2, welche gegenüber der Verteilung w_1 bei gleichem Erwartungswert eine kleinere Streuung σ_x aufweist, ebenfalls kleinere Wahrscheinlichkeiten für x-Werte kleiner x_B.

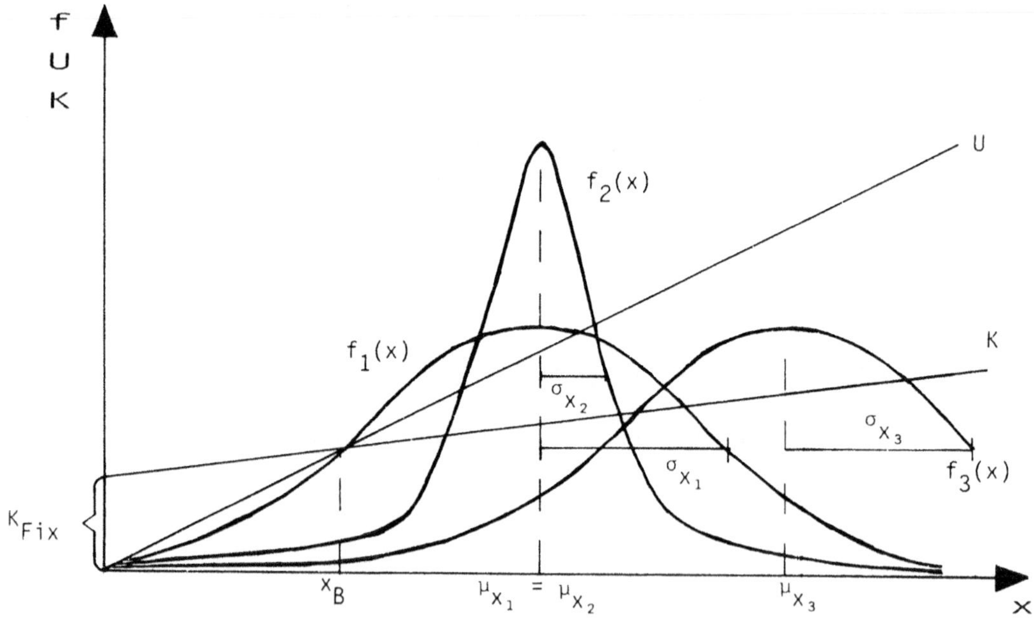

Abb. II.2.4: Der Einfluß von Erwartungswert und von der Standardabweichung auf die Wahrscheinlichkeit des Anfalls der Ungewißheitskosten

zu (b): Da sich die Break even - Menge als $x_B = K_{Fix}/d$ bestimmen läßt, wird der Abstand von μ_x zu x_B ceteris paribus um so größer, je größer d (bzw. je kleiner K_{Fix}) ist. Daraus folgt wiederum, daß die Wahrscheinlichkeit des Anfalls von x-Werten kleiner x_B - nur für diese können Ungewißheitskosten anfallen - immer kleiner wird.

Im Vergleich zu der in der Literatur gebräuchlichen zeigt diese Einteilung, daß der Stückdeckungsbeitrag d und die fixen Kosten K_{Fix} nicht nur die absolute Höhe der Ungewißheitskosten, sondern über die Break even - Menge x_B bzw. über den Abstand μ_x zu x_B auch die Wahrscheinlichkeit des Anfalls der Ungewißheitskosten beeinflussen. Über diesen Abstand wird auch der im Abschnitt über die entscheidungsrelevanten Größen aufgestellten Forderung nach einem das Gewinniveau innerhalb des Risikomaßes berücksichtigenden Entscheidungsträger Rechnung getragen.[1] Mit anderen Worten wird von einem in diesem Sinn geeigneten Risikomaß gefordert, daß es einen um so kleineren Wert hat, je größer das durch μ_G ausgedrückte Gewinniveau ist und damit je größer (für $d > 0$) die erwartete Absatzmenge μ_x ist.

Daß die Ungewißheitskosten diese Forderung erfüllen, ist aus dem Vergleich der Wahrscheinlichkeitsverteilungen w_1 und w_3 in der Abbildung II.2.4 schon klargeworden. Dies gilt aber gerade nicht mehr, wenn man die Standardabweichung des Gewinns als Risikomaß benutzt.[2] Denn für σ_G gilt:

$$\sigma_G = [\,var(d\cdot x - K_{Fix})\,]^{0,5} = [\,d^2\cdot var(x)\,]^{0,5} = d\cdot\sigma_x$$

σ_G ist somit für zwei Wahrscheinlichkeitsverteilungen mit gleichem σ_x und bei gleichen d-Werten für unterschiedliche μ_x-Werte gleich (vgl. die Verteilungen w_1 und w_3 in der Abbildung II.2.4.

1. Vgl. hierzu die Ausführungen auf S. 72ff.
2. Diese fehlende Eigenschaft ist ebenfalls ausschlaggebend dafür, daß nicht jenen Autoren gefolgt wird, die unter Risiko jede Abweichung vom Zielerreichungsgrad (Erwartungswert) verstehen und diese mittels reiner (nicht normierter) Streuungsmaße messen.

γ_2. Vergleichende Diskussion der auf dem Break even - Punkt aufbauenden Risikomaße

γ_{21}. Der Sicherheitskoeffizient S

Ein vor allem in der Kostenrechnungsliteratur im Rahmen der Break even - Analyse benutztes "Risikomaß" ist der Sicherheitskoeffizient.[1]

$$\text{(II.2.16)} \quad S = \frac{x_R - x_B}{x_R}$$

Er gibt an, um wieviel Prozent die effektive Absatzmenge fallen kann, bis die Break even - Menge erreicht wird. Da in stochastischen Modellen die effektive Absatzmenge zum Zeitpunkt der Entscheidung unbekannt ist, wird die erwartete Absatzmenge benutzt:

$$\text{(II.2.17)} \quad S = \frac{\mu_x - x_B}{\mu_x}$$

Man erkennt, daß der Sicherheitskoeffizient wohl den Abstand zwischen μ_x und x_B (relativ gemessen) berücksichtigt, daß aber weder die Standardabweichung σ_x als Einflußfaktor für die Wahrscheinlichkeit des Anfalls der Ungewißheitskosten noch der Stückdeckungsbeitrag d und die fixen Kosten K_{Fix} als Einflußfaktoren für die absolute Höhe der Ungewißheitskosten in den Kalkül aufgenommen werden.

Der Sicherheitskoeffizient ist demnach auch nicht in der Lage, kompensatorische Effekte der Art aufzudecken, daß eine Erhöhung der fixen Kosten ($K_{Fix,2} > K_{Fix,1}$) über eine proportionale Erhöhung des Stückdeckungsbeitrags d ($d_2 > d_1$) zur gleichen Break even - Menge führt ($x_{B,1} = x_{B,2}$). Bei unveränderter Wahrscheinlichkeitsverteilung und damit gleichbleibendem μ_x ergibt sich somit $S_1 = S_2$, während die Ungewißheitskosten dagegen proportional steigen.

Den kompensatorischen Effekt kann man formal wie folgt verdeutlichen:

Es soll gelten, daß $x_{B,1} = x_{B,2}$, d.h. nach (I.4.2) $\dfrac{K_{Fix,1}}{d_1} = \dfrac{K_{Fix,2}}{d_2}$

---

1. Vgl. u.a. TUCKER, Spencer A. (1966), S. 87. KILGER, Wolfgang (1981), S. 710.

Daraus ergibt sich schließlich:

$$(II.2.18) \quad \frac{d_2}{d_1} = \frac{K_{Fix,2}}{K_{Fix,1}} =: \xi > 1$$

Weiter gilt gemäß (II.2.15)

$$K_{U,2} = K_{Fix,2} - d_2 \cdot x \quad \text{und unter Berücksichtigung von (II.2.18)}$$

$$K_{U,2} = K_{Fix,2} - \frac{K_{Fix,2}}{K_{Fix,1}} \cdot d_1 \cdot x = \frac{K_{Fix,2} \cdot (K_{Fix,1} - d_1 \cdot x)}{K_{Fix,1}}$$

$$= \frac{K_{Fix,2}}{K_{Fix,1}} \cdot K_{U,1}$$ bzw.

$$(II.2.19) \quad \frac{K_{U,2}}{K_{U,1}} = \frac{K_{Fix,2}}{K_{Fix,1}} = \frac{d_2}{d_1} =: \xi > 1$$

γ_{22}. Die Verlustwahrscheinlichkeit P(G<0)

Ein der stochastischen Break even - Analyse besser angepaßtes Maß ist die Verlustwahrscheinlichkeit, durch welche explizit die Wahrscheinlichkeitsverteilung der Absatzmenge in den Kalkül aufgenommen wird:[1]

$$P(G<0) = P[(d \cdot x - K_{Fix})<0] = P[x < K_{Fix}/d]$$ bzw.

$$(II.2.20) \quad P(G<0) = P(x<x_B)$$

Bei Unterstellung einer normalverteilten Absatzmenge $x \sim N(\mu_x, \sigma_x)$ bzw.

1. Zu der Verlustwahrscheinlichkeit P(G<0) bzw. der komplementären Break even - Wahrscheinlichkeit P(G≧0) vgl. u.a. COENENBERG, Adolf Gerhard (1967), S. 348/349. YUNKER, Penelope (1980), S. 6 und S. 35 sowie die Literatur zu den Aspirationsmodellen, welche als Zielvorschrift die Maximierung der Break even - Wahrscheinlichkeit benutzen. Zu den Aspirationsmodellen vgl. u.a. DINKELBACH, Werner (1982), S. 91/92 und die dort angegebene Literatur.

für $t := \frac{x - \mu_x}{\sigma_x} \sim N(o,1)$ erhält man für die Verlustwahrscheinlichkeit unter Berücksichtigung von (II.2.20):[1]

$$P(G<0) = P(G\leqq 0) = P_{N(0,1)}\left(t \leq \frac{x_B - \mu_x}{\sigma_x}\right) = \Phi\left(\frac{x_B - \mu_x}{\sigma_x}\right)$$

(II.2.21) $P(G<0) = \Phi(t_B)$ wobei

(II.2.22) $t_B := \frac{x_B - \mu_x}{\sigma_x} < 0$

Gegenüber dem Sicherheitskoeffizienten wird bei diesem Risikomaß neben dem Erwartungswert μ_x auch σ_x als zweiter die Verteilung kennzeichnender Parameter berücksichtigt. Darüber hinaus werden auch bei der Verlustwahrscheinlichkeit die Größen d und K_{Fix} als sekundäre Einflußfaktoren der Wahrscheinlichkeit des Anfalls von K_U berücksichtigt, aber gerade nicht als Einflußfaktoren auf die absolute Höhe von K_U. Damit kann auch die Verlustwahrscheinlichkeit die angesprochenen Kompensationseffekte nicht aufdecken. Denn für $x_{B,1} = x_{B,2}$ folgt sofort $P(x<x_{B,1}) = P(x<x_{B,2})$, während die Ungewißheitskosten gemäß (II.2.19) steigen.

γ_{23}. Die erwarteten Ungewißheitskosten $E(K_U)$

Um neben der Verlustwahrscheinlichkeit auch die Quantitätskomponente des Risikos berücksichtigen zu können, werden die den einzelnen Absatzmengen zugeordneten Werte der Ungewißheitskosten mit den Wahrscheinlichkeiten für die jeweiligen Absatzmengen gewichtet. Es wird demnach der Erwartungswert der Ungewißheitskosten gebildet.[2]

---

1. In der Statistik werden für standardnormalverteilte Zufallsvariablen [$\sim N(0,1)$] die Verteilungsfunktion mit Φ und die Dichtefunktion mit φ bezeichnet.
2. Zu den erwarteten Ungewißheitskosten vgl. u.a. COENENBERG, Adolf Gerhard (1967), S. 350 und die dort angegebene Literatur sowie MARKOWITZ, Harry M. (1965), S. 291/292. SCHNEEWEISS, Hans (1967), S. 60/61.

Für die Ungewißheitskosten gilt im Fall $\mu_x > x_B$ gemäß Tabelle II.2.3 (S.122)

$$K_U = \begin{cases} d \cdot (x_B - x) & \text{für} \quad x < x_B \\ 0 & \text{für} \quad x \geqq x_B \end{cases}$$

Damit ergibt sich für die erwarteten Ungewißheitskosten mit $x_u = 0$ als Untergrenze für die Absatzmengen und[1] $F_x(x_u) = 0$

$$E(K_U) = \int_{x=x_u}^{x_B} d \cdot (x_B - x)\, dF(x) = d \cdot x_B \cdot \int_{x=x_u}^{x_B} dF(x) - d \cdot \int_{x=x_u}^{x_B} x\, dF(x)$$

$$= d \cdot \left[x_B \cdot F_x(x_B) - E_{x_u}^{x_B}(x) \right] \qquad \underline{\text{bzw.}}$$

$$\text{(II.2.23)} \qquad E(K_U) = d \cdot \left[x_B \cdot P(x \leqq x_B) - E_{x_u}^{x_B}(x) \right]$$

Die Bestimmung der erwarteten Ungewißheitskosten gemäß (II.2.23) ist unabhängig von dem zugrundeliegenden Typ der Wahrscheinlichkeitsverteilung. Dieses Risikomaß ist somit insbesondere auch in der Lage, die Schiefe und die Wölbung von Wahrscheinlichkeitsverteilungen ohne Hinzufügen weiterer Parameter zu berücksichtigen.

Bei Unterstellung der Normalverteilung ergibt sich der in der Literatur als "partieller Erwartungswert"[2] bezeichnete Subtrahend der Beziehung (II.2.23) zu:

$$E_{x_u}^{x_B}(x) = \int_{x=x_u}^{x_B} x \cdot f_N(x)\, dx = \int_{x=x_u}^{x_B} x \cdot \frac{1}{\sigma_x \cdot \sqrt{2\pi}} \cdot e^{-\frac{1}{2}\left(\frac{x-\mu_x}{\sigma_x}\right)^2} dx$$

---

1. Vgl. hierzu die Ausführungen auf der folgenden Seite und dort insbesondere die Fußnote 1.
2. Vgl u.a. SCHLAIFER, Robert (1959), S. 448 und COENENBERG, Adolf Gerhard (1967), S. 350.

Unter Berücksichtigung der Substitution $t = \frac{x-\mu_x}{\sigma_x}$ mit $\frac{dt}{dx} = \frac{1}{\sigma_x}$ und den daraus folgenden Beziehungen $x = \sigma_x \cdot t + \mu_x$ bzw. $dx = \sigma_x \cdot dt$ erhält man:

$$E_{x_u}^{x_B}(x) = \frac{1}{\sigma_x} \cdot \int_{t=t_u}^{t_B} (\sigma_x \cdot t + \mu_x) \cdot \frac{1}{\sqrt{2\pi}} \cdot e^{-\frac{1}{2}t^2} \cdot \sigma_x \, dt$$

$$= \frac{\sigma_x}{\sqrt{2\pi}} \cdot \left[- e^{-\frac{1}{2}t^2} \right]_{t_u}^{t_B} + \mu_x \cdot \int_{t=t_u}^{t_B} \varphi(t)\, dt \qquad \underline{\text{bzw.}}$$

(II.2.24) $$E_{x_u}^{x_B}(x) = \mu_x \cdot [\Phi(t_B) - \Phi(t_u)] - \sigma_x \cdot [\varphi(t_B) - \varphi(t_u)]$$

Unter der Annahme, daß die Wahrscheinlichkeiten für $x<x_u$ vernachlässigbar sind[1], kann man die Untergrenze des "partiellen Erwartungswertes" x_u durch

1. Diese Annahme ist notwendig, um der Tatsache Rechnung zu tragen, daß keine negativen Absatzmengen möglich sind. Da in vielen Fällen $\mu_x > 3\sigma_x$ gilt und bei einer Normalverteilung innerhalb des 3σ - Bereichs um den Erwartungswert $[\mu_x \pm 3\sigma_x]$ 99,73% aller Werte liegen, ist diese Annahme nicht schwerwiegend. Vgl. u.a. HARTUNG, Joachim (1985), S. 150.
Die korrekte Vorgehensweise würde jedoch darin bestehen, von einer (nach links) gestutzten Normalverteilung (symbolisiert durch ein hochgestelltes s) auszugehen. Der Erwartungswert einer solchen gestutzten Verteilung ergibt sich dabei als

$$\int_{x=x_u}^{x_o} x \cdot {}^{s}f_{x_u}^{x_o}\, dx \quad , \text{ wobei } \quad {}^{s}f_{x_u}^{x_o}(x) = \frac{f(x)}{F(x_o) - F(x_u)}$$ eine normierte Dichte mit der Fläche 1 darstellt. Bei einer nach links gestutzten Verteilung ergibt sich der "partielle Erwartungswert" unter Berücksichtigung der Substitution $t = (x-\mu_x)/\sigma_x$ zu:

$${}^{s}E_{x_u}^{x_o}(x) = \mu_x \cdot \frac{\Phi(t_B) - \Phi(t_u)}{1 - \Phi(t_u)} - \sigma_x \cdot \frac{\varphi(t_B) - \varphi(t_u)}{1 - \Phi(t_u)}$$. Falls jedoch x_u außerhalb des $3\sigma_x$ - Bereichs um μ_x liegt, sind die Werte von $\Phi(t_u)$ und $\varphi(t_u)$ verschwindend klein und der "partielle Erwartungswert" ergibt sich gemäß (II.2.25).
Zu der gestutzten Normalverteilung vgl. u.a. JOHNSON, Norman L.; KOTZ, Samuel (1970), S. 81f. und HARTUNG, Joachim (1985), S. 148-151.

$- \infty$ ersetzen und erhält nach (II.2.24)

(II.2.25) $E_{-\infty}^{x_B}(x) = \mu_x \cdot \Phi(t_B) - \sigma_x \cdot \varphi(t_B)$

Setzt man diesen Ausdruck in die Formel (II.2.23) ein und berücksichtigt, daß unter Normalverteilungsannahme $x_B = t_B \cdot \sigma_x + \mu_x$ gemäß (II.2.22) und $P(x \leq x_B) = P_{N(0,1)}(t \leq t_B)$ gilt, so erhält man:

$$E(K_U) = d \cdot [(t_B \cdot \sigma_x + \mu_x) \cdot P_{N(0,1)}(t \leq t_B) - \mu_x \cdot \Phi(t_B) + \sigma_x \cdot \varphi(t_B)]$$

$$= d \cdot \sigma_x \cdot [\varphi(t_B) + t_B \cdot P_{N(0,1)}(t \leq t_B)]$$

$$= d \cdot \sigma_x \cdot [\varphi(t_B) + t_B \cdot [1 - P_{N(0,1)}(t > t_B)]]$$

$$= d \cdot \sigma_x \cdot [\varphi(t_B) - t_B \cdot P_{N(0,1)}(t > t_B) + t_B]$$ <u>bzw.</u>

(II.2.26) $E(K_U) = d \cdot \sigma_x \cdot [K(t_B) + t_B]$ <u>mit</u>[1]

(II.2.27) $K(t_B) = \varphi(t_B) - t_B \cdot P_{N(0,1)}(t > t_B)$

$$= \varphi(t_B) - t_B \cdot [1 - \Phi(t_B)] = \varphi(t_B) + t_B \cdot \Phi(t_B) - t_B$$

Außerdem gilt für $K(-t_B) = \varphi(-t_B) - (-t_B) \cdot [1 - \Phi(-t_B)]$ und somit

(II.2.28) $K(-t_B) = \varphi(t_B) + t_B \cdot \Phi(t_B)$ bzw. gemäß (II.2.27)

(II.2.29) $K(-t_B) = K(t_B) + t_B$

Setzt man (II.2.29) in (II.2.26) ein, so erhält man als Bestimmungsglei-

---

1. Die Funktion $K(-t_B)$ ist unter anderem bei SCHLAIFER, Robert (1959), S. 706/707 tabelliert.
   Da im hier unterstellten Fall $\mu_x > x_B$ der Wert von $(-t_B)$ ein positives Vorzeichen annimmt, kann man die Werte der Funktion $K(-t_B)$ direkt aus dieser Tabelle ablesen.

chung für die erwarteten Ungewißheitskosten:

(II.2.30) $E(K_U) = d \cdot \sigma_x \cdot K(-t_B)$

Die erwarteten Ungewißheitskosten berücksichtigen das Risiko in vollkommener Weise. Es wird insbesondere auch der Abstand von μ_x zu x_B über die Funktion $K(-t_B)$ erfaßt, wobei $K(-t_B)$ für $\mu_x = x_B$ den höchsten Wert annimmt $[\varphi(t_B=0) = 0{,}3989]$. Um so größer der Abstand von μ_x zu x_B, d.h. je größer $(-t_B)$, desto kleiner ist $K(-t_B)$.

Es können zusammenfassend folgende Tendenzaussagen getroffen werden:

- bei sinkendem σ_x sinkt auch $E(K_U)$. Dies erfolgt einmal unmittelbar gemäß (II.2.30), und andererseits bewirkt ein sinkendes σ_x einen größeren $(-t_B)$-Wert und somit ein kleineres $K(-t_B)$.

- bei steigendem μ_x sinken die erwarteten Ungewißheitskosten. Auch in diesem Fall führt ein größeres μ_x zu einem größeren $(-t_B)$-Wert und somit zu einem kleineren $K(-t_B)$.

- bei steigendem d sinken die erwarteten Ungewißheitskosten.
  Diese Aussage ist erklärungsbedürftig, da durch eine Erhöhung von d die Break even - Menge kleiner wird und damit über einen größeren $(-t_B)$-Wert die erwarteten Ungewißheitskosten sinken läßt, aber daß andererseits $E(K_U)$ durch einen steigenden Stückdeckungsbeitrag d gemäß (II.2.30) auch direkt erhöht wird.
  Wie groß ist nun aber die Gesamtwirkung einer Änderung von d auf $E(K_U)$? Zur Beantwortung dieser Frage ist die Funktion der erwarteten Ungewißheitskosten nach d zu differenzieren und man erhält nach Einsetzen von (II.2.28) bzw. von (II.2.29) in die Beziehung (II.2.30):

$$\frac{\partial E(K_U)}{\partial d} = \frac{\partial}{\partial d} \quad \sigma_x \cdot [d \cdot \varphi(t_B) + d \cdot t_B \cdot \Phi(t_B)]$$

$$= \frac{\partial}{\partial d} \quad \sigma_x \cdot \left[d \cdot \frac{1}{\sqrt{2\pi}} \cdot e^{-\frac{1}{2}\left[\frac{\frac{K_{Fix}}{d} - \mu_x}{\sigma_x}\right]^2} + \frac{K_{Fix} - d \cdot \mu_x}{\sigma_x} \cdot \Phi\left[\frac{\frac{K_{Fix}}{d} - \mu_x}{\sigma_x}\right] \right]$$

$$= \sigma_x \cdot \left[\frac{1}{\sqrt{2\pi}} \cdot e^{-\frac{1}{2} t_B^2} + d \cdot \frac{1}{\sqrt{2\pi}} \cdot e^{-\frac{1}{2} t_B^2} \cdot 2 \cdot \left(-\frac{1}{2}\right) \cdot \left(\frac{\frac{K_{Fix}}{d} - \mu_x}{\sigma_x} \right) \left(- \frac{K_{Fix}}{\sigma_x d^2} \right) \right.$$

$$\left. + \frac{K_{Fix} - d \cdot \mu_x}{\sigma_x} \cdot \varphi(t_B) \cdot \left(- \frac{K_{Fix}}{\sigma_x d^2} \right) - \frac{\mu_x}{\sigma_x} \cdot \Phi(t_B) \right]$$

$$= \sigma_x \cdot \left[\varphi(t_B) \cdot \left[1 + d \cdot \frac{K_{Fix}}{\sigma_x d^2} \cdot \frac{K_{Fix} - d \cdot \mu_x}{\sigma_x \cdot d} - \frac{K_{Fix}}{\sigma_x d^2} \cdot \frac{K_{Fix} - d \cdot \mu_x}{\sigma_x} \right] \right.$$

$$\left. - \frac{\mu_x}{\sigma_x} \cdot \Phi(t_B) \right]$$

$$= \sigma_x \cdot \left[\varphi(t_B) - \frac{\mu_x}{\sigma_x} \cdot \Phi(t_B) \right]$$

Unter Berücksichtigung, daß μ_x/σ_x den Kehrwert des Variationskoeffizienten VK_x darstellt, ergibt sich für die erste Ableitung der erwarteten Ungewißheitskosten nach dem Stückdeckungsbeitrag d folgender Ausdruck:

$$\frac{\partial E(K_U)}{\partial d} = \sigma_x \cdot \left[\varphi(t_B) - \frac{1}{VK_x} \cdot \Phi(t_B) \right]$$

Für steigendes d sinken die erwarteten Ungewißheitskosten somit dann, falls $\frac{1}{VK_x} \cdot \Phi(t_B) > \varphi(t_B)$ bzw. unter Berücksichtigung der Beziehung

(II.2.31) $\quad R(t_B) := \dfrac{\varphi(t_B)}{\Phi(t_B)}$

falls $1/VK_x > R(t_B)$ oder äquivalent dazu, falls

$$(II.2.32) \quad VK_X < \breve{R}(t_B) \qquad \text{mit } \breve{R}(t_B) := \frac{1}{R(t_B)}$$

Ausreichend genaue Werte für $R(t_B)$ und $\breve{R}(t_B)$ lassen sich mittels der Normalverteilungstabellen von Pearson und Hartley ableiten.[1] Dabei genügt es, für den hier allein interessierenden Fall $\mu_X > x_B$ nur negative Werte von t_B zu berücksichtigen.

t_B	0	-1	-2	-3	-4	-5	-6
$R(t_B)$	0,7978	1,5250	2,3730	3,2830	4,2210	5,1800	6,0000
$\breve{R}(t_B)$	1,2534	0,6557	0,4214	0,3046	0,2369	o,1930	0,1666

Tab. II.2.5: Funktionswerte von $R(t_B)$ und $\breve{R}(t_B)$ für negative t_B-Werte

Zur Untersuchung der Beziehung (II.2.32) ist es notwendig, sich zu vergegenwärtigen, daß zur Bestimmung der erwarteten Ungewißheitskosten gemäß der Beziehung (II.2.30) von der Annahme ausgegangen wurde, daß die Wahrscheinlichkeiten für $x<(x_u=0)$ vernachlässigbar sind $(\mu_X>3\sigma_X)$[2]. Aus diesem Grund können t_B - Werte $\leqq -3$ außen vor bleiben, denn für diese Werte gilt $(\mu_X-x_B) \geqq 3\sigma_X$ bzw. $(\mu_X-3\sigma_X) \geqq x_B$. Die dazugehörige Break even - Menge liegt demnach außerhalb des $3\sigma_X$ - Bereichs, so daß die Ungewißheitskosten mit vernachlässigbaren Wahrscheinlichkeiten verbunden sind.

Andererseits gilt für den Variationskoeffizienten aufgrund analoger Überlegungen:

$$VK_X = \frac{\sigma_X}{\mu_X} \leqq \frac{\sigma_X}{3\sigma_X} = 0,\bar{3}$$

Als Fazit kann demnach festgehalten werden, daß die Bedingung (II.2.32) für alle Werte von t_B mit nicht vernachlässigbarer Wahrscheinlichkeit er-

1. Vgl. PEARSON, E.S.; HARTLEY, H.O. (1962), S. 104-110.
2. Vgl. hierzu die Fußnote 1 auf S. 130.

erfüllt ist.[1]

- bei sinkenden Fixkosten sinken auch die erwarteten Ungewißheitskosten. Die Höhe der Auswirkung einer Fixkostenänderung auf $E(K_U)$ kann man wiederum mittels der 1. Ableitung bestimmen:

$$\frac{\partial E(K_U)}{\partial K_{Fix}} = \frac{\partial}{\partial K_{Fix}} d \cdot \sigma_X \cdot [\varphi(t_B) + t_B \cdot \Phi(t_B)]$$

$$= d \cdot \sigma_X \cdot \left[\varphi(t_B) \cdot 2 \cdot (-\frac{1}{2}) \cdot \frac{\frac{K_{Fix}}{d} - \mu_X}{\sigma_X} \cdot \frac{1}{d \cdot \sigma_X} \right.$$

$$\left. + \frac{1}{d \cdot \sigma_X} \cdot \Phi(t_B) + \frac{\frac{K_{Fix}}{d} - \mu_X}{\sigma_X} \cdot \varphi(t_B) \cdot \frac{1}{d \cdot \sigma_X} \right]$$

(II.2.33) $$\frac{\partial E(K_U)}{\partial K_{Fix}} = \Phi(t_B) > 0$$

Bierman modifiziert das hier abgeleitete Risikomaß dahingehend, daß er die erwarteten Ungewißheitskosten in Relation zu dem erwarteten Bruttogewinn ($\mu_{G,br.}$) setzt, welcher neben dem erwarteten Nettogewinn (μ_G) auch die erwarteten Ungewißheitskosten $E(K_U)$ umfaßt.[2] Die erwarteten Ungewißheitsko-

1. Unter Berücksichtigung, daß aus Vereinfachungsgründen statt der korrekten Beziehung (II.2.24) die Beziehung (II.2.25) zur Bestimmung des "partiellen Erwartungswertes" herangezogen wurde, lautet der korrekte Größenvergleich:

$$VK_X < \breve{R}(t_B) = \frac{\Phi(t_B) - \Phi(t_u)}{\varphi(t_B) - \varphi(t_u)}$$

Da andererseits Φ für $t_u \to -\infty$ schneller gegen Null konvergiert als die Dichtefunktion φ, werden die $\breve{R}(t_B)$-Werte gemäß Tabelle II.2.5 - insbesondere für den Bereich $(t_u \leq)\ t_B \leq -2$ unterschätzt.
Man befindet sich somit hinsichtlich der Gültigkeit von (II.2.32) auf der sicheren Seite.
2. Vgl. BIERMAN, Harold (1963), S. 40.

sten werden im Rahmen dieses Konzepts als vermeidbare Verluste angesehen. Man erhält somit als Wert des Risikomaßes für den Fall $\mu_x > x_B$:

$$\frac{E(K_U)}{\mu_{G,br.}} = \frac{E(K_U)}{\mu_G + E(K_U)} = \frac{1}{\frac{\mu_G}{E(K_U)} + 1}$$

Unter Berücksichtigung von (II.2.30) für $E(K_U)$ und von (II.2.14) für μ_G erhält man:

$$\frac{E(K_U)}{\mu_{G,br.}} = \frac{1}{\frac{d\cdot(\mu_x - x_B)}{d\cdot\sigma_x\cdot K(-t_B)} + 1} = \frac{K(-t_B)}{\frac{\mu_x - x_B}{\sigma_x} + K(-t_B)} = \frac{K(-t_B)}{-t_B + K(-t_B)}$$

$$\text{(II.2.34)} \qquad \frac{E(K_U)}{\mu_{G,br.}} = \frac{K(-t_B)}{K(t_B)}$$

Aber dieser Risikomaßstab weist gerade wieder den Nachteil auf, daß er die Steigung der Ungewißheitskostenfunktion nicht als Bestimmungsfaktor für die Ungewißheitskosten berücksichtigt. Für den Kompensationsfall gemäß (II.2.19) bleibt x_B und damit auch der Wert der Funktionen $K(-t_B)$ und $K(t_B)$ unverändert, während die Ungewißheitskosten jedoch proportional steigen.

Bislang wurden relativ einfache Alternativenwahlprobleme betrachtet, die lediglich eine Entscheidung zwischen der Durchführung einer Alternative und der Unterlassungsalternative erforderten. Wie ist aber zu verfahren, wenn mehrere Alternativen zur Disposition stehen (hier: Alternativen A und B)? In einem solchen Fall könnte man die Ungewißheitskosten statt auf die alternativenindividuellen Break even - Punkte $x_{B,A}$ bzw. $x_{B,B}$ auch auf die kritische Absatzmenge $x_{K,AB}$ beziehen, ab der die fixkostenintensivere Alternative A der Alternative B vorzuziehen ist. Die kritische Absatzmenge $x_{K,AB}$ kann man dabei folgendermaßen bestimmen:

$$\text{(II.2.35)} \qquad x_{K,AB} = \frac{K_{Fix,A} - K_{Fix,B}}{d_A - d_B}$$

Im weiteren Verlauf der Arbeit sollen diese Kosten als Ungewißheitskosten im weiteren Sinn ($K_{Uw.}$) bezeichnet werden.

Die graphische Darstellung der beschriebenen Entscheidungssituation erfolgt in der Abbildung II.2.6.[1]

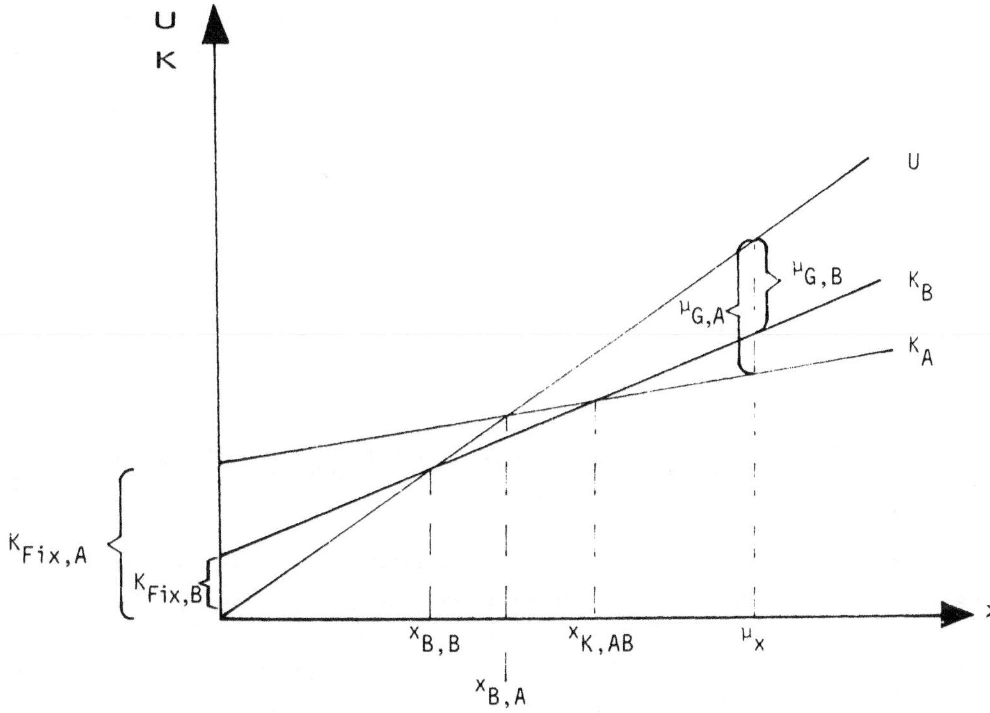

Abb. II.2.6: Darstellung einer Entscheidungssituation mit mehreren Alternativen

- Die Bestimmung von $K_{Uw.,A}$ orientiert sich daran, daß im Fall $x<x_{K,AB}$ für die Alternative A gegenüber der Alternative B das Risiko bezogen auf $x_{K,AB}$ durch einen größeren "Mindergewinn" ($x_{B,A} \leq x \leq x_{K,AB}$) bzw. einen größeren "Mehrverlust" ($0 \leq x \leq x_{B,A}$) ausgedrückt wird.

$$\frac{\text{Gewinneinbuße A:}}{(x \leq x_{K,AB})} \quad (d_A \cdot x_{K,AB} - K_{Fix,A}) - (d_A \cdot x - K_{Fix,A}) = d_A \cdot (x_{K,AB} - x)$$

$$\frac{\text{Gewinneinbuße B:}}{(x \leq x_{K,AB})} \quad (d_B \cdot x_{K,AB} - K_{Fix,B}) - (d_B \cdot x - K_{Fix,B}) = d_B \cdot (x_{K,AB} - x)$$

---

1. O.B.d.A. wird angenommen, daß $x_{K,AB}$ größer ist als $x_{B,A}$ und $x_{B,B}$.

Damit erhält man:

$$K_{Uw.,A} = (d_A - d_B) \cdot (x_{K,AB} - x) \qquad \text{für} \quad x \leq x_{K,AB}$$

- Für die Alternative B besteht das Risiko bezogen auf $x_{K,AB}$ darin, daß $x > x_{K,AB}$ ist und damit gegenüber der Alternative A ein kleinerer "Mehrgewinn" entsteht.[1]

$$\frac{\text{Mehrgewinn A:}}{(x \geq x_{K,AB})} \; (d_A \cdot x - K_{Fix,A}) - (d_A \cdot x_{K,AB} - K_{Fix,A}) = d_A \cdot (x - x_{K,AB})$$

$$\frac{\text{Mehrgewinn B:}}{(x \geq x_{K,AB})} \; (d_B \cdot x - K_{Fix,B}) - (d_B \cdot x_{K,AB} - K_{Fix,B}) = d_B (x - x_{K,AB})$$

Damit erhält man:

$$K_{Uw.,B} = (d_A - d_B) \cdot (x - x_{K,AB}) \qquad \text{für} \quad x \geq x_{K,AB}$$

Aufgrund des stochastischen Charakters der Absatzmenge erfolgt der Vergleich beider Alternativen über die erwarteten Ungewißheitskosten im weiteren Sinn:

$$E(K_{Uw.,A}) - E(K_{Uw.,B}) = (d_A - d_B) \cdot \int_{x=x_u=0}^{x_{K,AB}} (x_{K,AB} - x)\, dF(x)$$

$$- (d_A - d_B) \cdot \int_{x=x_{K,AB}}^{x_o} (x - x_{K,AB})\, dF(x)$$

$$= (d_A - d_B) \cdot \left[x_{K,AB} \cdot F(x_{K,AB}) - E_{x_u}^{x_{K,AB}}(x) \right.$$

$$\left. E_{x_{K,AB}}^{x_o}(x) + x_{K,AB} \cdot [1 - F(x_{K,AB})] \right]$$

1. Dieses Risiko ergibt sich dann, wenn der Fall $\mu_x < x_{K,AB}$ eintritt.

$$(II.2.36) \quad E(K_{Uw.,A}) - E(K_{Uw.,B}) = (d_A - d_B) \cdot (x_{K,AB} - \mu_x)$$

Da der Stückdeckungsbeitrag d_A des fixkostenintensiveren Verfahrens A größer ist als d_B, genügt es, $x_{K,AB}$ mit μ_x zu vergleichen.

Für $x_{K,AB} = \mu_x$ stimmen $E(K_{Uw.,A})$ und $E(K_{Uw.,B})$ überein. Weiter gilt für $x_{K,AB} > \mu_x$ bzw. $[x_{K,AB} < \mu_x]$ die Beziehung $E(K_{Uw.,A}) > [<] E(K_{Uw.,B})$ und andererseits auch $\mu_{G,A} < [>] \mu_{G,B}$.

Das Ergebnis zeigt, daß die auf den kritischen Punkt bezogenen Ungewißheitskosten kein sinnvolles - den Erwartungswert des Gewinns ergänzendes - Risikomaß darstellen, da eine Minimierung dieses Risikos immer zum gleichen Ergebnis führt wie die Maximierung des Gewinnerwartungswertes.

Als Fazit bleibt demnach festzuhalten, daß das hier benutzte Risikomaß der erwarteten Ungewißheitskosten auf die individuellen Break even - Punkte bezogen wird.

Franke spricht in diesem Fall von einem mittelbaren Parametervergleich im Gegensatz zu einem unmittelbaren Parametervergleich, bei dem $x_{K,AB}$ als Bezugspunkt benutzt wird.[1] Er kommt jedoch fälschlicherweise zu dem Schluß, daß Break even - Analysen stets in Form eines unmittelbaren Parametervergleichs durchzuführen sind. Das Beispiel, das er zur Untermauerung seiner Behauptung heranzieht, ist vergleichbar mit dem in dieser Arbeit an anderer Stelle benutzten Beispiel[2], welches die Entscheidungsrelevanz der fixen Kosten in stochastischen Modellen belegte. Franke unterläuft bei seiner Argumentation der Fehler, die Entscheidungsrelevanz der fixen Kosten nicht zu erkennen und präferiert so einen Bezugspunkt ($x_{K,AB}$), welcher aufgrund seiner Translationsinvarianz die Zielkriteriumsunterschiede nicht berücksichtigt.[3]

Abschließend soll noch auf die von Hieronimus[4] zusammengestellten Einwände gegenüber dem den erwarteten Ungewißheitskosten zugrundeliegenden Risiko-

1. Vgl. FRANKE, Günter (1982), insbesondere S. 199/200.
2. Vgl. die Darstellung des Beispiels auf S. 71ff.
3. Die Vorteilhaftigkeit von $x_{K,AB}$ gegenüber $x_{B,A}$ bzw. $x_{B,B}$ ist nur im deterministischen Fall gewährleistet, in dem es auch unangebracht ist, einen Alternativenvergleich anhand der Break even - Mengen durchzuführen. Im deterministischen Fall können $x_{B,A}$ und $x_{B,B}$ nur als kritische Werte interpretiert werden.
4. Vgl. HIERONIMUS, Albert (1979), S. 103-116 und die dort angegeben Literatur.

begriff eingegangen werden.

Seine Kritik kann durch folgende Punkte zusammengefaßt werden:

(1) Problematik der Wahl eines geeigneten Bezugspunktes zur Messung des Risikos.

(2) Bei sicheren Alternativen ist nicht gewährleistet, daß das Risikomaß einen Wert von Null annimmt.

(3) Es erfolgt eine Änderung der Präferenzordnung zwischen vorhandenen Alternativen, wenn eine nicht dominierte Alternative in die Menge der Handlungsmöglichkeiten neu aufgenommen bzw. aus dieser eliminiert wird.

(4) Gilt für die Alternativen sämtlich $P(x<x_B)=0$, so orientiert sich das zugrundeliegende Entscheidungskriterium allein am Erwartungswert.

zu (1): Die Problematik der Bezugspunktauswahl ist im Rahmen der Break even-Analyse definitionsgemäß nicht gegeben.

zu (2): Dieser Kritikpunkt beruht auf der Nichtberücksichtigung der Fallunterscheidung in $\mu_x \geqq x_B$ und $\mu_x < x_B$. Auf die erwarteten Ungewißheitskosten übertragen beinhaltet dieser Kritikpunkt, daß jede sichere Alternative, deren zugehörige (sichere) Absatzmenge vom Bezugspunkt x_B nach unten abweicht als risikobehaftet angesehen würde. Für eine solche Alternative gilt demnach "μ_x"$<x_B$.

Andererseits bestehen im Fall $\mu_x<x_B$ die erwarteten Ungewißheitskosten in einem möglichen Gewinnentgang, der dadurch zustande kommt, daß man auf die Durchführung der Alternative verzichtet und tatsächlich Absatzmengenrealisierungen mit Werten größer x_B auftreten.

Für eine sichere Alternative ist dies jedoch nicht möglich, so daß $E(K_U)=0$ gilt.[1]

zu (3): Der Kritikpunkt der sich möglicherweise ändernden Präferenzordnung greift bei einer in Form eines mittelbaren Parametervergleichs durchzuführenden Break even - Analyse nicht. Bei dieser Form des Parametervergleichs werden unabhängig von den sonst vorhandenen Alternativen für jede Handlungsmöglichkeit gesondert die erwarteten Ungewißheitskosten über die individuellen Break even - Punkte berechnet.

1. Analog verläuft die Begründung für den Fall $\mu_x>x_B$.

zu (4): Dies ist der einzige relevante Kritikpunkt bei Benutzung der erwarteten Ungewißheitskosten. So werden nach diesem Kriterium zwei Alternativen mit ausschließlich positiven Abweichungen $(x-x_B)$ und gleichhoher erwarteter Absatzmenge als indifferent angesehen, obwohl sie sich hinsichtlich der Streuung der Werte durchaus unterscheiden können. Dies liegt an dem diesem Kriterium zugrundeliegenden besonderen Risikoverständnis, welches nur Abweichungen nach unten von x_B registriert. Im Bereich $x>x_B$ impliziert das $[\mu_G,E(K_U)]$-Kriterium dagegen Indifferenz und widerspricht der an anderer Stelle getätigten Forderung nach einem risikoaversen Entscheidungsträger.[1]

Eine Möglichkeit dieses Problem zu umgehen, besteht in einer sequentiellen Vorgehensweise, bei der im ersten Schritt die Aktionen gemäß dem $[\mu_G,E(K_U)]$ - Kriterium ausgewählt werden. Treten mehrere Aktionen mit gleichhohem erwarteten Gewinn und erwarteten Ungewißheitskosten von Null auf, so kann man in einem weiteren Schritt eine darüber hinausgehende Auswahl mittels eines Streuungsmaßes treffen, welches die Abweichungen vom Erwartungswert μ_G nach unten quantifiziert.

δ. Die Kompatibilität von $[\mu_G,E(K_U)]$ - Regeln mit dem Bernoulli-Kriterium

Der Übergang von einem Entscheidungskriterium zu einer Entscheidungsregel erfordert die Spezifizierung des funktionalen Parameterzusammenhangs $f[\mu_G,E(K_U)]$ sowie die Angabe eines Optimierungskriteriums als Ausdruck der verfolgten Höhenpräferenz.

Hinsichtlich des Optimierungskriteriums können wiederum Extremierungs-, Satisfizierungs- und Fixierungskonzepte unterschieden werden. Gemäß der Einteilung nach Bitz[2] kann darüber hinaus die Kombination der zwei subsidiären Zielvariablen μ_G und $E(K_U)$ mittels einer lexikographischen Ordnung oder mittels sogenannter "reiner" bzw. "gemischter" Konzepte erfolgen. Von "reinen" Konzepten spricht man dann, wenn beide subsidiären Zielvariablen ent-

---

1. Wie im nächsten Abschnitt jedoch noch gezeigt wird, verhält sich der Entscheidungsträger bei Verwendung von μ_G und $E(K_U)$ über den gesamten Bereich (negativer und positiver) Gewinnwerte risikoavers.
2. Vgl. BITZ, Michael (1981), S. 33-45.

weder einer Extremierungs- bzw. beide einer Fixierungsvorschrift unterliegen. Bei "gemischten" Konzepten können die Optimierungskriterien dagegen beliebig miteinander kombiniert werden.

- lexikographische Auswahlregel: Diese Auswahlregel orientiert sich primär an einer subsidiären Zielvariablen (i.d.R. μ_G) und wählt zunächst die Aktion mit dem höchsten Gewinnerwartungswert. Erst wenn mehrere Aktionen diesen maximalen Gewinnerwartungswert aufweisen, knüpft man an der zweiten subsidiären Zielvariablen $E(K_U)$ an und wählt unter den verbleibenden hinsichtlich des Gewinnerwartungswertes optimalen Aktionen jene mit den geringsten erwarteten Ungewißheitskosten aus.

  Da eine solche Vorgehensweise jedoch primär ein risikoneutrales Verhalten impliziert, wird diese Entscheidungsregel nicht weiter in Betracht gezogen.

- "gemischte Konzepte": Im Rahmen der "gemischten Konzepte" haben vor allem solche Strategien Eingang in die Literatur gefunden, die aus den "chance constraint programming" hervorgegangen sind. Bei den Cost-Volume-Profit-Ansätzen beschränkt man sich dabei in der Regel auf jene Ausgestaltungsformen, welche μ_G unter der Nebenbedingung maximieren, daß die Verlustwahrscheinlichkeit ein vorgegebenes kritisches Niveau $P_{Krit.}$ nicht überschreitet:[1]

  (II.2.37) $$\max_i \; PF(w_i) = [\mu_{G,i} \mid P(G_i < 0) \leq P_{Krit.}]$$

  Analog lassen sich aber auch die erwarteten Ungewißheitskosten statt der Verlustwahrscheinlichkeit im Kalkül berücksichtigen und man erhält:

  (II.2.38) $$\max_i \; PF(w_i) = [\mu_{G,i} \mid E_i(K_U) \leq E(K_U)_{Krit.}]$$

- "reine Konzepte": Innerhalb der Klasse der "reinen Konzepte" wird in dieser Arbeit stets von zu extremierenden Präferenzfunktionen ausgegangen.

---

1. Vgl. u.a. BROCKET, P.; CHARNES, A.; COOPER, W.; SHIN, H.-C. (1984). Auch CHEN, Joyse T. (1980) benutzt u.a. die Verlustwahrscheinlichkeit als Satisfizierungskriterium, extremiert jedoch nicht den Gewinnerwartungswert, sondern in drei unterschiedlichen Ansätzen den erwarteten Deckungsbeitrag, einen geforderten Mindestgewinn bzw. die kritische Wahrscheinlichkeit für die Erreichung eines geforderten Mindestgewinns.

Das bedeutet zumindest hinsichtlich der formalen Darstellung keine Einschränkung, da sich auch reine Satisfizierungs- und reine Fixierungskonzepte über zu extremierende ("gebrochene") Präferenzfunktionen darstellen lassen.[1]
Man erhält allgemein folgende Bewertungsvorschrift:

$$\text{(II.2.39)} \quad \max_i \; PF(w_i) = f[\mu_G, E(K_U)]$$

Für reine Satisfizierungs- und Fixierungskonzepte ist der funktionale Zusammenhang f zwischen μ_G und $E(K_U)$ implizit gegeben, wie aus den beiden dazugehörigen Präferenzfunktionen zu erkennen ist.
Für das reine Satisfizierungsmodell gilt:

$$\text{(II.2.40)} \quad \max_i \; PF(w_i) = \begin{cases} 1, & \text{für } \mu_{G,i} \geq \mu_{G,Min} \text{ und } E_i(K_U) \leq E(K_U)_{Krit} \\ 0, & \text{sonst} \end{cases}$$

bzw. für das reine Fixierungsmodell

$$\text{(II.2.41)} \quad \max_i \; PF(w_i) = \begin{cases} 1, & \text{für } \mu_{G,i} = \mu_{G,Fix} \text{ und } E_i(K_U) = E(K_U)_{Fix} \\ 0, & \text{sonst} \end{cases}$$

Welcher Art soll nun aber der funktionale Zusammenhang f bei reinen Extremierungskonzepten sein? Hierfür gibt es sicherlich eine ganze Palette von Möglichkeiten, die alle mehr oder weniger mit dem Präferenzsystem des Entscheidenden vereinbar sind. Wenn man aber andererseits von einer Entscheidungsregel fordert, daß sie mit dem Bernoulli-Kriterium kompatibel ist, so wird die Zahl der möglichen funktionalen Zusammenhänge zwischen μ_G und $E(K_U)$ drastisch verringert, und es verbleiben letztendlich nur noch lineare Beziehungen der Art

$$\text{(II.2.42)} \quad \max_i \; PF(w_i) = \mu_{G,i} - k' \cdot E_i(K_U) \quad \text{(mit } k' > 0 \text{ für Risikoaversion)}$$

Dies läßt sich mit Hilfe des folgenden von Schneeweiß bewiesenen Satzes zeigen.[2]

1. Vgl. DINKELBACH, Werner (1978), S. 55 und S. 57.
2. Vgl. SCHNEEWEISS, Hans (1967), S. 89f.

Gilt $PF(w) = f(\alpha_1,\ldots,\alpha_s)$ und lassen sich die Verteilungsparameter α_r $(r=1,\ldots,s)$ mittels geeigneter Funktionen $h_1,\ldots,h_s$ als Erwartungswerte $\alpha_r = E[h_r(G)]$ $(r=1,\ldots,s)$ darstellen, so ist das $(\alpha_1,\ldots,\alpha_r)$-Prinzip dann und nur dann mit dem Bernoulli-Prinzip verträglich, das heißt $f(\alpha_1,\ldots,\alpha_r) = E([u(G)]$, wenn die Nutzenfunktion u und die Präferenzfunktion $PF(w) = f(\alpha_1,\ldots,\alpha_r)$ folgende spezielle Strukturen besitzen:

$$u(G) = k_0' + \sum_{r=1}^{s} k_r'\cdot h_r(G) \; ; \qquad f(\alpha_1,\ldots,\alpha_s) = k_0' + \sum_{r=1}^{s} k_r'\cdot\alpha_r$$

mit beliebigen Konstanten $k_0',\ldots, k_s'$.

In dem hier vorliegenden Fall gilt $\alpha_1 = \mu_G$ und $\alpha_2 = E(K_U)$. Dabei läßt sich μ_G als Erwartungswert der Funktion $h(G) = G$ und $E(K_U)$ als Erwartungswert

der Funktion $h(G) = \begin{cases} 0, & \text{für } G \geq 0 \\ -G, & \text{für } G < 0 \end{cases}$ darstellen.

Die Voraussetzungen des Satzes sind somit erfüllt. Damit gelten folgende Strukturen:

$$PF(w) = f[\mu_G, E(K_U)] = k_0' + k_1'\cdot\mu_G + k_2'\cdot E(K_U) \qquad \text{und}$$

$$u(G) = \begin{cases} k_1'\cdot G + k_0' & \text{für } G \geq 0 \\ k_1'\cdot G + k_2'\cdot G + k_0' & \text{für } G < 0 \end{cases}$$

Da die Präferenzrelation durch jede positive lineare Transformation nicht verändert wird, kann man o.B.d.A. $k_0' = 0$ und $k_1' = 1$ setzen und erhält:

$$\text{(II.2.43)} \quad u(G) = \begin{cases} G & \text{für } G \geq 0 \\ (1+k')\cdot G & \text{für } G < 0 \end{cases}$$

Diese Form der Nutzenfunktion entspricht dabei der Präferenzfunktion $\mu_G - k'\cdot E(K_U)$, wie man über den Nutzenerwartungswert zeigen kann:

$$E[u(G)] = \int_{G=0}^{\infty} G \, dF(G) + (1+k') \cdot \int_{G=-\infty}^{0} G \, dF(G)$$

$$= \int_{G=-\infty}^{\infty} G \, dF(G) + k' \cdot \int_{G=-\infty}^{0} G \, dF(G)$$

$$= \mu_G - k' \cdot \int_{G=-\infty}^{0} (-G) \, dF(G)$$

(II.2.44) $E[u(G)] = \mu_G - k' \cdot E(K_U)$

Als vorläufiges Ergebnis kann man demnach festhalten, daß das $[\mu_G, E(K_U)]$-Kriterium dann mit dem Bernoulli-Kriterium kompatibel ist, wenn die Präferenzfunktion (bis auf eine positive lineare Transformation) die Form $PF(w_i) = \mu_{G,i} - k' \cdot E_i(K_U)$ aufweist und so mit einer stückweisen linearen Nutzenfunktion (II.2.43) verbunden ist, welche an der Stelle G=0 einen Knickpunkt aufweist (vgl. Abbildung II.2.7).

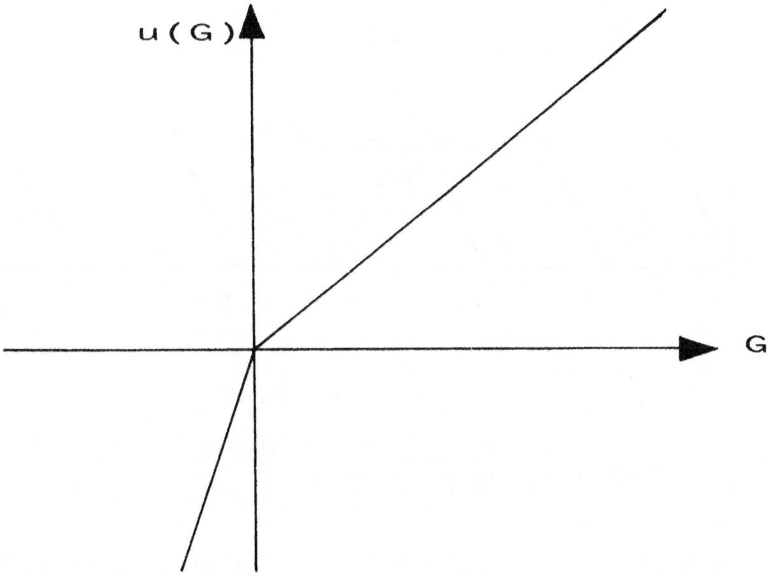

Abb. II.2.7: Der Verlauf der Nutzenfunktion für die lineare $[\mu_G, E(K_U)]$ - Regel

Der Verlauf dieser Nutzenfunktion impliziert, wie an anderer Stelle schon festgestellt wurde, Risikoneutralität, falls alle Absatzmengenrealisierungen entweder unterhalb oder alle oberhalb der Break even - Menge liegen bzw. impliziert aufgrund des insgesamt konkaven Verlaufs Risikoaversion, wenn Absatzmengenrealisierungen größer und kleiner als x_B möglich sind.

Daß die lineare $[\mu_G, E(K_U)]$ - Regel darüber hinaus die Forderung nach abnehmender absoluter Risikoaversion erfüllt, läßt sich wiederum mit den dazugehörigen Indifferenzkurven zeigen (vgl. Abbildung II.2.8).

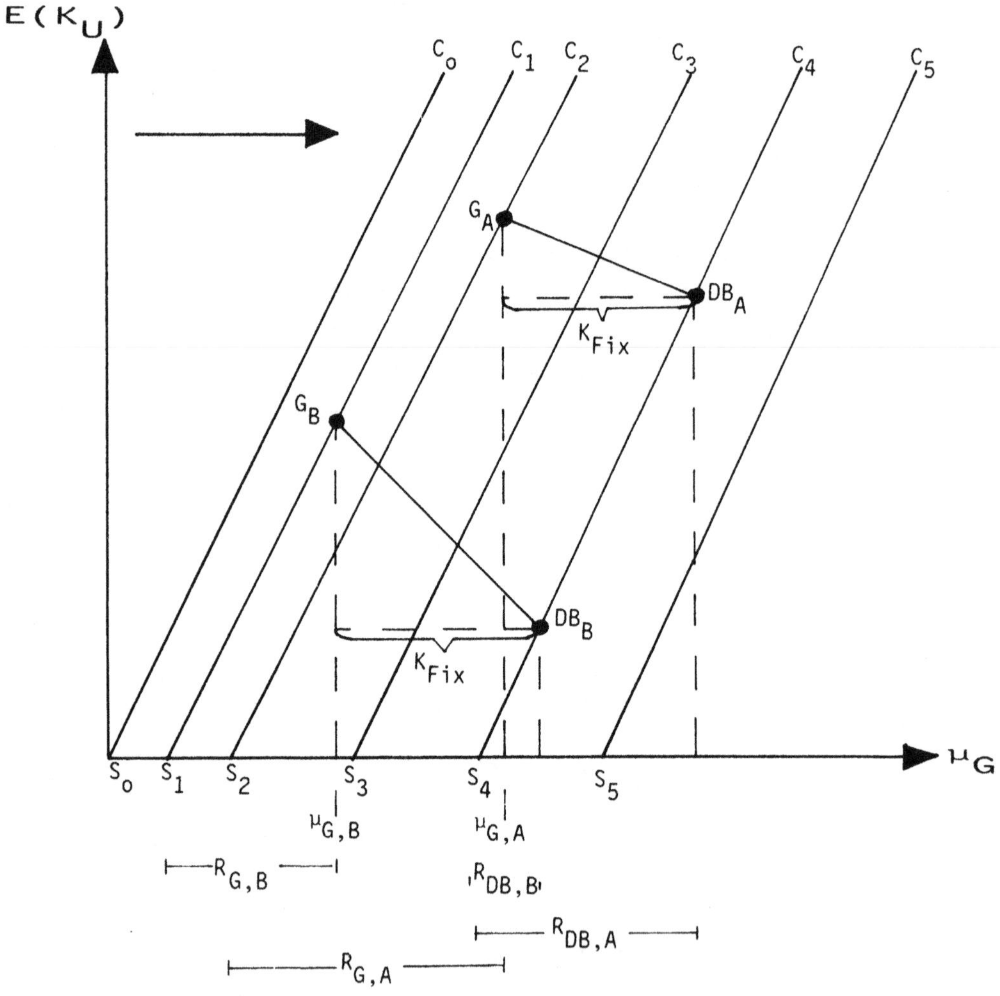

Abb. II.2.8: Verlauf der Indifferenzkurven für die lineare $[\mu_G, E(K_U)]$ - Regel (k' = 0,5)

Die Funktionsgleichungen dieser Indifferenzkurven ergeben sich aus

(II.2.45) $C = \mu_G - k' \cdot E(K_U)$ zu

(II.2.46) $E(K_U) = -\frac{C}{k'} + \frac{1}{k'} \cdot \mu_G \quad (k' > 0)$

Aus der graphischen Darstellung erkennt man, daß die Sicherheitsäquivalente S kleiner sind als die entsprechenden Erwartungswerte und daß somit für $k' > 0$ risikoaverses Verhalten vorliegt. Wie wirkt sich aber eine Änderung des Zielkriteriumsniveau aus?

Im Unterschied zu einer linearen $[\mu_G, \sigma_G]$ - Regel ist bei der linearen $[\mu_G, E(K_U)]$ - Regel zu beachten, daß das Risikomaß $E(K_U)$ selbst von einer Änderung der Fixkosten betroffen ist $[[\partial E(K_U)]/[\partial K_{Fix}] = \Phi(t_B) > 0$ gemäß der Beziehung (II.2.33)].

Da man den Übergang vom Deckungsbeitrags- zum Gewinniveau als Fixkostenerhöhung interpretieren kann, steigen in diesem Fall die erwarteten Ungewißheitskosten (vgl. in der Abbildung II.2.8 der Übergang von DB_A zu G_A bzw. von DB_B zu G_B). Das hat wiederum ein Ansteigen des Risikoabschlags zur Folge ($R_{G,A} > R_{DB,A}$ bzw. $R_{G,B} > R_{DB,B}$) und impliziert somit abnehmende absolute Risikoaversion.[1]

Darüber hinaus bewirkt eine gleichhohe Fixkostenerhöhung ein um so größeres Ansteigen von $E(K_U)$, je größer $t_B = (x_B - \mu_x)/\sigma_x$ ist bzw. je kleiner c.p. μ_x und damit μ_G ist. Anders ausgedrückt bewirkt eine gleichhohe Fixkostenzunahme zweier präferenzmäßig gleich eingeschätzter Aktionen ($DB_A \sim DB_B$), daß die Aktion mit kleinerem Ausgangsniveau (DB_B) nach der Fixkostenerhöhung präferenzmäßig geringer eingeschätzt wird als die Alternative mit dem höheren Ausgangsniveau (gemäß der Abbildung II.2.8 liegt G_B auf der Indifferenzkurve C_1, während G_A auf $C_2 > C_1$ liegt).

Diese Aussage läßt sich über das totale Differential auch quantifizieren:

$$\frac{dC}{dK_{Fix}} = \frac{\partial C}{\partial \mu_G} \cdot \frac{d\mu_G}{dK_{Fix}} + \frac{\partial C}{\partial E(K_U)} \cdot \frac{dE(K_U)}{dK_{Fix}}$$

---

1. Vgl. die Ausführungen auf S. 78 dieser Arbeit.

Daraus ergibt sich unter Berücksichtigung der Beziehungen (II.2.14), (II.2.33) und (II.2.45):

$$\frac{dC}{dK_{Fix}} = 1\cdot(-1) - k'\cdot\Phi(t_B) = -[1 + k'\cdot\Phi(t_B)] < 0$$

(k' > 0 für Risikoaversion)

Die Abnahme von C ist bei einer Fixkostenerhöhung dabei um so größer, je kleiner der Gewinnerwartungswert μ_G ist.

ε. Der Zusammenhang zwischen linearen $[\mu_G, E(K_U)]$ - Regeln und stochastischer Dominanz

Für die weiteren Überlegungen ist es hilfreich zu wissen, daß die erwarteten Ungewißheitskosten einen Spezialfall einer allgemeinen Klasse von Risikofunktionen darstellen. Diese Klasse von Risikofunktionen $r_{\alpha,a}(t)$ gibt das Risiko einer Alternative a in Abhängigkeit der beiden Parameter α und t wie folgt an:[1]

$$\text{(II.2.47)} \qquad r_{\alpha,a}(t) = \int_{G_a=-\infty}^{t} (t-G_a)^{\alpha}\, dF(G_a) \qquad \alpha > 0$$

Die erwarteten Ungewißheitskosten $E(K_U)$ erhält man dabei für t=0 und α=1.[2]

Die folgende Definition gibt ein Dominanzkriterium im Sinne eines allgemeinen $[\mu_G, r_\alpha(t)]$ - Prinzips an.

1. Vgl. FISHBURN, Peter C. (1977), S. 116. HOLTHAUSEN, Duncan M. (1981), S. 182.
   Das Charakteristikum dieser Funktionen besteht darin, daß sie das Risiko nur in Form der negativen Abweichungen vom "target level" t messen. Vgl. hierzu auch die Ausführungen auf S. 121.
2. Weitere wichtige Spezialfälle erhält man mit α=2 und $t=\mu_G$ (Semivarianz); mit α=2 und t=0 (Semivarianz unter dem Break even - Punkt); mit α=0 und t=0, wobei für die Verteilungsfunktion an der Stelle t gelten soll:

   $$F(t) = \lim_{\alpha\to 0} F_\alpha(t) = P(G<t) \text{ , (Verlustwahrscheinlichkeit);}$$

   für α=1 und t≠0 (Mißerfolgserwartung).

Definition (II.2.48):

Eine Aktion $a_1 \in A$ dominiert eine Aktion $a_2 \in A$ im Sinne des $[\mu_G, r_\alpha(t)]$ - Prinzips $[a_1 \succ_{\mu_G, r_\alpha(t)} a_2]$, wenn

$$\mu_{G,a_1} \geqq \mu_{G,a_2} \quad \text{und}$$

$$r_{\alpha,a_1}(t) \leqq r_{\alpha,a_2}(t) \quad \text{mit mindestens einer strengen Ungleichung}$$

Weiter gilt folgender Satz (II.2.49):

Sei $x_{eff}^{\mu_G, r_\alpha(t)}$ die Menge hinsichtlich der im Sinne obiger Definition (II.2.48) effizienten Alternativen sowie $x^*_{Z_{\alpha,t}}$ die nichtleere Menge der optimalen Lösungen des zugehörigen deterministischen Ersatzmodells $Z_a = \mu_{G,a} - k' \cdot r_{\alpha,a}(t)$ (für $k'>0$), dann gilt:

$$x^*_{Z_{\alpha,t}} \subseteq x_{eff}^{\mu_G, r_\alpha(t)} \qquad \alpha, t \in \mathbb{R}$$

Beweis:

Sei $a_o \in x^*_{Z\alpha,t}$ und $a_o \notin x_{eff}^{\mu_G, r_\alpha(t)}$, dann existiert eine a_o dominierende Alternative a' mit

$$\mu_{G,a'} \geqq \mu_{G,a_o} \quad \text{und}$$

$$r_{\alpha,a'}(t) \leqq r_{\alpha,a_o}(t) \quad \text{mit mindestens einer strengen Ungleichung}$$

Daraus folgt jedoch andererseits $Z_{a_o} < Z_{a'}$ und somit $a_o \notin x^*_{Z_{\alpha,t}}$.
Dies ist ein Widerspruch zur Annahme.

Fishburn und Holthausen haben mittels des folgenden Satzes die Brücke zwischen der stochastischen Dominanz k. Grades (k=1,2,3) und der Dominanz im

Sinne des $[\mu_G, r_\alpha(t)]$ - Prinzips geschlagen:[1]

Satz (II.2.50):

Sei $x_{eff}^{\mu_G, r_\alpha(t)}$ die Menge hinsichtlich der im Sinne der Definition (II.2.48) effizienten Alternativen und x_{eff}^k die Menge der im Sinne der stochastischen Dominanz k. Grades effizienten Alternativen. Weiterhin sei für die folgenden Fälle (b) und (c) ausgeschlossen, daß je zwei Alternativen hinsichtlich des Erwartungswertes μ_G und des Risikomaßes $r_\alpha(t)$ den gleichen Wert aufweisen. Dann gilt:

(a) $\quad x_{eff}^{\mu_G, r_\alpha(t)} \subseteq x_{eff}^1 \quad$ für alle $\alpha \geqq 0$

(b) $\quad x_{eff}^{\mu_G, r_\alpha(t)} \subseteq x_{eff}^2 \quad$ für alle $\alpha \geqq 1$

(c) $\quad x_{eff}^{\mu_G, r_\alpha(t)} \subseteq x_{eff}^3 \quad$ für alle $\alpha \geqq 2$

Zum Beweis:

Sei a_1 jeweils Element der Menge x_{eff}^k (k=1,2,3) und a_2 nicht Element der Menge x_{eff}^k (k=1,2,3), d.h. $a_1 \succ_k a_2$ (k=1,2,3).

Der Satz (II.2.50) beinhaltet dann die folgende Behauptung:

$$a_1 \succ_k a_2 \Longrightarrow a_1 \succ_{\mu_G, r_{\alpha(k)}(t)} a_2 \quad \text{mit} \begin{cases} r_{\alpha \geqq 0}(t) & \text{für } k=1 \\ r_{\alpha \geqq 1}(t) & \text{für } k=2 \\ r_{\alpha \geqq 2}(t) & \text{für } k=3 \end{cases}$$

1. Vgl. FISHBURN, Peter C. (1977), S. 123. HOLTHAUSEN, Duncan M. (1981), S. 186.

Gemäß Definition (II.2.48) ist dies äquivalent zu der Behauptung

$$a_1 \succ_k a_2 \implies \begin{array}{lll} (1) \; \mu_{G,a_1} & \geq \; \mu_{G,a_2} & \text{und} \\ (2) \; r_{\alpha(k),a_1}(t) & \leq \; r_{\alpha(k),a_2}(t) & \text{mit mindestens einer strengen Ungleichung} \end{array}$$

$$\text{sowie} \quad \begin{cases} r_{\alpha \geq 0}(t) & \text{für} \quad k=1 \\ r_{\alpha \geq 1}(t) & \text{für} \quad k=2 \\ r_{\alpha \geq 2}(t) & \text{für} \quad k=3 \end{cases}$$

Der Teil (1) dieser Behauptung ist gemäß Satz (II.2.8) erfüllt. Bezüglich des zweiten Teils der Behauptung gehen Fishburn und Holthausen von der Überlegung aus, daß gemäß der Definition (II.2.7) für den Fall $a_1 \succ_k a_2$ (k=1,2,3) der Nutzenerwartungswert von a_1 größer (gleich) dem Nutzenerwartungswert von a_2 ist, wenn die Nutzenfunktionen aus den korrespondierenden Nutzenklassen stammen. Es genügt demnach, zu zeigen, daß für bestimmte α-Werte die zugehörigen $[r_\alpha(t)]$ - Funktionen Nutzenfunktionen aus den speziellen Nutzenklassen implizieren.

Fishburn benutzt die Funktion $\hat{u}(G) = -[\max[0,t-G]]^\alpha$ als allgemeine Approximation[1] und somit für den hier allein interessierenden Fall t=0 $\hat{u}(G) = -[\max[o,-G]]^\alpha$ bzw.

$$\text{(II.2.51)} \quad \hat{u}(G) = \begin{cases} 0 & \text{für} \quad G \geq 0 \\ -(-G)^\alpha & \text{für} \quad G < 0 \end{cases}$$

als spezielle Approximation der Nutzenfunktion.

Aus der graphischen Darstellung dieser Funktion in Abbildung II.2.9 wird ersichtlich, daß die Nutzenfunktion für $\alpha \geq 0$ aus der Nutzenklasse U_1 [u'(G)≧0], für $\alpha \geq 1$ aus U_2 [u'(G)≧0 und u'' (G)≦0] und für $\alpha \geq 2$ aus U_3 [u'(G)≧0,u''(G)≦0, u'''(G)≧0] ist.

1. Vgl. FISHBURN, Peter C. (1977), S. 124.
2. Zur Definition der einzelnen Nutzenklassen vgl. S. 109f.

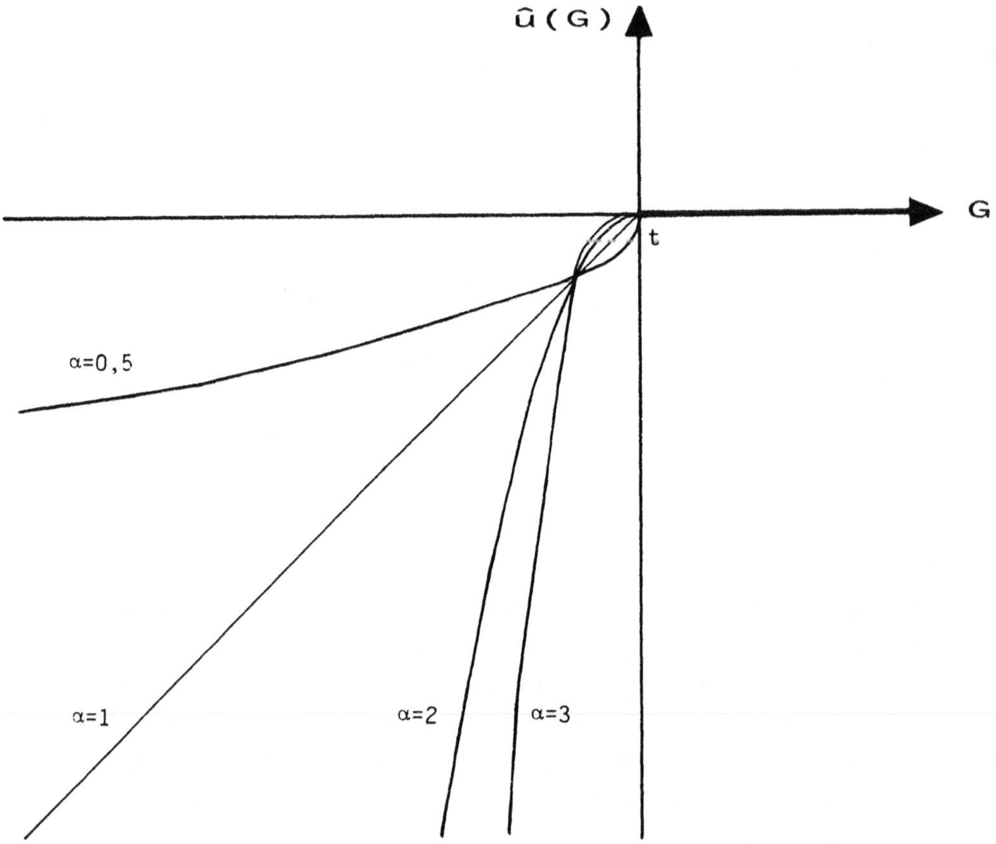

Abb. II.2.9: Der Einfluß unterschiedlicher α-Werte auf den Verlauf der approximierten Nutzenfunktion û(G)

Als Zusammenfassung der Sätze (II.2.49) und (II.2.50) erhält man:

$$\text{(II.2.52)} \quad x^{*}_{Z_{\alpha,t}} \subseteq x_{eff}^{\mu_G, r_{\alpha(k)}(t)} \subseteq x_{eff}^{k} \quad \text{mit} \begin{cases} \alpha \geq 0 & \text{für } k=1 \\ \alpha \geq 1 & \text{für } k=2 \\ \alpha \geq 2 & \text{für } k=3 \end{cases}$$

und speziell für die erwarteten Ungewißheitskosten

$$\text{(II.2.53)} \quad x^{*}_{\mu_G - k' \cdot E(K_U)} \subseteq x_{eff}^{\mu_G, E(K_U)} \subseteq x_{eff}^{2}$$

Dieses Resultat scheint dem bisher abgeleiteten Ergebnis zu widersprechen, welches zeigte, daß $E(K_U)$ über den Abstand von μ_x zu x_B das Zielkriteriumsniveau berücksichtigt und das zugehörige deterministische Ersatzmodell $\mu_G - k' \cdot E(K_U)$ die Forderung nach sinkender absoluter Risikoaversion erfüllt. Denn bei Vorhandensein dieser Risikoaversionseigenschaft für das deterministische Ersatzmodell muß es gemäß den Ausführungen auf S. 113 zu Lösungen führen, die nicht nur im Sinne der stochastischen Dominanz zweiten Grades, sondern auch im Sinne der stochastischen Dominanz dritten Grades effizient sind.

Der Defekt ist dadurch zu erklären, daß Fishburn zur Approximation der Nutzenfunktion nur den Bereich unterhalb von t (hier t=0) heranzieht und somit nur das Risikomaß in der Nutzenfunktion berücksichtigt. Fishburn stellt somit strengere Forderungen an die Größe von α.

Dies läßt sich folgendermaßen zeigen:
Gemäß der approximativen Nutzenfunktion (II.2.51) ergibt sich der Nutzenerwartungswert als

$$E[\hat{u}(G)] = \int_{G=0}^{\infty} 0 \, dF(G) - \int_{G=-\infty}^{0} (-G)^{\alpha} \, dF(G) = - r_{\alpha}(t=0)$$

Unter der Vorschrift, daß der Nutzenerwartungswert zu maximieren ist, entspricht die Vorgehensweise Fishburns somit der Minimierung des Risikomaßes. Betrachtet man dagegen die sich aus der linearen $[\mu_G, E(K_U)]$ - Regel ergebende Nutzenfunktion gemäß Abbildung II.2.7, so kann man diese in ihrem Verlauf über den gesamten Definitionsbereich als Approximation für Nutzenfunktionen aus der Klasse U_3^s ansehen, womit die geforderte Vereinbarkeit dieser Entscheidungsregel mit der stochastischen Dominanz dritten Grades gewährleistet ist.

Nutzenfunktionen mit $u'''(G) \leq 0$ und damit (streng) konkaven Verlauf von $u'(G)$[1] können insofern ausgeschlossen werden, als ein solcher Verlauf von $u'(G)$ mit den weiteren Anforderungen für einen risikoaversen Entscheidungsträger $[u'(G) > 0$ und $u''(G) < 0]$ nur für einen beschränkten Bereich $G \leq \bar{G}$ erfüllbar ist, so daß die mit der linearen $[\mu_G, E(K_U)]$ - Regel verbundene

1. Zum Zusammenhang der Funktionsverläufe von u'''(G) und u'(G) vgl. u.a. FISHBURN, Peter C.; VICKSON, Raymond G. (1978), S. 59.

stückweise lineare Nutzenfunktion nicht als sinnvolle Approximation für Nutzenfunktionsverläufe mit u'''(G) ≦ 0 angesehen werden kann. Dies wird auch aus den in der Abbildung II.2.10 beispielhaft dargestellten Funktionsverläufen für u'(G) mit u'''(G) deutlich.

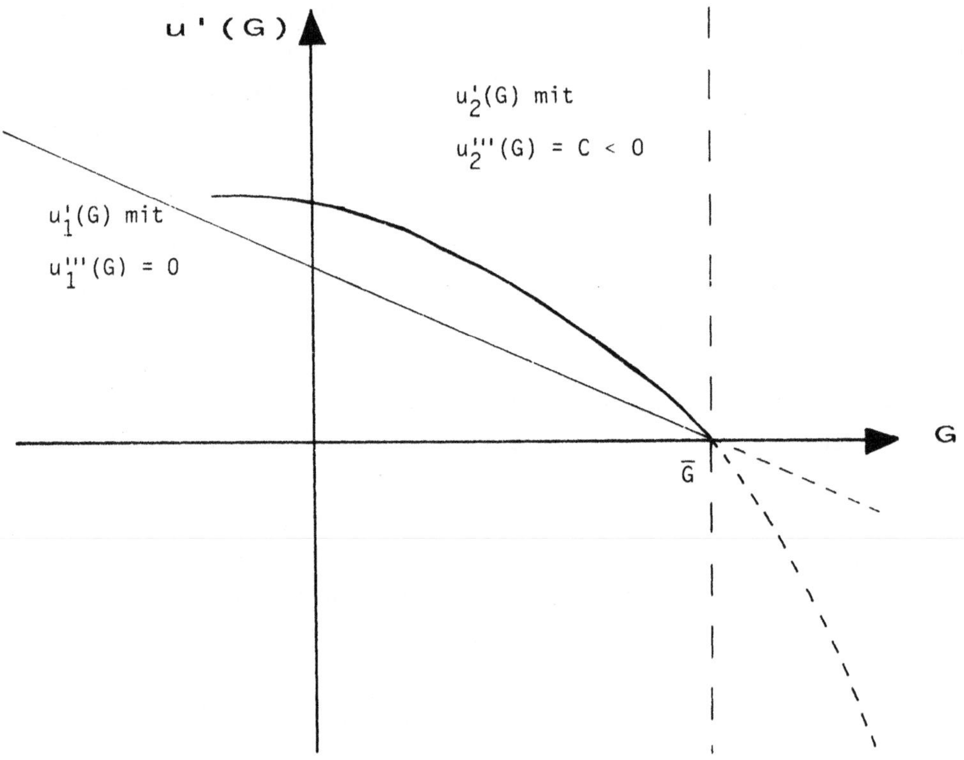

Abb. II.2.10: Eingeschränkter Definitionsbereich für Nutzenfunktionen eines risikoaversen Entscheidungsträgers mit u'''(G) ≦ 0

Drittes Kapitel

Informationstheoretische Grundlagen und verteilungsspezifische Probleme des stochastischen Break even - Entscheidungsmodells

1. Die erwarteten Ungewißheitskosten im Lichte der Bewertung von Zusatzinformationen

a. Allgemeine Darstellung von Informationsbewertungsansätzen unter Berücksichtigung von A-priori-Wahrscheinlichkeiten für diskrete Zufallsvariablen

Mit der Bestimmung des Wertes zusätzlicher Informationen haben in letzter Zeit zunehmend Verfahren Eingang in die betriebswirtschaftliche Literatur und hier vor allem in den Bereich der Marktforschung gefunden, welche überwiegend Elemente einer analytisch schließenden Statistik aufweisen und so die Verallgemeinerung des bisher benutzten Grundmodells der Entscheidungstheorie zu einem statistischen Entscheidungsmodell erfordern.[1]

Die Erweiterung des Grundmodells beruht dabei insbesondere auf der Berücksichtigung von Informationsaktivitäten I_h (h=0,1,...,g), welche es ermöglichen, die bestehende Ungewißheit über das Eintreten der Umweltzustände z_j (j=1,...,m) zu verringern.

Jede einzelne Informationsaktivität kann zu f(h) verschiedenen Nachrichten $y_{h,k}$ [k=1,...,f(h)] führen und ist zudem mit konstanten Informationskosten K_h verbunden.[2] Die Informationsaktivität I_0 kennzeichnet den Spezialfall, daß keine weiteren Informationen eingeholt werden, sondern die Auswahl der Aktionsmöglichkeiten a_i (i=1,...,n) allein mittels des bisherigen Informationsstandes erfolgt.

Weiterhin wird an dieser Stelle von der Annahme ausgegangen, daß die Wahl

---

1. Die Transformation des Grundmodells zu einem erweiterten statistischen Entscheidungsmodell kann auf Abraham Wald zurückgeführt werden. Vgl. WALD, Abraham (1961).
2. Die Annahme konstanter Informationskosten erfolgt aus Vereinfachungsgründen und ist sicherlich dann nicht mehr gerechtfertigt, wenn die Informationsaktivität in Form einer Stichprobenziehung durchgeführt wird, deren Stichprobenumfang n' nicht fest vorgegeben, sondern im Rahmen des Entscheidungsmodells bestimmt werden muß. Häufig unterstellt man vom Stichprobenumfang linear abhängige, jedoch von der jeweiligen Stichprobenrealisation unabhängige Stichprobenkostenfunktionen. Vgl. BAMBERG, Günter (1972), S. 54.

einer bestimmten Informationsaktivität keinerlei Einfluß auf den tatsächlich eintretenden Umweltzustand hat. Dieser Fall wäre dann denkbar, wenn die Informationsbeschaffung in Form einer Testmarktanalyse durchgeführt wird und die potentiellen Konkurrenten aufgrund dieser Aktivität ihre eigenen Strategien ändern, was sich wiederum auf die unterstellten Umweltbedingungen auswirkt.

Durch diese Prämisse kann man davon ausgehen, daß sich die im Entscheidungskalkül benutzten bedingten Wahrscheinlichkeiten während der Informationsbeschaffungsmaßnahme nicht ändern.[1]

Eng verbunden mit dieser Annahme ist auch die Problematik der Bewertung von Zusatzinformationen hinsichtlich ihres zeitlichen Anfalls - das optimale "Timing" der Information. Falls der Zeitpunkt (und auch die Dauer) der Informationsbeschaffung keinen Einfluß auf die Grundstruktur des Entscheidungsmodells - ausgedrückt durch den Aktionenraum, den Zustandsraum sowie die Ergebnisfunktion - hat, erübrigt sich die Aufnahme eines Zeitfaktors.[2]

Neben den Informationsaktivitäten und den mit ihnen verbundenen Nachrichten wird ein Informationssystem ebenfalls durch die Art der Informationsstruktur gekennzeichnet, welche die Konsequenzen der Nachrichten auf den Ungewißheitsgrad der Zustände angibt.[3] Anhand der Informationsstrukturen lassen sich auch die Unterschiede zwischen klassischer schließender Statistik und der sogenannten Bayesschen Inferenz darstellen. Gemeinsam ist beiden Analysemethoden, daß sie über statistische Rückschlußmethoden die Struktur der Grundgesamtheit genauer zu spezifizieren suchen. Die klassischen statistischen Inferenzmethoden benutzen hierzu jedoch nur solche Informationen, die man aus Zufallsstichproben erhält.

Verfechter der Bayesschen Inferenzstatistik benutzen neben Stichprobeninformationen auch alle anderen verfügbaren Informationen, die sich vor allem in Form subjektiver A-priori-Informationen manifestieren. Der Begriff der Bayesschen Inferenz wird dabei in Anerkennung der Pionierarbeit von Thomas Bayes gewählt, dessen Bayessches Theorem es erlaubt, die Ergebnisse einer

---

1. Wenzel unterscheidet aus diesem Grund tatsächliche und hypothetische Entscheidungsfelder nach Information. Vgl. WENZEL, Frank (1975), S. 12-17.
2. Modelle der beschriebenen Art findet man u.a. bei IJIRI, Yuji; ITAMI, Hiroyuki (1973) und bei HILTON, Ronald W. (1979).
3. Vgl. BAMBERG, Günter; COENENBERG, Adolf Gerhard; KLEINE-DOEPKE, Rainer (1976), S. 32-35.

zusätzlichen Informationsbeschaffung mit den A-priori-Informationen in der Weise operational zu verknüpfen, daß eine Revision der A-priori-Wahrscheinlichkeiten zu A-posteriori-Wahrscheinlichkeiten erfolgen kann.[1]

Um die benutzten Begriffe und die Unterschiede der klassischen zur Bayesschen Analysemethode deutlicher herausstellen zu können, soll von der vereinfachenden Annahme ausgegangen werden, daß neben der Informationsalternative I_0 nur noch eine weitere Informationsalternative I_1 mit Informationskosten $K=K_1$ und y_k $(k=1,...,f)$ Nachrichten existiert.[2]

α. Variante 1: Die Erweiterung des Aktionenraums durch Strategien

Im Rahmen der statistischen Entscheidungstheorie werden die Realisationen einer Stichprobe mit dem an dieser Stelle annahmegemäß fest vorgegebenem Stichprobenumfang n' als mögliche Nachrichten y_k $(y_{k,1}, y_{k,2}, ..., y_{k,n'})$ $(k=1,...,f)$ interpretiert. Die Menge der Stichprobenrealisierungen stellt den Stichprobenraum $Y = \{y_k\}$ $(k=1,...,f)$ dar.

Formal erfolgt die Verallgemeinerung des Grundmodells zu einem statistischen Entscheidungsmodell dadurch, daß sogenannte bedingte Aktionen (Strategien. statistische Entscheidungsfunktionen) $d \in D$ (Strategienraum) eingeführt werden, die eine Abbildung des Stichprobenraums Y in den Aktionenraum A darstellen:

$$\text{(III.1.1)} \quad d: \quad Y \rightarrow A$$

Jeder Stichprobenrealisation wird durch eine Strategie eine Sachaktivität a_i eindeutig zugeordnet:

$$\text{(III.1.2)} \quad d_s(y_k) \in A \qquad (k=1,...,f) \text{ und } (s=1,...,S)$$

Die Anzahl der Strategien S erhält man mit n^f über die Zahl der geordneten Proben ohne Wiederholung von f Nachrichten und n Aktionen. In dem in der Abbildung (III.1.1) dargestellten besonders einfachen Fall von zwei Aktio-

1. Zur Historie und kritischen Würdigung des Bayesschen Theorems vgl. u.a. MENGES, Günter (1967).
2. Weiterhin wird vorerst von einem diskreten Zustandsraum mit diskreten Wahrscheinlichkeiten ausgegangen, um so den unterschiedlichen Berechnungsaufwand beider Analysemethoden explizit zum Ausdruck bringen zu können.

nen und zwei Nachrichten ergeben sich demnach vier Strategien.

Im nächsten Schritt werden die Ergebnisfunktionen nicht direkt in Abhängigkeit der Sachaktivitäten, sondern indirekt in Abhängigkeit der Strategien aufgestellt.
Man erhält somit folgende Ergebniswerte:

$$(III.1.3) \quad G_{s,k,j} = G[d_s(y_k),z_j] \qquad \begin{matrix}(s=1,\dots,S)\\(k=1,\dots,f)\\(j=1,\dots,m)\end{matrix}$$

Für jeden Umweltzustand z_j $(j=1,\dots,m)$ und jede Strategie d_s $(s=1,\dots,S)$ erhält man somit f Ergebniswerte. Unter Berücksichtigung der mit der Informationsbeschaffung verbundenen Kosten werden die Ergebniswerte in Netto - Ergebniswerte transformiert. Es werden Informationskosten von Null angesetzt, wenn die Strategien unabhängig vom Informationsergebnis immer zur Auswahl der gleichen Aktion führen (vgl. die Strategien d_3 und d_4 in der Abbildung III.1.1). Bei Zugrundelegen einer solchen Strategie erübrigt sich die Informationsbeschaffung und damit die Berücksichtigung von Informationskosten.

Die Zusammenfassung der f Ergebniswerte für jedes Matrixfeld erfolgt nun mittels der in der traditionellen statistischen Entscheidungstheorie allein unterstellten Informationsstruktur, die durch die bedingten Wahrscheinlichkeiten (Likelihoods) $P(y_k|z_j)$ $(j=1,\dots,m)$ und $(k=1,\dots,f)$ ausgedrückt wird.[1]
Somit ergibt sich:

$$\sum_{k=1}^{f} [G[d_s(y_K),z_j] - K] \cdot P(y_k|z_j) \qquad \begin{matrix}(s=1,\dots,S)\\(j=1,\dots,m)\end{matrix}$$

$$(III.1.4) \quad \sum_{k=1}^{f} G[d_s(y_k),z_j] \cdot P(y_k|z_j) - K =: R(d_s,z_j) - K =: R_{s,j} - K$$

$$(s=1,\dots,S)$$
$$(j=1,\dots,m)$$

1. Für festes k erhält man die sogenannte Likelihoodfunktion.

In der statistischen Entscheidungstheorie, die jedoch in der Regel von Schadensfunktionen und nicht von Ergebnisfunktionen ausgeht, wird die Funktion $R(d,z_j)$ $(j=1,\dots,m)$ als Risikofunktion bezeichnet.

Für die Strategien d_3 und d_4, die den ursprünglichen nicht bedingten Aktionen a_1 bzw. a_2 entsprechen, ergeben sich unmittelbar die Ergebniswerte $G(a_1,z_j)$ bzw. $G(a_2,z_j)$ $(j=1,\dots,m)$ als Werte der Risikofunktion.

Falls keine gleichmäßig beste Strategie existiert[1], müssen die Strategien über ausgewählte Präferenzfunktionen vergleichbar gemacht werden. Man wählt schließlich aus der Menge der Strategien diejenige mit dem höchsten Präferenzwert:

$$\text{(III.1.5)} \qquad \max_{\substack{d_s \\ (s=1,\dots,S)}} \qquad PF_s = PF(R_{s,j} - K)$$

Auch hier sind eine Reihe von Präferenzfunktionen denkbar, die den Vergleich der einzelnen Strategien ermöglichen.

Unter der Voraussetzung, daß (subjektive) Vorinformationen in Form von A-priori-Wahrscheinlichkeiten $P(z_j)$ über die Umweltzustände z_j vorliegen[2], wird in der Literatur häufig die Vorgehensweise gemäß des Bernoulli-Kriteriums gewählt und damit der Nutzenerwartungswert der Netto - Ergebniswerte maximiert.[3]

Die optimale Strategie und damit auch die optimale Aktion ergeben sich dann

1. Eine gleichmäßig beste Strategie entspricht inhaltlich einer perfekten Lösung hinsichtlich der Zustandsdominanz beim Grundmodell der Entscheidungstheorie. Vgl. hierzu auch S. 107 und zur Definition einer gleichmäßig besten Strategie u.a. BAMBERG, Günter (1972), S. 29/30.
2. Die Unterstellung dieses A-priori-Wissens hinsichtlich der Verteilung und der diese Verteilung charakterisierenden Parameter stellt den Hauptkritikpunkt an dieser Vorgehensweise dar. In der traditionellen statistischen Entscheidungstheorie wird hingegen nur eine Klasse von Verteilungen angenommen, innerhalb der die wahre Verteilung liegt.
3. Bei Anwendung des Bernoulli-Kriteriums sind in der Abbildung III.1.1 die Netto - Ergebniswerte durch die zugehörigen Netto - Nutzenwerte $u[G[d_s(y_k),z_j] - K]$ $(j=1,\dots,m)$, $(s=1,\dots,S)$ und $(k=1,\dots,f)$ zu ersetzen.

als:

(III.1.6) $$\max_{\substack{d_s \\ (s=1,\ldots,S)}} PF_s = \sum_{j=1}^{m} P(z_j) \cdot \sum_{k=1}^{f} u\left[G[d_s(y_k), z_j] - K \right] \cdot P(y_k|z_j)$$

Durch die Unterstellung solcher A-priori-Wahrscheinlichkeiten über die Umweltzustände wird der Übergang von der traditionellen statistischen Entscheidungstheorie zur Bayesschen Analyse vollzogen.

d \ z	z_1			$\ldots z_j \ldots$	z_m	
	Netto - Ergebniswerte	$P(y_k\|z_1)$ mit $\sum_{k=1}^{f} P(y_k\|z_1)=1$	$R(d_s,z_1)-K = R_{s,1} - K$	$\cdot R_{s,j}-K\cdot$	$R_{s,m}-K$	PF_s
$d_1(y_1)=a_1$	$[G[d_1(y_1),z_1]-K_1]$	$\cdot\ P(y_1\|z_1)$				
d_1:	$\sum_{k=1}^{f=2}$	→	$R(d_1,z_1)-K_1 = R_{1,1}-K_1$	....	$R_{1,m}-K_1$	PF_1
$d_1(y_2)=a_2$	$[G[d_1(y_2),z_1]-K_1]$	$\cdot\ P(y_2\|z_1)$				
$d_2(y_1)=a_2$	•					
d_2:	•	→	$R(d_2,z_1)-K_1 = R_{2,1}-K_1$	....	$R_{2,m}-K_1$	PF_2
$d_2(y_2)=a_1$	•					
$d_3(y_1)=a_1$	$[G[d_3(y_1),z_1]- 0]$	$\cdot\ P(y_1\|z_1)$	$R(d_3,z_1)-0$			
d_3:	$\sum_{k=1}^{f=2}$	→	$= R_{3,1}-0$	....	$G(a_1,z_m)$	PF_3
$d_3(y_2)=a_1$	$[G[d_3(y_2),z_1]- 0]$	$\cdot\ P(y_2\|z_1)$	$= G(a_1,z_1)$			
$d_4(y_1)=a_2$	•		$R(d_4,z_1)-0$			
d_4:	•	→	$= R_{4,1}-0$	....	$G(a_2,z_m)$	PF_4
$d_4(y_2)=a_2$	•		$= G(a_2,z_1)$			
						$\max_{d_s} PF_s$

Abb. III.1.1: Vorgehensweise der traditionellen statistischen Entscheidungstheorie (n=2 Aktionen und f=2 Nachrichten)

β. Variante 2: Die Bestimmung von A-posteriori-Wahrscheinlichkeiten mit Hilfe des Theorems von Bayes

Der gemäß (III.1.6) definierte Präferenzwert der sogenannten Bayes - Strategie läßt sich unter Beachtung des Theorems von Bayes auch auf anderem Weg berechnen. Nach diesem Theorem erhält man die A-posteriori-Wahrscheinlichkeiten folgendermaßen:

$$(\text{III.1.7}) \quad P(z_j|y_k) = \frac{P(z_j \cap y_k)}{P(y_k)} = \frac{P(y_k|z_j)\cdot P(z_j)}{\sum_{j'=1}^{m} P(y_k|z_{j'})\cdot P(z_{j'})} \qquad \begin{matrix}(j=1,\ldots,m)\\(k=1,\ldots,f)\end{matrix}$$

Die Vorgehensweise unter Benutzung des Theorems von Bayes läßt sich im diskreten Fall vorteilhaft anhand des in Abbildung III.1.2 dargestellten Entscheidungsbaumes (hier wieder für n=2 Aktionen und f=2 mögliche Nachrichten) verfolgen.

Die beiden oberen Äste der Informationsalternative I_0 (Verzicht auf zusätzliche Informationen) entsprechen den Strategien d_3 und d_4 der Abbildung III.1.1 und führen zu:

$$(\text{III.1.8}) \quad \max_{a \in A} \sum_{j=1}^{m} u[G(a,z_j)]\cdot P(z_j)$$

Bei der Informationsalternative I_1 andererseits erhält man eine erste Verzweigung gemäß der möglichen Nachrichten y_k (k=1,...,f). Jede dieser Nachrichten kann wiederum mit den einzelnen Aktionen a_i (i=1,...,n) verbunden sein. So ergeben sich auch bei dieser Vorgehensweise die in der Abbildung III.1.1 dargestellten Strategien d_1 und d_2 - jedoch in einer anderen Anordnung.

Unter Beachtung der möglichen Zustände z_j (j=1,...,m) und den Informationskosten K_1 erhält man schließlich wieder die Netto - Ergebniswerte bzw. die entsprechenden Nutzenwerte $u[G(a_i,z_i) - K_1]$ (i=1,...,n), (j=1,...,m).

Die Zusammenfassung der Nutzenwerte erfolgt nun getrennt für jede Kombination a_i, y_k (i=1,...,n), (k=1,...,f) über die A-posteriori-Wahrscheinlichkeiten:

$$\text{(III.1.9)} \quad \sum_{j=1}^{m} u[G(a_i,z_j) - K_1]\cdot P(z_j|y_k) \;=:\; \bar{u}(a_i,y_k) \qquad \begin{matrix}(i=1,\ldots,n)\\(k=1,\ldots,f)\end{matrix}$$

Anschließend wird für jede Nachricht y_k $(k=1,\ldots,f)$ die optimale Aktion bestimmt:

$$\text{(III.1.10)} \quad \max_{a\in A} \sum_{j=1}^{m} u[G(a,z_j) - K_1]\cdot P(z_j|y_k) \qquad (k=1,\ldots,f)$$

Die hinsichtlich der einzelnen Nachrichten optimalen Alternativen werden schließlich über die Informationswahrscheinlichkeiten $P(y_k)$ $(k=1,\ldots,f)$ folgendermaßen zusammengefaßt:

$$\text{(III.1.11)} \quad \sum_{k=1}^{f} \max_{a\in A} \sum_{j=1}^{n} [u[G(a,z_j) - K_1]\cdot P(z_j|y_k)] \cdot P(y_k)$$

$$= \sum_{k=1}^{f} \left[\max_{a\in A} \bar{u}(a,y_k)\right] \cdot P(y_k)$$

Falls der gemäß (III.1.11) ermittelte Wert größer ist als der Wert der optimalen Alternative bei Nichtdurchführung der Informationsbeschaffung gemäß (III.1.8), wird man sich zur Durchführung der zusätzlichen Informationsbeschaffung entscheiden und nach Erhalt der Information (im Beispiel y_1 oder y_2) die letztendlich optimale Aktion wählen.

Die Äquivalenz der beiden Vorgehensweisen gemäß (III.1.6) und (III.1.11) ergibt sich unter der Voraussetzung, daß die zwei zugrundeliegenden unterschiedlichen Informationsstrukturen in dem Sinn miteinander verträglich sind, daß für alle $(j=1,\ldots,m)$ und alle $(k=1,\ldots,f)$ gilt:

$$\text{(III.1.12)} \quad P(y_k) \cdot P(z_j|y_k) = P(y_k|z_j) \cdot P(z_j)$$

Diese Forderung ist immer dann erfüllt, wenn sich die bedingten Wahrscheinlichkeiten während der Informationsbeschaffung nicht verändern.[1]

Bei den folgenden Ausführungen dieses Kapitels soll deshalb nur noch die Vorgehensweise unter Benutzung des Theorems von Bayes zur Diskussion stehen.

Der Vollständigkeit halber sei noch erwähnt, daß die bei diesem Ansatz benötigten Wahrscheinlichkeiten $P(z_j)$, $P(z_j|y_k)$ und $P(y_k)$ dem "Theorem der absoluten Wahrscheinlichkeit" genügen müssen:

$$\text{(III.1.13)} \quad P(z_j) = \sum_{k=1}^{f} P(z_j|y_k) \cdot P(y_k) \qquad (j=1,\ldots,m)$$

Die einzelnen Wahrscheinlichkeiten dürfen somit nicht unabhängig voneinander vorgegeben werden.

Bei bekannten A-priori-Wahrscheinlichkeiten und bekannten Likelihoods lassen sich jedoch neben den A-posteriori-Wahrscheinlichkeiten auch die Informationswahrscheinlichkeiten bestimmen:

$$\text{(III.1.14)} \quad P(y_k) = \sum_{j=1}^{m} P(y_k|z_j) \cdot P(z_j) \qquad (k=1,\ldots,f)$$

Diese Beziehung, die auch im Rahmen des Theorems von Bayes benutzt wird, kann man unmittelbar aus (III.1.12) ableiten, wenn man beide Seiten dieser Gleichung über j summiert, d.h.

$$P(y_k) \cdot \sum_{j=1}^{m} P(z_j|y_k) = \sum_{j=1}^{m} P(y_k|z_j) \cdot P(z_j) \qquad (k=1,\ldots,f)$$

Da $\sum_{j=1}^{m} P(z_j|y_k) = 1$, folgt daraus die Behauptung.

---

1. Annahmegemäß werden in dieser Arbeit sich ändernde bedingte Wahrscheinlichkeiten ausgeschlossen. Vgl. hierzu auch die Ausführungen auf S. 156. Zum Beweis der Beziehung (III.1.12), der grundsätzlich auf der Vertauschung der Summationsreihenfolge beruht, vgl. BAMBERG, Günter; COENENBERG, Adolf Gerhard; KLEINE-DOEPKE, Rainer (1976), S. 40. Diese Autoren unterstellen dabei einen linearen Risikonutzen.

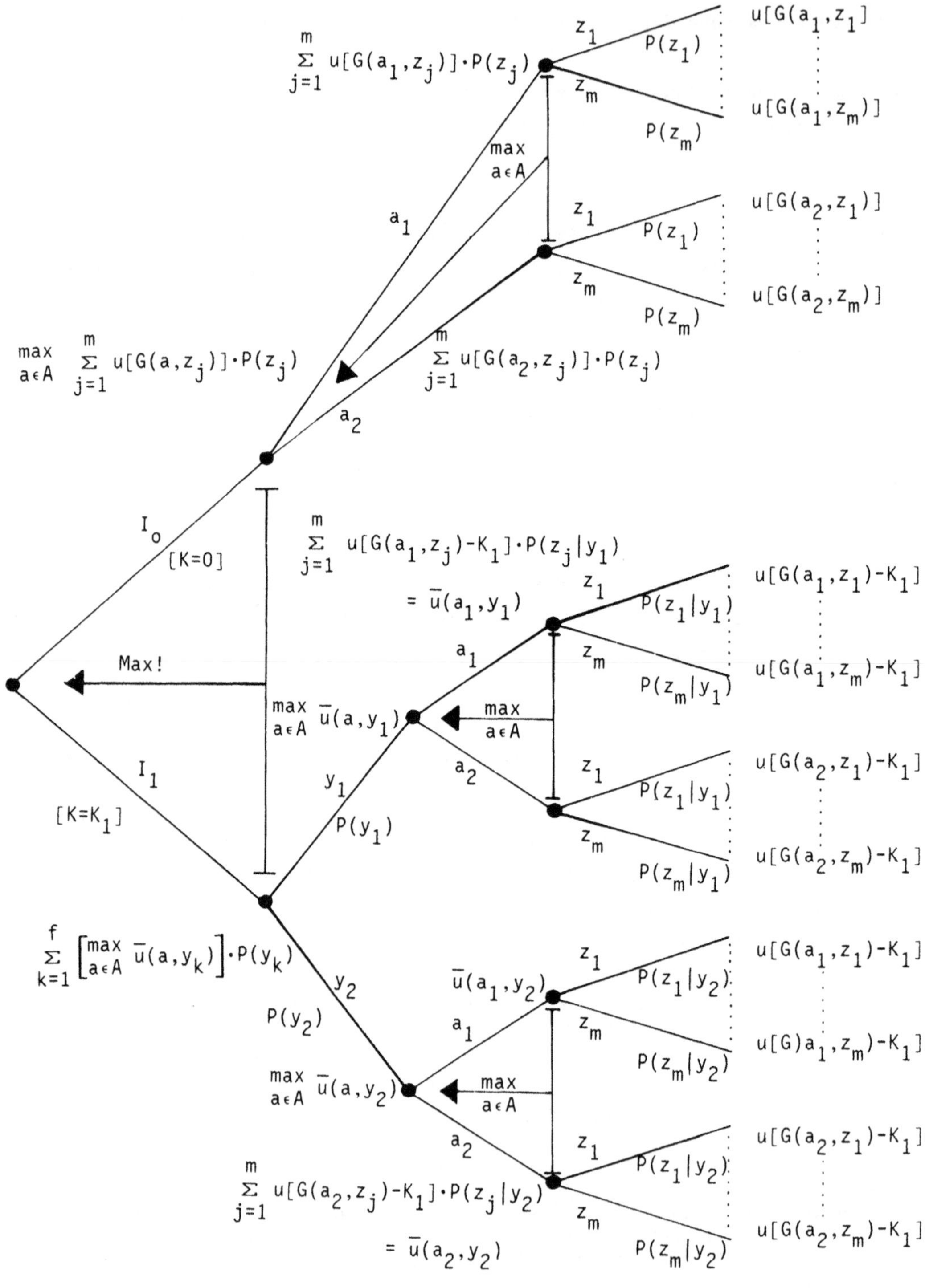

Abb. III.1.2: Die Vorgehensweise im Rahmen der Bayes-Analyse unter Berücksichtigung der A-posteriori-Wahrscheinlichkeiten (n=2 Aktionen und f=2 Nachrichten)

γ. Der Wert vollkommener und unvollkommener Zusatzinformation

Die in Abbildung III.1.2 vorgenommene Darstellung anhand des Entscheidungsbaumes gemäß der Variante 2 erlaubt es, die einzelnen Schritte des Bayesschen Entscheidungsverfahrens deutlich herauszustellen. Man unterscheidet die folgenden drei Schritte:[1]

- die A-priori-Analyse
- die A-posteriori-Analyse
- die Preposteriori-Analyse

Die A-priori-Analyse konveniert mit der Vorgehensweise gemäß dem oberen Ast in der Abbildung III.1.2, bei der die optimale Alternative ohne Berücksichtigung zusätzlicher Informationen entsprechend der zugrundeliegenden Präferenzfunktion gewählt wird.

Bei der A-posteriori-Analyse hingegen wird die optimale Alternative im Lichte der schon bekannten Informationsergebnisse bestimmt, d.h., bei dem in der Abbildung III.1.2 dargestellten Beispiel ist bei Erhalt der Nachricht y_1 bzw. y_2 die Alternative zu wählen, die den Wert $\bar{u}(a,y_1)$ bzw. den Wert $\bar{u}(a,y_2)$ maximiert.

Die Preposteriori-Analyse berücksichtigt darüber hinaus Entscheidungsprobleme der Art, ob überhaupt und in welcher Form Informationsbeschaffungsmaßnahmen durchgeführt werden sollen. Falls die Informationsbeschaffungsmaßnahme in der Form einer Stichprobenerhebung durchgeführt werden soll, beinhaltet die Preposteriori-Analyse auch die Bestimmung des optimalen Stichprobenumfangs.

Eng verknüpft mit der Aufgabenstellung der Preposteriori-Analyse ist die Frage nach dem (erwarteten) Wert vollkommener Information bzw. unvollkommener Information. Grundlage des Wertes einer vollkommenen Information ist dabei eine Informationsbeschaffungsmaßnahme, welche aus dem Empfang einer Nachricht den sicheren Rückschluß auf den wahren Umweltzustand erlaubt, während bei einem unvollkommenen Informationssystem die einzelnen Nachrichten mit mehreren möglichen Umweltzuständen verbunden sind. In diesem allgemeineren zweiten Fall ergibt sich der erwartete Wert der unvollkommenen Information - häufig auch als erwarteter Wert der Stichprobeninformation EWSI

1. Vgl. u.a. FEICHTINGER, Gustav (1972).

bezeichnet[1] - als jener Wert K^o, der die Gleichheit des A-priori-Nutzenerwartungswertes (III.1.8) mit dem über die Informationswahrscheinlichkeiten gewichteten bedingten Netto - Risikonutzenerwartungswert (III.1.11) herbeiführt

$$(III.1.15)\quad \sum_{k=1}^{f}\left[\max_{a\in A}\sum_{j=1}^{m} u[G(a,z_j) - K^o]\cdot P(z_j|y_k)\right]\cdot P(y_k)$$

$$= \max_{a\in A}\sum_{j=1}^{m} u[G(a,z_j)]\cdot P(z_j)$$

Für den Spezialfall eines vollkommenen Informationssystems, d.h., aus der erhaltenen Nachricht kann mit Sicherheit der wahre Zustand $z \in Z$ gefolgert werden, entsprechen sich die Nachrichten und die Zustände umkehrbar eindeutig. In diesem speziellen Fall erübrigt sich die Berücksichtigung der bedingten Wahrscheinlichkeiten, da es zu einer Nachricht $y \in Y$ genau einen Zustand $z \in Z$ gibt, so daß die korrespondierende A-posteriori-Wahrscheinlichkeit den Wert Eins annimmt, während alle anderen bedingten Wahrscheinlichkeiten den Wert Null aufweisen. Der Entscheidende kann somit nach Erhalt der Nachricht und des zugehörigen Umweltzustandes die Alternative mit dem höchsten Netto - Risikonutzen wählen:

$$\max_{a\in A} u[G(a,z_j) - K] \qquad (j=1,\ldots,m)$$

Da aber im vorhinein noch nicht bekannt ist, welcher der Zustände sich bei Erhalt der Nachricht als wahrer Zustand herausstellen wird, oder äquivalent dazu, welche Nachricht vom Informationssystem angezeigt wird, ist an dieser Stelle wiederum der Netto - Risikonutzenerwartungswert zu benutzen[2]:

$$(III.1.16)\quad \sum_{j=1}^{m} P(z_j)\cdot \max_{a\in A} u[G(a,z_j) - K]$$

1. Vgl. BAMBERG, Günter; COENENBERG, Adolf Gerhard (1985), S. 128.
2. Aufgrund der speziellen Struktur der bedingten Wahrscheinlichkeiten, die gemäß dem Satz der totalen Wahrscheinlichkeit [vgl. (III.1.13)] dazu führt, daß $P(z_j) = P(y_k)$ für einander entsprechende Zustände und Nachrichten gilt, kann man statt der Summation über k [vgl. (III.1.15)] unmittelbar die Summation über j durchführen.

Der erwartete Wert vollkommener Information EWVI ist jener Wert für K, der die Gleichheit von (III.1.8) und (III.1.16) herbeiführt. Er bestimmt sich somit aus folgender Beziehung[1]:

$$(III.1.17) \quad \sum_{j=1}^{m} P(z_j) \cdot \max_{a \in A} u[G(a,z_j) - K^o] = \max_{a \in A} \sum_{j=1}^{m} u[G(a,z_j)] \cdot P(z_j)$$

Der EWVI - Wert kann als Obergrenze der Informationskosten interpretiert werden, den der Entscheidende maximal für die Gewinnung von Informationen zu zahlen bereit ist.

Unterstellt man - wie in der Literatur üblich[2] - einen linearen Verlauf der Risikonutzenfunktion, d.h. eine Vorgehensweise gemäß der traditionellen Bayes - Regel (Risikoindifferenz), so läßt sich der EWVI - Wert explizit angeben als[3]:

$$(III.1.18) \quad EWVI = \sum_{j=1}^{m} P(z_j) \cdot \max_{a \in A} G(a,z_j) - \max_{a \in A} \sum_{j=1}^{m} G(a,z_j) \cdot P(z_j)$$

$$(III.1.19) \quad EWVI = E\left[\max_{a \in A} G(a,z)\right] - \max_{a \in A} E\left[G(a,z)\right]$$

Bezeichnet man mit a* die Alternative, welche den maximalen Gewinnerwartungswert aufweist, so kann man den EWVI - Wert auch mittels der folgenden Bezie-

---

1. Vgl. LINDLEY, Dennis (1971), S. 128/129.
2. Vgl. u.a. ZUR NIEDEN, Manfred (1972), S. 495. DRUKARCZYK, Jochen (1974), S. 2/3. MAG, Wolfgang (1977), S. 152. BAMBERG, Günter; COENENBERG, Adolf Gerhard (1985), S. 120 f.
3. Da das Vorgehen gemäß dem Bernoulli-Prinzip lediglich eine bis auf eine lineare Transformation eindeutig bestimmte Risikonutzenfunktion erfordert, kann man ohne Beschränkung der Allgemeinheit statt der Beziehung $u(G) = a + b \cdot G$ die Funktion $u(G) = G$ benutzen.

hungen ausdrücken[1]:

$$(III.1.20) \quad EWVI = \sum_{j=1}^{m} P(z_j) \cdot \left[\max_{a \in A} G(a,z_j) - G(a^*,z_j) \right]$$

$$= E\left[\max_{a \in A} G(a,z) - G(a^*,z) \right]$$

$$= E(K^G_{U,a^*})$$

Der EWVI - Wert läßt sich demnach auch als die gesamten erwarteten Ungewißheitskosten der bezüglich der Gewinnerwartungsbildung optimalen Alternative $a^* \in A$ interpretieren.

Aus der Beziehung (III.1.20) wird weiterhin unmittelbar ersichtlich, daß der erwartete Wert vollkommener Information immer einen nichtnegativen Wert annimmt.
Dies kann man wie folgt zeigen:

Definitionsgemäß gilt:

$$\max_{a \in A} G(a,z) \geq G(a,z) \quad \text{für alle } z \in Z \text{ und alle } a \in A$$

Die Ungleichung ist somit auch für $a^* \in A$ erfüllt. Daraus folgt dann die Behauptung.

1. Ähnliche Ableitungen findet man u.a. bei LAPIN, Lawrence L. (1981), insbesondere S. 145-147 und bei BAMBERG, Günter; COENENBERG, Adolf Gerhard (1985), S. 120.

b. Die Bestimmung des Wertes von Zusatzinformationen im Rahmen der stochastischen Break even - Analyse unter Normalverteilungsannahme

α. Der erwartete Wert vollkommener Zusatzinformation EWVI

α_1. Der EWVI-Wert bei Unterstellung eines risikoneutralen Entscheidungsträgers

Den Ausgangspunkt der nachfolgenden Ausführungen bildet das in der Abbildung III.1.3 dargestellte Problem einer Sortimentserweiterung unter Normalverteilungsannahme hinsichtlich der Absatzmengen $[x \sim N(\mu_x, \sigma_x)]$. Neben den beiden Sortimentserweiterungsalternativen a_1 und a_2 wird zusätzlich die Möglichkeit berücksichtigt, daß der Entscheidende auf eine Sortimentserweiterung verzichtet (Alternative a_0).[1]

Für die einzelnen Alternativen gelten folgende Gewinngleichungen:

$$\left.\begin{aligned} G_{a_1} &= d_{a_1} \cdot x - K_{Fix,a_1} \\ G_{a_2} &= d_{a_2} \cdot x - K_{Fix,a_2} \end{aligned}\right\} \quad \text{wobei } d_{a_1} > d_{a_2} \text{ und } K_{Fix,a_1} > K_{Fix,a_2}$$

$$G_{a_0} = 0$$

Im unteren Schaubild der Abbildung III.1.3 sind die Ungewißheitskosten der bezüglich μ_G optimalen Alternative a_2 eingezeichnet.

- Für den Bereich $0 \leqq x \leqq x_{B,a_2}$ bestehen die Ungewißheitskosten in dem höheren Verlust der Alternative a_2 gegenüber der Alternative a_0:

$$(III.1.21) \quad K_{U,a_2(a_0)} = d_{a_2} \cdot (x_{B,a_2} - x) \qquad \text{für} \quad x < x_{B,a_2}$$

  Dieser Ausdruck stellt aber gerade die an anderer Stelle abgeleiteten Ungewißheitskosten (im engeren Sinn) dar:[2]

$$K_{U,a_2(a_0)} = K_{U,a_2} \qquad \text{für} \quad x < x_{B,a_2}$$

---

1. Aus Gründen der Übersichtlichkeit werden die Kosten- und Erlöskurven zu den dazugehörigen Gewinnkurven zusammengefaßt.
   Eine Diskussion des hier dargestellten Drei-Aktionen-Modells erfolgt auch bei JARRETT, Jeffrey E. (1973), S. 411-413 und bei PETERS, William S.; SUMMERS, George W. (1968), S. 237-239.
2. Vgl. hierzu den Fall 1 in der Tabelle II.2.1 auf S. 122.

- Für den Bereich $x_{B,a_2} \leq x \leq x_{K,a_1a_2}$ betragen die Ungewißheitskosten Null, da die bezüglich μ_G optimale Alternative a_2 unabhängig von einer tatsächlichen Absatzmenge aus diesem Intervall optimal bleibt.[1]

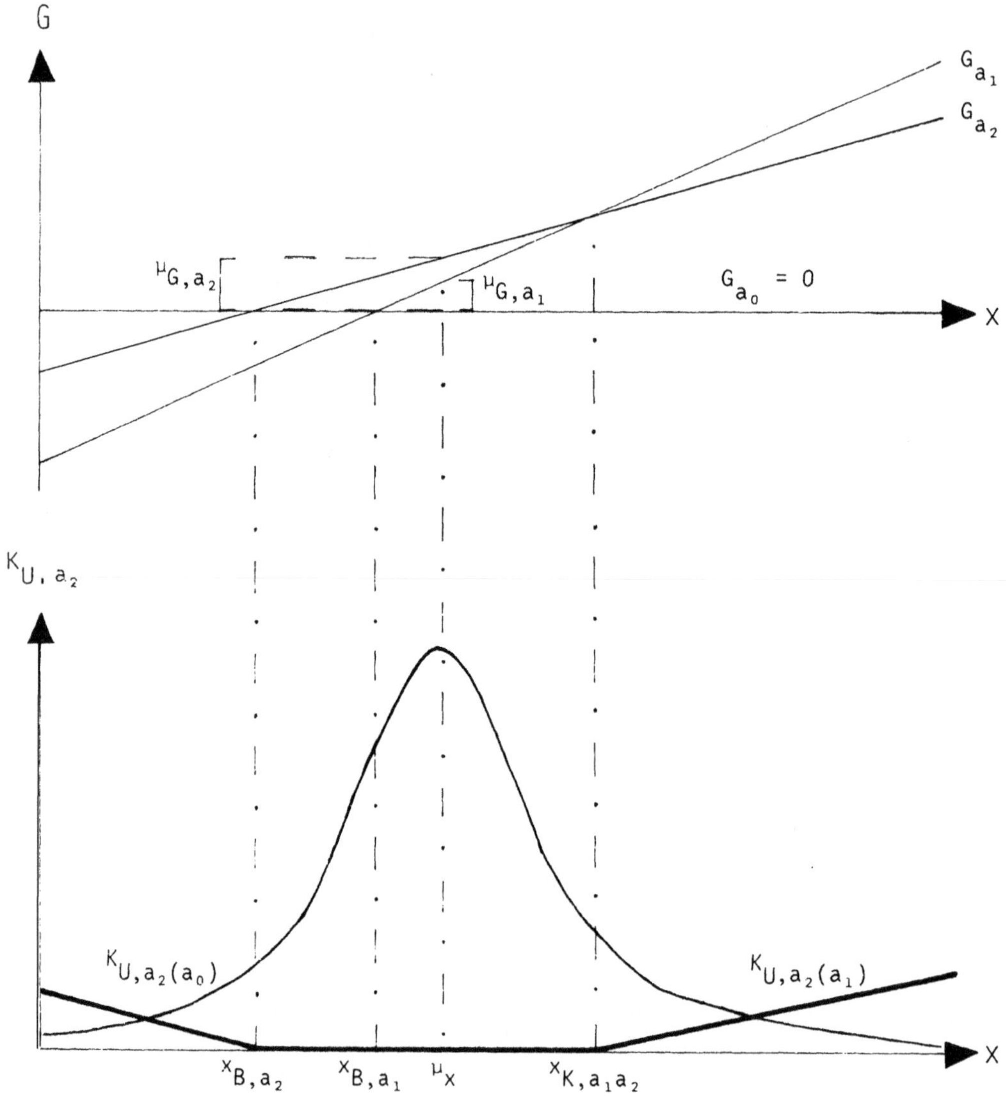

Abb. III.1.3: Die Bestimmung der Ungewißheitskosten im Drei-Aktionen-Modell

1.Zur Bestimmung von x_{K,a_1a_2} vgl. die Ausführungen auf S. 136.

- Für den Bereich $x_{K,a_1a_2} < x < \infty$ bestehen die Ungewißheitskosten aus dem Gewinnentgang in Höhe von

$$\text{(III.1.22)} \qquad K_{U,a_2(a_1)} = (d_{a_1} - d_{a_2}) \cdot (x - x_{K,a_1a_2}) \qquad \text{für } x > x_{K,a_1a_2}$$

Diese Beziehung entspricht den Ungewißheitskosten <u>im weiteren Sinn</u> für die Alternative a_2:[1]

$$K_{U,a_2(a_1)} = K_{Uw.,a_2} \qquad \text{für } x > x_{K,a_1a_2}$$

Die erwarteten gesamten Ungewißheitskosten $E(K^G_{U,a_2})$, welche gemäß der Beziehung (III.1.20) den erwarteten Wert der vollkommenen Information bei üblicherweise unterstellten linearen Risikonutzenfunktionen darstellen, ergeben sich somit als Summe der erwarteten Ungewißheitskosten (im engeren Sinn) und der erwarteten Ungewißheitskosten im weiteren Sinn (für $\mu_X < x_{K,a_1a_2}$)[2]:

$$\text{(III.1.23)} \qquad E(K^G_{U,a_2}) = E(K_{U,a_2}) + E(K_{Uw.,a_2}) \qquad \text{bzw. allgemein}$$

$$\text{(III.1.24)} \qquad EWVI = E(K^G_{U,a^*}) = E(K_{U,a^*}) + E(K_{Uw.,a^*})$$

Für den Spezialfall, daß die Unterlassungsalternative a_0 nicht zur Disposition steht, ergibt sich:

$$\text{(III.1.25)} \qquad EWVI = E(K_{Uw.,a^*})$$

---

1. Zu dem Begriff der Ungewißheitskosten im weiteren Sinn vgl. die Ausführungen auf S. 137.
2. Für den Fall $\mu_X > x_{K,a_1a_2}$ ergibt sich eine Modifikation in der Weise, daß zu $E(K_{Uw.,a^*})$ - entspricht in diesem Fall $E(K_{Uw.,a_1})$ - die erwarteten Ungewißheitskosten $E(K_{U,a_2})$ der bezüglich μ_G <u>nicht</u> optimalen Alternative addiert werden müssen, um die gesamten Ungewißheitskosten zu erhalten. Diese Modifikation wurde z.B. von Jarrett außer acht gelassen. Vgl. JARRETT, Jeffrey E. (1973), S. 412.

Für den Spezialfall, daß eine Entscheidung nur dahingehend getroffen werden soll, ob eine bestimmte Alternative durchzuführen ist oder nicht, ergibt sich andererseits:

$$\text{(III.1.26)} \quad EWVI = E(K_{U,a*})$$

Berücksichtigt man an dieser Stelle die Normalverteilungsannahme, so erhält man den EWVI - Wert gemäß (III.1.23) als:

$$EWVI = \int_{x=0}^{x_{B,a_2}} d_{a_2} \cdot (x_{B,a_2} - x)\, f_N(x)\, dx$$

$$+ \int_{x=x_{K,a_1a_2}}^{\infty} (d_{a_1} - d_{a_2}) \cdot (x - x_{K,a_1a_2})\, f_N(x)\, dx$$

bzw. gemäß den Ergebnissen des zweiten Kapitels[1]:

$$\text{(III.1.27)} \quad EWVI = d_{a_2} \cdot \sigma_x \cdot K\left(- \frac{x_{B,a_2} - \mu_x}{\sigma_x}\right)$$

$$+ (d_{a_1} - d_{a_2}) \cdot \sigma_x \cdot K\left(\frac{x_{K,a_1a_2} - \mu_x}{\sigma_x}\right)$$

Zusammenfassend ergibt sich der erwartete Wert vollkommener Information unter Normalverteilungsannahme im Rahmen eines Drei-Aktionen-Modells

---

1. Zur Bestimmung des ersten Summanden $[E(K_{U,a_2})]$ vgl. die Beziehung (II.2.30). Die Ableitung des zweiten Summanden $[E(K_{Uw.,a_2})]$ ergibt sich analog zu der des ersten Summanden. Vgl. hierzu die Ausführungen auf S. 128-132.

$A = \{a_0, a^*, a'\}$ als:

$$\text{(III.1.28)} \quad EWVI = \sum_{a=a_0,\, a'} \left| d_{a^*} - d_a \right| \cdot \sigma_X \cdot K\left(\left| \frac{x_{K,a^*a} - \mu_X}{\sigma_X} \right| \right)$$

wobei $x_{K,a^*a} = x_{B,a^*}$ für $a = a_0$

Verallgemeinert man das Drei-Aktionen-Modell zu einem n-Aktionen-Modell, so ist wiederum eine etwas modifizierte Vorgehensweise zu wählen. Es wird dabei o.B.d.A. angenommen, daß $x_{K,a^*a} \geqq \mu_X$ (für alle $a \in A$) gilt.

- Zur Bestimmung des EWVI-Wertes wird zunächst der kleinste Wert x_{K,a^*a} $[a \in A / \{a_0, a^*\}]$ und die dazugehörigen erwarteten Ungewißheitskosten im weiteren Sinn $E(K_{Uw.,a^*})$ bestimmt.

- Bezeichnet man mit $a_{\langle 1 \rangle}$ die Alternative, welche den hinsichtlich a* kleinsten kritischen Wert aufweist, so wird im nächsten Schritt der kleinste Wert $x_{K,a_{\langle 1 \rangle}a}$ $[\alpha \in A / \{a_0, a^*, a_{\langle 1 \rangle}\}]$ und die dazugehörigen erwarteten Ungewißheitskosten im weiteren Sinn $E(K_{Uw.,a_{\langle 1 \rangle}})$ bestimmt.[1]

- Für die neue Alternative $a_{\langle 2 \rangle}$ mit kleinstem kritischem Wert $x_{K,a_{\langle 1 \rangle}a}$ wird wiederum die gleiche Prozedur durchgeführt. Dies geschieht solange, bis kein kritischer Punkt $x_{K,a_{\langle k \rangle}a_{\langle k+1 \rangle}}$ mehr existiert.

- Die gesamten erwarteten Ungewißheitskosten der optimalen Alternative a* ergeben sich schließlich als Summe dieser suksessive berechneten erwarteten Ungewißheitskosten im weiteren Sinn zuzüglich der erwarteten Ungewißheitskosten (im engeren Sinn) $E(K_{U,a^*})$.

Für den in der Abbildung III.1.4 dargestellten Fall mit n=5 Aktionen ergibt sich:

$$E(K^G_{U,a^*}) = E(K_{U,a^*}) + E(K_{Uw.,a^*}) + E(K_{Uw.,a_{\langle 1 \rangle}}) + E(K_{Uw.,a_{\langle 2 \rangle}})$$

---

1. Es ist zu beachten, daß mit $E(K_{Uw.,a_{\langle 1 \rangle}})$ nur die Ungewißheitskosten im Vergleich zu $a_{\langle 2 \rangle}$ bestimmt werden.

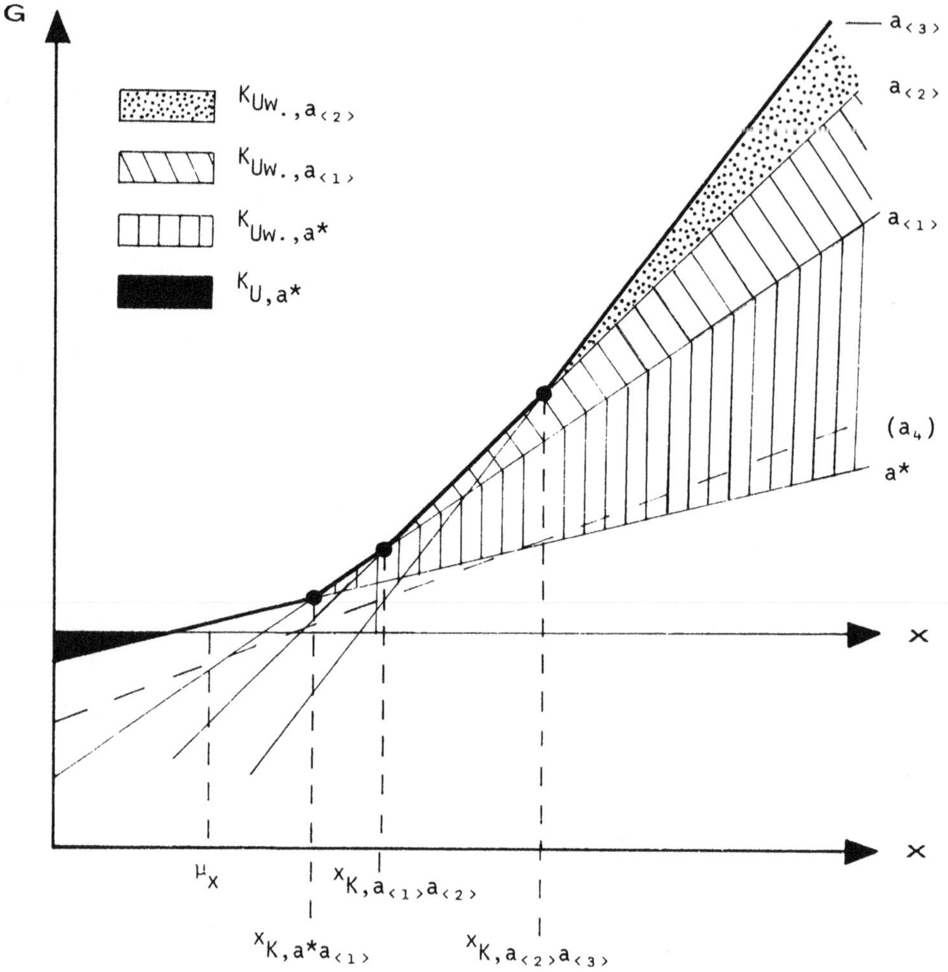

Abb. III.1.4: Die Ungewißheitskosten im n(=5)-Aktionen-Modell

α_2. Der EWVI-Wert unter Berücksichtigung der linearen $[\mu_G, E(K_U)]$ - Entscheidungsregel

Bis zu diesem Punkt wurde von linearen Risikonutzenfunktionen ausgegangen und somit von Risikogesichtspunkten abstrahiert. Bei Unterstellung einer nichtlinearen Risikonutzenfunktion erfordert die Bestimmung des EWVI - Wertes ($\hat{=} K^o$) jedoch eine implizite Darstellung gemäß (III.1.17), wobei die Absatzmengen x wiederum die Umweltzustände darstellen:

$$\text{(III.1.29)} \qquad \int_{x=0}^{\infty} \max_{a \in A} u[G(a,x)-K^o] \, dF(x) = \max_{a \in A} \int_{x=0}^{\infty} u[G(a,x)] \, dF(x)$$

Die besondere Problematik des nichtlinearen Falles besteht darin, daß sich die (im Lichte der perfekten Information) optimale Alternative in Abhängigkeit der unbekannten Informationskosten, die als kritischer Wert zu bestimmen sind, ändern kann. Die rechnerische Lösung des Problems ist dann nur noch mittels eines iterativen Verfahrens möglich.[1]

Ausgehend von der in dieser Arbeit präferierten linearen $[\mu_G, E(K_U)]$ - Regel, welche mit Risikonutzenfunktionen gemäß (II.2.43) verbunden ist, erhält man für die linke Seite ("LS") der Beziehung (III.1.29):

$$\text{"LS"} = \int_{x=0}^{\infty} \max_{a \in A} \left\{ \begin{array}{lll} G(a,x)-K^o & \text{für} & G(a,x)-K^o \geqq 0 \\ (1+k')\cdot[G(a,x)-K^o] & \text{für} & G(a,x)-K^o < 0 \end{array} \right\} dF(x)$$

$$= \int_{x=0}^{\infty} \left\{ \begin{array}{lll} \max\limits_{a \in A} G(a,x)-K^o & \text{für} & \max\limits_{a \in A} G(a,x)-K^o \geqq 0 \\ \max\limits_{a \in A} (1+k')\cdot[G(a,x)-K^o] & \text{für} & \max\limits_{a \in A} G(a,x)-K^o < 0 \end{array} \right\} dF(x)$$

<u>Anmerkung:</u> Es ist demnach trotz perfekter Information ein Risiko zu berücksichtigen, welches darin besteht, daß man einen erwarteten <u>maximalen</u> Nettogewinn bestimmt, aber sich im nachhinein Zustände als wahr erweisen, deren maximaler Nettogewinn kleiner Null ist.

---

1. Auf diese Problematik haben auch Bitz und Wenzel hingewiesen. Vgl. BITZ, Michael; WENZEL, Frank (1974), insbesondere S. 463-471.

Bezeichnet man mit $x_{B_1,a}$ die Break even - Menge der Alternative a unter Berücksichtigung der Informationskosten, so gilt folgende Beziehung:

$$\text{(III.1.30)} \qquad x_{B_1,a} = \frac{K_{Fix,a} + K^o}{d_a} \geqq x_{B,a} = \frac{K_{Fix,a}}{d_a} \qquad \text{für alle } a \in A$$

Bezeichnet man weiterhin die <u>kleinste</u> Break even - Menge $x_{B_1,a}$ unter allen $a \in A$ mit $x_{B_1,a^{--}}$, so gilt:

$$x < x_{B_1,a^{--}} \Longrightarrow \max_{a \in A} [G(a,x)-K^o] < 0$$

Damit kann man die linke Seite von (III.1.29) umschreiben zu:

$$\text{"LS"} = \int_{x=0}^{x_{B_1,a^{--}}} \max_{a \in A} [(1+k')\cdot[G(a,x)-K^o]] \, dF(x)$$

$$+ \int_{x=x_{B_1,a^{--}}}^{\infty} \left[\max_{a \in A} G(a,x)-K^o\right] dF(x)$$

$$\text{"LS"} = \int_{x=0}^{\infty} \max_{a \in A} G(a,x) \, dF(x) - K^o \cdot \int_{x=0}^{\infty} dF(x)$$

$$+ k' \cdot \int_{x=0}^{x_{B_1,a^{--}}} \max_{a \in A} G(a,x) \, dF(x) - k' \cdot K^o \cdot \int_{x=0}^{x_{B_1,a^{--}}} dF(x)$$

$$\text{"LS"} = E\left[\max_{a \in A} G(a,x)\right] + k' \cdot \int_{x=0}^{x_{B_1,a^{--}}} \max_{a \in A} G(a,x) \, dF(x)$$

$$- K^o \cdot [1+k' \cdot P(x \leqq x_{B_1,a^{--}})]$$

Für die rechte Seite von (III.1.29) kann man gemäß (II.2.44) statt der Risikonutzenfunktion unmittelbar die Präferenzfunktion $\mu_{G,a} - k' \cdot E(K_{U,a})$ benutzen und erhält:

$$"RS" = \max_{a \in A} [\mu_{G,a} - k' \cdot E(K_{U,a})]$$

Bezeichnet man die optimale Alternative wiederum mit a*, so vereinfacht sich der Ausdruck zu:

$$"RS" = \mu_{G,a^*} - k' \cdot E(K_{U,a^*}) = \mu_{G,a^*} + k' \cdot \int_{x=0}^{x_{B,a^*}} G(a^*,x) \, dF(x)$$

Gleichsetzen von "LS" und "RS" sowie anschließender Auflösung nach K^o führt zu:

$$K^o = E\left[\max_{a \in A} G(a,x) - G(a^*,x)\right] + k' \cdot \int_{x=0}^{x_{B_1,a^{--}}} \max_{a \in A} G(a,x) \, dF(x)$$

$$- k' \cdot \int_{x=0}^{x_{B_1,a^{--}}} K^o \, dF(x) - k' \cdot \int_{x=0}^{x_{B,a^*}} G(a^*,x) \, dF(x)$$

Bezeichnet man weiterhin die <u>kleinste</u> Break even - Menge ohne Berücksichtigung der Informationskosten mit x_{B,a^-}, wobei

$$x_{B,a^-} \leq x_{B,a} \quad \text{für alle } a \in A$$

und damit auch

$$x_{B,a^-} \leq x_{B,a^{--}} \leq x_{B_1,a^{--}} \quad ,$$

so gilt:

$$K^o = \int_{x=0}^{x_{B,a^-}} \left[\max_{a\in A} G(a,x) - G(a^*,x)\right] dF(x)$$

$$+ \int_{x=x_{B,a^-}}^{x_{B,a^*}} \left[\max_{a\in A} G(a,x) - G(a^*,x)\right] dF(x)$$

$$+ \int_{x=x_{B,a^*}}^{\infty} \left[\max_{a\in A} G(a,x) - G(a^*,x)\right] dF(x)$$

$$+ k' \cdot \int_{x=0}^{x_{B_1,a^{--}}} \left[\max_{a\in A} G(a,x) - K^o\right] dF(x)$$

$$- k' \cdot \int_{x=0}^{x_{B,a^-}} G(a^*,x)\, dF(x)$$

$$- k' \cdot \int_{x=x_{B,a^-}}^{x_{B,a^*}} G(a^*,x)\, dF(x)$$

Sortiert man die einzelnen Summanden hinsichtlich ihres Definitionsbereichs und beachtet weiterhin, daß man unter Berücksichtigung der Unterlassungsalternative a_0 den fünften Summanden durch folgenden Ausdruck ersetzen kann

$$- k' \cdot \int_{x=0}^{x_{B,a^-}} G(a^*,x)\, dF(x) \;=\; k' \cdot \int_{x=0}^{x_{B,a^-}} \left[\max_{a\in A} G(a,x) - G(a^*,x)\right] dF(x)\,,$$

so ergibt sich:

$$(III.1.31) \quad K^o = (1+k')\cdot \int_{x=0}^{x_{B,a^-}} \left[\max_{a\in A} G(a,x) - G(a^*,x)\right] dF(x)$$

$$+ \int_{x=x_{B,a^-}}^{x_{B,a^*}} \left[\max_{a\in A} G(a,x) - G(a^*,x) - k'\cdot G(a^*,x)\right] dF(x)$$

$$+ \int_{x=x_{B,a^*}}^{\infty} \left[\max_{a\in A} G(a,x) - G(a^*,x)\right] dF(x)$$

$$+ k'\cdot \int_{x=0}^{x_{B_1,a^{--}}} \left[\max_{a\in A} G(a,x)-K^o\right] dF(x)$$

Zusammenfassend kann festgehalten werden, daß die zusätzliche Informationsbeschaffung immer dann vorteilhaft ist, wenn die als konstant angenommenen Informationskosten den Wert der vier Summanden auf der rechten Seite von (III.1.31) nicht überschreiten.

Die Interpretation der einzelnen Summanden erfolgt anhand der Abbildung III.1.5, die der graphischen Darstellung des Drei-Aktionen-Modells entspricht.

Ohne Beschränkung der Allgemeinheit wird wiederum angenommen, daß für den dargestellten Fall $\mu_x < x_{K,a_1a_2}$ die Alternative a_2 die optimale Alternative a^* bezüglich der Präferenzfunktion $\mu_G - k'\cdot E(K_U)$ darstellt.[1]

- Der erste Summand läßt den Entscheidenden den Wert der perfekten Information $x \in [0,x_{B,a^-}]$ erkennen, der darin besteht, daß einerseits ein Mehrgewinn (hier: geringerer Verlust) in Höhe von $\max_{a\in A} G(a,x) - G(a^*,x)$ erzielbar ist und andererseits ein Verlust in analoger Höhe (gewichtet mit k')

1. Diese Annahme ist für hinreichend kleines k' sicherlich gewährleistet. Ansonsten stellt die Alternative a_0 die optimale Alternative dar.

vermieden wird. D.h., aufgrund der unterstellten Risikoaversion wird dieser Wert einmal als entgangener Zielbeitrag und einmal als vermeidbares Risiko berücksichtigt.
Da im vorhinein nicht bekannt ist, welche Nachricht und damit welcher Zustand als wahr deklariert wird, ist zudem der Erwartungswert zu bilden.

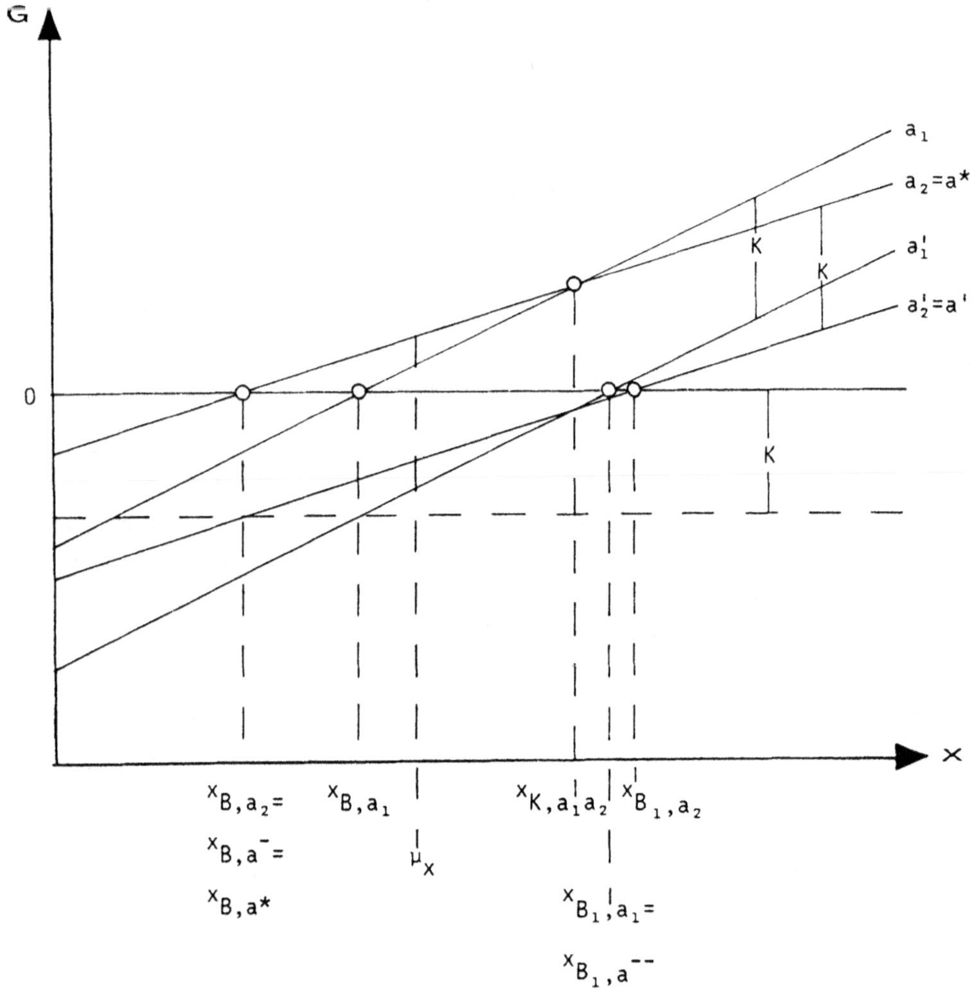

Abb. III.1.5: Gewinnverläufe im Drei-Aktionen-Modell unter Berücksichtigung der Informationskosten

- Der zweite Summand ergibt sich bei dem in der Abbildung III.1.5 unterstellten Beispiel zu Null, da x_{B,a^-} und $x_{B,a*}$ übereinstimmen.
  Anmerkung: Wäre entgegen der hier getroffenen Annahme a_1 die optimale Alter-

native - notwendige Bedingung hierfür ist $\mu_x > x_{K,a_1a_2}$ -, so drückt dieser Summand wiederum den aufgrund der perfekten Information erzielbaren Mehrgewinn und den vermeidbaren mit k' gewichteten Verlust [für $x_{B,a^-} \leq x \leq x_{B,a^*}$ ist $G(a^*,x) < 0$] aus.

- Auch der dritte Summand läßt für den unterstellten Bereich den erzielbaren erwarteten Mehrgewinn erkennen, der im Beispiel für den <u>Teilbereich</u> $x_{B,a^*} \leq x \leq x_{K,a_1a_2}$ jedoch den Wert Null aufweist.

Die drei bisher betrachteten Summanden können unabhängig von den Informationskosten interpretiert werden, d.h., die diesen Summanden entsprechenden Werte stellen den fixen Bestandteil des EWVI - Wertes dar.

- Ein das Risiko in Form der erwarteten Ungewißheitskosten bewertender Entscheidungsträger wird jedoch zusätzlich dem Effekt Rechnung tragen, daß unter Berücksichtigung der Informationskosten für den Bereich $x < x_{B,a^*}$ ein höherer und für den Bereich $x_{B,a^*} \leq x < x_{B_1,a^{--}}$ ein zusätzlich auftretender Verlust gegenüber der Ausgangssituation (ohne Berücksichtigung der Informationskosten) in die Bestimmung des erwarteten Wertes der perfekten Information einzubeziehen ist.
  Dieser mit k' gewichtete erwartete Verlust - der vierte Summand besitzt ein negatives Vorzeichen - muß somit neben den Informationskosten von dem den drei ersten Summanden entsprechenden Wert (=: C) getragen werden.

Es ist zu beachten, daß eine explizite Auflösung der Beziehung (III.1.31) nach der Größe K^0 nicht möglich ist, da K^0 auch einen Bestandteil der Größe $x_{B_1,a^{--}}$ darstellt.[1] Die Bestimmung des erwarteten Wertes vollkommener Information ist somit nur iterativ möglich. Die iterative Vorgehensweise bereitet jedoch keine größeren Schwierigkeiten, wenn man bedenkt, daß der den drei ersten Summanden der Beziehung (III.1.31) entsprechende Wert C von K unabhängig ist.
Es sind folgende Iterationsschritte durchzuführen:

In einem ersten Schritt sind die bezüglich der Präferenzfunktion $\mu_G - E(K_U)$ optimale Alternative a* sowie die kritischen Mengen x_{B,a^-} und x_{B,a^*} zu bestimmen. Damit ist man in der Lage, den von K unabhängigen Wert C zu quantifizieren.

---

1. Die Auflösung ist nur für den Grenzfall k'=0 möglich. Bei Unterstellung des damit implizierten risikoneutralen Verhaltens ergibt sich der EWVI - Wert gemäß (III.1.24).

Da sich die Integrationsgrenzen $x_{B_1,a^{--}}$ des vierten Summanden in Abhängigkeit von K verändern, sind zunächst die K-Intervalle zu bestimmen, innerhalb derer die minimalen Break even - Punkte unter Berücksichtigung der Informationskosten ($x_{B_1,a^{--}}$) unverändert bleiben. Hierzu ist analog zum risikoneutralen Fall die Bestimmung der kritischen Werte $x_{K,a_{\langle k\rangle}a_{\langle k+1\rangle}}$ notwendig.[1]

- So kann gezeigt werden, daß im Bereich $x_{B,a^-} \leqq x \leqq x_{K,a^-a_{\langle 1\rangle}}$ der minimale Break even - Punkt unter Berücksichtigung von K den Wert x_{B_1,a^-} annimmt, d.h. die Alternative a^- mit dem kleinsten Break even - Wert ohne Berücksichtigung von K ist auch die Alternative, welche zum kleinsten $x_{B_1,a}$ - Wert ($a \in A$) führt.

  Beweis:

  Für K=0 folgt unmittelbar $x_{B_1,a^{--}} = x_{B,a^{--}} = x_{B,a^-} = x_{B_1,a^-}$.

  Erst ab dem Punkt $x_{K,a^-a_{\langle 1\rangle}}$ wird schließlich $x_{B_1,a_{\langle 1\rangle}}$ zum minimalen Break even - Wert (unter Berücksichtigung der Informationskosten).
  Dies läßt sich folgendermaßen zeigen:
  Für den kritischen Punkt, ab dem $x_{B_1,a_{\langle 1\rangle}}$ minimal wird, gilt:

$$x_{B_1,a^-} = \frac{K_{Fix,a^-} + K}{d_{a^-}} = \frac{K_{Fix,a_{\langle 1\rangle}} + K}{d_{a_{\langle 1\rangle}}} = x_{B_1a_{\langle 1\rangle}}$$

  Aufgelöst nach der Größe K ergibt sich

$$K = \frac{K_{Fix,a_{\langle 1\rangle}} \cdot d_{a^-} - K_{Fix,a^-} \cdot d_{a_{\langle 1\rangle}}}{d_{a_{\langle 1\rangle}} - d_{a^-}}$$

$$K = \frac{K_{Fix,a_{\langle 1\rangle}} \cdot d_{a^-} - K_{Fix,a^-} \cdot d_{a_{\langle 1\rangle}} + K_{Fix,a^-} \cdot d_{a^-} - K_{Fix,a^-} \cdot d_{a^-}}{d_{a_{\langle 1\rangle}} - d_{a^-}}$$

$$K = - K_{Fix,a^-} + \frac{d_{a^-} \cdot [K_{Fix,a_{\langle 1\rangle}} - K_{Fix,a^-}]}{d_{a_{\langle 1\rangle}} - d_{a^-}}$$

---

1. Vgl. die Ausführungen auf S. 173.

$$K = - K_{Fix,a^-} + d_{a^-} \cdot x_{K,a^-a_{<1>}} = G_{a^-}(x_{K,a^-a_{<1>}})$$

Die Größe $x_{K,a^-a_{<1>}}$ bezeichnet dabei wiederum den kleinsten kritischen Wert x_{K,a^-a} $(a \in A \mathbin{/} \{a_0, a^-\})$.

Damit wurde gezeigt, daß im Bereich $0 \leqq K < G_{a^-}(x_{K,a^-a_{<1>}})$ bzw. im korrespondierenden Mengenbereich $x_{B,a^-} \leqq x < x_{K,a^-a_{<1>}}$ die obere Integrationsgrenze des vierten Summanden der Beziehung (III.1.31) x_{B_1,a^-} lautet.

Die gleiche Prozedur erfolgt nun auch für die weiteren Alternativen solange, bis kein kritischer Punkt $x_{K,a_{<k>}a_{<k+1>}}$ mehr existiert.
So wird beispielsweise für die Alternative $a_{<1>}$ wiederum der kleinste kritische Wert $x_{K,a_{<1>}a}$ mit $a \in A \mathbin{/} \{a_0, a^-, a_{<1>}\}$ bestimmt $(x_{K,a_{<1>}a_{<2>}})$.[1]
Innerhalb des Bereichs $x_{K,a^-a_{<1>}} \leqq x < x_{K,a_{<1>}a_{<2>}}$ bzw. für das zugehörige Kostenintervall $G_{a^-}(x_{K,a^-a_{<1>}}) \leqq K < G_{a_{<1>}}(x_{K,a_{<1>}a_{<2>}})$ stellt somit $x_{B_1,a_{<1>}}$ die obere Integrationsgrenze dar.

Im nächsten Iterationsschritt bestimmt man für die einzelnen Kostenintervallgrenzen solange die Größenbeziehungen von (III.1.31), bis für ein bestimmtes Intervall $G_{a_{<k-1>}}(x_{K,a_{<k-1>}a_{<k>}}) \leqq K < G_{a_{<k>}}(x_{K,a_{<k>}a_{<k+1>}})$ die linke Seite der Beziehung (III.1.31) an der Intervallobergrenze größer ist als die rechte Seite.
Damit hat man das relevante Informationskostenintervall und auch die zugehörige Integrationsobergrenze $x_{B_1,a_{<k>}}$ gefunden.

Die exakte Bestimmung von K^0 erfolgt schließlich im letzten Iterationsschritt durch Lösung der folgenden Gleichung:

$$K = C + k' \cdot \int_{x=0}^{x_{B_1,a_{<k>}}} \left[\max_{a \in A} G(a,x) - K\right] dF(x)$$

$$\text{mit } G_{a_{<k-1>}}(x_{K,a_{<k-1>}a_{<k>}}) \leqq K < G_{a_{<k>}}(x_{K,a_{<k>}a_{<k+1>}})$$

1. Zur graphischen Veranschaulichung vgl. die Abbildung III.1.4.

β. Der erwartete Wert unvollkommener Zusatzinformation EWSI

Der im vorigen Abschnitt iterativ bestimmte erwartete Wert vollkommener Information stellt die Obergrenze dafür dar, was der Entscheidende für eine Stichprobeninformation zu zahlen bereit ist.

Im Normalfall wird man jedoch keine perfekte Information erwarten können, so daß sich die Frage nach dem Wert unvollkommener Information erhebt, welcher im Rahmen der Preposteriori-Analyse zu bestimmen ist. Vorab soll jedoch die A-posteriori-Analyse zur Diskussion stehen, zumal damit das Verständnis der Preposteriori-Analyse erleichtert wird.

β_1. Die A-posteriori-Analyse

Bei der A-posteriori-Analyse, die auf der Kenntnis eines bestimmten Stichprobenergebnisses aufbaut, wird der Einfluß dieses Stichprobenergebnisses auf die vorgegebene A-priori-Verteilung untersucht. Unter Berücksichtigung des bekannten Ergebnisses der Stichprobenerhebung werden die A-priori-Wahrscheinlichkeiten zu sogenannten A-posteriori-Wahrscheinlichkeiten revidiert.

Auch bei dieser Aufgabenstellung ergibt sich durch die Unterstellung einer Normalverteilung für die A-priori-Verteilung der Vorteil, daß sich die benötigte revidierte Verteilung mittels relativ unkomplizierter Formeln bestimmen läßt, zumal es zur Spezifizierung der A-posteriori-Verteilung genügt, die beiden ersten Momente (Erwartungswert und Varianz) zu bestimmen.[1]

Bevor jedoch die Ableitung der benötigten Momente erfolgen kann, müssen noch einige Bemerkungen bezüglich der stichprobentheoretischen Grundlagen erfolgen.

Es seien $E_1,\ldots,E_l,\ldots,E_N$ die statistischen Einheiten der Grundgesamtheit (z.B. einzelne Kunden) und $X_1,\ldots,X_l,\ldots,X_N$ die mit Unsicherheit behafteten

---

1. Die Darstellung der A-posteriori-Analyse sowie der Preposteriori-Analyse unter Normalverteilungsannahme findet sich in vielen Büchern zur Betriebsstatistik. Vgl. u.a. SCHLAIFER, Robert (1961), Kapitel 19-21. CLELLAND, Richard C.; DE CANI. John S.; BROWN, Francis E. (1973), S. 413-456. JEDAMUS, Paul; FRAME, Robert; TAYLOR, Robert (1976), S. 535-551 und S. 568-581. KWON, Ik-Whan (1978), S. 209-234. LAPIN, Lawrence L. (1981), S. 453-475.

nachgefragten Mengen der einzelnen Kunden.[1]

Die Merkmalssumme der Grundgesamtheit (Absatzmenge im Break even - Modell) und die dazugehörige Varianz der individuellen Merkmalswerte lauten dann:

$$(III.1.32) \quad X = \sum_{l=1}^{N} X_l$$

$$(III.1.33) \quad \sigma_X^2 = \frac{1}{N} \cdot \sum_{l=1}^{N} (X_l - \bar{X})^2$$

Dabei bezeichnet $\bar{X}$ die durchschnittliche (erwartete) Menge pro Kunde in der Grundgesamtheit:

$$(III.1.34) \quad \bar{X} = \frac{1}{N} \cdot \sum_{l=1}^{N} X_l$$

Diese Grundgesamtheitsparameter X, σ_X und $\bar{X}$ (heterograder Fall) sind unbekannt und müssen geschätzt werden.

Hierzu wird angenommen, daß es möglich ist, einer Stichprobe von $n' < N$ Kunden einen Prototyp des Produkts anzubieten und so die nachgefragte Menge jedes Kunden im Untersuchungszeitraum zu ermitteln. Die so erhältlichen Merkmalswerte der Stichprobe werden mit $x_1, \ldots, x_{n'}$ bezeichnet und zum arithmetischen Mittel der Stichprobe zusammengefaßt:

$$(III.1.35) \quad \bar{x} = \frac{1}{n'} \cdot \sum_{h=1}^{n'} x_h$$

Bei uneingeschränkter Zufallsauswahl kann man das arithmetische Mittel $\bar{x}$ der Stichprobe als Realisation einer Funktion von n' stochastisch unabhängigen[2]

1. Man beachte, daß hier, wie in der Stichprobentheorie üblich, die Merkmalswerte der Grundgesamtheit mit Großbuchstaben und die der Stichprobe mit Kleinbuchstaben gekennzeichnet werden. Es erfolgt jedoch keine zusätzliche Kennzeichnung der Zufallsvariablen und ihrer Realisationen.
2. Genaugenommen gilt die Unabhängigkeit nur für den Fall des Ziehens mit Zurücklegen, wohingegen beim Ziehen ohne Zurücklegen die damit verbundene Abhängigkeit der einzelnen Ziehungen eine Endlichkeitskorrektur (1-n/N) im Rahmen der Varianzbestimmung erfordert. Für hinreichend kleinen Auswahlsatz (n/N<0,05) kann von dem Korrekturfaktor jedoch abgesehen werden. Vgl. u.a. COCHRAN, William G. (1972), S. 39-41.

und identisch verteilten Zufallsvariablen ansehen. Der Stichprobenmittelwert stellt unter dieser Voraussetzung eine verzerrungsfreie Schätzung des Grundgesamtheitmittelwertes $\bar{X}$ dar [$E(\bar{x}) = \bar{X}$] und besitzt die Varianz (Standardfehler):

$$(\text{III.1.36}) \qquad \sigma_{\bar{x}}^2 = \frac{\sigma_X^2}{n'}$$

Gemäß des "Zentralen Grenzwertsatzes" gilt weiterhin, daß $\bar{x}$ unabhängig von der unbekannten Verteilung der Grundgesamtheit asymptotisch normalverteilt ist; d.h., mit wachsendem n' strebt diese Verteilung gegen eine Normalverteilung mit $E(\bar{x}) = \bar{X}$ und $\sigma_{\bar{x}}^2 = \sigma_X^2/n'$ bzw. die Zufallsvariable $(\bar{x}-\bar{X})/\sigma_{\bar{x}}$ kann als standardnormalverteilt angesehen werden.
Es muß demnach bei den weiteren Ausführungen hinsichtlich der Grundgesamtheitsverteilung keine Normalverteilungsannahme getroffen werden, sondern es genügt ein hinreichend großer Stichprobenumfang ($n'>30$), um die Normalverteilung des Stichprobenmittelwertes zu gewährleisten.

Zur Bestimmung von $\sigma_{\bar{x}}^2$ gemäß (III.1.36) ist jedoch die Größe σ_X^2 notwendig. Eine erwartungstreue Schätzung für σ_X^2 erhält man mit:[1]

$$(\text{III.1.37}) \qquad s_x^2 = \hat{\sigma}_X^2 = \frac{1}{n'-1} \cdot \sum_{h=1}^{n'} (x_h-\bar{x})^2$$

Aber auch bei Benutzung dieses Schätzwertes für die unbekannte Varianz σ_X^2 kann man für einen hinreichend großen Stichprobenumfang ($n'>30$) von der Normalverteilung des Stichprobenmittelwertes mit $E(\bar{x}) = \bar{X}$ und $\sigma_{\bar{x}}^2 = s_x^2/n'$ ausgehen.[2]

Die zugehörige (bedingte) Dichtefunktion lautet demnach:

$$(\text{III.1.38}) \qquad f(\bar{x}|\bar{X}) = \frac{1}{\sqrt{2\pi} \cdot \sigma_{\bar{x}}} \cdot e^{-\frac{1}{2}\left(\frac{\bar{x} - \bar{X}}{\sigma_{\bar{x}}}\right)}$$

---

1. Vgl. u.a. LEINER, Bernd (1985), S. 33-35, insbesondere S.35.
2. Für kleinere Stichprobenumfänge hingegen ist die Zufallsvariable $(\bar{x}-\bar{X})\cdot\sqrt{n'}/s$ nicht mehr standardnormalverteilt, sondern genügt einer t-Verteilung.

Eine wesentliche Eigenart des Bayesansatzes gegenüber der traditionellen Statistik besteht darin, daß neben der unbekannten Grundgesamtheitsverteilung und der gerade abgeleiteten bedingten Stichprobenverteilung eine A-priori-Verteilung des unbekannten Parameters (hier: $\bar{X}$) unterstellt wird. Die Größe $\bar{X}$ wird ebenfalls als annahmegemäß normalverteilte Zufallsvariable mit bekanntem Erwartungswert $E_0(\bar{X})$ und bekannter Varianz $\sigma_0^2(\bar{X})$ angesehen:

$$(III.1.39) \qquad f_0(\bar{X}) = \frac{1}{\sqrt{2\pi} \cdot \sigma_0(\bar{X})} \cdot e^{-\frac{1}{2}\left(\frac{\bar{X} - E_0(\bar{X})}{\sigma_0(\bar{X})}\right)^2}$$

Die Multiplikation der beiden Dichtefunktionen (III.1.38) und (III.1.39) führt zur gemeinsamen Dichtefunktion:

$$(III.1.40) \qquad f(\bar{x},\bar{X}) = \frac{1}{2\pi \cdot \sigma_{\bar{x}} \cdot \sigma_0(\bar{X})} \cdot e^{-\frac{1}{2}\left[\left(\frac{\bar{x} - \bar{X}}{\sigma_{\bar{x}}}\right)^2 + \left(\frac{\bar{X} - E_0(\bar{X})}{\sigma_0(\bar{X})}\right)^2\right]}$$

Die Randdichte für das Stichprobenmittel $\bar{x}$ erhält man, indem man die gemeinsame Dichtefunktion über den Definitionsbereich von $\bar{X}$ integriert:[1]

$$(III.1.41) \qquad f(\bar{x}) = \frac{1}{\sqrt{2\pi} \cdot \sqrt{\sigma_0^2(\bar{X}) + \sigma_{\bar{x}}^2}} \cdot e^{-\frac{1}{2}\frac{[\bar{x} - E_0(\bar{X})]^2}{\sigma_0^2(\bar{X}) + \sigma_{\bar{x}}^2}}$$

Über das Theorem von Bayes kann schließlich die gesuchte A-posteriori-Dichtefunktion $f_1(\bar{X}|\bar{x})$ bestimmt werden.

---

1. Die relativ einfache jedoch platzraubende Herleitung dieser Randdichte findet man u.a. in CLELLAND, Richard L.; DE CANI, John S.; BROWN, Francis E. (1973), S. 432/433.

Für die A-posteriori-Dichtefunktion erhält man somit:

$$(III.1.42)\qquad f_1(\bar{X}|\bar{x}) = \frac{f(\bar{x},\bar{X})}{f(\bar{x})} = \frac{1}{\sqrt{2\pi}\cdot\sqrt{\dfrac{\sigma_{\bar{x}}^2\cdot\sigma_o^2(\bar{X})}{\sigma_{\bar{x}}^2+\sigma_o^2(\bar{X})}}}$$

$$\cdot\; e^{\left[\dfrac{-\frac{1}{2}\cdot\left[\bar{X}-\dfrac{\sigma_{\bar{x}}^2\cdot E_o(\bar{X})+\bar{x}\cdot\sigma_o^2(\bar{X})}{\sigma_o^2(\bar{X})+\sigma_{\bar{x}}^2}\right]^2}{\dfrac{\sigma_o^2(\bar{X})\cdot\sigma_{\bar{x}}^2}{\sigma_o^2(\bar{X})+\sigma_{\bar{x}}^2}}\right]}$$

Die A-posteriori-Verteilung genügt demnach auch einer Normalverteilung mit Erwartungswert $E_1(\bar{X})$ und Varianz $\sigma_1^2(\bar{X})$, wobei

$$(III.1.43)\qquad E_1(\bar{X}) = \frac{\sigma_{\bar{x}}^2\cdot E_o(\bar{X})+\bar{x}\cdot\sigma_o^2(\bar{X})}{\sigma_o^2(\bar{X})+\sigma_{\bar{x}}^2} = \frac{E_o(\bar{X})\cdot\dfrac{1}{\sigma_o^2(\bar{X})}+\bar{x}\cdot\dfrac{1}{\sigma_{\bar{x}}^2}}{\dfrac{1}{\sigma_o^2(\bar{X})}+\dfrac{1}{\sigma_{\bar{x}}^2}}$$

$$(III.1.44)\qquad \sigma_1^2(\bar{X}) = \frac{\sigma_o^2(\bar{X})\cdot\sigma_{\bar{x}}^2}{\sigma_o^2(\bar{X})+\sigma_{\bar{x}}^2} = \frac{1}{\dfrac{1}{\sigma_o^2(\bar{X})}+\dfrac{1}{\sigma_{\bar{x}}^2}}\qquad \text{bzw.}$$

$$(III.1.45)\qquad \frac{1}{\sigma_1^2(\bar{X})} = \frac{1}{\sigma_o^2(\bar{X})}+\frac{1}{\sigma_{\bar{x}}^2}$$

Die Kehrwerte der einzelnen Varianzen lassen sich als Informationsinhalte interpretieren, d.h., nach (III.1.45) ergibt sich der Informationsinhalt der A-posteriori-Verteilung als Summe der Informationsinhalte von A-priori-Verteilung und von Stichprobenverteilung. Mit anderen Worten ausgedrückt ist die Varianz der A-posteriori-Verteilung immer kleiner (gleich) als die Varianz der A-priori-Verteilung und auch der Stichprobenverteilung.

Weiterhin kann man den revidierten Erwartungswert $E_1(\bar{X})$ als gewogenes arithmetisches Mittel des Stichprobenmittelwertes $\bar{x}$ und des A-priori-Schätzwertes $E_0(\bar{X})$ ansetzen, wobei als Gewichte die einzelnen Informationsinhalte benutzt werden.

Für den Grenzfall eines nicht vorhandenen A-priori-Wissens (traditionelle statistische Vorgehensweise), d.h. $1/\sigma_0^2(\bar{X}) = 0$, erhält man $E_1(\bar{X}) = \bar{x}$ und $\sigma_1^2(\bar{X}) = \sigma_{\bar{x}}^2$. In diesem Fall bestimmen sich Erwartungswert und Varianz sinnvollerweise allein aus der Stichprobeninformation.

Zu einem ähnlichen Ergebnis gelangt man, wenn man den Stichprobenumfang n' sehr groß wählt, da dann der Informationsgehalt der Stichprobe ($1/\sigma_{\bar{x}}^2 = n'/s^2$) ebenfalls sehr groß wird. So bewirkt ein wachsender Stichprobenumfang einen höheren Anteil des Stichprobeninformationsgehalts am Informationsgehalt der A-posteriori-Verteilung und eine Verschiebung von $E_1(\bar{X})$ in Richtung $\bar{x}$.[1]

Mit den Schätzwerten $E_1(\bar{X})$ und $\sigma^2{}_1(\bar{X})$, mit denen die normalverteilte A-posteriori-Verteilung vollständig beschreibbar ist, kann man analog zur A-priori-Analyse die erwarteten Ungewißheitskosten und auch den erwarteten Wert vollkommener Information - jetzt jedoch a posteriori - bestimmen.

Bei Unterstellung eines Drei-Aktionen-Modells $A = \{\alpha_0, a^*, a'\}$ unter Normalverteilungsannahme ergibt sich a posteriori der EWVI-Wert in Analogie zu (III.1.28) zu:

$$\text{(III.1.46)} \quad EWVI_1 = \sum_{a_0, a'} |d_{a*} - d_a| \cdot \sigma_1(X) \cdot K\left(\left| \frac{x_{K,a*a} - E_1(X)}{\sigma_1(X)} \right| \right)$$

---

1. Dieser Zusammenhang läßt auch die Annahme einer normalverteilten A-priori-Verteilung weniger restriktiv erscheinen, da i.d.R. der Informationsgehalt der A-priori-Verteilung gegenüber dem der Stichprobenverteilung geringer einzuschätzen ist.

Der Erwartungswert der <u>gesamten</u> Absatzmenge $E_1(X)$ ist dabei als Hochrechnung der erwarteten durchschnittlichen Absatzmenge pro Kunde $E_1(\bar{X})$ und analog dazu $\sigma_1(X)$ als Hochrechnung von $\sigma_1(\bar{X})$ zu interpretieren:

(III.1.47) $E_1(X) = N \cdot E_1(\bar{X})$

(III.1.48) $\sigma_1(X) = N \cdot \sigma_1(\bar{X})$

In analoger Weise bestimmt sich der $EWVI_1$-Wert bei Unterstellung der linearen $[\mu_G, E(K_U)]$ - Entscheidungsregel.
Hierzu sind in der Beziehung (III.1.31) die A-priori-Wahrscheinlichkeiten, welche bei der unterstellten Normalverteilung hinreichend durch $E_0(X)$ und $\sigma_0(X)$ spezifiziert werden können, durch die A-posteriori-Wahrscheinlichkeiten - hinreichend durch $E_1(X)$ und $\sigma_1(X)$ spezifizierbar - zu ersetzen. Daran anschließend kann wiederum die iterative Bestimmung von $K_o = EWVI_1$ erfolgen.

β_2. Die Preposteriori-Analyse

Bei der A-posteriori-Analyse wird davon ausgegangen, daß die Entscheidung, eine Stichprobe durchzuführen, schon gefällt ist und somit nur noch die Revision der Wahrscheinlichkeiten durchgeführt werden muß.

Bei der Preposteriori-Analyse hingegen soll mit Hilfe des erwarteten Wertes unvollkommener Information darüber entschieden werden, ob überhaupt eine Stichprobe zur Anwendung kommen soll und wenn ja, wie groß der Stichprobenumfang zu wählen ist.

Da die Preposteriori-Analyse zeitlich vor der A-posteriori-Analyse durchzuführen ist, tritt bei der Bestimmung des erwarteten Wertes der Zusatzinformation das Problem auf, daß der Erwartungswert $E_1(\bar{X})$ der A-posteriori-Verteilung[1] im vorhinein nicht bekannt ist. Im Rahmen der Preposteriori-Analyse ist $E_1(\bar{X})$ somit ebenfalls als Zufallsvariable anzusetzen, welche der sogenannten preposterioren Verteilung gehorcht.

---

1. Es ist zu beachten, daß der Erwartungswert der A-posteriori-Verteilung ein <u>bedingter</u> Erwartungswert ist und genaugenommen mit $E_1(\bar{X}|\bar{x})$ bezeichnet werden müßte.

Mittels der Preposteriori-Verteilung, die auch einer Normalverteilung genügt[1] und durch die Parameter $E_{\bar{x}}[E_1(\bar{X})]$ und $\sigma_{\bar{x}}[E_1(\bar{X})]$ vollständig spezifizierbar ist, ist man schließlich in der Lage, den erwarteten Wert der unvollkommenen Information zu bestimmen.

Zur formalen Herleitung des EWSI-Wertes wird von der Beziehung (III.1.15) ausgegangen. Unter Berücksichtigung der unterstellten Normalverteilung[1] und der Tatsache, daß die unbekannten Umweltzustände $z \in Z$ den möglichen $\bar{X}$ - Werten sowie die im vorhinein unbekannten Nachrichten $y \in Y$ den möglichen $\bar{x}$ - Werten entsprechen, erhält man für einen risikoneutralen Entscheidungsträger (lineare Risikonutzenfunktion) den EWSI-Wert als:

$$\text{EWSI} = \int_{\bar{x}} \left[\max_{a \in A} \int_{\bar{X}} G(a,\bar{X}) \cdot f_1(\bar{X}|\bar{x})\, d\bar{X} \right] \cdot f(\bar{x})\, d\bar{x}$$

$$- \max_{a \in A} \int_{\bar{X}} G(a,\bar{X}) \cdot f_0(\bar{X})\, d\bar{X}$$

Bezeichnet man die hinsichtlich des zweiten Summanden optimale Alternative ("A-priori-optimale" Alternative) wiederum mit a* und berücksichtigt aufgrund des Satzes der totalen Wahrscheinlichkeit die Beziehung

$$f_0(\bar{X}) = \int_{\bar{x}} f_1(\bar{X}|\bar{x}) \cdot f(\bar{x})\, d\bar{x} \qquad \text{, so ergibt sich:}$$

$$\text{EWSI} = \int_{\bar{x}} \left[\max_{a \in A} E_1[G(a,\bar{X})] \right] \cdot f(\bar{x})\, d\bar{x}$$

$$- \int_{\bar{X}} \left[\int_{\bar{x}} G(a^*,\bar{X}) \cdot f_1(\bar{X}|\bar{x}) \cdot f(\bar{x})\, d\bar{x} \right] d\bar{X}$$

1. Der Beweis, daß die Preposteriori-Verteilung einer Normalverteilung genügt, erfolgt an anderer Stelle im Rahmen der Verteilungsparameterbestimmung. Vgl. S. 193f.

Den letzten Summanden kann man weiter umformen zu:

$$\int_{\bar{x}} \left[f(\bar{x}) \int_{\bar{X}} G(a^*,\bar{X}) \cdot f_1(\bar{X}|\bar{x})\, d\bar{X} \right] d\bar{x} = \int_{\bar{x}} f(\bar{x}) \cdot E_1[G(a^*,\bar{X})]\, d\bar{x}$$

Damit erhält man für den erwarteten Wert der unvollkommenen Information:

$$(III.1.49) \qquad EWSI = \int_{\bar{x}} f(\bar{x}) \left[\max_{a \in A} E_1[G(a,\bar{X})] - E_1[G(a^*,\bar{X})] \right] d\bar{x}$$

Der Wert in eckigen Klammern gibt die Differenz zwischen dem <u>maximalen</u> erwarteten Posteriorinutzen und dem Posteriorinutzen der "A-priori-optimalen" Alternative an und wird als Wert der Stichprobeninformation "WSI" bezeichnet.[1]

Weiterhin läßt sich aus obiger Beziehung der schon angesprochene Effekt erkennen, daß zur Bestimmung des EWSI-Wertes im Rahmen der Preposteriori-Analyse eine zusätzliche Erwartungswertbildung hinsichtlich der Verteilung der unbekannten Stichprobenergebnisse $\bar{x}$ zu erfolgen hat:

$$(III.1.50) \qquad EWSI = E_{\bar{x}} \left[\max_{a \in A} E_1[G(a,\bar{X})] - E_1[G(a^*,\bar{X})] \right]$$

Vergleicht man die Struktur dieser Beziehung mit der von (III.1.20), so erkennt man, daß sich der erwartete Wert unvollkommener Zusatzinformation <u>formal</u> als ein EWVI-Wert darstellen läßt.

Unter Normalverteilungsannahme ist der EWSI-Wert, wie der EWVI-Wert gemäß (III.1.20), bei Unterstellung eines Drei-Aktionen-Modells analog zu (III.1.28) bzw. (III.1.46) darstellbar, wobei hier jedoch der Erwartungswert und die Varianz der Preposteriori-Verteilung Anwendung finden.

---

1. Vgl. FEICHTINGER, Gustav (1972), S. 465.

Man erhält demnach:[1]

$$\text{(III.1.51)} \qquad EWSI = \sum_{a_0,a'} |d_{a*}-d_a| \cdot N \cdot \sigma_{\bar{X}}[E_1(\bar{X})] \cdot K\left(\left|\frac{x_{K,a*a} - N \cdot E_{\bar{X}}[E_1(\bar{X})]}{N \cdot \sigma_{\bar{X}}[E_1(\bar{X})]}\right|\right)$$

An dieser Stelle verbleibt nur noch die Aufgabe, die beiden Momente der Preposteriori-Verteilung zu bestimmen und die unterstellte Normalverteilung der Preposteriori-Verteilung zu belegen.[2]

Hierzu wird aus der gemeinsamen Dichtefunktion $f(\bar{x},\bar{X})$ [vgl. (III.1.40)] mittels der Substitution $\bar{x} = [\sigma_{\bar{x}}^2 + \sigma_o^2(\bar{X})] \cdot E_1(\bar{X})/\sigma_o^2(\bar{X}) - \sigma_{\bar{x}}^2 \cdot E_o(\bar{X})/\sigma_o^2(\bar{X})$ [Beziehung (III.1.43) nach $\bar{x}$ aufgelöst] und unter Berücksichtigung des Wertes der Funktionaldeterminante $d\bar{x}/dE_1(\bar{X}) = [\sigma_{\bar{x}}^2 + \sigma_o^2(\bar{X})] / \sigma_o^2(\bar{X})$ die gemeinsame Dichtefunktion $f[\bar{X},E_1(\bar{X})]$ abgeleitet.

Den so erhaltenen Ausdruck integriert man über $\bar{X}$ und erhält die gesuchte Randdichte von $E_1(\bar{X})$:

$$\text{(III.1.52)} \qquad f[E_1(\bar{X})] = \frac{1}{\sqrt{2\pi} \cdot \sqrt{\sigma_o^4(\bar{X}) / [\sigma_o^2(\bar{X}) + \sigma_{\bar{x}}^2]}} \cdot e^{-\frac{1}{2} \frac{[E_1(\bar{X}) - E_o(\bar{X})]^2}{\sigma_o^4(\bar{X}) / [\sigma_o^2(\bar{X}) + \sigma_{\bar{x}}^2]}}$$

---

1. Analog läßt sich auch der EWSI-Wert für nichtlineare Risikonutzenfunktionen unter Berücksichtigung des auf S. 181ff. beschriebenen iterativen Verfahrens bestimmen. Hierzu sind jedoch in (III.1.31) statt der A-priori-Wahrscheinlichkeiten die Preposterioriwahrscheinlichkeiten einzusetzen.
2. Zu einer ausführlichen Herleitung vgl. CLELLAND, Richard C.; DE CANI, John S.; BROWN, Francis E. (1973), S. 436/437.

Die Preposteriori-Verteilung genügt demnach einer Normalverteilung mit den Parametern:

$$\text{(III.1.53)} \quad E_{\bar{x}}[E_1(\bar{X})] = E_o(\bar{X})$$

$$\text{(III.1.54)} \quad \sigma_{\bar{x}}[E_1(\bar{X})] = \frac{\sigma_o^4(\bar{X})}{\sigma_o^2(\bar{X}) + \sigma_{\bar{x}}^2} = \frac{\sigma_o^2(\bar{X})\cdot[\sigma_o^2(\bar{X}) + \sigma_{\bar{x}}^2] - \sigma_o^2(\bar{X})\cdot\sigma_{\bar{x}}^2}{\sigma_o^2(\bar{X}) + \sigma_{\bar{x}}^2}$$

$$= \sigma_o^2(\bar{X}) - \frac{\sigma_o^2(\bar{X}) \cdot \sigma_{\bar{x}}^2}{\sigma_o^2(\bar{X}) + \sigma_{\bar{x}}^2} \quad \text{bzw. nach (III.1.44)}$$

$$\text{(III.1.55)} \quad \sigma_{\bar{x}}[E_1(\bar{X})] = \sigma_o^2(\bar{X}) - \sigma_1^2(\bar{X})$$

Zur Interpretation der abgeleiteten Parameter:

- Daß der Erwartungswert der Preposteriori-Verteilung mit dem der A-priori-Verteilung übereinstimmt, kann nicht weiter verwundern. Da man im Rahmen der Preposteriori-Analyse das Stichprobenergebnis noch nicht kennt, wird jede gleichgroße Abweichung des Stichprobenmittelwertes nach oben und nach unten von dem A-priori-Schätzwert $E_o(\bar{X})$ als gleichwahrscheinlich angesehen. D.h., jedem möglichen durch einen Stichprobenmittelwert $\bar{x} = E_o(\bar{X}) + c$ $(c>0)$ revidierten A-posteriori-Erwartungswert $E_1(\bar{X})$ steht ein gleichgroßer und gleichwahrscheinlicher durch ein $\bar{x} = E_o(\bar{X}) - c$ $(c>0)$ revidierter A-posteriori-Erwartungswert gegenüber. Damit muß der Erwartungswert dieser A-posteriori-Schätzwerte gleich dem A-priori-Schätzwert $E_o(\bar{X})$ sein.

- Die Varianz der Preposteriori-Verteilung gibt an, wie sich der "degree of belief" ändert, d.h., um wieviel sich die a priori geschätzte Varianz verringert, wenn man eine Stichprobe durchführt, welche in Verbindung mit $\sigma_o^2(\bar{X})$ zu einer Varianz der A-posteriori-Verteilung von $\sigma_1^2(\bar{X})$ führt.

Die Crux der Bayesschen Preposteriori-Analyse zeigt sich jedoch gerade im Rahmen der Varianzbestimmung. Denn vor Durchführung einer Stichprobe ist $\sigma_1^2(\bar{X})$ nicht berechenbar, da dieser Wert von dem Standardfehler $\sigma_{\bar{x}}^2 = \sigma_X^2/n'$

abhängig ist. Bei vorgegebenem Stichprobenumfang n' ist die Größe des Standardfehlers jedoch abhängig von der unbekannten Varianz der individuellen Merkmalswerte in der Grundgesamtheit.

Viele Autoren nehmen an dieser Stelle an, daß es möglich ist, eine "pilot study" durchzuführen, deren Ergebnis noch nicht in den A-priori-Schätzwerten enthalten ist, um so eine Schätzung für σ_X^2 zu erhalten. In der Regel wird man jedoch auf Erfahrungswerte aus ähnlich gelagerten Fällen zurückgreifen müssen, deren Informationswert sinnvollerweise aber auch schon in die A-priori-Schätzwerte Eingang gefunden haben muß.

Bis zu diesem Punkt wurde immer ein vorgegebener Stichprobenumfang unterstellt. Will man jedoch den optimalen Stichprobenumfang $n'_{opt.}$ bestimmen, so ist die unterstellte lineare Stichprobenkostenfunktion $K = K_o + n' \cdot k_s$ der Funktion EWSI(n') gegenüberzustellen.

Der Wert $n'_{opt.}$ ergibt sich als jener Stichprobenumfang, für den die Funktion EWSI(n') - K(n') maximal wird. Man bezeichnet diese Differenz als erwarteten Nettogewinn der Stichprobe ENGS.

Zur Bestimmung des optimalen Stichprobenumfangs $n'_{opt.}$ genügt dabei ein "trial and error" - Verfahren, da einerseits aufgrund der linearen Steigung von K(n') und der mit abnehmenden Raten wachsenden Funktion EWSI(n') - dabei nähert sich EWSI(n') für $n' \to \infty$, d.h. $\sigma_{\bar{X}}[E_1(\bar{X})] = \sigma_o^2(\bar{X})$ gemäß (III.1.54), asymptotisch dem EWVI-Wert gemäß (III.1.28) - $n'_{opt.}$ einen endlichen Wert annimmt und andererseits eine erste approximative <u>Obergrenze</u> $n'_{o,app.}$ durch $EWVI_o$ gegeben ist:

$$K(n'_{o,app.}) = EWVI_o \qquad \text{bzw.}$$

$$\text{(III.1.56)} \qquad n'_{o,app.} = \frac{EWVI_o - K_o}{k_s}$$

In der folgenden Abbildung III.1.6 wird eine typische Darstellung der Zusammenhänge gegeben.[1]

1. In dem trivialen Fall, daß die Funktion K(n') für jeden Stichprobenumfang n' oberhalb von EWSI(n') liegt, gilt $n'_{opt.} = 0$.

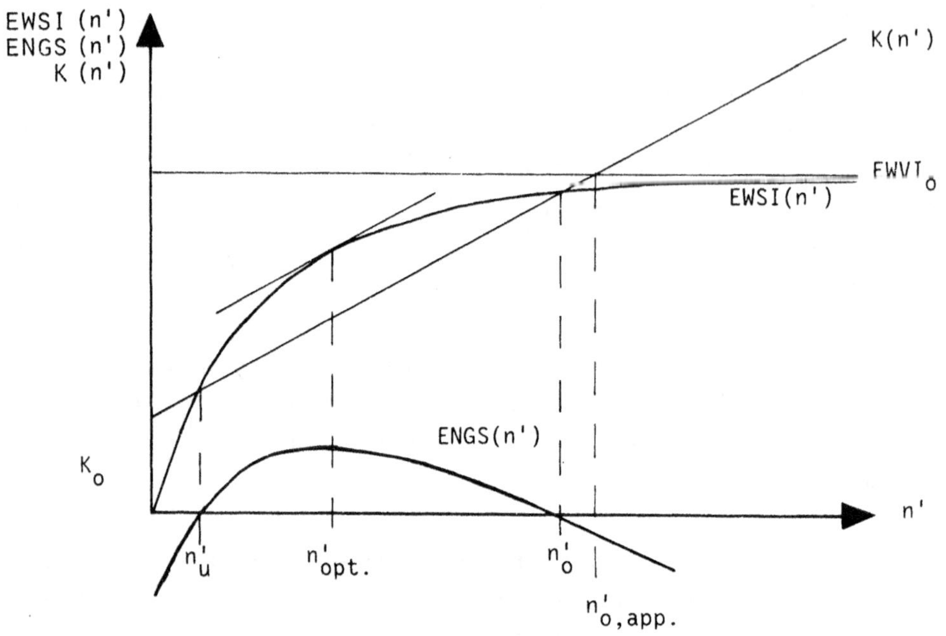

Abb. III.1.6: Die Bestimmung des optimalen Stichprobenumfangs

Die tatsächliche Obergrenze des Stichprobenumfangs $n'_{opt.}$ erhält man dagegen als oberen Schnittpunkt der Stichprobenkostenfunktion mit der Funktion der EWSI-Werte:

$$(III.1.57) \quad n'_o = \frac{EWSI(n'_o) - K_o}{k_s}$$

Eine Erhöhung des Stichprobenumfangs über n'_o hinaus ist im Rahmen dieser speziellen Stichprobenerhebung mit der dazugehörigen Stichprobenkostenfunktion nicht sinnvoll, da sonst ein erwarteter Nettoverlust der Stichprobe entsteht (vgl. Abbildung III.1.6).

Man führe sich den Unterschied zwischen $n'_{o,app.}$ und n'_o deutlich vor Augen. Während sich n'_o auf eine fest umrissene, d.h. über die Stichprobenkostenfunktion genau spezifizierte Stichprobenerhebung bezieht, wird durch $n'_{o,app.}$ dem Effekt Rechnung getragen, daß der Entscheidende noch weitere Möglichkeiten besitzen kann, Zusatzinformationen einzuholen.

Da der $EWVI_0$-Wert den Betrag angibt, den der Entscheidungsträger maximal für die Einholung zusätzlicher Information zu zahlen bereit ist, hat er demnach die Möglichkeit, neben der Durchführung dieser speziellen Stichprobenerhebung mit den damit verbundenen Kosten $[K(n') < EWVI_0]$ weitere Informationen in Höhe des Differenzbetrages $EWVI_0 - K(n')$ einzuholen.

Abschließend bleibt zu bemerken, daß die Bayessche Vorgehensweise zur Lösung von Entscheidungsproblemen unter Unsicherheit unter theoretischen Gesichtspunkten als optimal anzusehen ist. Im Gegensatz zu den Vertretern der traditionellen Statistik faßt der Bayesianer die zu schätzenden unbekannten Parameter ebenfalls als Zufallsvariable auf und ist zudem unter der Voraussetzung der Akzeptanz subjektiver Wahrscheinlichkeiten nicht auf die Argumentation mit wiederholbaren Zufallsexperimenten angewiesen. Es handelt sich demnach um eine nichtfrequentistische Vorgehensweise, die es dem Entscheidungsträger erlaubt, auch einmalige Entscheidungsprobleme zu lösen.

Der Bayessche Ansatz berücksichtigt somit die Unsicherheit hinsichtlich der Parameterpunktschätzer über die A-priori-Verteilung in adäquater Weise, während die Objektivisten allein die Güte dieser Schätzer über die Risikofunktion beurteilen und allenfalls der Schätzunsicherheit bezüglich der Parameter über Konfidenzintervalle Rechnung tragen.[1] Dem Entscheidungsträger erlauben solche Konfidenzintervalle wohl ebenfalls hilfreiche Einblicke in die der Entscheidungssituation zugrundeliegende Datenstruktur, jedoch ist eine explizite Problemlösung über Präferenzfunktionen nur unter Berücksichtigung der Parameterverteilung bzw. der Verteilung der Zielkriteriumsvariablen zu erreichen.[2]

Der Eckpfeiler aber leider auch der Hauptkritikpunkt der Bayesschen Vorgehensweise besteht demnach in der unterstellten Kenntnis der A-priori-Verteilung. Im nächsten Abschnitt soll deshalb auch auf die Problematik der Bestimmung der A-priori-Verteilung eingegangen werden.

---

1. Vgl. u.a. DICKENSON, J.P. (1974) und HAYYA, Jack C.; COPELAND, Ronald M.; CHAN, Hung K. (1975).
2. Vgl. BARRY, Christopher B.; VELEZ-AROCHO, Jorge J.; WELCH, Paul R. (1984), insbesondere S. 71-74.

2. Verteilungsspezifische Probleme des stochastischen Break even - Entscheidungsmodells

Zunächst soll in diesem Abschnitt auf die Bestimmungsmöglichkeiten der für die stochastische Break even - Analyse a priori benötigten Wahrscheinlichkeitsverteilungen eingegangen werden. Das besondere Augenmerk wird jedoch anschließend auf die mit der Erweiterung des auf dem Break even - Punkt aufbauenden Entscheidungsmodells zu einem stochastischen Totalmodell verbundene Problematik gerichtet sein. Unter dem stochastischen Totalmodell werden dabei jene Fälle subsumiert, die die Unsicherheit nicht nur bzgl. der Absatzmenge, sondern hinsichtlich mehrerer bzw. aller den Gewinn gemäß (I.4.1) determinierender Parameter berücksichtigen.

a. Die Praxis der Wahrscheinlichkeitsbestimmung: Objektive versus subjektive Wahrscheinlichkeiten

Es kann nicht die Aufgabe dieser Arbeit sein, die vielfältigen Ansätze zur Ermittlung von Wahrscheinlichkeiten in extenso wiederzugeben,[1] sondern es soll lediglich verdeutlicht werden, daß die Voraussetzung a priori bekannter Wahrscheinlichkeiten bei Vorliegen bestimmter Rahmenbedingungen hinreichend als erfüllt angesehen werden kann.

Von besonderer Bedeutung ist in diesem Zusammenhang die Unterscheidung zwischen objektiven und subjektiven Wahrscheinlichkeiten, wobei unbestritten ist, daß für beide Kategorien die Axiome von Kolmogoroff (Nichtnegativitätsaxiom. σ-Additivitätsaxiom, Normierungsaxiom)[2] Gültigkeit haben sollen.

Mit objektiven Wahrscheinlichkeiten sind solche gemeint, die sich aus objektiven Kriterien ableiten lassen und somit intersubjektiv nachprüfbar sind. Subjektive Wahrscheinlichkeiten können hingegen als Ausdruck der persönlichen (subjektiven) Glaubwürdigkeitsvorstellung des Entscheidenden hinsichtlich des zu untersuchenden Sachverhalts aufgefaßt werden. Mit den subjekti-

---

1. Zu ausführlichen Darstellungen der Ermittlungsmethoden - insbesondere für subjektive Wahrscheinlichkeiten - vgl. u.a. WINKLER, Robert (1967). HAMPTON, J.M.; MOORE, P.G.; THOMAS, H. (1973). HUBER, George B. (1974). CHESLEY, G.R. (1975). SPETZLER, Carl S.; STAËL VON HOLSTEIN, Carl-Axel S (1975). SCHÜTT, Klaus-Peter (1981). GALTS, Helmut (1983).
2. Vgl. zu den Axiomen von Kolmogoroff u.a. MENGES, Günter (1982), S. 30-35.

ven Wahrscheinlichkeiten wird im Grunde genommen keine eigenständige Wahrscheinlichkeitskategorie eingeführt, sondern es handelt sich schlicht um eine andere Ermittlungstechnik von Wahrscheinlichkeiten. Die Anwendbarkeit bestimmter Ermittlungstechniken ist dabei vom zugrundeliegenden Tatbestand abhängig. Es erhebt sich somit gar nicht die Frage, ob objektive oder subjektive Wahrscheinlichkeiten zu benutzen sind, sondern es geht allein um die Akzeptanz subjektiver Wahrscheinlichkeiten im Rahmen solcher Entscheidungssituationen, die keine Aufstellung objektiver Wahrscheinlichkeiten erlauben.

Die Aufstellung objektiver Wahrscheinlichkeiten ist andererseits auch nicht an die Voraussetzung sich häufig wiederholender Entscheidungssituationen gebunden, obwohl dies der praktisch relevante Fall im Rahmen ökonomischer Entscheidungen ist. So kann man mit objektiven Kriterien Wahrscheinlichkeiten für ein Ereignis bestimmen, welches noch nie stattgefunden hat. Man denke beispielsweise an einen Würfel, für den die Wahrscheinlichkeit, ein bestimmtes Ereignis zu erzielen (z.B. eine Zahl kleiner Drei), ermittelt werden soll. Darüber hinaus wird angenommen, daß mit diesem Würfel noch nie gewürfelt worden ist und es auch nicht erlaubt ist, zum jetzigen Zeitpunkt irgendwelche Würfelexperimente durchzuführen. Man kann somit weder aus der Vergangenheit noch aus einem jetzt möglichen Würfelexperiment irgendwelche Schlüsse ziehen. Ist es nun aber auf der anderen Seite erlaubt, den Würfel meßtechnisch zu untersuchen, und kommt man anhand dieser Untersuchung zu dem Ergebnis, daß es sich um einen "idealen" Würfel handelt, der somit keinerlei Manipulationen unterzogen wurde, so kann man in Anlehnung an den klassischen Wahrscheinlichkeitsbegriff von Laplace, dem die Gleichwahrscheinlichkeit der Elementarereignisse zugrunde liegt, die gesuchte Wahrscheinlichkeit bestimmen.

Aber insbesondere für ökonomische Entscheidungssituationen wird die Annahme gleichwahrscheinlicher Elementarereignisse nicht erfüllt sein, so daß auf diesen klassischen Wahrscheinlichkeitsbegriff nicht zurückgegriffen werden kann.

Auch die Bestimmung der Wahrscheinlichkeiten, die auf dem "Prinzip des unzureichenden Grundes" beruht, geht von der restringenten Annahme aus, daß alle Elementarereignisse gleichwahrscheinlich sind.[1]

---

1. Diese häufig auch als logische Wahrscheinlichkeit bezeichnete Wahrscheinlichkeitsinterpretation kann auf Carnap zurückgeführt werden. Vgl. CARNAP, Rudolf (1950).

Die Begründung wird bei diesem Ansatz in der Weise geliefert, daß man die Elementarereignisse als gleichwahrscheinlich ansehen kann, wenn kein hinreichender Grund dagegen spricht. Dies muß jedoch als eine kaum zu rechtfertigende Vorgehensweise angesehen werden.

Für die Bestimmung von Wahrscheinlichkeiten nach objektiven Kriterien im Rahmen wirtschaftlicher Entscheidungssituationen verbleibt somit allein der Weg, die in Anlehnung an Von Mises[1] als frequentistische Wahrscheinlichkeiten bezeichneten Grenzwerte relativer Häufigkeiten von interessierenden Ereignissen zu benutzen. Strenggenommen erfordert diese Definition die Durchführung des Zufallsexperiments in unendlicher Anzahl. Dem steht jedoch die praktische Durchführbarkeit entgegen. Aus diesem Grund begnügt man sich in einer weniger strengen Form mit einer großen Anzahl von Durchführungen des Zufallsexperimentes. Aber auch diese weniger strenge Forderung ist bei wirtschaftlichen Entscheidungen, die häufig sogar einmalig zu treffen sind, selten zu erfüllen. Bei ökonomischen Fragestellungen erfordert die benötigte hinreichend große Zahl von Ausführungen einen längeren Referenzzeitraum, was andererseits jedoch dazu führt, daß man nicht von konstanten Umweltbedingungen ausgehen kann. Zumindest steht der Entscheidende im Obligo, die entscheidungsrelevanten wirtschaftlichen Rahmenbedingungen hinsichtlich ihrer Konstanz im Zeitablauf zu überprüfen.

In den Fällen, in denen die Voraussetzungen zur Ermittlung objektiver Wahrscheinlichkeiten nicht gegeben sind, ist es unumgänglich, dem Konzept der subjektiven Wahrscheinlichkeiten zu folgen, wenn man nicht auf die explizite Berücksichtigung des Risikos im Entscheidungsmodell verzichten will. Die subjektiven Wahrscheinlichkeiten können somit als Surrogate nicht erhältlicher objektiver Wahrscheinlichkeiten angesehen werden.[2] Ihre Berücksichtigung in Entscheidungsmodellen ist aber sicherlich nicht als "Irrlehre" zu bezeichnen.[3] Wer, aus welchen Gründen auch immer, subjektive Wahrscheinlichkeiten nicht als probates Mittel zur Unterstützung unternehmerischer Entscheidungen ansieht, kann auch nur bedingt die Bayessche Analysetechnik anwenden, welche an die Kenntnis der A-priori-Wahrscheinlichkeitsverteilung gebunden ist.

In dieser Arbeit wird somit der Ansicht von Schneider gefolgt, der den sub-

1. Vgl. MISES, Richard von (1951), S. 12f.
2. Vgl. SZYPERSKI, Norbert; WINAND, Udo (1976), S. 60.
3. Diese Auffassung vertreten Kofler und Menges. Vgl. KOFLER, Eduard; MENGES, Günter (1976), S. 60.

jektiven Wahrscheinlichkeiten "eine logisch einwandfreie Wahrscheinlichkeitsinterpretation" zugesteht.[1] Insbesondere die Wahrscheinlichkeitsbestimmung für seltene Ereignisse läßt die subjektiven Wahrscheinlichkeiten im Rahmen unternehmerischer Entscheidungen unter Unsicherheit als wertvolles Hilfsmittel erscheinen.

Unter dem Gesichtspunkt, daß Entscheidungen in der Regel von Individuen getroffen werden, ermöglichen subjektive Wahrscheinlichkeiten "die Offenlegung der subjektiven Vorstellungen, die dann zumindest auf ihre Widerspruchsfreiheit überprüft werden können".[2] Eine intersubjektive Nachprüfbarkeit kann jedoch definitionsgemäß nicht gewährleistet werden, vielmehr können verschiedene Personen bei gleichem Informationsstand zu unterschiedlichen Aussagen bezüglich der Wahrscheinlichkeitsverteilung kommen.

Von großer praktischer Relevanz ist jedoch das Problem der Ermittlungstechnik subjektiver Wahrscheinlichkeiten. So vertritt Schneider die Ansicht, daß exakte numerische Wahrscheinlichkeitsaussagen im Rahmen unternehmerischer Entscheidungen nicht möglich sind.[3] Dieser von Schneider geforderten strengen Auslegung des Wahrscheinlichkeitsbegriffs soll hier nicht gefolgt werden, sondern die subjektiven Wahrscheinlichkeiten werden als geeignete Approximationen an den Idealzustand angesehen.[4]

α. Die Ermittlung objektiver Wahrscheinlichkeiten aus Vergangenheitsdaten

Zur Bestimmung der Wahrscheinlichkeitsverteilung der Zufallsvariablen Absatzmenge im stochastischen Break even - Modell bietet es sich an, zwischen Fällen zu unterscheiden, bei denen einerseits eine bestimmte Standardverteilung unterstellt werden kann und den Fällen, in denen eine solche Annahme nicht gerechtfertigt erscheint.

Für den ersten Fall wird in der Literatur zumeist die Annahme einer normalverteilten Absatzmenge getroffen[5], deren Wahrscheinlichkeitsverteilung somit vollständig durch die beiden Parameter Erwartungswert und Varianz bestimmt werden kann. Hier soll dieser Vorgehensweise jedoch nicht gefolgt werden,

1. SCHNEIDER, Dieter (1980), S. 69.
2. HAX, Herbert (1974), S. 45.
3. Vgl. SCHNEIDER, Dieter (1980), S. 107.
4. Vgl. u.a. SCHÜTT, Klaus-Peter (1981), S. 41.
5. Vgl. u.a. HILLIER, Frederick S. (1963).

ohne die wirtschaftlichen Implikationen einer solchen Annahme, die im Rahmen eines Break even - Modells jedoch keine Notwendigkeit darstellt, sondern lediglich der Rechenerleichterung dient, zu untersuchen.

So stellt es sicherlich keinen Validitätsmangel dar, wenn man die Zufallsvariable Absatzmenge, die im Prinzip auch kontinuierliche Werte annehmen kann, durch eine stetige Verteilung zu beschreiben versucht.

Auch die für eine Normalverteilung typische glockenförmige Gestalt kann in vielen Fällen als repräsentativ angesehen werden. Die Unterstellung einer solchen Dichtefunktion besagt lediglich, daß es eine Häufigkeitsstelle um den dichtesten Wert gibt und daß sehr große Abweichungen von diesem Wert nach oben und nach unten relativ unwahrscheinlich sind. Eine solche Form der Dichtefunktion erscheint dem Verfasser zumindest praxisrelevanter als die Darstellung der Absatzmengenverteilung in Form einer Rechteckverteilung oder in Form einer u-förmigen Dichtefunktion.

Einschränkend ist jedoch festzustellen, daß man von einer glockenförmigen Verteilung dann nicht mehr ausgehen kann, wenn die Nachfrage aufgrund spezieller Produkteigenschaften sehr sporadisch erfolgt, d.h. die Wahrscheinlichkeit dafür, daß in der betrachteten Periode gar nichts oder nur sehr wenig nachgefragt wird, sehr groß ist.[1] Eine solche Nachfragestruktur ist beispielsweise für Ersatzteile, aber auch für hochwertige Produkte denkbar. In einem solchen Fall treten j-förmige (extrem rechtsschiefe) Verteilungen auf, die durch eine Normalverteilung nicht approximierbar sind.
Tendenziell kann man davon ausgehen, daß die Verteilung um so rechtsschiefer ist, je sporadischer der Bedarf auftritt.

Ebenso wird man tendenziell dann mit einer schiefen Verteilung rechnen müssen, wenn eine sehr ausgeprägte Inhomogenität hinsichtlich der Abnehmerstruktur vorliegt. In diesem Fall wird die Schiefe nicht durch die Produkteigenschaft bedingt, sondern bei Vorliegen von vielen Kleinabnehmern, die eine relativ regelmäßige Produktnachfrage in den einzelnen Perioden bedingen, und von einigen Großabnehmern wirkt sich die eventuelle sporadische Nachfrage der Großabnehmer auf die Gestalt der Verteilung in der Weise aus, daß diese eine rechtsschiefe - jedoch keine j-förmige - Form annimmt.

1. Zur Begriffsbestimmung der sporadischen Nachfrage vgl. u.a. WEDEKIND, H. (1968), S. 1.

In den gerade angesprochenen Fällen eignet sich die Gammaverteilung besser als die Normalverteilung. Andererseits lassen sich mit der Gammaverteilung jedoch keine linksschiefen (rechtssteilen) Verteilungen darstellen, wenn solche Verteilungsformen in der Praxis auch nur den Ausnahmefall darstellen. Denkbar sind unter konjunkturellen Aspekten rechtssteile Verteilungsformen dann, wenn sich die Wirtschaft in einer Rezession befindet und somit wegen der geringeren Konsumnachfrage sehr große positive Abweichungen der Nachfragemengen von ihrem dichtesten Wert sehr unwahrscheinlich sind. Dies wird sich im besonderen auf langlebige Gebrauchsgüter, jedoch kaum auf die Verbrauchsgüter, auswirken.

Abschließend kann festgehalten werden, daß die Unterstellung einer Normalverteilung zumindest an die Forderung eines relativ regelmäßigen Bedarfsverlaufs gebunden ist. Insbesondere sporadische Bedarfsverläufe müssen somit ausgeschlossen werden.

Um in praxi weiterhin eine sinnvolle Anwendung der Normalverteilung zu gewährleisten, sollte man das zugrundeliegende Datenmaterial insofern überprüfen, als der Erwartungswert μ_x der Verteilung mindesten $3\sigma_x$ beträgt. In diesem Fall kann die Möglichkeit des Auftretens negativer Absatzmengen vernachlässigt werden.[1]

Ausgehend von der Normalverteilungsannahme und der Voraussetzung, daß die Zufallsvariable Absatzmenge zum jetzigen Entscheidungszeitpunkt immer noch dieser Verteilung gehorcht, kann man die klassischen statistischen Methoden, wie z.B. die Maximum-Likelihood-Methode, zur Schätzung des Erwartungswertes und der Standardabweichung benutzen. Die Grundidee der Maximum-Likelihood-Methode besteht darin, daß aus der Menge der möglichen Normalverteilungen diejenige gewählt wird, bzgl. der die beobachtete Realisation als maximal wahrscheinlich anzusehen ist - die Wahrscheinlichkeit des Eintretens der beobachteten Realisation soll maximal sein.

Hat man für die Gesamtabsatzmenge (Merkmalssumme) n' Vergangenheitswerte $x_1, \ldots, x_{n'}$ beobachtet, so ergibt sich für die unterstellte Normalverteilung

1. Vgl. hierzu die Ausführungen auf S. 130, Fußnote 1.
Zudem besteht die Möglichkeit, die Verteilungsannahme mittels des (modifizierten) Chi-Quadrat-Anpassungstests zu überprüfen. Zu den Prozeduren verschiedener Anpassungstests vgl. u.a. BÜNING, Herbert; TRENKLER, Götz (1978), S. 85-103.

lung[1]:

$$\hat{\mu}_X = \bar{x} = \frac{1}{n'} \sum_{h=1}^{n'} x_h$$

$$\hat{\sigma}^2 = \sigma_x^2 = \frac{1}{n'} \sum_{h=1}^{n'} (x_h - \bar{x})^2$$

Die Maximum-Likelihood-Methode führt dabei in der Regel zu Schätzwerten mit günstigen Eigenschaften. Neben der Konsistenz weisen die Maximum-Likelihood-Schätzwerte in den meisten Fällen auch die Effizienzeigenschaft auf, d.h., die Schätzwerte besitzen bei großen Stichprobenumfängen minimale Varianz. Der über die Maximum-Likelihood-Methode ermittelte Schätzwert für die Varianz ist wohl nicht erwartungstreu, aber der Bias ist relativ gering. Für großes n' wird die Verzerrung sogar verschwindend klein, d.h., dieser Schätzwert ist asymptotisch erwartungstreu.
Häufig wird man jedoch auf die Eigenschaft der Erwartungstreue verzichten, insbesondere wenn die Verzerrung relativ gering ist und der Schätzer minimale Varianz aufweist.

Ist man andererseits nicht in der Lage, eine hinreichend fundierte Standardverteilung anzugeben, so bieten sich jene Ansätze an, die ausgehend von einem System von Wahrscheinlichkeitsverteilungen versuchen, die jeweilige Dichtefunktion zu bestimmen.

Mit Hilfe dieser die gesamte Verteilung durch ihre Verteilungs- bzw. Dichtefunktion beschreibenden Methode erzielt man eine optimale Informationskonzentration, die im Gegensatz zu den Methoden, die die Verteilung lediglich durch die ersten Momente beschreiben, nicht mit einer Informationsreduktion einhergeht. Die solchermaßen erhaltene Kurve kann als Schätzung der "wahren" Wahrscheinlichkeitsverteilung interpretiert werden. Der bekannteste Ansatz dieser Art geht auf Pearson zurück.[2] Der bei dieser Methode zur Charakteri-

1. Man beachte, daß hier die Unterscheidung zwischen individuellen Merkmalswerten und Werten der Merkmalssumme aus Vereinfachungsgründen fallengelassen wird. Mit Kleinbuchstaben werden demnach die Realisationen der Zufallsvariablen X_h (h=1,...,n') bezeichnet.
2. Ausführliche Beschreibungen dieses Ansatzes findet man u.a. bei ELDERTON, William P.; JOHNSON, Norman L. (1969) und bei SCHNEIDER, Heinz (1977).

sierung der Verteilung notwendige Funktionstyp ergibt sich dabei nicht aus der Kenntnis eines theoretisch-mathematischen Zusammenhangs bzw. aus der sachlichen Kenntnis des zugrundeliegenden Zusammenhangs, sondern wird intern aus der Betrachtung der Stichprobenverteilung eruiert. Bei diesem Ansatz wird die Eigenschaft ausgenutzt, daß sich eine große Anzahl von Dichtefunktionen durch die sogenannte Pearsonsche Differentialgleichung charakterisieren lassen[1]:

$$\text{(III.2.1)} \quad \frac{df(x)}{dx} = \frac{x + a}{b_o + b_1 \cdot x + b_2 \cdot x^2} \cdot f(x)$$

Die zu bestimmende Dichtefunktion ist somit abhängig von der Größe der vier Parameter a, b_o, b_1 und b_2.

Eine Schlüsselrolle kommt an dieser Stelle den ersten vier Momenten der beobachteten Häufigkeitsverteilung zu, da diese mit den vier Parametern in eineindeutiger Beziehung stehen. Unter Berücksichtigung einer Koordinatentransformation können die Parameter auch über das erste gewöhnliche Moment μ_x und die zentralen Momente $\mu_m(x)$ (m=2,3,4) bestimmt werden.[2]
Die Vorgehensweise kann somit in folgende Schritte unterteilt werden:

(1) Die beobachteten Vergangenheitswerte werden in Form einer Häufigkeitsverteilung dargestellt. Für diese empirische Verteilung werden das erste gewöhnliche Moment μ_x und die dazugehörigen zentralen Momente $\mu_m(x)$ (m=2,3,4) bestimmt.

Hinsichtlich der Darstellung der Vergangenheitswerte in Form einer Häufigkeitsverteilung müssen jedoch noch einige Erläuterungen gegeben werden.
Voraussetzung dieser Vorgehensweise ist es, wie an anderer Stelle schon erwähnt, daß die Bedingungen, unter denen die einzelnen Werte zustande gekommen sind, sich nicht verändert haben. Diese Forderung kann als eine abgeschwächte Form des Kausalitätsprinzips - "gleiche Ursachen haben

---

1. Dieser Ansatz entspricht dem im allgemeinen benutzten Ansatz nach Pearson "im engeren Sinn", bei dem die Nennergröße $g(x) = \sum_{k=0}^{z} b_k \cdot x^k$ nur bis z=2 entwickelt wird.
2. Vgl.SCHNEIDER, Heinz (1977), S. 30.

gleiche Wirkungen" - interpretiert werden. Hartwig spricht vom Ätialprinzip und fordert, "daß gleiche allgemeine Ursachen das gleiche Verteilungsgesetz zur notwendigen Folge haben".[1]
Unter diesem Gesichtspunkt erscheint es vorteilhaft, Querschnittsdaten zur Bestimmung der Absatzmengenverteilung zu benutzen, insbesondere dann, wenn der Zeitpunkt der Datenermittlung nicht weit in die Vergangenheit zurückreicht. Die Bestimmung der Wahrscheinlichkeitsverteilung mit Hilfe von Querschnittsdaten ist z.B. unter Ausnutzung mehrerer Testmärkte möglich, die die gleiche Struktur hinsichtlich der Käuferschichten, deren Marktverhalten, hinsichtlich des Konkurrenzangebotes usw. aufweisen wie der potentielle Gesamtmarkt. Für diese ausgewählten Testmärkte können schließlich die Marktanteile des interessierenden Produkts bestimmt werden, welche multipliziert mit dem prognostizierten Marktvolumen der gesamten Produktgruppe die zugehörigen Absatzmengen ergeben. Diese Absatzmengen sind dann wiederum in Form einer Häufigkeitsverteilung darstellbar. Die Vorgehensweise unter Berücksichtigung von Querschnittsdaten wird jedoch daran scheitern, daß keine hinreichend große Zahl repräsentativer Testmärkte existiert.

Es sind demnach in aller Regel Zeitreihendaten zu verwenden, für die jedoch die Voraussetzungen zur Aufstellung einer Häufigkeitsverteilung genau zu prüfen sind. Besondere Vorsicht ist geboten, wenn die Zeitreihe einem Trend folgt und darüber hinaus saisonale Schwankungen aufweist. In diesem Fall ergibt es keinen Sinn, die beobachteten Werte in Form einer Häufigkeitsverteilung darzustellen, ohne vorher geeignete Transformationen durchzuführen.

Da andererseits der Trend und die saisonalen Schwankungen Bestandteile der systematischen Komponente einer Zeitreihe darstellen, kann der Entscheidende den Unsicherheitsgrad hinsichtlich der zu erwartenden Absatzmenge sogar verringern, wenn es ihm gelingt, diese Zeitreihenkomponenten mittels geeigneter Instrumentarien hinreichend genau vorherzusagen. Mit anderen Worten wird der Entscheidende ein Prognoseverfahren anwenden, um mit dessen Hilfe die Absatzmenge aus den vorliegenden Zeitreihendaten für den Prognosezeitpunkt zu bestimmen. Der Unsicherheit kann er schließlich in der Weise Rechnung tragen, daß die Abweichungen der effektiven Zeitreihenwerte von den ex-post-Prognosewerten in Form einer Häufigkeitsverteilung dargestellt werden. Unter Berücksichtigung des Prognosewertes wird die so abgeleitete Häufigkeitsverteilung auf der Abszisse lediglich verschoben.

---

1. Vgl. HARTWIG, Heinrich (1956), S. 257f.

Wichtige Voraussetzung ist jedoch gerade bei Benutzung von Zeitreihenwerten, daß sich die Rahmenbedingungen nicht verändert haben, d.h., für jede Periode muß man unterstellen, daß die beobachteten Werte, abgesehen von der systematischen Komponente, dem gleichen allgemeinen Ursachenkomplex folgen.

(2) Im nächsten Schritt wird überprüft, ob die so erhaltene empirische Häufigkeitsverteilung in das System von Pearson-Funktionen eingeordnet werden kann.

Innerhalb des Pearson-Systems wird zwischen drei Haupttypen und weiteren zehn Spezialtypen unterschieden, wobei neben unimodalen linkssteile (j-förmige) und auch u-förmige Verteilungen erfaßt werden können.[1] Aufgrund der Vielfalt von erfaßbaren Verteilungen kann man in der Regel davon ausgehen, daß die vorliegende empirische Verteilung einem Typ der Pearson-Funktionen zuordenbar ist. Es ist an dieser Stelle wichtig, sich klarzumachen, daß schon für die Auswahl des allgemeinen Funktionstyps die Werte der empirischen Momente ausschlaggebend sind.

(3) Nachdem man sich für einen allgemeinen Funktionstyp entschieden hat, der bei den hier betrachteten Pearson-Typen im engeren Sinn durch die vier Parameter a, b_o, b_1 und b_2 spezifizierbar ist, müssen diesen Parametern numerische Werte zugeordnet werden. Da die zentralen Momente in eineindeutiger Beziehung zu diesen Parametern stehen, gelingt dies ohne Schwierigkeiten.

(4) Die Kenntnis der Parameterwerte erlaubt es schließlich, die zu dem ausgewählten Pearson-Typ gehörende Dichtefunktion zu bestimmen. Das hierzu notwendige Anpassungskriterium fordert die Übereinstimmung der Dichtefunktion mit der empirischen Häufigkeitsverteilung in den ersten vier Momenten und darüber hinaus die Erfüllung der spezifischen Eigenschaften einer Dichtefunktion[2] [$f(x) \geqq 0$ und die Fläche unter der Dichtefunktion muß den Wert Eins haben].

Zuweilen wird der Methode von Pearson vorgeworfen, daß sie wohl sehr gut für die Anpassung einer Kurve an eine vorgegebene Häufigkeitsverteilung geeignet ist, daß sie aber nicht als Schätzung einer "wahren" unbekannten Grundgesamtheit benutzt werden sollte, da die benötigten dritten und vierten Momente we-

---

1. Eine ausführliche Darstellung der Pearson-Typen findet man bei SCHNEIDER, Heinz (1977), S. 141-143.
2. Vgl. SCHNEIDER, Heinz (1977), S. 27-35.

gen der relativ hohen Potenzstufe stark extremwertabhängig sind und somit auch die damit implizierte große Streuung der empirischen Momente ebenfalls relativ schlechte Schätzeigenschaften für die Momente der Grundgesamtheit dokumentiert.[1] Andererseits überwiegt trotz des beschriebenen Mangels der Vorteil, daß mit dieser Methode neben der Funktionsparameterverknüpfung auch Kriterien geliefert werden, mit denen der Funktionstyp bestimmt werden kann.[2]

Ein generelles Manko der bisherigen Methoden ist jedoch darin zu sehen, daß vor allem im externen Bereich einer Unternehmung (z.B. Absatzbereich) die Rahmenbedingungen für die Nutzung objektiver Wahrscheinlichkeiten aufgrund der vielfältigen Kunden- und Konkurrenteneinflüsse selten erfüllt sind. In der Regel müssen demnach subjektive Wahrscheinlichkeiten als Modellgrundlage dienen.

β. Die Ermittlung subjektiver Wahrscheinlichkeiten

In der Literatur findet sich eine Vielzahl von Methoden zur Ableitung subjektiver Wahrscheinlichkeiten, wobei diese isoliert aber auch kombiniert mit anderen Methoden zur Anwendung kommen.

Nach Galts[3] erfolgt die Bestimmung subjektiver Wahrscheinlichkeiten auf der Basis von:

(1) Schätzungen objektiver Wahrscheinlichkeiten durch Gedankenexperimente (Krelle-Ansatz)[4]

(2) logischen Relationen

(3) partiellen Glaubwürdigkeitsziffern

Die von Krelle erstmals beschriebene Methode der Gedankenexperimente beruht darauf, daß der Entscheidungsträger wegen der fehlenden hinreichend großen Zahl von Vergangenheitswerten die somit nicht erhältlichen objektiven Wahrscheinlichkeiten dadurch schätzt, daß er den zugrundliegenden Verursa-

1. Vgl. u.a. KENDALL, Maurice G.; STUART, Alan (1963), S. 154.
2. Im Gegensatz hierzu müssen bei der Maximum-Likelihood-Methode Annahmen über den Verteilungstyp getroffen werden.
3. Vgl. GALTS, Helmut (1983), S. 88.
4. Vgl. KRELLE, Wilhelm (1957).

chungsprozeß gedanklich in großer Zahl wiederholt. Dabei unterscheiden sich die einzelnen gedanklichen Abläufe durch die unterschiedlichen Eingaben der auf die zu bestimmende Wahrscheinlichkeitsverteilung wirkenden Faktoren (so wird der Entscheidungsträger für das Beispiel der Schätzung der Absatzmengenwahrscheinlichkeiten die möglichen Faktorausprägungen des Konkurrentenverhaltens, der Marktform, der gesetzlichen Rahmenbedingungen usw. miteinander verknüpfen).

Neben dem Vorteil, daß der Entscheidende gezwungen ist, alle wichtigen Einflußfaktoren und deren Auswirkungen auf die Zielgröße herauszufinden, ist dieses Verfahren jedoch mit dem großen Nachteil mangelnder Praktikabilität verbunden. Darüber hinaus wird nicht klargestellt, wie man die Ausprägungen (und deren Wahrscheinlichkeiten) der die Zielgröße determinierenden Faktoren erhält.[1]

Auch die Methode der Ermittlung subjektiver Wahrscheinlichkeiten auf der Basis logischer Relationen, welche das Prinzip des unzureichenden Grundes zur Grundlage hat und damit jeder Kombination von Einflußfaktoren die gleiche A-priori-Wahrscheinlichkeit zuordnet, ist aus ökonomischer Sicht nicht sinnvoll.

Eine große Verbreitung haben in der Praxis jedoch die direkten Methoden zur Bestimmung partieller Glaubwürdigkeitsgrade gefunden. Im Gegensatz zu den indirekten Methoden, welche größtenteils die Wahrscheinlichkeiten für die Umweltzustände aus hypothetischen Vergleichsakten zwischen den realen Entscheidungssituationen und genau zu spezifizierenden Spiel- und Wettproblemen ableiten - daraus resultiert die mangelnde Praktikabilität des Verfahrens bei einer großen Zahl von Umweltzuständen -, wird der Entscheidende bei den direkten Methoden unmittelbar nach der Wahrscheinlichkeitsverteilung befragt.

Zu den direkten Methoden sind u.a. solche Ansätze zu zählen, die eine globale Aufstellung der Dichtefunktion erfordern. Der Entscheidungsträger hat somit die Aufgabe, die Dichtefunktion bzw. die Verteilungsfunktion verbal zu beschreiben oder graphisch darzustellen. Die globale Aufstellung dieser Funktionen erscheint dem Verfasser jedoch als kaum durchführbar, da eine solche Vorgehensweise zu hohe Anforderungen an die kognitiven Fähigkeiten des Ent-

1. Vgl. GALTS, Helmut, S. 94.

scheidenden stellt. Eine Erleichterung kann insofern erreicht werden, als man dem Entscheidenden verschiedene Verteilungen vorlegt, aus denen er dann die seinen Vorstellungen am ehesten entsprechenden auswählen kann. Wenn solch ein Verfahren für die Auswahl einer bestimmten Verteilungsklasse noch genügen kann, so ist es andererseits für die Spezifizierung der Verteilungsparameter als inadäquat anzusehen.

Es bieten sich vielmehr Ansätze an, welche die Wahrscheinlichkeiten - unter Berücksichtigung, daß an dieser Stelle nur die Absatzmenge als zufallsbehaftete Größe angesehen wird - für einzelne ausgewählte Absatzmengen [(P, x_{Fix})-Methoden] oder umgekehrt für ausgewählte vorgegebene Wahrscheinlichkeiten die Absatzmengenausprägungen [(P_{Fix}, x)-Methoden] bestimmen.[1]

Bei den (P, x_{Fix})-Methoden besteht die theoretisch einfachste Vorgehensweise darin, daß man die einzelnen vorgegebenen Merkmalsausprägungen als Repräsentanten bestimmter Absatzmengenintervalle ansieht und diesen als Ergebnis einer Befragung Wahrscheinlichkeiten zuordnet, wobei lediglich die Einhaltung der Axiome von Kolmogoroff zu gewährleisten ist. Für eine kleine Anzahl solcher vorgegebener Merkmalsausprägungen haben Brown, Kahr und Peterson eine interessante Variante der (P, x_{Fix})-Methoden beschrieben.[2] Bei diesem Ansatz wird der Entscheidende gefragt, welcher der vorgegebenen Absatzmengenausprägungen die höchste Wahrscheinlichkeit (P_{Max}) zukommt. Die Wahrscheinlichkeiten der übrigen vorgegebenen Absatzmengenausprägungen hat der Entscheidende schließlich als Prozentsatz von P_{Max} anzugeben. Erhält man z.B. für fünf vorgegebene Absatzmengenausprägungen folgende "relativen Likelihoods":

$$\frac{1}{4} P_{Max}, \frac{1}{2} P_{Max}, P_{Max}, \frac{2}{3} P_{Max}, \frac{1}{2} P_{Max}, \qquad \text{so folgt aus}$$

$$\left(\frac{1}{4} + \frac{1}{2} + 1 + \frac{2}{3} + \frac{1}{2}\right) \cdot P_{Max} = 1 \qquad \text{ein Wert von } P_{Max} = 0{,}342.$$

Damit lassen sich dann auch die Wahrscheinlichkeiten für die anderen Ausprägungen bestimmen.

---

1. Gebräuchlich sind auch die Bezeichnungen "value fixed methods" und "probability fixed methods". Vgl. u.a. SPETZLER, Carl S.; STAËL VON HOLSTEIN, Carl-Axel S. (1975), S. 347/348.
2. Vgl. BROWN, Rex V.; KAHR, Andrew S.; PETERSON, Cameron R. (1974), S. 164/165.

Die letzte Gruppe der direkten Ermittlungsmethoden subjektiver Wahrscheinlichkeiten, die (P_{Fix},x)-Methoden, bedient sich der Schätzung von Quantilen. Neben der einfachen, jedoch kaum sinnvollen direkten Befragungsmethode nach den Quantilsgrößen, erfolgt die Quantilsbestimmung durch sogenannte strukturierte Befragungen.[1] Das Ziel solcher strukturierten Befragungen ist es, die Verteilung suksessive in immer kleinere Intervalle zu unterteilen - man spricht deshalb auch von Intervallmethode[2] - und so den Median, die Quartile usw. festzulegen.

Auch bei dieser Methode vereinfacht sich die Durchführung, wenn man von einer Normalverteilung ausgehen kann. In diesem Fall genügt zur Bestimmung des Erwartungswertes die Festlegung des wahrscheinlichsten Wertes oder des Medians ($Q_2 \hat{=} x_{50} \hat{=}$ 50%-Punkt), da unter der Voraussetzung einer normalverteilten Zufallsvariablen alle drei Werte identisch sind.

Im Rahmen der Befragungsaktion wird der Entscheidende in diesem Fall nach dem Wert der Zufallsvariablen gefragt, dessen Überschreitung er für genauso wahrscheinlich hält wie seine Unterschreitung. Der so bestimmte Wert entspricht dem Median bzw. aufgrund der Normalverteilung dem gesuchten Erwartungswert. Zur Bestimmung der Standardabweichung ist es ausreichend, das 1. Quartil ($Q_1 \hat{=}$ 25%-Punkt) und das 3. Quartil ($Q_3 \hat{=}$ 75%-Punkt) zu bestimmen. Hierzu werden die beiden durch den Median getrennten Intervalle gesondert betrachtet und der Entscheidende wird nach dem Punkt Q_1 $(0 \leq Q_1 \leq Q_2)$ gefragt, für den die Absatzmenge mit genauso großer Wahrscheinlichkeit zwischen 0 und Q_1 wie zwischen Q_1 und Q_2 liegt. In analoger Weise bestimmt man Q_3 $(Q_2 \leq Q_3 < +\infty)$.

Damit die a priori getroffene Annahme einer Normalverteilung nicht verworfen werden muß, sollte der obere Quartilsabstand $Q_3 - Q_2$ ungefähr gleich dem unteren $Q_2 - Q_1$ sein.

Da sich der Wert des α-Quantils einer Standardnormalverteilung zu

$$\text{(III.2.2)} \quad \frac{x_\alpha - \mu}{\sigma} = u_\alpha \quad \text{bestimmt,}$$

wobei x_α das α-Quantil einer $N(\mu,\sigma^2)$ - Verteilung darstellt, erhält man für

1. Die Methode kann auf MORRISON, Donald G. (1967) zurückgeführt werden.
2. Vgl. SPETZLER, Carl S.; STAËL VON HOLSTEIN, Carl-Axel S. (1975), S. 350.

$Q_3 = x_{75}$ den folgenden Ausdruck:

$$(III.2.3) \quad Q_3 = \mu + u_{75} \cdot \sigma = \mu + 0{,}675 \cdot \sigma$$

Damit kann man die Standardabweichung der gesuchten Verteilung mittels der über die strukturierte Befragung bestimmten Werte $Q_2 = \mu$ und $Q_3 = x_{75}$ wie folgt ermitteln:

$$(III.2.4) \quad \sigma = \frac{Q_3 - Q_2}{0{,}675}$$

Für den Fall, daß keine Verteilungsannahme getroffen werden kann, müssen über die Quartile hinaus weitere Quantile bestimmt werden. Im Gegensatz zu obiger Bestimmung können jetzt der obere und der untere Quartilsabstand unterschiedliche Größen haben, da keine symmetrische Verteilung, wie die Normalverteilung, unterstellt wird. Zur Bestimmung weiterer Quantile kann man jedoch die oben beschriebene Prozedur fortführen. Hierzu werden die einzelnen Intervalle wiederum halbiert und durch gezielte Befragung die Mediane der Intervalle bestimmt. Man erhält dann folgende Quantile:

$$[x_{12,5};\ x_{25};\ x_{37,5};\ x_{50};\ x_{62,5};\ x_{75};\ x_{87,5}]$$

Eine noch weitergehende Unterteilung wird jedoch an der mangelnden Differenzierungsfähigkeit des Entscheidenden scheitern, und zwar um so eher, je kleiner die Varianz der Verteilung ist (Fühlbarkeitsschwellen). Dem Entscheidenden sollte es jedoch zumindest möglich sein, die beiden Extremwerte der Verteilung anzugeben, die nicht unter- bzw. überschritten werden. Die so bestimmten Merkmalswerte mit den dazugehörigen (kumulierten) Wahrscheinlichkeiten können in einem letzten Schritt graphisch oder mittels eines iterativen Algorithmus durch eine "glatte" Kurve approximiert werden. Auf diese Weise erhält man letztendlich die Verteilungsfunktion der gesuchten Verteilung.

Zusammenfassend kann festgehalten werden, daß die Bestimmung von Wahrscheinlichkeitsverteilungen, insbesondere bei Akzeptanz subjektiver Wahrscheinlichkeiten, durchaus möglich ist. Vor allem das zuletzt beschriebene Verfahren erscheint dem Verfasser als eine brauchbare Vorgehensweise.

b. Die Wahrscheinlichkeitsbestimmung der Zielkriteriumsvariablen Gewinn

In dem folgenden Abschnitt wird das Modell der stochastischen Break even - Analyse in der Weise verallgemeinert, daß nicht nur der Absatzmenge, sondern auch anderen auf die Zielkriteriumsvariable Gewinn wirkenden Einflußfaktoren ein stochastischer Charakter unterstellt wird.

Der Ausgangspunkt der weiteren Betrachtung ist dabei die Grundbeziehung

$$(I.4.1') \quad \tilde{G} = (\tilde{p} - \tilde{k}_v) \cdot \tilde{x} - \tilde{K}_{Fix}$$

Das Ziel der folgenden Ausführungen wird es sein, Ansätze zur Bestimmung der Wahrscheinlichkeitsverteilung des Gewinns aus den bekannten bzw. leichter ermittelbaren stochastischen Eigenschaften der "primary variables" Menge, Preis und Kosten abzuleiten.[1] Im Rahmen dieser Ansätze wird zwischen mathematisch-statistischen Verfahren und der simulativen Risikoanalyse unterschieden.

α. Die mathematisch-statistischen Verfahren

α_1. Die Unterstellung von Standardverteilungen für die "primary variables"

Eine zumindest unter theoretischen Gesichtspunkten brauchbare Problemlösung erhält man, wenn den einzelnen die Zielkriteriumsvariable Gewinn beeinflussenden Faktoren eine bestimmte Wahrscheinlichkeitsverteilung unterstellt wird. Die auf diesem Weg erhaltene Lösung kann als Vergleichslösung für eher praxisorientierte Ansätze dienen.

---

1. Auf die Berücksichtigung von stochastisch abhängigen Größen wird im folgenden noch verzichtet. Die Auflösung dieser sehr strengen Annahme wird jedoch ein Gegenstand des vierten Kapitels sein. Vgl. hierzu die Ausführungen auf S. 235ff. dieser Arbeit.

α_{11}. Die Normalverteilungsannahme: Der traditionelle Lösungsweg

In der Pionierarbeit von Jaedicke und Robichek[1] gehen die beiden Verfasser von stochastisch unabhängigen und normalverteilten Zufallsvariablen aus:

$$x \sim N(\mu_x, \sigma_x^2); \quad p \sim N(\mu_p, \sigma_p^2); \quad k_v \sim N(\mu_{k_v}, \sigma_{k_v}^2); \quad K_{Fix} \sim N(\mu_{K_{Fix}}, \sigma_{K_{Fix}}^2)$$

Aufgrund dieser Annahmen lassen sich der Erwartungswert μ_G und die Varianz σ_G^2 der Zielkriteriumsvariablen Gewinn bestimmen. Hierzu sind lediglich die folgenden Beziehungen für zwei beliebige Zufallsvariablen z und w zu berücksichtigen:

$$\text{(III.2.5)} \quad \sigma_z^2 = E(z^2) - \mu_z^2$$

$$\text{(III.2.6)} \quad \sigma^2(w \pm z) = \sigma_w^2 + \sigma_z^2 \pm 2 \cdot \text{cov}(w,z)$$

$$\text{(III.2.7)} \quad \text{cov}(w,z) = E[(w - \mu_w) \cdot (z - \mu_z)]$$

Weiterhin gilt bei Vorliegen von unabhängigen Zufallsvariablen[2] w und z.

$$\text{(III.2.8)} \quad E(w^k \cdot z^l) = E(w^k) \cdot E(z^l)$$

Damit erhält man:

$$\mu_G = E[(p - k_v) \cdot x - K_{Fix}]$$

$$\text{(III.2.9)} \quad \mu_G = \mu_p \cdot \mu_x - \mu_{k_v} \cdot \mu_x - \mu_{K_{Fix}}$$

Für die Varianz des Gewinns ergibt sich:

$$\begin{aligned} \sigma_G^2 &= \sigma^2[(p - k_v) \cdot x - K_{Fix}] \\ &= \sigma^2[(p - k_v) \cdot x] + \sigma^2_{K_{Fix}} - 2 \cdot \text{cov}[(p - k_v) \cdot x, K_{Fix}] \end{aligned}$$

---

1. Vgl. JAEDICKE, Robert K.; ROBICHEK, Alexander A. (1964).
2. Vgl. KRICKEBERG, Klaus (1963), S. 76.

Aufgrund der unterstellten Unabhängigkeit der Zufallsvariablen ergibt sich der Kovarianzausdruck zu Null und man erhält:

$$\sigma_G^2 = \sigma^2(p\cdot x) + \sigma^2(k_v\cdot x) - 2\cdot cov(p\cdot x, k_v\cdot x) + \sigma_{K_{Fix}}^2$$

Da $cov(p\cdot x, k_v\cdot x) = E[[p\cdot x - E(p\cdot x)]\cdot[k_v\cdot x - E(k_v\cdot x)]]$

$$= E[p\cdot k_v\cdot x^2 - p\cdot x\cdot E(k_v\cdot x) - E(p\cdot x)\cdot k_v\cdot x + E(p\cdot x)\cdot E(k_v\cdot x)]$$

$$= \mu_p\cdot\mu_{k_v}\cdot E(x^2) - \mu_p\cdot\mu_{k_v}\cdot\mu_x^2 = \mu_p\cdot\mu_{k_v}\cdot\sigma_x^2,$$ folgt

$$\sigma_G^2 = \sigma^2(p\cdot x) + \sigma^2(k_v\cdot x) - 2\cdot\mu_p\cdot\mu_{k_v}\cdot\sigma_x^2 + \sigma_{K_{Fix}}^2$$

$$\sigma_G^2 = E(p^2\cdot x^2) - E^2(p\cdot x) + E(k_v^2\cdot x^2) - E^2(k_v\cdot x) - 2\cdot\mu_p\cdot\mu_{k_v}\cdot\sigma_x^2 + \sigma_{K_{Fix}}^2$$

$$\sigma_G^2 = E(x^2)\cdot[E(p^2) + E(k_v^2)] - \mu_x^2\cdot[\mu_p^2 + \mu_{k_v}^2] - 2\cdot\mu_p\cdot\mu_{k_v}\cdot\sigma_x^2 + \sigma_{K_{Fix}}^2$$

Unter Ausnutzung der Beziehung (III.2.5) erhält man schließlich:

$$\sigma_G^2 = E(x^2)\cdot[E(p^2) + E(k_v^2)] - [[E(x^2) - \sigma_x^2]\cdot(\mu_p^2 + \mu_{k_v}^2)] - 2\cdot\mu_p\cdot\mu_{k_v}\cdot\sigma_x^2 + \sigma_{K_{Fix}}^2$$

(III.2.10) $$\sigma_G^2 = E(x^2)\cdot[\sigma_p^2 + \sigma_{k_v}^2] + \sigma_x^2\cdot[\mu_p - \mu_{k_v}]^2 + \sigma_{K_{Fix}}^2$$

Der Erwartungswert und die Varianz der Zufallsvariablen Gewinn lassen sich somit auf einfache Weise errechnen. Jedoch ist die Folgerung von Jaedicke und Robichek nicht notwendigerweise erfüllt, daß aufgrund der Normalverteilungsannahme der "primary variables" die Zufallsvariable Gewinn ebenfalls normalverteilt ist.

Wenn auch die Summe von normalverteilten Zufallsvariablen wegen der Reproduktionseigenschaft der Normalverteilung wiederum normalverteilt ist, so gilt dies nicht für das Produkt normalverteilter Zufallsvariablen. D.h., die einfache Berechnung von μ_G und σ_G^2 führt zu keinem besonderen Informationsgewinn, wenn nicht auf andere Art und Weise die Normalverteilung des Gewinns gewährleistet werden kann.[1]

Auf diese Problematik haben in Verbindung mit der Break even - Analyse zum ersten Mal Ferrara, Hayya und Nachman aufmerksam gemacht.[2] Sie haben aber gleichzeitig unter Berücksichtigung der Theoreme von Craig[3] und Aroian[4] einen möglichen Ausweg aus diesem Dilemma gezeigt.

Nach Craig ist die Verteilung des Produkts zweier normalverteilter Zufallsvariablen z und w als Funktion des Korrelationskoeffizienten $\rho_{w,z}$ und der beiden Variationskoeffizienten $VK_w = \sigma_w/\mu_w$ bzw. $VK_z = \sigma_z/\mu_z$ darstellbar. Aroian hat wiederum gezeigt, daß die Verteilung des Produkts zweier normalverteilter Zufallsvariablen näherungsweise einer Normalverteilung genügt, wenn die Variationskoeffizienten gegen Null streben bzw. exakt einer Normalverteilung gehorcht, wenn einer der Variationskoeffizienten den Wert Null aufweist.[5]

Ferrara, Hayya und Nachman haben sich schließlich mit der Frage beschäftigt, wie klein die Variationskoeffizienten sein müssen, um die Annahme einer Normalverteilung nicht zu verwerfen. Hierzu sind die Verfasser von vorgegebenen Erwartungswerten (bzw. von vorgegebenen Varianzen) der Zufallsvariablen Absatzmenge x und Stückdeckungsbeitrag d ausgegangen und haben die dazugehöri-Varianzen (bzw. Erwartungswerte) variiert. Als Ergebnis erhalten sie im Rah-

---

1. Eine triviale Lösungsmöglichkeit, der hier jedoch nicht gefolgt werden soll, besteht darin, die Absatzmenge als deterministisch anzusetzen. In diesem Fall tritt der angesprochene Multiplikationseffekt der Zufallsvariablen nicht auf.
2. Vgl. FERRARA, William L.; HAYYA, Jack C.; NACHMAN, David A. (1972).
3. Vgl. CRAIG, Cecil C. (1936).
4. Vgl. AROIAN, Leo A. (1947).
5. Die Gültigkeit des letzten Teils der Aussage liegt auf der Hand, da eine Zufallsvariable mit einem Wert von Null des dazugehörigen Variationskoeffizienten eine Konstante im statistischen Sinn darstellt und das Produkt dieser Konstanten mit einer normalverteilten Zufallsvariablen wieder normalverteilt ist.

men beider Vorgehensweisen eine Reihe unterschiedlicher Variationskoeffizienten für jede der Zufallsvariablen d und x, die sie schließlich beliebig miteinander kombinieren. Jede Kombination der Variationskoeffizienten spezifiziert damit auch die Verteilungen der beiden Zufallsvariablen d und x.

Schließlich haben sie mittels der Monte Carlo - Methode für jede Kombination der beiden Variationskoeffizienten n' = 500 Ziehungen der d- und x-Werte durchgeführt und erhielten somit je 500 Werte des interessierenden Produkts $d \cdot x$.

Zur Normalverteilungsprüfung haben die Verfasser schließlich den χ^2 - Test benutzt. Hierzu wurden die $d \cdot x$-Werte in 10 (i=1,...,10) Klassen eingeteilt und die aus dem Simulationsvorgang erhaltenen beobachteten Häufigkeiten f_i der $d \cdot x$-Werte den einzelnen Klassen zugeordnet, um schließlich die Teststatistik zu bestimmen:

$$\chi^2 = \sum_{i=1}^{10} \frac{(f_i - T_i)^2}{T_i}$$

f_i: beobachtete Häufigkeiten der Klasse i

T_i: theoretische Häufigkeiten (hier: der Normalverteilung) der Klasse i

Das Ergebnis ihrer Untersuchung manifestierte sich in der sogenannten 12%-Regel, nach der man für ein Signifikanzniveau von $\alpha = 0{,}05$ von der Normalverteilung des Produkts zweier normalverteilter Zufallsvariablen ausgehen kann, wenn die Summe der Variationskoeffizienten die 12%-Grenze nicht übersteigt.

Es soll an dieser Stelle jedoch nicht verschwiegen werden, daß die Vorgehensweise von Ferrara, Hayya und Nachman sehr kritisch beurteilt werden sollte. Kottas und Lau kritisierten vor allem die Verwendung des χ^2-Tests in Verbindung mit einem zu kleinem Stichprobenumfang.[1]

Wichtiger erscheint jedoch eine Kritik an der grundsätzlichen Vorgehensweise

---

1. Vgl. KOTTAS, John F.; LAU, Hon-Shiang (1978) und zu einer Replik FERRARA, William L.; HAYYA, Jack C.; SANIGA, Erwin M. (1978).

der Untersuchung. So kann es kein befriedigendes Verfahren sein, eine Variation der Variationskoeffizienten bei jeweils festen Erwartungswerten bzw. festen Varianzen herbeizuführen. Zudem ist das Ergebnis der Untersuchung an einen fest vorgegebenen Datensatz gebunden. Beispielsweise kam Hirata, aufbauend auf einem modifizierten Datensatz, in einer weiteren Untersuchung zu einer kritischen Grenze von 10% für die Summe der Variationskoeffizienten.[1] Weiterhin stützen sich die Untersuchungen auf ein sachlich nicht begründetes vorgegebenes Signifikanzniveau von $\alpha = 0{,}05$. Falls eine sachliche Begründung nicht möglich ist, wovon man ausgehen kann, sollte die beschriebene Prozedur zumindest für mehrere alternative Signifikanzniveaus durchgeführt werden.

Die 12%-Regel ist somit nicht mehr als eine Faustregel, die damit aber durchaus ihren Wert besitzt.

Neben den bisher angesprochenen Problemen bei Unterstellung normalverteilter Zufallsvariablen kritisieren viele Verfasser die Normalverteilungsannahme der "primary variables" wegen der damit verbundenen möglichen Negativität der Zufallsvariablen und der symmetrischen Verteilung um den Erwartungswert. Wie aber an anderer Stelle schon erwähnt, stellt die Normalverteilungsannahme keine notwendige Bedingung dar, sondern dient lediglich der Rechenerleichterung. Zudem ist die Nichtnegativität in den Fällen gewährleistet, für die $\mu > 3\sigma$ gilt. Ob dagegen eine symmetrische Verteilung angebracht ist, muß im Einzelfall geprüft werden.[2]

α_{12}. Die Lognormalverteilungsannahme: Ausweg oder Irrweg?

Hilliard und Leitch abstrahieren in ihren Ansätzen[3] von der Annahme der Normalverteilung und betrachten in der Bestimmungsgleichung

$$\text{(III.2.11)} \qquad \tilde{G} = \widetilde{(p-k_v)}\cdot\tilde{x} - K_{Fix} = \tilde{d}\cdot\tilde{x} - K_{Fix}$$

die beiden Zufallsvariablen d und x als lognormalverteilt[4], während sie die Fixkosten als deterministisch ansehen.

---

1. Vgl. HIRATA, Masatoshi (1979).
2. Vgl. hierzu die Ausführungen auf S. 202f.
3. Vgl. HILLIARD, Jimmy E.; LEITCH, Robert A. (1975) und (1976).
4. Man spricht von einer lognormalverteilten Zufallsvariablen z, wenn ln z normalverteilt ist.

Es gilt demnach:

$$\ln d \sim N[E(\ln d),\sigma^2(\ln d)]$$

$$\ln x \sim N[E(\ln x),\sigma^2(\ln x)]$$

Im Gegensatz zu normalverteilten Zufallsvariablen gilt nun, daß das Produkt zweier lognormalverteilter Zufallsvariablen ebenfalls lognormalverteilt ist, d.h.

$$\ln DB = \ln(d\cdot x) \sim N[E[\ln(d\cdot x)],\sigma^2[\ln(d\cdot x)]]$$

bzw. wegen der angenommenen Unabhängigkeit

$$\ln DB \sim N[E(\ln d) + E(\ln x),\sigma^2(\ln d) + \sigma^2(\ln x)]$$

Für die Parameter einer beliebigen lognormalverteilten Zufallsvariablen z erhält man andererseits:[1]

$$\text{(III.2.12)} \quad \mu_z = e^{E(\ln z) + \frac{1}{2}\cdot\sigma^2(\ln z)}$$

$$\text{(III.2.13)} \quad \sigma_z^2 = e^{2\cdot E(\ln z) + \sigma^2(\ln z)} \cdot \left[e^{\sigma^2(\ln z)} - 1\right]$$

Löst man diese beiden Beziehungen nach den Größen E(ln z) und σ^2(ln z), so erhält man:

$$\text{(III.2.14)} \quad E(\ln z) = \ln\left[\frac{\mu_z^2}{\sqrt{E(z^2)}}\right]$$

$$\text{(III.2.15)} \quad \sigma^2(\ln z) = \ln\left[\frac{\sigma_z^2}{\mu_z^2} + 1\right]$$

1. Vgl. u.a. KENDALL, Maurice G.; STUART, Alan (1963), S. 169. PATEL, Jagdish K.; READ, Campbell B. (1982), S. 24.

Damit erhält man:

$$\text{(III.2.16)}\quad E(\ln DB) = E(\ln d) + E(\ln x) = \ln\left[\frac{\mu_d^2}{\sqrt{E(d^2)}}\right] + \ln\left[\frac{\mu_x^2}{\sqrt{E(x^2)}}\right]$$

$$=: \ln d' + \ln x'$$

$$\text{(III.2.17)}\quad \sigma^2(\ln DB) = \sigma^2(\ln d) + \sigma^2(\ln x) = \ln\left[\frac{\sigma_d^2}{\mu_d^2} + 1\right] + \ln\left[\frac{\sigma_x^2}{\mu_x^2} + 1\right]$$

$$=: \ln d'' + \ln x''$$

Setzt man die Ausdrücke (III.2.16) und (III.2.17) in (III.2.12) ein, so erhält man:

$$\mu_{DB} = e^{\ln d' + \ln x' + \frac{1}{2}\cdot\ln d'' + \frac{1}{2}\cdot\ln x''} = d'\cdot x'\cdot\sqrt{d''}\cdot\sqrt{x''}$$

$$= \frac{\mu_d^2\cdot\mu_x^2}{\sqrt{E(d^2)\cdot E(x^2)}}\cdot\sqrt{\frac{\sigma_d^2\cdot\sigma_x^2 + \sigma_d^2\cdot\mu_x^2 + \sigma_x^2\cdot\mu_d^2 + \mu_d^2\cdot\mu_x^2}{\mu_d^2\cdot\mu_x^2}}$$

$$= \frac{\sqrt{\mu_d^2\cdot\mu_x^2}}{\sqrt{E(d^2)\cdot E(x^2)}}\cdot\sqrt{\sigma_x^2[\sigma_d^2+\mu_d^2] + \mu_x^2[\sigma_d^2+\mu_d^2]}$$

$$\text{(III.2.18)}\quad \mu_{DB} = \frac{\mu_d\cdot\mu_x}{\sqrt{E(d^2)\cdot E(x^2)}}\cdot\sqrt{E(d^2)\cdot E(x^2)} = \mu_d\cdot\mu_x \quad \text{und damit}$$

$$\text{(III.2.19)}\quad \mu_G = \mu_d\cdot\mu_x - K_{Fix}$$

Für die Varianz des Deckungsbeitrages gilt in Analogie zu (III.2.15) folgende

Beziehung:

$$\ln\left[\frac{\sigma_{DB}^2}{\mu_{DB}^2} + 1\right] = \sigma^2(\ln DB) \qquad \text{bzw.}$$

$$\frac{\sigma_{DB}^2}{\mu_{DB}^2} + 1 = e^{\sigma^2(\ln DB)} \qquad \text{und unter Berücksichtigung von (III.2.17)}$$

$$= \left[\frac{\sigma_d^2}{\mu_d^2} + 1\right] \cdot \left[\frac{\sigma_x^2}{\mu_x^2} + 1\right] \qquad \text{und damit}$$

$$\sigma_{DB}^2 = \mu_{DB}^2 \cdot \left[\frac{\sigma_d^2 \cdot \sigma_x^2}{\mu_d^2 \cdot \mu_x^2} + \frac{\sigma_d^2}{\mu_d^2} + \frac{\sigma_x^2}{\mu_x^2}\right]$$

Wegen $\mu_{DB}^2 = \mu_d^2 \cdot \mu_x^2$ ergibt sich somit:

(III.2.20) $$\sigma_{DB}^2 = \sigma_d^2 \cdot \sigma_x^2 + \mu_x^2 \cdot \sigma_d^2 + \mu_d^2 \cdot \sigma_x^2$$

Da zudem bei diesem Ansatz K_{Fix} als deterministisch angenommen wird, gilt:

(III.2.21) $$\sigma_G^2 = \sigma_{DB}^2$$

Mittels des Ansatzes von Hilliard und Leitch ist es demnach ohne größere Schwierigkeiten möglich, die Wahrscheinlichkeitsverteilung des Gewinns zu bestimmen, da die bei der Normalverteilungsannahme auftretenden Multiplikationseffekte bei diesem Ansatz nicht in Erscheinung treten. Darüber hinaus wird durch die Lognormalverteilungsannahme automatisch gewährleistet, daß keine negativen Mengen und keine negativen Stückdeckungsbeiträge auftreten. Dieser Ansatz vermeidet auch die von vielen Autoren kritisierte Annahme der symmetrischen Verteilung der Zufallsvariablen, da die Lognormalverteilung von linkssteiler Gestalt ist. Sie wird dabei um so rechtsschiefer, je größer der korrespondierende Variationskoeffizient ist. Da gerade bei großen Werten des Variationskoeffizienten die 12%-Regel nicht mehr greift, scheint in diesem Fall die Lognormalverteilungsannahme in der Tat eine sinnvolle Alternative zu sein.

Der angesprochene Zusammenhang zwischen Schiefe und Größe des Variationskoeffizienten läßt sich dabei folgendermaßen zeigen:
Als Schiefemaß wird das in der Literatur übliche normierte dritte Moment benutzt

$$\text{(III.2.22)} \qquad SK(z) = \frac{\mu_3(z)}{\sigma_z^3}$$

Da[1]

$$\mu_3(z) = e^{\frac{3}{2}\cdot\sigma^2(\ln z) + 3\cdot E(\ln z)} \cdot \left[e^{\sigma^2(\ln z)} - 1\right]^2 \cdot \left[e^{\sigma^2(\ln z)} + 2\right]$$

folgt unter Berücksichtigung von (III.2.13)

$$\alpha_1(z) = \frac{e^{\frac{3}{2}\cdot\sigma^2(\ln z)+3\cdot E(\ln z)} \cdot \left[e^{\sigma^2(\ln z)} - 1\right]^2 \cdot \left[e^{\sigma^2(\ln z)} + 2\right]}{e^{\frac{3}{2}\cdot\sigma^2(\ln z)+3\cdot E(\ln z)} \cdot \left[e^{\sigma^2(\ln z)} - 1\right]^{\frac{3}{2}}}$$

$$= \left[e^{\sigma^2(\ln z)} - 1\right]^{\frac{1}{2}} \cdot \left[e^{\sigma^2(\ln z)} + 2\right]$$

Für den Variationskoeffizienten gilt andererseits unter Berücksichtigung von (III.2.12) und (III.2. 13):

$$VK_z = \frac{\sigma_z}{\mu_z} = \left[e^{\sigma^2(\ln z)} - 1\right]^{\frac{1}{2}} \qquad \text{und damit}$$

1. Vgl. KENDALL, Maurice G.; STUART, Alan (1961), S. 169.

$$\text{(III.2.23)} \quad SK(z) = VK_z \cdot (VK_z^2 + 3)$$

Neben den erwähnten Vorteilen weist die Vorgehensweise nach Hilliard und Leitch jedoch auch einige grundsätzliche Mängel auf.

Besonders kritisch ist die Unterstellung von deterministischen Fixkosten zu bewerten, da hierdurch eine nicht zu rechtfertigende Einschränkung der Allgemeinheit des Break even - Modells erfolgt. Würde man andererseits auf diese einschränkende Annahme verzichten, so entsteht in Analogie zum Multiplikationseffekt unter Normalverteilungsannahme bei diesem Ansatz ein Additionseffekt, da die Summe lognormalverteilter Zufallsvariablen nicht notwendigerweise wieder lognormalverteilt ist.

Ein weiterer Nachteil besteht darin, daß aus der Lognormalverteilungsannahme des Stückdeckungsbeitrags $d = p - k_v$ nicht auf die Verteilung der Zufallsvariablen p und k_v geschlossen werden kann.

Ebenso kritisch wie die Unterstellung einer symmetrischen Verteilung ist auch die Annahme einer rechtsschiefen Verteilung zu bewerten. Aus der Beziehung (III.2.23) wird außerdem deutlich, daß ein größerer Ungewißheitsgrad hinsichtlich der Verteilung - ausgedrückt durch den Variationskoeffizienten bzw. die Standardabweichung - mit einer schieferen Verteilung verbunden ist. Dies ist eine in sachlicher Hinsicht kaum zu rechtfertigende Eigenart der Lognormalverteilung.

Als Fazit kann festgehalten werden, daß die Lognormalverteilung gegenüber der Normalverteilung mit eher noch restringenteren Annahmen verbunden ist und zudem der bei der Normalverteilungsannahme kritisierte Multiplikationseffekt bei dieser Vorgehensweise lediglich auf eine andere Ebene - es entsteht ein Additionseffekt - verschoben wird.

α_2. Die Anwendung von Tschebyscheff-Ungleichungen: Ein nichtparametrischer Lösungsweg

Um die mit der Unterstellung von Standardverteilungen verbundene Gefahr von unrealistischen Annahmen und von mathematischen Inkonsistenzen zu vermeiden, verzichten manche Autoren[1] auf eine Verteilungsannahme und bestimmen über noch darzustellende Ungleichungen vom Tschebyscheff-Typ die Mindestwahrscheinlichkeit, mit der die Zufallsvariable Gewinn um nicht mehr als einen bestimmten Betrag von dem Erwartungswert des Gewinns abweicht.

Buzby[2] verwendet dabei je nach zugrundeliegendem Informationsstand drei verschieden Typen von Tschebyscheff-Ungleichungen:

- die fundamentale Bienaymé-Tschebyscheff-Ungleichung erfordert lediglich lich die Kenntnis des (endlichen) Erwartungswertes und der (endlichen) Varianz[3], um Wahrscheinlichkeitsaussagen der oben angesprochenen Art zu machen:

$$(III.2.24) \qquad P(|G - \mu_G| \leqq \varepsilon) \geqq 1 - \frac{\sigma_G^2}{\varepsilon^2} \qquad \text{bzw. für} \quad \varepsilon = v \cdot \sigma_G$$

$$(III.2.25) \qquad P(|G - \mu_G| \leqq v \cdot \sigma_G) \geqq 1 - \frac{1}{v^2} \qquad (\text{für } v \geqq 1)$$

Mit Hilfe obiger Ungleichung kann man die Verlustwahrscheinlichkeit, die bei diesen Ansätzen in der Regel als Risikomaß benutzt wird, wie folgt berechnen:

$$P(\mu_G - v \cdot \sigma_G \leqq G \leqq \mu_G + v \cdot \sigma_G) \geqq 1 - \frac{1}{v^2} \qquad (v \geqq 1)$$

$$P(\mu_G - v \cdot \sigma_G \leqq G \leqq + \infty) \geqq 1 - \frac{1}{v^2} \qquad (v \geqq 1)$$

---

1. Vgl. BUZBY, Stephen L. (1974). JOHNSON, Glenn L.; SIMIK, Stephen S. (1974)
2. Vgl. BUZBY, Stephen L. (1974), S. 46-48.
3. Johnson und Simik hingegen gehen von einer bekannten Spannweite aus, die sie dann jedoch zur Berechnung einer Obergrenze für die Varianz heranziehen. Vgl. JOHNSON, Glenn L.; SIMIK, Stephen S. (1974), S. 74f.

Um eine Aussage für G ≧ 0 zu erhalten, wird $v = \mu_G/\sigma_G$ gesetzt, und man erhält:

$$P(G \geqq 0) \geqq 1 - \frac{\sigma_G^2}{\mu_G^2} \qquad (\text{für } \mu_G \geqq \sigma_G) \quad \text{bzw.}$$

$$(III.2.26) \qquad P(G < 0) \leqq \frac{\sigma_G^2}{\mu_G^2} \qquad (\text{für } \mu_G \geqq \sigma_G)$$

Eine solche Vorgehensweise zur Bestimmung der Verlustwahrscheinlichkeit ist jedoch mit erheblichen Nachteilen verbunden. So stellt die über (III.2.26) bestimmte Verlustwahrscheinlichkeit lediglich eine äußerst ungenaue Obergrenze für die zugrundeliegende unbekannte Verteilung dar. Daß die so angegebene Obergrenze unrealistisch hoch ist, kann man letztendlich darauf zurückführen, daß die Bienaymé-Tschebyscheff-Ungleichung für alle Verteilungen Gültigkeit hat.

Noch ungeeigneter wird das Verfahren, wenn man bedenkt, daß für das in dieser Arbeit präferierte Risikomaß der erwarteten Ungewißheitskosten die gesamte Wahrscheinlichkeitsverteilung des Gewinns unter dem kritischen Punkt G = 0 bekannt sein muß.

Zudem ist es mit diesem Verfahren nicht möglich, Wahrscheinlichkeitsaussagen innerhalb des $1\sigma_G$-Bereichs um μ_G bestimmen, da die Bienaymé-Tschebyscheff-Ungleichung nur für $v \geqq 1$ Gültigkeit hat.

- Besitzt der Entscheidungsträger zusätzliche Informationen über die Verteilung hinsichtlich ihrer Schiefe, so kann bei Vorliegen einer unimodalen, stetigen Verteilung die schwächere Bienaymé-Tschebyscheff-Ungleichung durch die Gauss-Camp-Meidell-Ungleichung ersetzt werden[1]:

$$(III.2.27) \qquad P(|G - \mu_G| \leqq v \cdot \sigma_G) \geqq 1 - \frac{4}{9} \cdot \left[\frac{1 + s^2}{(v - s)^2}\right] \qquad \text{mit}$$

1. Vgl. GODWIN, H.J. (1955). BUZBY, Stephen L. (1974), S. 48. HAYYA, Jack; FERRARA, William; SANIGA, Erwin (1975), S. 828.

$$s = \frac{\mu_G - G_{Mod}}{\sigma}$$ als Pearsonsches Schiefemaß[1] und

G_{Mod}: Modalwert (Modus) der Verteilung

$$\text{u.d.N.} \quad 0 \leqq 1 - \frac{4}{9} \cdot \left[\frac{1 + s^2}{(v - s)^2} \right] \leqq 1 \qquad \text{bzw.}$$

$$v \geqq s + \frac{2}{3} \cdot \sqrt{1 + s^2}$$

- Für den Spezialfall einer symmetrischen Verteilung[2] ergibt sich:

$$\text{(III.2.28)} \qquad P(|G - \mu_G| \leqq v \cdot \sigma_G) \geqq 1 - \frac{4}{9v^2} \qquad (\text{für } v \geqq \tfrac{2}{3})$$

Die Untergrenzen werden bei den Gauss-Camp-Meidell-Ungleichungen wegen der anspruchsvolleren Informationsgrundlage präziser, aber auch hier sind Wahrscheinlichkeitsaussagen nicht für alle σ-Bereiche möglich.
Dies gelingt selbst dann nicht, wenn man die im Vergleich zur Normalverteilungsannahme kaum weniger strenge Annahme einer symmetrischen Verteilung trifft ($v \geqq 2/3$).

Zusammenfassend kann festgehalten werden, daß diese nichtparametrische Vorgehensweise wegen den damit verbundenen Ungenauigkeiten kaum sinnvoll erscheint.

---

1. Das Pearsonsche Schiefemaß beruht auf der Lageregel für Mittelwerte, nach der bei rechtsschiefen (linksschiefen) Verteilungen der extremwertabhängige Erwartungswert größer (kleiner) als der Modus ist.
2. Es ist zu beachten, daß eine symmetrische Verteilung für s einen Wert von Null impliziert. Die Umkehrung gilt jedoch nicht.

α_3. Die 4 Momente - Methode

Ein interessanter neuerer analytischer Ansatz geht auf Kottas, Lau und Lau zurück[1], die auf einer früheren Arbeit von Starr und Tapiero aufbauend[2] über die ersten vier Momente der "primary variables" Menge, Preis und Kosten die ersten vier Momente der Zielkriteriumsvariablen Gewinn ableiten, um schließlich unter Ausnutzung des Systems von Pearson[3], die Wahrscheinlichkeitsverteilung des Gewinns zu bestimmen.

Der Vorteil dieses Verfahrens besteht darin, daß keinerlei Verteilungsannahmen notwendig sind und daß es gegenüber den Ungleichungen vom Tschebyscheff-Typ viel genauer ist. Dieser Vorteil wird andererseits aber wieder durch die Notwendigkeit eines anspruchsvolleren Dateninputs erkauft, wobei vor allem die Bestimmung der dritten und vierten Momente als Grundlage eines Schiefe- und Wölbungsmaßes bei Nichtvorhandensein repräsentativer Vergangenheitsdaten mit Schwierigkeiten verbunden sein dürfte.

Zum weiteren Verständnis der 4 Momente - Methode sind folgende Beziehungen notwendig:

(III.2.29) $E(x) = \mu_x$ Erwartungswert

(III.2.30) $\mu_n(x) = E[x - \mu_x]^n$ n. zentrales Moment von x (n=0,1,...)

$$\text{mit } \mu_0(x) = 1$$

$$\mu_1(x) = 0$$

(III.2.31) $\mu_{mn}(x,y) = E[(x - \mu_x)^m \cdot (y - \mu_y)^n]$ gemischte Momente (n=0,1,...) (m=0,1,..)

wobei im Fall der Unabhängigkeit für die gemischten Momente gilt:

---

1. Vgl. KOTTAS, John F.; LAU, Amy Hing-Ling; LAU, Hon-Shiang (1978). Zur 4 Momente - Methode unter Berücksichtigung der Abhängigkeiten zwischen den Variablen über Kovarianzen vgl. KOTTAS, John F.; LAU, Hon-Shiang (1978b) und KOTTAS, John F.; LAU, Hon-Shiang (1980), S. 281/282.
2. Vgl. STARR, Martin K.; TAPIERO, Charles S. (1975), S. 851ff.
3. Vgl. die Ausführungen auf S. 204ff.

(III.2.32) $\mu_{mn}(x,y) = E(x - \mu_x)^m \cdot E(y - \mu_y)^n$

Für die im Rahmen der Break even - Analyse benötigten zentralen Momente der Summe und des Produkts von Zufallsvariablen gelten folgende momentenerzeugende Funktionen:[1]

(III.2.33) $$\mu_n(x \overset{+}{\underset{(-)}{}} y) = \sum_{i=0}^{n} (\overset{+}{\underset{(-)}{}}1)^{n-i} \cdot {}_nC_i \cdot \mu_{i,n-i}(x,y)$$

$$\text{mit} \quad {}_nC_i = \binom{n}{i} = \frac{n!}{i!(n-i)!}$$

(III.2.34) $$\mu_n(x \cdot y) = \sum_{i=0}^{n} \sum_{j=0}^{n-i} \sum_{k=0}^{n-i-j} {}_nC_{ijk} \cdot \mu_y^i \cdot \mu_x^j \cdot \mu_{i+k,j+k}(x,y) \cdot (-\mu_{11})^{n-i-j-k}$$

$$\text{mit} \quad {}_nC_{ijk} = \frac{n!}{i!j!k!(n-i-j-k)!}$$

Unter der Voraussetzung unabhängiger Zufallsvariablen erhält man somit:[2]

(III.2.35) $\mu(x \overset{+}{\underset{(-)}{}} y) = \mu_x \overset{+}{\underset{(-)}{}} \mu_y$

(III.2.36) $\mu_2(x \overset{+}{\underset{(-)}{}} y) = \mu_2(x) + \mu_2(y)$

(III.2.37) $\mu_3(x \overset{+}{\underset{(-)}{}} y) = \mu_3(x) \overset{+}{\underset{(-)}{}} \mu_3(y)$

(III.2.38) $\mu_4(x \overset{+}{\underset{(-)}{}} y) = \mu_4(x) + 6\mu_2(x) \cdot \mu_2(y) + \mu_4(y)$

---

1. Vgl. KOTTAS, John F.; LAU, Hon-Shiang (1980), S. 281.
2. Vgl. KOTTAS, John F.; LAU, Amy Hing-Ling; LAU, Hon-Shiang (1978), S. 393/394.

(III.2.39) $\mu(x \cdot y) = \mu_x \cdot \mu_y$

(III.2.40) $\mu_2(x \cdot y) = \mu_x^2 \cdot \mu_2(y) + \mu_y^2 \cdot \mu_2(x) + \mu_2(x) \cdot \mu_2(y)$

(III.2.41) $\mu_3(x \cdot y) = \mu_y^3 \cdot \mu_3(x) + \mu_x^3 \cdot \mu_3(y) + \mu_3(x) \cdot \mu_3(y) + 3\mu_y \cdot \mu_3(x) \cdot \mu_2(y)$
$+ 3\mu_x \cdot \mu_2(x) \cdot \mu_3(y) + 6\mu_x \cdot \mu_y \cdot \mu_2(x) \cdot \mu_2(y)$

(III.2.42) $\mu_4(x \cdot y) = \mu_4(y) \cdot \mu_4(x) + \mu_y^4 \cdot \mu_4(x) + \mu_x^4 \cdot \mu_4(y)$
$+ 4\mu_y \cdot \mu_4(x) \cdot \mu_3(y) + 4\mu_x \cdot \mu_3(x) \cdot \mu_4(y)$
$+ 6\mu_x^2 \cdot \mu_y^2 \cdot \mu_2(x) \cdot \mu_2(y) + 6\mu_y^2 \cdot \mu_4(x) \cdot \mu_2(y)$
$+ 6\mu_x^2 \cdot \mu_2(x) \cdot \mu_4(y) + 12\mu_x \cdot \mu_y^2 \cdot \mu_3(x) \cdot \mu_2(y)$
$+ 12 \cdot \mu_x^2 \cdot \mu_y \cdot \mu_2(x) \cdot \mu_3(y) + 12 \cdot \mu_x \cdot \mu_y \cdot \mu_3(x) \cdot \mu_3(y)$

Unter Berücksichtigung dieser Ausdrücke erhält man für die Momente der Zielkriteriumsvariablen Gewinn im Break even - Modell:[1]

(III.2.43) $\mu_G = \mu_{DB} - \mu_{K_{Fix}} = \mu_{d \cdot x} - \mu_{K_{Fix}} = \mu_d \cdot \mu_x - \mu_{K_{Fix}}$

(III.2.44) $\mu_2(G) = \mu_2(d) \cdot [\mu_x^2 + \mu_2(x)] + \mu_2(x) \cdot \mu_d^2 + \mu_2(K_{Fix})$

(III.2.45) $\mu_3(G) = \mu_3(d) \cdot [\mu_3(x) + 3\mu_x \cdot \mu_2(x) + \mu_x^3]$
$+ \mu_2(d) \cdot \mu_d \cdot [3\mu_3(x) + 6\mu_x \cdot \mu_2(x)]$
$+ \mu_d^3 \cdot \mu_3(x) - \mu_3(K_{Fix})$

---

1. Die Darstellung der beiden ersten Momente - jedoch unter Berücksichtigung von Abhängigkeiten zwischen den Variablen - findet man auch bei STARR, Martin K.; TAPIERO, Charles S. (1975), S. 853.

$$(III.2.46) \quad \mu_4(G) = \mu_4(d)\cdot[\mu_4(x) + 4\mu_3(x)\cdot\mu_x + 6\mu_2(x)\cdot\mu_x^2 + \mu_x^4]$$
$$+4\mu_3(d)\cdot\mu_d\cdot[\mu_4(x) + 3\mu_3(x)\cdot\mu_x + 3\mu_2(x)\cdot\mu_x^2]$$
$$+ 6\mu_2(d)\cdot[\mu_d^2\cdot[\mu_4(x) + 2\mu_3(x)\mu_x + \mu_2(x)\cdot\mu_x^2] + [\mu_2(x) + \mu_x^2]\cdot\mu_2(K_{Fix})]$$
$$+ \mu_d^4\cdot\mu_4(x) + 6\mu_d^2\cdot\mu_2(K_{Fix})\cdot\mu_2(x) + \mu_4(K_{Fix})$$

wobei:

$$(III.2.47) \quad \mu_d = \mu_p - \mu_{k_v}$$

$$(III.2.48) \quad \mu_2(d) = \mu_2(p) + \mu_2(k_v)$$

$$(III.2.49) \quad \mu_3(d) = \mu_3(p) - \mu_3(k_v)$$

$$(III.2.50) \quad \mu_4(d) = \mu_4(p) + 6\mu_2(p)\cdot\mu_2(k_v) + \mu_4(k_v)$$

Die Kenntnis dieser vier Momente erlaubt es, über das System von Pearson-Funktionen die Dichtefunktion der Zufallsvariablen Gewinn zu bestimmen. Damit ist man wiederum in der Lage, neben dem Gewinnerwartungswert die erwarteten Kosten der Ungewißheit zu bestimmen.

Dieser Ansatz weist gegenüber den bisher vorgestellten Ansätzen eine Reihe von entscheidenden Vorteilen auf:

- Der Ansatz ist als realitätsnah anzusehen, da keine Verteilungsannahmen zu treffen sind.

- Zudem ist allein die Kenntnis des Erwartungswertes und der zweiten bis vierten zentralen Momente der Zufallsvariablen Menge, Preis und Kosten notwendig.

- Die 4 Momente - Methode erlaubt ohne größere rechentechnische Schwierigkeiten die exakte Bestimmung der korrespondierenden Momente der Zielkriteriumsvariablen Gewinn.

Andererseits liegt die Problematik dieser Methode in der hinreichend genauen Bestimmung des Dateninputs, vor allem der dritten und vierten zentralen Momente als Grundlage eines Schiefe- und Wölbungsmaßes sowie in der damit verbundenen Festlegung des geeigneten Pearson-Typs.[1]

Liao verbindet schließlich die 4 Momente - Methode mit dem im nächsten Abschnitt zu beschreibenden Monte Carlo - Simulationsansatz.[2] Ausgehend von gegebenen Dichtefunktionen[3] für x, p, k_V und K_{Fix} bestimmt er in einem ersten kleineren Simulationslauf die Standardabweichung des Gewinns s_G. Diesen Wert benutzt er zur Festlegung des Stichprobenumfangs, der zur Schätzung des Gewinnerwartungswertes für ein vorgegebenes Signifikanzniveau α und einen vorgegebenen Genauigkeitsgrad e_o $[n \geq (z_o \cdot s_G/e_o)^2]$ notwendig ist.[4] Der auf diese Weise bestimmte Stichprobenumfang ist schließlich Grundlage eines weiteren umfangreicheren Simulationslaufes, dessen Ergebnis wiederum zur Bestimmung der benötigten Momente der Zielkriteriumsvariablen Gewinn dient. Daran anschließend kann die Bestimmung der Dichtefunktion dieser Variablen mittels des Systems von Pearson-Funktionen erfolgen.

Die Vorgehensweise von Liao ist jedoch bei vorgegebenen Wahrscheinlichkeitsverteilungen und damit bekannten Momenten der "primary variables" nicht sinnvoll, da durch die Benutzung von durch die Monte Carlo - Simulation bestimmten Momenten ein Stichprobenfehler hinzukommt, der von der Stichprobengröße abhängt und bei den zentralen Momenten dritter und vierter Ordnung besonders hoch ausfällt.[5]

Der Ansatz von Liao stellt andererseits aber den Übergang zu der "direkten Simulation" (simulative Risikoanalyse) dar, die in der Regel unter alleiniger Ausnutzung der Monte Carlo - Simulationstechnik die Dichtefunktion der Zielkriteriumsvariablen Gewinn bestimmt.

---

1. Der von Driscoll, Lin und Watkins geäußerten Ansicht, daß diese Methode unabhängige Zufallsvariablen voraussetze, kann jedoch nicht gefolgt werden. Vgl. DRISCOLL, Donna A.; LIN, Thomas W.; WATKINS, Paul R. (1984), S.89.
2. Vgl. LIAO, Mawsen (1975).
3. Zum einen benutzt Liao das bekannte Jaedicke-Robichek-Modell mit normalverteilten unabhängigen Zufallsvariablen und andererseits in einem zweiten Beispiel eine gammaverteilte Absatzmenge, normalverteilte Fixkosten sowie funktionale Abhängigkeiten in Form einer Preisabsatz- und einer Kostenfunktion. Vgl. LIAO, Mawsen (1975), S. 781 und 786.
4. Für hinreichend großen ersten Simulationslauf genügt der so ermittelte Mittelwert $\bar{G}$ nach dem Zentralen Grenzwertsatz einer Normalverteilung, so daß man z_o bei vorgegebenem α aus der Normalverteilungstabelle bestimmen kann. Vgl. LEINER, Bernd (1985), S. 46/47.
5. Die Auswirkungen dieses Stichprobenfehlers im Rahmen des Jaedicke-Robicheks-Modells werden in eindringlicher Weise von Kottas und Lau aufgezeigt. Vgl. KOTTAS, John F.; LAU, Hon-Shiang (1978c), S. 702-704.

β. Die simulative Risikoanalyse

Die simulative Risikoanalyse ist ein äußerst flexibles Verfahren[1] zur Schätzung der Wahrscheinlichkeitsverteilung der Zielkriteriumsvariablen Gewinn, da keinerlei Annahmen über die Form der Verteilung zu treffen sind und zudem die Auswahlproblematik einer Klasse von Dichtefunktionen entfällt, wie es im Rahmen der 4 Momente - Methode der Fall ist. Darüber hinaus sind auch mit diesem Verfahren Abhängigkeiten zwischen den einzelnen Variablen berücksichtigbar, auch wenn sich dadurch der Schätzaufwand aufgrund der dann notwendigen bedingten Wahrscheinlichkeitsverteilungen drastisch erhöht.

Eine ausführliche Beschreibung der Vorgehensweise im Rahmen der simulativen Risikoanalyse findet man bei Marettek[2], der dabei von neun Arbeitsschritten ausgeht. Hier interessiert jedoch primär der bei Marettek im fünften Schritt beschriebene eigentliche Simulationsvorgang, der zur Schätzung der Gewinnwahrscheinlichkeitsverteilung notwendig ist.

Vor Durchführung des Simulationsvorganges sind jedoch analog zur Vorgehensweise der anderen Methoden wiederum die Determinanten der Zielgröße Gewinn und deren funktionale Verknüpfung zu bestimmen, d.h., es ist das zugrundeliegende Entscheidungsmodell festzulegen:

$$\tilde{G} = (\tilde{p} - \widetilde{k_v}) \cdot \tilde{x} - \widetilde{K_{Fix}} \qquad \text{(III.2.51)}$$

Weiterhin sind die Eingabedaten bereitzustellen, d.h., für die in der Beziehung (III.2.51) auftretenden Zufallsvariablen sind die Wahrscheinlichkeiten zu schätzen. Dabei kann es sich wiederum um subjektive Glaubwürdigkeitsziffern oder um historisch geschätzte Wahrscheinlichkeiten handeln.

Bei Vorliegen diskreter Verteilungen mit relativ geringer Anzahl von Modalitäten läßt sich die wahre Verteilung der Zielkriteriumsvariablen Gewinn mittels einer Vollenumeration bestimmen.

Bezeichnet man die Anzahl der Modalitäten der k. Verteilung (k=1,2,3,4) für die Zufallsvariablen Menge, Preis, variable Stückkosten und Fixkosten mit A_k,

1. Dieses Verfahren kann auf Hertz zurückgeführt werden. Vgl. HERTZ, David B. (1964a) und (1964b).
2. Vgl. MARETTEK, Alexander (1978).

so ergeben sich

$$\text{III.2.52)} \quad K = \prod_{k=1}^{4} A_k \quad \text{Kombinationen.}$$

Schon bei der relativ geringen Zahl von fünf Ausprägungen für jede Inputverteilung sind somit $5^4 = 625$ Kombinationen durchzurechnen. Bei Vorliegen von mehreren Inputverteilungen und einer größeren Anzahl von Modalitäten bzw. bei Vorliegen einer stetigen Inputverteilung stößt das Verfahren der vollständigen Enumeration somit schnell an seine Grenzen. Aus diesem Grund erfolgt im Rahmen der simulativen Risikoanalyse eine Stichprobenziehung mittels der Monte Carlo - Methode.

Bei der Monte Carlo - Methode wird mit Hilfe von Zufallszahlen[1] bei jeder Stichprobenziehung für jede der Zufallsvariablen x, p, k_v und K_{Fix} eine Merkmalsausprägung ausgewählt. Die gemäß dem im ersten Schritt aufgestellten Entscheidungsmodell zu beachtende funktionale Verknüpfung der Modalitäten führt schließlich zu <u>einer</u> Merkmalsausprägung der Zielkriteriumsvariablen Gewinn. Um der Simulationsidee gerecht zu werden, ist ein solcher Durchlauf nun mehrmals durchzuführen, und man erhält über die Häufigkeiten der daraus resultierenden Gewinnausprägungen die Verteilung des Gewinns.

Daran anschließend kann der Alternativenvergleich mittels des in dieser Arbeit präferierten Entscheidungskriteriums $\mu_G - k' \cdot E(K_U)$ erfolgen.

Es ist jedoch wichtig, sich klarzumachen, daß die durch die simulative Risikoanalyse abgeleitete Gewinnverteilung lediglich eine Schätzung der wahren Verteilung darstellt. Die simulative Risikoanalyse ist somit gegenüber der 4 Momente - Methode mit einem Stichprobenfehler behaftet, der mit größerem Stichprobenumfang abnimmt.

Als Fazit des gesamten Abschnitts kann festgehalten werden, daß es auch im Rahmen der stochastischen Break even - Analyse durchaus Möglichkeiten zur validen Bestimmung der Wahrscheinlichkeitsverteilung der Zielkriteriumsva-

---

1. Die Auswahl der Zufallsvariablen kann dabei mit einer Zufallszahlentabelle oder unter Ausnutzung einer EDV-Anlage über einen Zufallszahlengenerator erfolgen. Bei Benutzung von Zufallszahlengeneratoren liegt der Bestimmung der Zufallszahlen eine deterministische Rechenvorschrift zugrunde. Deshalb spricht man in diesem Fall auch von Pseudo-Zufallszahlen. Vgl. KOHLAS, Jürg (1972), S. 14-18.

riablen Gewinn gibt, wenn mehrere oder alle den Gewinn determinierenden Variablen einen stochastischen Charakter aufweisen.

Hervorzuheben sind aus praktischer Sicht vor allem die 4 Momente - Methode und die simulative Risikoanalyse. Aus rechentechnischen Gründen soll im weiteren Verlauf der Arbeit die aus theoretischer Hinsicht unbedenkliche Annahme normalverteilter "primary variables" getroffen werden.[1] Diese Annahme befreit den Entscheidungsträger jedoch nicht von der Aufgabe, eine eventuell damit unterstellte Normalverteilungsannahme der Zielkriteriumsvariablen Gewinn - beispielsweise über die 12%-Regel - zu prüfen.

1. Zu den Implikationen einer solchen Annahme vgl. insbesondere die auf S. 201ff. getätigten Ausführungen.

Viertes Kapitel

Die Verallgemeinerung des stochastischen Break even - Entscheidungsmodells

1. Die Entwicklung eines verallgemeinerten stochastischen Break even - Entscheidungsmodells im Einproduktfall

Weiterhin vom Mehrproduktfall abstrahierend sollen in diesem Abschnitt Abhängigkeiten zwischen den einzelnen Variablen im Kalkül berücksichtigt und darüber hinaus die Auswirkungen von Lagerbeständen in Abhängigkeit von der Art des Entscheidungsverfahrens ("Alternativenmodelle im engeren Sinn" bzw. "Erweiterte Alternativenmodelle") untersucht werden.

In einem weiteren Schritt wird in Anlehnung an Yunker/Yunker[1] ein allgemeines stochastisches Break even - Modell aufgestellt, welches jedoch gegenüber dem darüber hinaus mit Fehlern behafteten Modell von Yunker/Yunker nicht die Verlustwahrscheinlichkeit, sondern die erwarteten Ungewißheitskosten als Risikomaß benutzt.

a. Die Berücksichtigung von Abhängigkeiten zwischen den Variablen

Im bisherigen Verlauf der Arbeit wurden keinerlei Abhängigkeiten zwischen den den Gewinn determinierenden Variablen p, k_v, x und K_{Fix} berücksichtigt. Diese Vorgehensweise stellt aber sicherlich eine starke Simplifizierung des Modells dar.

Die Messung der stochastischen Abhängigkeiten kann auf zwei Arten erfolgen: über die Kovarianzen (bzw. Korrelationskoeffizienten) oder mittels der Funktionalform.

Dabei stellt die Messung der Abhängigkeiten zwischen den "primary variables" über die Kovarianzen (bzw. die Korrelationskoeffizienten) die rudimentärere, jedoch gebräuchlichere Form dar.[2]

---

1. Vgl. YUNKER, James A.; YUNKER, Penelope J. (1982).
2. Vgl. u.a. HILLIARD, Jimmy E.; LEITCH, Robert A. (1975), die die Abhängigkeiten im Rahmen der Lognormalverteilungsannahme untersuchen sowie STARR, Martin K.; TAPIERO, Charles S. (1975) und KOTTAS, John F.; LAU, Hon-Shiang (1978b), die dies im Rahmen der 4 Momente - Methode bewerkstelligen. Besonders gebräuchlich ist die Benutzung der Kovarianzen im Mehrprodukt-

(Fortsetzung der Fußnote auf der nächsten Seite)

Kottas und Lau haben jedoch sehr eindrucksvoll die Schwächen eines solchen Ansatzes zusammengestellt.[1]

Diese Schwächen beruhen insbesondere darauf, daß man außer im Fall von gemeinsam normalverteilten Zufallsvariablen aus der Unkorreliertheit (bzw. aus $\mu_{11} = 0$) nicht auf die Unabhängigkeit der Zufallsvariablen schließen kann. Es kann demnach sogar eine strenge funktionale Abhängigkeit zwischen den Variablen bestehen, die von dem Korrelationskoeffizienten, der lediglich lineare Abhängigkeiten mißt, nicht aufgezeigt wird. Auch die in dieser Arbeit getroffene Annahme normalverteilter Zufallsvariablen ist nicht ausreichend, da diese Annahme lediglich die Randverteilungen und nicht die gemeinsame Verteilung betrifft.

Ein weiterer Punkt, der gegen die Benutzung des Korrelationskoeffizienten spricht, besteht darin, daß sich die gemeinsame Verteilung nicht aus den speziell vorgegebenen Randverteilungen abhängiger Zufallsvariablen eindeutig bestimmen läßt. Wenn man trotzdem - wie Hilliard und Leitch[2] - z.B. aus dem Vorhandensein lognormaler Randverteilungen abhängiger Zufallsvariablen auf eine lognormale gemeinsame Verteilung schließt, so sollte man zumindest die damit verbundenen statistischen Implikationen nicht aus den Augen verlieren.

So kann beispielsweise gezeigt werden, daß die noch näher zu erläuternden "dependence functions" in Abhängigkeit vom Korrelationskoeffizienten zu sehr restriktiven und unrealistischen Ausprägungsformen führen, wenn man der von Hilliard und Leitch getroffenen Annahme folgt.[3]

Mit Hilfe dieser "dependence functions", die den Kern der Funktionalform ausmachen, können die kausalen Abhängigkeitsbeziehungen zwischen den einzelnen Variablen dargestellt werden und nicht nur die statistischen Abhängigkeiten in Form von Korrelationskoeffizienten bzw. Kovarianzen.[4]

---

fall. Hier werden jedoch nicht die Abhängigkeiten zwischen den "primary variables" über die Kovarianzen ausgedrückt, sondern die Abhängigkeiten zwischen den Nachfragemengen der einzelnen Produkte [vgl. JOHNSON, Glenn L.; SIMIK, Stephen S. (1971)] oder auch die Abhängigkeit des Gewinns einer Alternative von dem Gewinn eines Marktportfolios im Rahmen eines Capital Asset Pricing - Modells [vgl. MAGEE, Robert P. (1975), S. 258/259].

1. Vgl. KOTTAS, John F.; LAU, Hon-Shiang (1978d), S. 1210-1212.
2. Vgl. HILLIARD, Jimmy E.; LEITCH, Robert A. (1975).
3. Vgl. JOHNSON, Norman L. (1949) und KOTTAS, John F.; LAU, Hon-Shiang (1978d), S.1211.
4. Eine ausführliche Darstellung der Funktionalform findet man bei KOTTAS, John F.; LAU, Hon-Shiang (1978d), insbesondere S. 1212-1214.

Im Rahmen der Funktionalform wird für zwei voneinander abhängige Variablen x und y die endogene Variable y über die erwartete Regressionsfunktion

$$(IV.1.1) \quad g(x) = E(y|x)$$

und einen Störterm ε ausgedrückt[1]:

$$(IV.1.2) \quad y = g(x) + \varepsilon \qquad \text{mit } E(\varepsilon|x) = 0$$

Darüber hinaus werden die angesprochenen "dependence functions" benutzt:

$$(IV.1.3) \quad \underset{(n \geqq 2)}{g_n(x)} = \sqrt[n]{\mu_n(y|x)} = \sqrt[n]{E(y - \mu_y)^n}$$

bzw. unter Berücksichtigung von (IV.1.2):

$$(IV.1.4) \quad \underset{(n \geqq 2)}{g_n(x)} = \sqrt[n]{E[g(x) + \varepsilon - g(x) - E(\varepsilon)]^n} = \sqrt[n]{E(\varepsilon^n)} = \sqrt[n]{\mu_n(\varepsilon|x)}$$

Für die Darstellung der skedastischen Eigenschaften ergibt sich z.B.:

$$(IV.1.5) \quad g_2(x) = \sqrt{\mu_2(y|x)} = \sigma(y|x) = \sqrt{\mu_2(\varepsilon|x)} = \sigma(\varepsilon|x)$$

Dabei liegt für ein konstantes $g_2(x)$ der Fall der Homoskedastie vor. Andererseits ist die Berücksichtigung von Heteroskedastie in solchen Fällen angebracht, in denen verläßliche Schätzungen der y-Werte wohl für einen bestimmten x-Bereich möglich sind, die Schätzgenauigkeit jedoch außerhalb dieses Bereiches stark abnimmt.[2]

Im folgenden wird aus Vereinfachungsgründen von Homoskedastie ausgegangen und darüber hinaus auch von clitischen und kurtischen Abhängigkeiten sowie von Abhängigkeiten noch höherer Ordnung abstrahiert.

---

1. Häufig wird g(x) unmittelbar als deterministischer Teil angesehen.
2. Ein gutes Beispiel hierfür stellt der im ersten Kapitel angesprochene relevante Beschäftigungsbereich dar, für den allein die Unternehmensleitung relativ verläßliche Schätzungen auf der Grundlage von Erfahrungswerten besitzt. Vgl. hierzu die Ausführungen auf S. 46.

Aus ökonometrischer Sicht steht damit das klassische lineare (linear in den Parametern) Modell zur Diskussion[1]:

(IV.1.6) $y_i = g(x_i) + \varepsilon_i$ $(i=1,\ldots,n')$ mit

$E(\varepsilon_i|x) = 0$ $(i=1,\ldots,n')$

$$\text{cov}(\varepsilon_i,\varepsilon_j) = \begin{cases} \sigma_\varepsilon^2 & \text{für } i=j \\ 0 & \text{sonst} \end{cases}$$

Häufig unterstellt man hinsichtlich der Störterme eine Normalverteilung[2], d.h. $\varepsilon_i \sim N(0,\sigma_\varepsilon^2)$ für $(i=1,\ldots,n')$.

Das klassische lineare Regressionsmodell beinhaltet weiterhin die Annahme unkorrelierter Störvariablen [$\text{cov}(\varepsilon_i,\varepsilon_j) = 0$ für $i \neq j$]. Auch diese Annahme ist nicht sehr restiktiv, wenn die Störvariablen wiederum nur Ausdruck vieler, relativ unbedeutender, nicht erfaßter Einflußfaktoren sind. Aber vor allem in Zeitreihenmodellen treten solche Korrelationen - man spricht dann von Autokorrelation - auf, wenn die Störterme im Modell nicht erfaßte Einflußfaktoren enthalten, die sich in der Zeit ändern.

Eine Möglichkeit der Berücksichtigung von Autokorrelation besteht darin, die Absatzmenge aller Kunden eines Gesamtzeitraumes (z.B. Monat) x_S in die Absatzmengen pro Kunde und pro Teilzeitabschnitt (z.B. Tag) aufzuschlüsseln[3]:

$$\text{(IV.1.7)} \quad x_S = \sum_{t=1}^{T} x_t = \sum_{t=1}^{T} \sum_{l=1}^{N_t} x_{l,t} = \sum_{t=1}^{T} \sum_{l=1}^{N_t} (\mu_x + v_l + u_t)$$

x_S: Gesamtabsatzmenge [ME/Monat]

x_t: Absatzmenge aller Kunden pro Teilzeitabschnitt t $(t=1,\ldots,T)$ [ME/Tag]

---

1. Vgl. SCHNEEWEISS, Hans (1971), S. 29ff.
2. Dies ist keine sehr strenge Annahme, wenn man bedenkt, daß die Störvariable Ausdruck einer Vielzahl geringfügiger und meistens unabhängiger Einflußfaktoren ist. Falls keiner dieser Einflußfaktoren dominant ist, kann man unter Nutzung einer verallgemeinerten Form des Zentralen Grenzwertsatzes von normalverteilten Störtermen ausgehen.
   Vgl. SCHNEEWEISS, Hans (1971), S. 40 und S. 350.
3. Zur verbalen Beschreibung eines solchen Modells vgl. TELLER, Robert (1984), S. 310/311.

$x_{l,t}$: Absatzmenge pro Kunde l und pro Teilzeitabschnitt t ($l=1,..,N_t$) ($t=1,..,T$) [ME/Kunde und Tag]

μ_x: Erwartete Absatzmenge pro Kunde und pro Teilzeitabschnitt [ME/Kunde und Tag]

Neben der Absatzmenge soll zusätzlich die Kundenzahl pro Teilzeitabschnitt N_t eine Zufallsvariable darstellen[1]:

$$\text{(IV.1.8)} \quad N_t = E(N_t) + z_t \quad \text{mit} \quad E(z_t) = 0;\ var(z_t) = \sigma_z^2 \quad (t=1,...T)$$

$$cov(z_t, z_{t'}) = 0 \quad \text{für } t \neq t'$$

Bezeichnet man die Anzahl der Kunden für den Gesamtzeitraum mit N, so gilt:

$$\text{(IV.1.9)} \quad N = \sum_{t=1}^{T} N_t = \sum_{t=1}^{T} [E(N_t) + z_t] \quad \text{mit}$$

$$E(N) = T \cdot E(N_t)$$

$$var(N) = T \cdot var(N_t)$$

Es bleibt noch anzumerken, daß in der Beziehung (IV.1.7) zwei Störterme (v_l und u_t) auftreten[2], für die die folgenden Beziehungen gelten:

$$\text{(IV.1.10)} \quad E(v_l) = 0 \quad (l=1,...,N_t)$$

$$cov(v_l, v_{l'}) = 0 \quad \text{für } l \neq l'$$

---

1. Durch diese Vorgehensweise ist es möglich, Korrelationen zwischen der Kundenzahl und der Verkaufsmenge in Abhängigkeit bestimmter marketingpolitischer Aktivitäten auszudrücken. Vgl. hierzu das Tableau bei TELLER, Robert (1984), S. 310.
2. Normalerweise würde man die Störterme zu einem einzigen zusammenfassen. Um das im folgenden abzuleitende Ergebnis unter Berücksichtigung der Autokorrelation mit dem von Teller angegebenen Ergebnis (ohne Berücksichtigung der Autokorrelation) vergleichen zu können, wurde an dieser Stelle jedoch dieser etwas unübliche Weg gewählt.
Zu den Ergebnissen von Teller ohne Berücksichtigung der Autokorrelation vgl. TELLER, Robert (1984), S. 310.

$$(IV.1.11)\qquad u_t = \gamma \cdot u_{t-1} + \varepsilon_t \qquad (t=1,\ldots,T) \text{ mit}^1$$

$$|\gamma| < 1$$

$$E(\varepsilon_t) = 0 \qquad \text{für alle } t$$

$$cov(\varepsilon_t, \varepsilon_{t'}) = 0 \qquad \text{für } t \neq t'$$

$$var(\varepsilon_t) = \sigma_\varepsilon^2 \qquad \text{für alle } t$$

Zur Darstellung der Autokorrelation wird somit ein autoregressiver Prozeß 1. Ordnung (AR - 1 - Prozeß) herangezogen. Unter der Annahme, daß der Startwert u_{t_0} hinreichend weit in der Vergangenheit liegt und somit wegen $|\gamma| < 1$ einen vernachlässigbaren Einfluß auf die jetzt zu untersuchenden u_t-Werte bzw. eine vernachlässigbare Korrelation zwischen den ε_t-Werten und dem u_{t_0}-Wert bewirkt [$E(\varepsilon_t, u_{t_0}) = 0$ für $(t=1,\ldots,T)$], erhält man für $t=1,\ldots,T$:[2]

$$(IV.1.12)\qquad E(u_t) = 0$$

$$var(u_t) = \frac{\sigma_\varepsilon^2}{1-\gamma^2} =: \sigma_u^2$$

$$cov(u_t, u_{t-\tau}) = \gamma^\tau \cdot \sigma_u^2 \qquad (\tau > 0)$$

Damit ist man in der Lage, den Erwartungswert und die Varianz der Zufallsvariablen x_t zu bestimmen:

$$(IV.1.13)\qquad E(x_t) = E \sum_{l=1}^{N_t} (\mu_x + v_l + u_t) = E(N_t) \cdot \mu_x$$

$$var(x_t) = var\left[N_t \cdot \mu_x + \sum_{l=1}^{N_t} v_l + N_t \cdot u_t\right]$$

Wegen der Unkorreliertheit von u_t(bzw. ε_t) mit der Kundenzahl N_t (bzw. z_t)

---

1. Darüber hinaus sollen die Störterme keine Korrelation mit der Kundenzahl und mit der Absatzmenge aufweisen.
2. Vgl. SCHNEEWEISS, Hans (1971), S. 180/181. Einen stochastischen Prozeß mit diesen Eigenschaften bezeichnet man als schwach stationär.

und der Absatzmenge pro Kunde x_l (bzw. v_l) sowie der in diesem Modell wegen der Nichtberücksichtigung marketingpolitischer Aktivitäten angenommenen Unkorreliertheit von N_t und x_l, erhält man:

$$\text{(IV.1.14)} \quad var(x_t) = \mu_x^2 \cdot var(N_t) + var \sum_{l=1}^{N_t} v_l + var(N_t \cdot u_t)$$

Da $cov(v_l, v_{l'}) = 0$ für $l \neq l'$, ergibt sich

$$var \sum_{l=1}^{N_t} v_l = E \sum_{l=1}^{N_t} v_l^2 = E(N_t) \cdot E(v_l^2)$$

Berücksichtigt man weiterhin für die Varianz der Absatzmenge pro Kunde die Beziehung

$$\sigma_x^2 := var(\mu_x + v_l) = var(v_l) = E(v_l^2)$$, so kann man den

zweiten Summanden in (IV.1.14) durch $E(N_t) \cdot \sigma_x^2$ ersetzen.
Für den dritten Summanden der Beziehung (IV.1.14) gilt gemäß (III.2.40)

$$\begin{aligned} var(N_t \cdot u_t) &= E^2(N_t) \cdot var(u_t) + E^2(u_t) \cdot var(N_t) + var(N_t) \cdot var(u_t) \\ &= E^2(N_t) \cdot var(u_t) + var(N_t) \cdot var(u_t) \\ &= \sigma_u^2 \cdot [E^2(N_t) + var(N_t)] = \sigma_u^2 \cdot E(N_t^2) \end{aligned}$$

Damit ergibt sich für die Varianz von x_t:

$$\text{(IV.1.15)} \quad var(x_t) = \mu_x^2 \cdot var(N_t) + E(N_t) \cdot \sigma_x^2 + \sigma_u^2 \cdot E(N_t^2)$$

Vergleicht man die hier abgeleiteten Ergebnisse (IV.1.13) und (IV.1.15) mit den von Teller abgeleiteten Ergebnissen[1] ohne Berücksichtigung der Autokorre-

---

1. Vgl. TELLER, Robert (1984), S. 310.

lation

$$(IV.1.16) \qquad E(x_t) = E(N_t)\cdot\mu_x$$

$$(IV.1.17) \qquad var(x_t) = \mu_x^2\cdot var(N_t) + E(N_t)\cdot\sigma_x^2 \qquad ,$$

so erkennt man, daß durch die Berücksichtigung der Autokorrelation der Erwartungswert der Absatzmengen aller Kunden pro Teilzeitabschnitt nicht berührt wird. Andererseits vergrößert sich jedoch die Gesamtvarianz um die Varianz der autoregressiven Störterme σ_u^2 gewichtet mit $E(N_t^2)$.

Mit den solchermaßen berechneten Erwartungswerten und Varianzen der Absatzmengen x_t - bzw. in einem weiteren Schritt der Absatzmenge x_S - können wieder die interessierenden Größen der Zielkriteriumsvariablen Gewinn im Rahmen eines stochastischen Break even - Modells bestimmt werden.

Im weiteren Verlauf der Arbeit soll jedoch auf autokorrelierte Störterme verzichtet werden und eine Vorgehensweise gemäß dem klassischen linearen Modell (IV.1.6) erfolgen.

Abschließend verbleibt die Aufgabe, die in diesem klassischen Ansatz allgemein mit g(x) bezeichnete erwartete Regressionsfunktion mit Inhalt zu füllen. Im bisherigen Verlauf der Arbeit wurde von funktionalen Beziehungen zwischen den einzelnen Variablen gänzlich abstrahiert. Eine ökonomisch sinnvollere Vorgehensweise besteht jedoch darin, zumindest die funktionalen Abhängigkeiten zwischen Menge und Preis einerseits über Preisabsatzfunktionen und zwischen Menge und Kosten andererseits über Kostenfunktionen zu erfassen.[1]
Die Berücksichtigung linearer[2] Preisabsatzfunktionen im stochastischen Break even - Modell findet man bei Morrison/Kascka[3], bei Kottas/Lau[4] und bei Constantinides/Ijiri/Leitch[5]. Darüber hinaus wird in den beiden zuletzt erwähnten Arbeiten auch eine lineare Kostenfunktion in den Kalkül aufgenommen.

---

1. Außerdem könnte man noch weitere absatzpolitische Instrumente neben dem Preis (z.B. die Werbeausgaben) hinsichtlich ihrer Wirkung auf die Absatzmenge untersuchen. Aus Gründen der Operationalität wird jedoch auf solche Marktwirkungsfunktionen verzichtet.
2. Mit linearen Funktionen sind hier solche gemeint, die nicht nur linear in den Parametern, sondern auch linear in den Variablen sind.
3. Vgl. MORRISON, Thomas; KASCKA, Eugene (1969), S. 332.
4. Vgl. KOTTAS, John F.; LAU, Hon-Shiang (1979), S. 80.
5. Vgl. CONSTANTINIDES, George M.; IJIRI, Yuji; LEITCH, Robert A. (1981), S. 419.

In Analogie zum Modell (IV.1.6) ergibt sich somit bei Unterstellung linearer Preisabsatzfunktionen und linearer Verläufe der variablen Kosten

$$(IV.1.18) \quad p = g(x) + \varepsilon_p = a - b\cdot x + \varepsilon_p \quad (a,b > 0) \qquad \text{mit} \quad \varepsilon_p \sim N(0,\sigma_p^2)$$

$$(IV.1.19) \quad K_v = g'(x) + \varepsilon_K = k_v\cdot x + \varepsilon_K \qquad \text{mit} \quad \varepsilon_K \sim N(0,\sigma_K^2)$$

Die gemäß (IV.1.18) dargestellte Preisabsatzfunktion entspricht der eines Monopolisten, welcher mit $x = a/b$ seine Sättigungsmenge erreicht und dessen Prohibitivpreis $p = a$ beträgt. Die polypolistische Marktform ist andererseits jedoch als Spezialfall der obigen Preisabsatzfunktion darstellbar ($b = 0$).

Während der Ansatz einer linearen Preisabsatzfunktion als hinreichend umfassend angesehen werden kann[1], gilt dies nicht mehr für die Gesamtkostenfunktionen.[2] Aus diesem Grund wird für das hier zu betrachtende stochastische Break even - Modell der Ansatz quadratischer durchschnittlicher variabler Kosten bevorzugt:

$$(IV.1.20) \quad k_v = c + d'\cdot x + e\cdot x^2 + \varepsilon_{k_v} \quad (c,e > 0;\ d' < 0) \qquad \text{mit} \quad \varepsilon_{k_v} \sim N(0,\sigma_{k_v}^2)$$

Daraus resultiert der typische s-förmige Gesamtkostenverlauf, wie er z.B. bei intensitätsmäßigen Anpassungsprozessen auftritt.[3] Auch bei diesem Ansatz ist der lineare Kostenverlauf jedoch wieder als Spezialfall enthalten (für $d' = e = 0$).

---

1. Nicht erfaßt werden mit einer solchen Preisabsatzfunktion jedoch oligopolistische Marktformen, deren Berücksichtigung im Break even - Modell spieltheoretische Lösungsansätze erfordert.
   Vgl. KARNINI, Arneel (1983).
2. Vgl. die Ausführungen auf S. 42ff.
3. Vgl. die Ausführungen auf S. 43/44.

b. Die Problematik der Lagerbestandsveränderung: Ihre besondere Relevanz im Rahmen der "Erweiterten Break even - Modelle"

Wie schon an anderer Stelle erwähnt, ist für eine als Entscheidungsverfahren konzipierte Break even - Analyse die Lagerbestandsveränderungsproblematik nur im Kontext mit der Art des Entscheidungsverfahrens ("Alternativenmodelle im engeren Sinn" bzw. "Erweiterte Alternativenmodelle") und der betrachteten Marktform zu interpretieren.[1]

α. Die vergleichende Diskussion von "Traditionellen" Break even - Modellen und von Newsboy-Modellen

Gibt man die Prämisse des Gleichlaufs von Absatzmenge und Produktionsmenge auf, so verläßt man den Bereich der "Traditionellen" Break even - Modelle und kann allgemein folgende Beziehungen für die Gewinnrealisierungen aufstellen[2]:

$$\text{(IV.1.21)} \quad G = \begin{cases} (p - k_v)\cdot x_p - s\cdot(x_N - x_p) - K_{Fix} & \text{für} \quad x_N \geqq x_p \\ (p - k_v)\cdot x_N - h\cdot(x_p - x_N) - K_{Fix} & \text{für} \quad x_N \leqq x_p \end{cases}$$

Die Darstellung dieser Gewinnrealisierungen beruht auf folgenden Mengenbeziehungen:

$$x_A = \begin{cases} x_p & \text{für} \quad x_N \geqq x_p \\ x_N & \text{für} \quad x_N \leqq x_p \end{cases} \qquad \text{mit}$$

x_A: Absatzmenge [ME/Periode]

x_N: Nachfragemenge [ME/Periode]

x_p: Produktionsmenge [ME/Periode]

Die Größen h und s müssen je nach unterstelltem Modell unterschiedlich inpretiert werden. Werden im Modell Güter unterstellt, für die eine Lagerung nicht rentabel ist (z.B. Tageszeitungen) bzw. wegen ihrer schnellen Alterung

1. Vgl. die Ausführungen auf S. 48.
2. Vgl. ISMAIL; Badr E.; LOUDERBACK, Joseph G. (1979), S. 207. NORLAND, Robert E. (1980), S. 563. LAU, Hon-Shiang (1980), S. 557.

nicht möglich ist (z.B. Schnittblumen), so gelangt man zu den sogenannten Newsboy-Problemen. Im Rahmen dieser Newsboy-Probleme gibt es für die Parameter h und s folgende Interpretationsmöglichkeiten:

- Ein Bestandteil der Größe h besteht aus den variablen Stückkosten k_v, wobei dieser zum Ausdruck bringt, daß die Überproduktion $x_p - x_N$ mit Herstellkosten[1] verbunden ist. Weiterhin können eventuelle Vernichtungskosten pro Stück k_{Ver} (d.h. $h = k_v + k_{Ver}$) bzw. eventuelle erzielbare "Schrotterlöse" pro Stück p_S (d.h. $h = k_v - p_S$) berücksichtigt werden.

- Die Größe s ist als Opportunitätskostensatz interpretierbar, der den Verlust zukünftiger Verkäufe aufgrund einer jetzt nicht befriedigten Nachfrage zum Ausdruck bringen soll. Im Rahmen der Lagerhaltungstheorie spricht man von einem Lost-Sales-Fall im Gegensatz zum Back order - Fall. Beim Back order - Fall bezüglich des Nachfrageverhaltens der Abnehmer wird unterstellt, daß es sich um einen "geduldigen" Nachfrager handelt, der bei Auftreten von Fehlmengen ($x_N > x_p$) auf eine Nachlieferung seiner Bestellung wartet, d.h., im Rahmen eines solchen Lagerhaltungsmodells können die Fehlmengen vorgemerkt und in der nächsten Periode berücksichtigt werden. Beim Lost-Sales-Ansatz ist dies nicht möglich, da sich der potentielle Abnehmer an anderer Stelle versorgt.[2] Für diesen Fall kann der Parameter s noch zusätzliche langfristige Goodwill-Verluste beinhalten.

In einfacher strukturierten Formen der Newsboy-Probleme wird wegen der Schätzschwierigkeiten auf die Berücksichtigung des Opportunitätskostensatzes s und außerdem auf die Aufnahme des Vernichtungskostensatzes k_{Ver} bzw. des "Schrotterlöses" pro Stück p_S verzichtet. In diesen Fällen erhält man folgende spezielle Beziehungen für die einzelnen Gewinnrealisierungen[3]:

$$G = \begin{cases} (p - k_v)\cdot x_p - K_{Fix} & \text{für} \quad x_N \geqq x_p \\ p\cdot x_N - k_v\cdot x_p - K_{Fix} & \text{für} \quad x_N \leqq x_p \end{cases}$$

Im Gegensatz zu diesen Newsboy-Problemen und der allgemeinen Darstellung der Gewinnrealisierungen gemäß (IV.1.21) wird bei den "Traditionellen", die

---

1. Aus Vereinfachungsgründen wird von ausschließlich fixen Verwaltungs- und Vertriebskosten (VuV-Kosten) ausgegangen, so daß die variablen Stückkosten den variablen Stückherstellkosten entsprechen.
2. Vgl. zu diesen Begriffen ZACHARIAS, Claus-Otto (1981), S. 3/4.
3. Vgl. SHIH, Wei (1979), S. 689. MAGEE, Robert P. (1975), S. 262.

Mengenbeziehungen nicht berücksichtigenden, Break even - Modellen die Gewinnrealisierung in folgender Form ausgedrückt:

$$G = (p - k_v)\cdot x - K_{Fix}$$

Diese Vereinfachung hat sicher ihre Berechtigung für den Fall vollkommener Information, da dann die Übereinstimmung der Absatz-, Produktions- und Nachfragemengen trivialerweise erfüllt ist. Für den hier allein interessierenden stochastischen Fall, bei dem die vom Markt ausgehende Nachfrage mit Unsicherheit behaftet sein soll, müssen die Voraussetzungen für die Gültigkeit einer solchen Beziehung jedoch näher spezifiziert werden. Dabei sind diese Voraussetzungen unter dem Gesichtspunkt zu betrachten, daß die Break even - Analyse in der Weise erweitert werden soll, daß eine deterministische quantitative Entscheidungsvariable im Modell vorhanden ist ("Erweiterte Alternativenmodelle") und mittels der Break even - Analyse nicht nur Antworten auf Fragen der Art geliefert werden, ob produziert und mit welchen Alternativen produziert werden soll ("Alternativenmodelle im engeren Sinn").[1]

Eine Möglichkeit, die Gleichheit von Absatz, Produktion und Nachfrage zu erzielen, besteht in der Annahme, daß sich die Produktionsmenge in der Periode an beliebige Nachfrageänderungen anpassen läßt. In diesem Fall ist die Produktionsmenge zufallsabhängig, und zwar abhängig von der zufälligen Nachfrage. Die Realisationen der Produktionsmenge x_p stimmen dann mit den Realisationen der Nachfragemenge x_N bzw. der Absatzmenge x_A überein. Damit ist die Unterscheidung zwischen den einzelnen Mengen sowie die Berücksichtigung der Parameter h und s hinfällig, und man kann die Gewinngleichung folgendermaßen ausdrücken:

$$\text{(IV.1.22)} \quad \tilde{G} = (p - k_v)\cdot \tilde{x}_N - K_{Fix}$$

Neben der relativ restringenten Annahme, daß sich die Produktion an jede Nachfrageänderung sofort anpaßt, führt diese Annahme zu dem unerwünschten Effekt, daß dieses Modell wohl im Rahmen der Initial Commitment - Verfahren[2] anwendbar ist, aber gerade nicht mehr als ein "Erweitertes Alternativenmodell" interpretiert werden kann, in dem eine Mengenvariable als determini-

1. Bei den Newsboy-Problemen liegt es auf der Hand, die Produktionsmenge x_p als Entscheidungsvariable aufzufassen, während die Nachfragemenge und damit auch die Absatzmenge Zufallsvariablen darstellen. Vgl. hierzu die Ausführungen im nächsten Abschnitt.
2. Zu dem Begriff der Initial Commitment - Modelle vgl. auch S.22.

stische Entscheidungsvariable auftritt.

Eine weitere Möglichkeit, einen der Gleichung (IV.1.22) äquivalenten Ansatz zu erzielen, beruht auf der Überlegung, daß bei den "Traditionellen" Break even - Modellen im Gegensatz zu den Newsboy-Problemen auch lagerfähige Güter betrachtet werden können. Bei diesem Ansatz wird vom Gleichlauf der Produktions- und Absatzmenge innerhalb der Periode abstrahiert und zusätzlich am Periodenende eine Lagerbestandsveränderung ausgewiesen. Die Berücksichtigung des Opportunitätskostensatzes kann entfallen, da man von der Annahme ausgeht, daß bei Übernachfrage dieser Teil durch einen Lagerabbau kompensiert werden kann. Es ist vielmehr ein zusätzlicher Deckungsbeitrag durch den Verkauf gelagerter Produkte zu berücksichtigen [d.h. $s = -(p - k_v)$]. Hinsichtlich der Größe h entfallen die Vernichtungskosten und statt eines "Schrotterlöses" wird ein mit den variablen Stückherstellkosten[1] bewerteter Lageraufbau angesetzt [d.h. $h = k_v - k_v = 0$].

Setzt man die Werte $s = -(p - k_v)$ und $h = 0$ (Kosten der Überproduktion entsprechen dem bewerteten Lageraufbau)[2] in die allgemeine Bestimmungsgleichung (IV.1.21) ein, so ergibt sich in Übereinstimmung mit den Ergebnissen des ersten Kapitels[3]:

$$(\text{IV.1.23}) \qquad \tilde{G} = (p - k_v) \cdot \tilde{x}_N - K_{Fix}$$

Aber auch bei dieser Vorgehensweise besteht der Nachteil darin, daß x_N eine aus den Marktgegebenheiten resultierende Zufallsvariable darstellt, die somit für den Entscheidenden keine Entscheidungsvariable, sondern einen mit Unsicherheit behafteten Umweltzustand darstellt.

Um eine deterministische Entscheidungsvariable zu erhalten, hat man gedanklich den Weg zu beschreiten, bei dem keine Produktionsanpassung, sondern sozusagen eine Nachfrageanpassung erfolgt. Das Ziel dieser Vorgehensweise besteht ebenfalls darin, eine Übereinstimmung der Absatzmenge mit der Produktionsmenge zu erzielen, und zwar dadurch, daß im Fall einer Überproduktion zu Beginn der Periode der Preis gesenkt wird - der Durchschnittspreis für die

---

1. Gemäß der vereinfachenden Annahme ausschließlich fixer VuV-Kosten entsprechen die variablen Herstellkosten den variablen Stückkosten.
2. Es ist jedoch zu beachten, daß noch Lagerhaltungskosten zu berücksichtigen sind, die gegebenenfalls bei den variablen Stückkosten bzw. den Fixkosten in Erscheinung treten. Da die Fertigwarenläger dem Vertriebsbereich zuzuordnen sind, wird sich dieser Einfluß bei den VuV-Kosten bemerkbar machen.
3. Vgl. die Ausführungen auf S. 48ff.

gesamte Periode ist dann niedriger als der Preis zu Beginn der Periode - und somit die Nachfrage bis zur Produktionsmenge erhöht werden kann.[1]

Diese Vorgehensweise ist dabei an zwei Voraussetzungen gebunden. Zum einen muß es sich um lagerfähige Güter handeln, damit die Überproduktion zu Beginn der Periode gelagert werden kann. Die Newsboy-Modelle werden daher wieder ausgeschlossen. Andererseits liegt es auf der Hand, daß Preisanpassungen der obigen Art nur dann möglich sind, wenn Reaktionsfunktionen (hier: Preisabsatzfunktionen) in das Modell mitaufgenommen werden.

Die Berücksichtigung einer Mengengröße als deterministische Entscheidungsvariable erfolgt dadurch, daß man die Zufallsvariable $\tilde{x}$ in Form eines deterministischen Teils $\bar{x}$ plus eines Störterms $\tilde{\varepsilon}_x$ ausdrückt. Dabei kann man $\bar{x}$ als geplanten Absatz und $\tilde{x}$ als tatsächlichen Absatz interpretieren, wobei der geplante Absatz der erwarteten Nachfrage $E(\tilde{x}_{N,M})$ ohne Einsatz des absatzpolitischen Instrumentariums (hier: der Verkaufspreise) zuzüglich einer über die Preisänderung induzierten geplanten Nachfrageänderung $z^{pl.}$ entspricht.

Formal resultiert hieraus die Beziehung

$$\tilde{x} = \tilde{x}_{N,M} + z^{pl.}$$

Die gesamte zufällige Nachfrage nach dem Produkt entspricht damit der zufälligen Marktnachfrage $\tilde{x}_{N,M}$ zuzüglich der unter Berücksichtigung der Preisabsatzfunktion geplanten Nachfrageveränderung z^{pl} .

Ersetzt man an dieser Stelle die Zufallsvariable $\tilde{x}_{N,M}$ durch ihren Erwartungswert $E(\tilde{x}_{N,M})$ und den Störterm $\tilde{\varepsilon}_{x_{N,M}}$, so erhält man:

$$\text{(IV.1.24)} \quad \tilde{x} = E(\tilde{x}_{N,M}) + z^{pl.} + \tilde{\varepsilon}_{x_{N,M}} =: \bar{x} + \tilde{\varepsilon}_x$$

Anschaulich gesprochen beinhaltet dieser Ansatz, daß es möglich ist, die aus den bestehenden Marktgegebenheiten resultierende Nachfragedichte auf der Men-

---

1. Vgl. YUNKER, James A.; YUNKER, Penelope J. (1982), S. 22. Es wird hiermit die Gleichheit von x_A und von x_p am Periodenende unterstellt, so daß keine zu diesem Zeitpunkt zu bewertende Lagerbestandsveränderung auftritt. Aber es wird nicht der Gleichlauf von x_A und x_p innerhalb der Periode gefordert.

genachse um den geplanten Wert $z^{pl.}$ zu verschieben. Der Störterm $\tilde{\varepsilon}_x$ beinhaltet die Unsicherheit bezüglich der vom Markt ausgehenden Nachfrage, die wiederum in voller Höhe über weitere Preisanpassungen durch ungeplante Mengenänderungen aufgefangen wird. Durch diesen Effekt wird die Identität der einzelnen Mengengrößen herbeigeführt, so daß die Indizierung bezüglich Produktion, Nachfrage und Absatz entfallen kann.

Als Bestimmungsgleichung für die Zufallsvariable Gewinn erhält man im "Traditionellen" Break even - Modell somit:

(IV.1.25) $\tilde{G} = (p - k_v)\cdot\tilde{x} - K_{Fix}$ mit $\tilde{x} = \bar{x} + \tilde{\varepsilon}_x$

Schwierigkeiten bereitet es jedoch, bei polypolistischen Marktstrukturen die Identität der einzelnen Mengengrößen herbeizuführen und damit die Gültigkeit der obigen Bestimmungsgleichung zu gewährleisten, da der einzelne Anbieter als Mengenanpasser auftritt und der Preis für ihn ein Datum darstellt. Für den Polypolisten ist es somit nicht möglich, über Preisänderungen geplante Nachfrageänderungen zu induzieren. Ein Ausgleich zwischen Absatz- und Produktionsmenge ist in diesem Fall nur durch den gedanklichen Kniff zu bewerkstelligen, daß man für $x_{N,M} < x_p$ den damit verbundenen Lageraufbau bzw. die an einen "Schrotthändler" verkaufbare Menge $x_p - x_{N,M}$ mit dem Verkaufspreis (über-) bewertet.

Diese Annahmen, mit denen die Identität der stochastischen Mengengrößen bei polypolistischer Marktstruktur im Rahmen der "Erweiterten Alternativenmodelle" herbeigeführt wird, sind jedoch so unplausibel, daß Modelle dieser Art nur im Rahmen der Newsboy-Problematik, bei denen eine solche Identität gerade nicht gewollt ist, untersucht werden sollen.[1]

Für das im Anschluß an die Newsboy-Modelle zu behandelnde Break even - Modell in Form eines "Erweiterten Alternativenmodells" wird dagegen vom Gleich-

1. Eine weitere Möglichkeit bei Vorliegen eines Polypols zu einer deterministischen Entscheidungsvariablen zu kommen, besteht in der Annahme, daß die Unsicherheit im Rahmen des Break even - Modells nicht von der Mengenseite, sondern nur vom Preis und/oder von den Kostenparametern herrührt. In diesem Fall ist die Identität der Mengen gewährleistet und man kann die Menge als deterministische Entscheidungsvariable benutzen. Vgl. zu diesem Ansatz ADAR, Zvi; BARNEA, Amir; BARTUCH, Lev (1977).

lauf der Absatz- und Produktionsmenge ausgegangen ("Traditionelles" Break even - Modell), wobei dieser Gleichlauf gemäß den hier getätigten Ausführungen unter Ausnutzung der Reaktionsfunktionen zu bewerkstelligen ist.

β. Die Bestimmung der optimalen Produktionsmenge im Rahmen eines Newsboy-Modells

Ausgangspunkt der weiteren Überlegungen ist die allgemeine Gewinngleichung

$$\text{(IV.1.21)} \quad G = \begin{cases} d \cdot x_p - s \cdot (x_N - x_p) - K_{Fix} & \text{für} \quad x_N \geqq x_p \\ d \cdot x_N - h \cdot (x_p - x_N) - K_{Fix} & \text{für} \quad x_N \leqq x_p \end{cases} \quad \text{mit}$$

$$d = p - k_v > 0$$

$$s, h > 0$$

$$K_{Fix} > 0$$

Hierbei stellt x_N die unsichere Marktnachfrage dar, für die wiederum eine Normalverteilung angenommen werden soll.[1] Die Produktionsmenge ist dabei im Rahmen der Newsboy-Probleme so festzulegen, daß sie hinsichtlich des linearen $[\mu_G, E(K_U)]$ - Kriteriums zu einer optimalen Lösung führt. Alle anderen Größen stellen aufgrund des bei Newsboy-Problemen besonders kurzfristigen Entscheidungszeitraumes deterministische Parameter dar.[2]

Zur Aufstellung der zu dem linearen $[\mu_G, E(K_U)]$ - Kriterium gehörenden Präferenzfunktion $PF(w) = \mu_G - k' \cdot E(K_U)$ müssen der Gewinnerwartungswert und die erwarteten Ungewißheitskosten bestimmt werden.

---

1. Auch bei den Newsboy-Problemen stellt die Berücksichtigung anderer Verteilungsannahmen keine Probleme dar.
   Vgl. beispielsweise zur Behandlung Beta- und Gamma- verteilter Nachfragemengen LAU, Hon-Shiang (1980), S. 558.
2. Zumindest für den Opportunitätskostensatz s kann diese Annahme jedoch in Frage gestellt werden, und zwar insbesondere dann, wenn der Parameter s zusätzliche langfristige Goodwill-Verluste beinhalten soll.

Für den Gewinnerwartungswert erhält man bei unterstellter Normalverteilung:

$$\mu_G = \int_{x_N=0}^{x_p} [d \cdot x_N - h \cdot (x_p - x_N)] \, f_N(x_N) \, dx_N + \int_{x_N=x_p}^{+\infty} [d \cdot x_p - s \cdot (x_N - x_p)] \, f_N(x_N) \, dx_N - K_{Fix}$$

$$\mu_G = (d+s+h) \int_{x_N=0}^{x_p} x_N \, f_N(x_N) \, dx_N - s \cdot \mu_{x_N} - h \cdot x_p \int_{x_N=0}^{x_p} f_N(x_N) \, dx_N + (d+s) \cdot x_p \int_{x_N=x_p}^{+\infty} f_N(x_N) \, dx_N - K_{Fix}$$

$$\mu_G = (d+s+h) \cdot E_0^{x_p}(x_N) - s \cdot \mu_{x_N} - (d+s+h) \cdot x_p \cdot F_{x_N}(x_p) + (d+s) \cdot x_p - K_{Fix}$$

$$\mu_G = (d+s) \cdot x_p - s \cdot \mu_{x_N} - K_{Fix} - (d+s+h) \cdot [x_p \cdot P(x_N \leqq x_p) - E_0^{x_p}(x_N)]$$

Der letzte Subtrahend entspricht dabei formal der Größe, die zur Bestimmung der erwarteten Ungewißheitskosten benutzt wird.[1]

1. Vgl. die Beziehung (II.2.23)

Unter Ausnutzung der Beziehung (II.2.30) erhält man schließlich:

(IV.1.26) $$\mu_G = (d+s)\cdot x_p - s\cdot\mu_{x_N} - K_{Fix} - (d+s+h)\cdot\sigma_{x_N}\cdot K(-t_p)$$

$$\text{wobei} \quad t_p = \frac{x_p - \mu_{x_N}}{\sigma_{x_N}}$$

Zur Bestimmung der erwarteten Ungewißheitskosten als zweiten Bestandteil des in dieser Arbeit benutzten Präferenzfunktionals müssen zunächst die gemäß (IV.1.21) resultierenden Break even - Punkte dargestellt werden.[1]

(IV.1.27)
$$x_{B,u}(x_p) = \frac{K_{Fix} + h\cdot x_p}{d+h} \qquad \text{für} \quad x_N \leqq x_p$$

$$x_{B,o}(x_p) = \frac{(d+s)\cdot x_p - K_{Fix}}{s} \qquad \text{für} \quad x_N \geqq x_p$$

Die Break even - Punkte sind demnach als Funktion der Entscheidungsvariablen x_p darstellbar. Eine sicherlich sinnvolle Annahme besteht darin anzunehmen, daß die vom Entscheidenden festzulegende Produktionsmenge zwischen diesen beiden Break even - Punkten liegt:

(IV.1.28) $$x_{B,u}(x_p) \leqq x_p \leqq x_{B,o}(x_p)$$

Dies ist eine notwendige Voraussetzung dafür, daß zumindest von der Produktionsseite her Gewinne gewährleistet sind. Falls beispielsweise $x_p < x_{B,u}(x_p)$ gelten würde, könnten unabhängig von der Höhe der nachgefragten Menge x_N höchstens $x_p < x_{B,u}(x_p)$ Mengeneinheiten verkauft werden, womit jedoch ein Verlust verbunden wäre.

Die Größe x_p läßt sich weiterhin auf einfache Weise nach unten begrenzen, da gerade für $x_p = x_B = K_{Fix}/d$ (klassischer Break even - Punkt) folgende Bezie-

1. Vgl. auch LAU, Hon-Shiang (1980), S. 559 und NORLAND, Robert E. (1980), S. 564, die diese Punkte jedoch zur Bestimmung der Break even - Wahrscheinlichkeit benutzen.

hung gilt:

$$(IV.1.29) \quad x_{B,u}(x_p) = x_B = x_{B,o}(x_p)$$

Die relevanten Produktionsmengen müssen somit der Bedingung $x_p = x_B + e$ $(e \geqq 0)$ genügen. Damit lassen sich die folgenden Beziehungen ableiten:

$$x_{B,u}(x_p) = \frac{K_{Fix} + h \cdot x_B + h \cdot e}{d + h} = \frac{d \cdot K_{Fix} + h \cdot K_{Fix}}{d \cdot (d+h)} + \frac{h}{d + h} \cdot e$$

$$x_{B,u}(x_p) = x_B + \frac{h}{d + h} \cdot e$$

Wegen $0 \leqq h/(d+h) \leqq 1$ folgt somit

$$(IV.1.30) \quad x_B \leqq x_{B,u}(x_p) \leqq x_p$$

Analog erhält man für die Obergrenze:

$$x_{B,o}(x_p) = \frac{(d+s) \cdot x_B + (d+s) \cdot e - K_{Fix}}{s}$$

$$x_{B,o}(x_p) = \frac{(d+s) \cdot K_{Fix} - d \cdot K_{Fix}}{d \cdot s} + \frac{d + s}{s} \cdot e = x_B + \frac{d + s}{s} \cdot e$$

Wegen $(d+s)/s \geqq 1$ folgt

$$(IV.1.31) \quad x_B \leqq x_p \leqq x_{B,o}(x_p)$$

Zur Bestimmung der erwarteten Ungewißheitskosten werden an dieser Stelle wieder die nicht gedeckten Kosten betrachtet.

Für den Bereich $x_N \geqq x_p$ betragen die ungedeckten Kosten gemäß (IV.1.21)

$$(IV.1.32) \quad K_U = K_{Fix} + s \cdot x_N - (d+s) \cdot x_p = s \cdot \left[\frac{K_{Fix} - (d+s) \cdot x_p}{s} + x_N \right]$$

bzw. wegen (IV.1.27)

$$(IV.1.33) \quad K_U = s \cdot [-x_{B,o}(x_p) + x_N] = -s \cdot [x_{B,o}(x_p) - x_N]$$

Diese ungedeckten Kosten treten somit für $x_N \geqq x_{B,o}(x_p)$ [$\geqq x_p$ wegen (IV.1.31)] auf.

Für den Bereich $x_N \leqq x_p$ ergeben sich für die ungedeckten Kosten gemäß der Beziehung (IV.1.21)

$$(IV.1.34) \quad K_U = K_{Fix} + h \cdot x_p - (d+h) \cdot x_N = (d+h) \cdot \left[\frac{K_{Fix} + h \cdot x_p}{d + h} - x_N \right]$$

bzw. wegen (IV.1.27)

$$(IV.1.35) \quad K_U = (d+h) \cdot [x_{B,u}(x_p) - x_N]$$

Diese ungedeckten Kosten treten somit für $x_N \leqq x_{B,u}(x_p)$ [$\leqq x_p$ wegen (IV.1.30)] auf.

Unter Berücksichtigung der Beziehungen (IV.1.33) und (IV.1.35) sind schließlich die erwarteten Ungewißheitskosten bestimmbar:

$$(IV.1.36) \quad E(K_U) = \int_{x_N=x_{B,o}(x_p)}^{+\infty} - s \cdot [x_{B,o}(x_p) - x_N]\, f_N(x_N)\, dx_N + \int_{x_N=0}^{x_{B,u}(x_p)} (d+h) \cdot [x_{B,u}(x_p) - x_N]\, f_N(x_N)\, dx_N$$

Gemäß den Ausführungen des zweiten Kapitels, d.h. insbesondere unter Berücksichtigung der Beziehungen (II.2.23) und (II.2.30), erhält man:

$$E(K_U) = -s \cdot x_{B,o}(x_p) \cdot \left[1 - P_N[x_N \leqq x_{B,o}(x_p)]\right] + s \cdot E^{+\infty}_{x_{B,o}(x_p)}(x_N)$$

$$+ (d+h) \cdot \sigma_{x_N} \cdot K[-t_{B,u}(x_p)]$$

$$\text{wobei} \quad t_{B,u}(x_p) = \frac{x_{B,u}(x_p) - \mu_{x_N}}{\sigma_{x_N}}$$

(IV.1.37) $$E(K_U) = s \cdot \left[E^{+\infty}_{x_{B,o}(x_p)}(x_N) - x_{B,o}(x_p) + x_{B,o}(x_p) \cdot P_N[x_N \leqq x_{B,o}(x_p)]\right]$$

$$+ (d+h) \cdot \sigma_{x_N} \cdot K[-t_{B,u}(x_p)]$$

Um diesen Ausdruck weiter zu vereinfachen, ist die Größe $E^{+\infty}_{x_{B,o}(x_p)}$ (partieller Erwartungswert) näher zu bestimmen.
Unter Ausnutzung der schon bekannten Transformation $t_N = (x_N - \mu_{x_N})/\sigma_{x_N}$ mit $dt_N/dx_N = 1/\sigma_{x_N}$, d.h. $x_N = t_N \cdot \sigma_{x_N} + \mu_{x_N}$ und $dx_N = dt_N \cdot \sigma_{x_N}$, ergibt sich dieser partielle Erwartungswert zu:

$$E^{+\infty}_{x_{B,o}(x_p)}(x_N) = \int_{t_N = t_{B,o}(x_p)}^{+\infty} (t_N \cdot \sigma_{x_N} + \mu_{x_N}) \cdot \frac{1}{\sigma_{x_N}\sqrt{2\pi}} \cdot e^{-\frac{1}{2}t_N^2} \, dt_N \cdot \sigma_{x_N}$$

$$= \frac{\sigma_{x_N}}{\sqrt{2\pi}} \cdot \left[- e^{-\frac{1}{2}t_N^2}\right]_{t_{B,o}(x_p)}^{+\infty} + \mu_{x_N} \int_{t_N = t_{B,o}(x_p)}^{+\infty} \varphi(t_N) \, dt_N$$

(IV.1.38) $$E^{+\infty}_{x_{B,o}(x_p)} = \sigma_{x_N} \cdot \varphi[t_{B,o}(x_p)] + \mu_{x_N} \cdot [1 - \Phi[t_{B,o}(x_p)]]$$

Setzt man diesen Ausdruck in die Bestimmungsgleichung (IV.1.37) ein und transformiert die x-Größen in die korrespondierenden t-Größen, so folgt:

$$E(K_U) = s\cdot\Big[\mu_{x_N} - \mu_{x_N}\cdot\Phi[t_{B,o}(x_p)] + \sigma_{x_N}\cdot\varphi[t_{B,o}(x_p)]$$

$$- t_{B,o}(x_p)\cdot\sigma_{x_N} - \mu_{x_N} + [t_{B,o}(x_p)\cdot\sigma_{x_N} + \mu_{x_N}]\cdot P_N[t_N \leq t_{B,o}(x_p)]\Big]$$

$$+ (d+h)\cdot\sigma_{x_N} \cdot K[-t_{B,u}(x_p)]$$

$$= s\cdot\Big[\sigma_{x_N}\cdot\varphi[t_{B,o}(x_p)] - t_{B,o}(x_p)\cdot\sigma_{x_N}$$

$$+ t_{B,o}(x_p)\cdot\sigma_{x_N}\cdot\Phi[t_{B,o}(x_p)]\Big] + (d+h)\cdot\sigma_{x_N}\cdot K[-t_{B,u}(x_p)]$$

$$= s\cdot\sigma_{x_N} \cdot \Big[\varphi[t_{B,o}(x_p)] - t_{B,o}(x_p)\cdot P_{N(0,1)}[t_N > t_{B,o}(x_p)]\Big]$$

$$+ (d+h)\cdot\sigma_{x_N} \cdot K[-t_{B,u}(x_p)]$$

Berücksichtigt man weiterhin, daß gemäß der Beziehung (II.2.27) $K(t_B) = \varphi(t_B) - t_B\cdot P_{N(0,1)}(t>t_B)$ gilt, so erhält man als Bestimmungsgleichung für die erwarteten Ungewißheitskosten im Rahmen der Newsboy-Probleme:

$$\text{(IV.1.39)} \quad E(K_U) = \sigma_{x_N} \cdot \Big[s\cdot K[t_{B,o}(x_p)] + (d+h)\cdot K[-t_{B,u}(x_p)]\Big]$$

Die Kombination der beiden Beziehungen (IV.1.26) und (IV.1.39) führt dann zu folgender Bestimmungsgleichung für das lineare $[\mu_G, E(K_U)]$ - Kriterium:

$$\text{(IV.1.40)} \quad PF(w) = (d+s)\cdot x_p - s\cdot\mu_{x_N} - K_{Fix} - (d+s+h)\cdot\sigma_{x_N} \cdot K(-t_p)$$

$$- k'\cdot\sigma_{x_N} \cdot \Big[s\cdot K[t_{B,o}(x_p)] + (d+h)\cdot K[-t_{B,u}(x_p)]\Big]$$

Dabei gelten die folgenden Beziehungen:

$$t_p = \frac{x_p - \mu_{x_N}}{\sigma_{x_N}}$$

$$t_{B,u}(x_p) = \frac{x_{B,u}(x_p) - \mu_{x_N}}{\sigma_{x_N}}$$

$$t_{B,o}(x_p) = \frac{x_{B,o}(x_p) - \mu_{x_N}}{\sigma_{x_N}}$$

Den optimalen Wert der Entscheidungsvariablen x_p im Rahmen der Newsboy-Probleme erhält man über die erste Ableitung der Präferenzfunktion PF(w) nach x_p. Dazu können folgende Ableitungen ausgenutzt werden:

$$\text{(IV.1.41)} \quad \frac{\partial K(-t_p)}{\partial x_p} = \frac{\partial [\varphi(t_p) + t_p \cdot \Phi(t_p)]}{\partial x_p}$$

$$= -t_p \cdot \frac{1}{\sigma_{x_N}} \cdot \varphi(t_p) + \frac{1}{\sigma_{x_N}} \cdot \Phi(t_p) + t_p \cdot \frac{1}{\sigma_{x_N}} \cdot \varphi(t_p)$$

$$= \frac{1}{\sigma_{x_N}} \cdot \Phi(t_p)$$

Auf analoge Weise ergibt sich:

$$\text{(IV.1.42)} \quad \frac{\partial K[-t_{B,u}(x_p)]}{\partial x_p} = \frac{h}{d+h} \cdot \frac{1}{\sigma_{x_N}} \cdot \Phi[t_{B,u}(x_p)]$$

$$\text{wegen} \quad \frac{\partial t_{B,u}(x_p)}{\partial x_p} = \frac{1}{\sigma_{x_N}} \cdot \frac{\partial x_{B,u}(x_p)}{\partial x_p} = \frac{1}{\sigma_{x_N}} \cdot \frac{h}{d+h}$$

$$(IV.1.43)\qquad \frac{\partial K[t_{B,o}(x_p)]}{\partial x_p} = \frac{\partial[\varphi(t_{B,o}(x_p) + t_{B,o}(x_p)\cdot\Phi[t_{B,o}(x_p)] - t_{B,o}(x_p)]}{\partial x_p}$$

$$= \frac{1}{\sigma_{x_N}} \cdot \frac{d+s}{s} \cdot [\Phi[t_{B,o}(x_p)] - 1]$$

$$\text{wegen}\quad \frac{\partial t_{B,o}(x_p)}{\partial x_p} = \frac{1}{\sigma_{x_N}} \cdot \frac{\partial x_{B,o}(x_p)}{\partial x_p} = \frac{1}{\sigma_{x_N}} \cdot \frac{d+s}{s}$$

Unter Berücksichtigung der Ableitungen (IV.1.41-43) erhält man folgende Ableitung für die Präferenzfunktion $PF(w) = \mu_G - k'\cdot E(K_U)$:

$$\frac{\partial PF(w)}{\partial x_p} = (d+s) - (d+s+h)\cdot\sigma_{x_N} \cdot \frac{1}{\sigma_{x_N}} \cdot \Phi(t_p)$$

$$- k'\cdot\sigma_{x_N} \cdot \Big[s\cdot \frac{1}{\sigma_{x_N}} \cdot \frac{d+s}{s} \cdot [\Phi[t_{B,o}(x_p)] - 1]$$

$$+ (d+h) \cdot \frac{1}{\sigma_{x_N}} \cdot \frac{h}{d+h} \cdot \Phi[t_{B,u}(x_p)]\Big]$$

Durch Nullsetzen dieses Ausdrucks und Auflösen nach $\Phi(t_p)$ erhält man:[1]

$$(IV.1.44)\qquad \Phi(t_p^{**}) = \frac{d+s}{d+s+h} + k'\cdot \frac{d+s}{d+s+h} \cdot \Big[1 - \Phi[t_{B,o}(x_p^{**})] - \frac{h}{d+s}\cdot\Phi[t_{B,u}(x_p^{**})]\Big]$$

$$\text{u.d.N.}^{2}\; x_B \leqq x_{B,u}(x_p^{**}) \leqq x_p^{**} \leqq x_{B,o}(x_p^{**})$$

Diese Bestimmungsgleichung ist nicht mehr analytisch nach dem optimalen Wert

1. Da der Wert der 2. Ableitung kleiner Null ist, handelt es sich um ein Maximum.
2. Vgl. hierzu die Beziehungen (IV.1.30) und (IV.1.31).

der Produktionsmenge auflösbar, sondern muß iterativ gelöst werden.

Für den Spezialfall k'=0 (Risikoneutralität, Erwartungswertmodell vom Typ I) erhält man dagegen folgende sehr einfache Bestimmungsgleichung für die optimale Produktionsmenge:[1]

(IV.1.45) $$\Phi(t_p^*) = \frac{d+s}{d+s+h}$$

Beim Erwartungswertmodell wird die optimale Produktionsmenge dann erreicht, wenn die erwarteten Kosten der letzten zusätzlichen Produktionseinheit den korrespondierenden erwarteten Erlösen entsprechen.

Ausgehend von der Beziehung (IV.1.45) läßt sich das wie folgt zeigen:

$$h \cdot P_{N(0,1)}(x_N \leq x_p^*) = (d+s) \cdot [1 - P_{N(0,1)}(x_N \leq x_p^*)] \quad \text{bzw.}$$

(IV.1.46) $$h \cdot P_{N(0,1)}(x_N \leq x_p^*) = (d+s) \cdot P_{N(0,1)}(x_N > x_p^*)$$

Von $x_p=0$ ausgehend erhöhen sich die erwarteten Kosten jeder zusätzlichen Produktionseinheit [für $x_p=0$ ist die marginale Erhöhung wegen $P_{N(0,1)}(x_N \leq 0) = 0$ minimal], während sich die erwarteten Erlöse der jeweils letzten zusätzlichen Einheit verringern [für $x_p=0$ ist die marginale Verringerung wegen $P_{N(0,1)}(x_N > 0)$ maximal]. Der optimale Wert x_p^* wird genau dann erreicht, wenn sich erwartete Grenzkosten und erwartete Grenzerlöse entsprechen.

Auf analoge Weise läßt sich die Bestimmungsgleichung (IV.1.44) für die optimale Produktionsmenge im linearen $[\mu_G, E(K_U)]$ - Modell interpretieren. Durch einfache Umformungen ergibt sich:

$$h \cdot \Phi(t_p^{**}) + k' \cdot h \cdot \Phi[t_{B,u}(x_p^{**})]$$

$$= (d+s) \cdot [1 - \Phi(t_p^{**})] + k' \cdot (d+s) \cdot [1 - \Phi[t_{B,o}(x_p^{**}]]$$

1. Vgl. auch ISMAIL, Badr E.; LOUDERBACK, Joseph G. (1979), S. 207.

$$(IV.1.47) \quad h \cdot P_{N(0,1)}(x_N \leq x_p^{**}) + k' \cdot h \cdot P_{N(0,1)}[x_N \leq x_{B,u}(x_p^{**})]$$

$$= (d+s) \cdot P_{N(0,1)}(x_N > x_p^{**}) + k' \cdot (d+s) \cdot P_{N(0,1)}[x_N > x_{B,o}(x_p^{**})]$$

Neben den analog zum Erwartungswertmodell gemäß (IV.1.46) relevanten erwarteten Kosten und Erlösen einer zusätzlichen Produktionseinheit treten bei einem das Risiko in Form der erwarteten Ungewißheitskosten berücksichtigenden Entscheidungsträger darüber hinaus ein mit k' gewichteter erwarteter Zuwachs der Ungewißheitskosten[1] $h \cdot P_{N(0,1)}[x_N \leq x_{B,u}(x_p)]$ (dieser marginale Zuwachs steigt für größer werdendes x_p) und eine mit k' gewichtete erwartete Verringerung der Ungewißheitskosten[1] $(d+s) \cdot P_{N(0,1)}[x_N > x_{B,o}(x_p)]$ (die marginale Verringerung wird für steigendes x_p dabei immer kleiner) auf.

c. Das Break even - Modell von "Yunker" in modifizierter Form: Ein stochastisches Totalmodell unter Berücksichtigung von quantitativen Entscheidungsvariablen

Das im folgenden näher zu beschreibende Modell stellt eine Verbesserung des "Yunker-Modells" dar[2], wobei zusätzlich dem in dieser Arbeit präferierten Risikomaß der erwarteten Ungewißheitskosten Rechnung getragen wird.

Die funktionalen Abhängigkeiten werden durch die an anderer Stelle schon hergeleiteten Preisabsatz- und variable Durchschnittskostenfunktion ausgedrückt:

$$(IV.1.18) \quad p = a - b \cdot x + \varepsilon_p \qquad \text{mit } a,b > 0$$

$$(IV.1.20) \quad k_v = c + d' \cdot x + e \cdot x^2 + \varepsilon_{k_v} \qquad \text{mit } c,e > 0;\ d' < 0$$

1. Zum Einfluß einer zusätzlichen Produktionseinheit auf die Ungewißheitskosten vgl. die Beziehungen (IV.1.32) und (IV.2.34).
2. Zum "Yunker-Modell" vgl. YUNKER, James A.; YUNKER, Penelope J. (1982). Die Verbesserungen betreffen die von beiden Autoren in ihrem Anhang getätigten Ableitungen zur Bestimmung der beiden ersten Momente der Zielkriteriumsvariablen Gewinn.

Zusätzlich wird angenommen, daß die die einzelnen Funktionen determinierenden Parameter a,b,c,d' und e ebenfalls normalverteilte Zufallsvariablen sind und nicht in Form eines quasideterministischen Wertes angesetzt werden können:

$$a \sim N(\mu_a,\sigma_a^2) \quad b \sim N(\mu_b,\sigma_b^2) \quad c \sim N(\mu_c,\sigma_c^2) \quad d' \sim N(\mu_{d'},\sigma_{d'}^2) \quad e \sim N(\mu_e,\sigma_e^2)$$

$$\varepsilon_p \sim N(0,\sigma_p^2) \quad \varepsilon_{k_v} \sim N(0,\sigma_{k_v}^2)$$

Berücksichtigt man weiterhin, daß auch die Fixkosten einer Normalverteilung gehorchen [$K_{Fix} \sim N(\mu_{K_{Fix}},\sigma_{K_{Fix}}^2)$] und sich die Menge gemäß (IV.1.24) in einen deterministischen (geplanten) Teil $\bar{x}$ und einen Störterm ε_x [$\varepsilon_x \sim N(0,\sigma_x^2)$] aufspalten läßt, so erhält man ausgehend von der Bestimmungsgleichung $G = (p-k_v)\cdot x - K_{Fix}$ folgenden Ausdruck:

$$G = (a-c+\varepsilon_p-\varepsilon_{k_v})\cdot(\bar{x}+\varepsilon_x) - (b+d')\cdot(\bar{x}+\varepsilon_x)^2 - e\cdot(\bar{x}+\varepsilon_x)^3 - K_{Fix}$$

$$\text{(IV.1.48)} \quad G =: A \cdot(\bar{x}+\varepsilon_x) - B \cdot(\bar{x}+\varepsilon_x)^2 - e\cdot(\bar{x}+\varepsilon_x)^3 - K_{Fix}$$

Unter der Annahme, daß die stochastischen Größen $a,b,c,d',e,\varepsilon_p,\varepsilon_{k_v},\varepsilon_x$ und K_{Fix} - und damit auch $A,B,e,K_{Fix},\varepsilon_x$ - unabhängig sind[1], ergibt sich der Erwartungswert der Zielkriteriumsvariablen Gewinn in Übereinstimmung mit Yunker zu[2]:

$$\mu_G = \mu_A\cdot\bar{x} - \mu_B\cdot[\bar{x}^2 + E(\varepsilon_x^2)] - \mu_e\cdot[\bar{x}^3 + 3\bar{x}\cdot E(\varepsilon_x^2) + E(\varepsilon_x^3)] - \mu_{K_{Fix}}$$

---

1. Es ist zu beachten, daß die Unabhängigkeit nur für die "wahren" Parameter gefordert wird und nicht für die Schätzwerte der Parameter. So werden bei Anwendung der Regressionsanalyse die Kovarianzen der geschätzten Parameter der Preisabsatzfunktion einerseits und die Kovarianzen der geschätzten Parameter der variablen Durchschnittskostenfunktion andererseits gerade nicht den Wert Null aufweisen.
2. Vgl. YUNKER, James A.; YUNKER, Penelope J. (1982), S.35.

(IV.1.49) $\mu_G = \alpha_1 \cdot \bar{x} - \alpha_2 \cdot \bar{x}^2 - \alpha_3 \cdot \bar{x}^3 - \alpha_o$, wobei

$$\alpha_o = \mu_{K_{Fix}} + \mu_B \cdot E(\varepsilon_x^2) + \mu_e \cdot E(\varepsilon_x^3)$$

$$\alpha_1 = \mu_A - 3\mu_e \cdot E(\varepsilon_x^2)$$

$$\alpha_2 = \mu_B$$

$$\alpha_3 = \mu_e$$

mit $\mu_B = \mu_b + \mu_{d'}$ und $\mu_A = \mu_a - \mu_c$

Zur Varianzbestimmung des Gewinns wird der Gewinnausdruck (IV.1.48) noch weiter zusammengefaßt:

$$G =: Z_1 - Z_2 - Z_3 - Z_4$$, wobei

$Z_1 = A \cdot x$ mit $cov(A,x) = 0$

$Z_2 = B \cdot x^2$ mit $cov(B,x^2) = 0$

$Z_3 = e \cdot x^3$ mit $cov(e,x^3) = 0$

$Z_4 = K_{Fix}$ mit $cov(Z_1,Z_4)=cov(Z_2,Z_4)=cov(Z_3,Z_4)=0$

Damit ergibt sich für die Varianz unter Berücksichtigung der Formel[1] (a_i und a_j sind beliebige reelle Konstanten)

$$var\left[\sum_i a_i \cdot x_i\right] = \sum_i a_i^2 \cdot var(x_i) + \sum_i \sum_{\substack{j \\ i \neq j}} a_i \cdot a_j \cdot cov(x_i,x_j)$$

(IV.1.50) $$\sigma_G^2 = var(Z_1-Z_2-Z_3-Z_4) = var(z_1) + var(Z_2) + var(Z_3) + var(Z_4) - 2cov(Z_1,Z_2) - 2cov(Z_1,Z_3) - 2cov(Z_2,Z_3)$$

1. Vgl. RENYI, Alfréd (1962), S. 96.

Für die Kovarianzen ergeben sich gemäß der Formel[1]

$$\mathrm{cov}(x_i,x_j) = E\Big[[x_i-E(x_i)]\cdot[x_j-E(x_j)]\Big] \quad \text{folgende Werte:}$$

$$\text{(IV.1.51)} \quad \mathrm{cov}(Z_1,Z_2) = \mu_A\cdot\mu_B\cdot[2\bar{x}\cdot E(\varepsilon_x^2) + E(\varepsilon_x^3)]$$

$$\text{(IV.1.52)} \quad \mathrm{cov}(Z_1,Z_3) = \mu_A\cdot\mu_e\cdot[3\bar{x}^2\cdot E(\varepsilon_x^2) + 3\bar{x}\cdot E(\varepsilon_x^3) + E(\varepsilon_x^4)]$$

$$\text{(IV.1.53)} \quad \mathrm{cov}(Z_2,Z_3) = \mu_B\cdot\mu_e\cdot[6\bar{x}^3\cdot E(\varepsilon_x^2) + 9\bar{x}^2\cdot E(\varepsilon_x^3) + 5\bar{x}\cdot E(\varepsilon_x^4) + E(\varepsilon_x^5)$$
$$- 3\bar{x}\cdot E^2(\varepsilon_x^2) - E(\varepsilon_x^2)\cdot E(\varepsilon_x^3)]$$

Zur Berechnung der Summe der Varianzterme $\mathrm{var}(Z_1)+\mathrm{var}(Z_2)+\mathrm{var}(Z_3)+\mathrm{var}(Z_4)$ kann wegen der Unabhängigkeit folgende Formel herangezogen werden[2]:

$$\mathrm{var}\,[\sum_i a_i\cdot x_i\cdot y_i] = \sum_i a_i^2\cdot\mathrm{var}(x_i)\cdot\mathrm{var}(y_i) + E^2(x_i)\cdot\mathrm{var}(y_i)$$
$$+ E^2(y_i)\cdot\mathrm{var}(x_i)$$

Damit ergibt sich:

$$\text{(IV.1.54)} \quad \mathrm{var}(Z_1) + \mathrm{var}(Z_2) + \mathrm{var}(Z_3) + \mathrm{var}(Z_4)$$
$$= \mathrm{var}(A\cdot x) + \mathrm{var}(B\cdot\bar{x}^2) + \mathrm{var}(e\cdot\bar{x}^3) + \sigma_{K_{Fix}}^2$$
$$= (\sigma_A^2+\mu_A^2)\cdot\sigma_x^2 + \sigma_A^2\cdot\bar{x}^2 + (\sigma_B^2+\mu_B^2)\cdot\mathrm{var}(x^2) + \sigma_B^2\cdot E^2(x^2)$$
$$+ (\sigma_e^2+\mu_e^2)\cdot\mathrm{var}(x^3) + \sigma_e^2\cdot E^2(x^3) + \sigma_{K_{Fix}}^2$$

<u>mit</u> $\sigma_A^2 = \sigma_a^2 + \sigma_c^2 + \sigma_p^2 + \sigma_{k_V}^2$

$\sigma_B^2 = \sigma_b^2 + \sigma_{d'}^2$

Berücksichtigt man weiterhin

$$\text{(IV.1.55)} \quad E^2(x^2) = E^2(\bar{x}+\varepsilon_x)^2 = [\bar{x}^2+E(\varepsilon_x^2)]^2 = \bar{x}^4 + 2\bar{x}^2\cdot E(\varepsilon_x^2) + E^2(\varepsilon_x^2)$$

---

1. Vgl. u.a. HARTUNG, Joachim (1985), S. 119.
2. Vgl. hierzu die Ausführungen auf S. 228 im Rahmen der 4 Momente - Methode.

$$\text{(IV.1.56)} \quad E^2(x^3) = E^2(\bar{x}+\varepsilon_x)^3 = [\bar{x}^3 + 3\bar{x}\cdot E(\varepsilon_x^2) + E(\varepsilon_x^3)]^2$$

$$= \bar{x}^6 + 9\bar{x}^2\cdot E^2(\varepsilon_x^2) + E^2(\varepsilon_x^3) + 6\bar{x}^4\cdot E(\varepsilon_x^2) + 2\bar{x}^3\cdot E(\varepsilon_x^3)$$

$$+ 6\bar{x}\cdot E(\varepsilon_x^2)\cdot E(\varepsilon_x^3)$$

$$\text{(IV.1.57)} \quad \mathrm{var}(x^2) = E(x^4) - E^2(x^2) = 4\bar{x}^2\cdot E(\varepsilon_x^2) + 4\bar{x}\cdot E(\varepsilon_x^3) + E(\varepsilon_x^4) - E^2(\varepsilon_x^2)$$

$$\text{(IV.1.58)} \quad \mathrm{var}(x^3) = E(x^6) - E^2(x^3)$$

$$= 9\bar{x}^4\cdot E(\varepsilon_x^2) + 18\bar{x}^3\cdot E(\varepsilon_x^3) + 15\bar{x}^2\cdot E(\varepsilon_x^4) - 9\bar{x}^2\cdot E^2(\varepsilon_x^2)$$

$$+ 6\bar{x}\cdot[E(\varepsilon_x^5) - E(\varepsilon_x^2)\cdot E(\varepsilon_x^3)] + E(\varepsilon_x^6) - E^2(\varepsilon_x^3)$$

so kann man die Beziehungen (IV.1.51-54), die zusammen den Varianzwert des Gewinns ausmachen, als Funktion der gesuchten $\bar{x}$-Werte (bis zur 6. Potenzstufe) und als Funktion von $E(\varepsilon_x^n)$ $(n=2,\ldots,6)$ ausdrücken.

Eine weitere Vereinfachung ergibt sich dadurch, daß man die nicht ermittelbaren $E(\varepsilon_x^n)$-Werte $(n=2,\ldots,6)$ durch σ_x^n-Werte der gleichen Potenzstufe ersetzen kann.
Dies läßt sich folgendermaßen zeigen:

Da $\varepsilon_x \sim N(0,\sigma_x^2)$, folgt $r := \dfrac{\varepsilon_x - 0}{\sigma_x} = \dfrac{\varepsilon_x}{\sigma_x} \sim N(0,1)$

Damit erhält man andererseits

$$E(r^n) = E\left[\frac{\varepsilon_x^n}{\sigma_x^n}\right] = \frac{1}{\sigma_x^n} \cdot E(\varepsilon_x^n) \quad \text{bzw.}$$

$$\text{(IV.1.59)} \quad E(\varepsilon_x^n) = \sigma_x^n \cdot E(r^n)$$

Für $E(r^n)$ gilt:

$$E(r^n) = \int_{-\infty}^{+\infty} r^n \cdot \frac{1}{\sqrt{2\pi}} \cdot e^{-\frac{1}{2}r^2}\, dr$$

Während die Momente n. Ordnung einer standardnormalverteilten Zufallsvariablen für ungerades n den Wert Null aufweisen, gilt andererseits für gerades n aufgrund der Symmetrie der Standardnormalverteilung um den Nullpunkt

$$E(r^n) = 2 \cdot \int_0^{+\infty} \frac{1}{\sqrt{2\pi}} \cdot r^n \cdot e^{-\frac{1}{2} r^2} \, dr$$

Unter Beachtung der Substitution $y = \frac{1}{2} \cdot r^2$ bzw. $r^n = (2y)^{n/2}$ mit

$dr = 1/(2y)^{0,5}\, dy$ folgt

$$E(r^n) = \frac{2}{\sqrt{2\pi}} \cdot \int_0^{+\infty} (2y)^{n/2} \cdot e^{-y} \cdot \frac{1}{(2y)^{0,5}} \, dy$$

$$= \frac{2^{n/2}}{\sqrt{\pi}} \cdot \int_0^{+\infty} y^{(n-1)/2} \cdot e^{-y} \, dy$$

Substituiert man weiterhin n durch 2t-1 ($n := 2t-1$), so folgt

(IV.1.60) $$E(r^n) = \frac{2^{(2t-1)/2}}{\sqrt{\pi}} \cdot \int_0^{+\infty} y^{t-1} \cdot e^{-y} \, dy = \frac{2^{(2t-1)/2}}{\sqrt{\pi}} \cdot \Gamma(t)$$

wobei $\Gamma(t)$ die Gammafunktion darstellt.

Mit Hilfe der Gammafunktion und der Beziehung $\Gamma(t) = (t-1) \cdot \Gamma(t-1)$ für ($t \geq 1$) kann man die $E(\varepsilon_x^n)$-Werte ($n=2,\ldots,6$) ersetzen[1]:

n	$t = \frac{n+1}{2}$	$\Gamma(t)$	$E(r^n)$	$E(\varepsilon_x^n)$
2	1,5	0,88620	0,9999718 ≅ 1,0	$1{,}0 \cdot \sigma_x^2$
3	——	——	0	0
4	2,5	1,32930	2,9999154 ≅ 3,0	$3{,}0 \cdot \sigma_x^4$
5	——	——	0	0
6	3,5	3,32325	14,9995770 ≅ 15,0	$15{,}0 \cdot \sigma_x^6$

Tab. IV.1.1: Die Bestimmung der $E(\varepsilon_x^n)$-Werte über die Gammafunktion

1. Zu der Darstellung der Gammafunktion vgl. u.a. HARTUNG, Joachim (1985), S.153 und S.904.

Setzt man die solchermaßen erhaltenen $E(\varepsilon_x^n)$-Werte (n=2,...,6) in die bisher abgeleiteten Beziehungen ein, so erhält man für μ_G gemäß (IV.1.49) einerseits und für σ_G^2 gemäß den Beziehungen (IV.1.50-58) andererseits folgende, entsprechend der Potenzstufe der $\bar{x}$-Werte geordnete, Ausdrücke[1]:

(IV.1.61) $$\mu_G = \alpha_1 \cdot \bar{x} - \alpha_2 \cdot \bar{x}^2 - \alpha_3 \cdot \bar{x}^3 - \alpha_o \quad \text{, wobei}$$

$$\alpha_o = \mu_{K_{Fix}} + \mu_B \cdot \sigma_x^2$$

$$\alpha_1 = \mu_A - 3\mu_e \cdot \sigma_x^2$$

$$\alpha_2 = \mu_B$$

$$\alpha_3 = \mu_e$$

(IV.1.62) $$\sigma_G^2 = \beta_1 \cdot \bar{x} + \beta_2 \cdot \bar{x}^2 + \beta_3 \cdot \bar{x}^3 + \beta_4 \cdot \bar{x}^4 + \beta_6 \cdot \bar{x}^6 + \beta_o \quad \text{mit}$$

$$\beta_o = \sigma_{K_{Fix}}^2 + (\sigma_A^2 + \mu_A^2) \cdot \sigma_x^2 + (3\sigma_B^2 + 2\mu_B^2 - 6\mu_A \cdot \mu_e) \cdot \sigma_x^4 + 15(\sigma_e^2 + \mu_e^2) \cdot \sigma_x^6$$

$$\beta_1 = 24\, \mu_B \cdot \mu_e \cdot \sigma_x^4 - 4\mu_A \cdot \mu_B \cdot \sigma_x^2$$

$$\beta_2 = \sigma_A^2 + (6\sigma_B^2 + 4\mu_B^2 - 6\mu_A \cdot \mu_e) \cdot \sigma_x^2 + (45\sigma_e^2 + 36\mu_e^2) \cdot \sigma_x^4$$

$$\beta_3 = 12\mu_B \cdot \mu_e \cdot \sigma_x^2$$

$$\beta_4 = \sigma_B^2 + (15\sigma_e^2 + 9\mu_e^2) \cdot \sigma_x^2$$

$$\beta_6 = \sigma_e^2$$

wobei $\mu_A = \mu_a - \mu_c \qquad \sigma_A^2 = \sigma_a^2 + \sigma_c^2 + \sigma_p^2 + \sigma_{k_v}^2$

$\mu_B = \mu_b + \mu_{d'} \qquad \sigma_B^2 = \sigma_b^2 + \sigma_{d'}^2$

---

1. Der Unterschied zu den von Yunker/Yunker abgeleiteten Größen drückt sich im Varianzwert aus, da von den beiden Autoren fälschlicherweise alle auftretenden Kovarianzterme mit dem Wert Null angesetzt werden.

Der Erwartungswert und die Varianz des Gewinns werden jetzt zur Bestimmung der erwarteten Ungewißheitskosten herangezogen. Da in diesem stochastischen Totalmodell neben der Mengengröße auch alle anderen Variablen mit Unsicherheit behaftet sind, erhält man für die Ungewißheitskosten in Analogie zu (II.2.15) allgemein:

$$\text{(IV.1.63)} \qquad K_U = \begin{cases} -G & \text{für} \quad G = -\infty, \ldots, G_B = 0 \\ 0 & \text{sonst} \end{cases}$$

Damit ergeben sich die erwarteten Ungewißheitskosten zu:

$$\text{(IV.1.64)} \qquad E(K_U) = \int_{G=-\infty}^{G_B} -G \, dF(G) = -E_{-\infty}^{G_B}(G)$$

Ohne nähere Informationen über das der Zufallsvariablen Gewinn zugrundeliegende Verteilungsgesetz sind jedoch keine weiteren Aussagen möglich. Durch Ausmultiplizieren der Gewinngleichung (IV.1.48) gelangt man jedoch zu folgendem Ausdruck:

$$\text{(IV.1.65)} \qquad \begin{aligned} G = {} & A \cdot \bar{x} - B \cdot \bar{x}^2 - e \cdot \bar{x}^3 - K_{Fix} \\ & + (A - 2B \cdot \bar{x} - 3e \cdot \bar{x}^2) \cdot \varepsilon_x \\ & - (B + 3e \cdot \bar{x}) \cdot \varepsilon_x^2 \\ & - e \cdot \varepsilon_x^3 \end{aligned} \qquad \text{mit}$$

$$A = (a - c + \varepsilon_p + \varepsilon_{k_v}) \sim N(\mu_a - \mu_c, \sigma_a^2 + \sigma_c^2 + \sigma_p^2 + \sigma_{k_v}^2)$$

$$B = (b + d') \sim N(\mu_b + \mu_{d'}, \sigma_b^2 + \sigma_{d'}^2)$$

Da $\bar{x}$ eine Konstante im statistischen Sinn darstellt, sind alle Summanden in der ersten Zeile von (IV.1.65) normalverteilt, während die folgenden Summanden das Produkt von jeweils zwei Zufallsvariablen - von denen jedoch mindestens eine wiederum normalverteilt ist - darstellen, dessen Verteilung nicht notwendigerweise einer Normalverteilung genügt.

Der Argumentation von Yunker/Yunker[1], die aufgrund des Zentralen Grenzwertsat-

---

1. Vgl. YUNKER, James A.; YUNKER, Penelope J. (1982), S. 26.

zes die Normalverteilung der Zielkriteriumsvariablen Gewinn folgern, muß jedoch widersprochen werden. Auch wenn verschiedene Autoren die Bedingungen zur Anwendung des Zentralen Grenzwertsatzes in der Weise abschwächen, daß "oft schon eine Summe aus mäßig vielen unabhängigen Zufallsgrößen in einer für die Praxis ausreichenden Genauigkeit normalverteilt ist"[1], so sind neben der Fragwürdigkeit einer solchen Behauptung in dieser allgemeinen Form[2] darüber hinaus auch die Abhängigkeiten der Summanden der drei letzten Zeilen von (IV.1.65) zu beachten.

Sinnvoller erscheint es allemal, mit Hilfe der 12% - Regel oder der simulativen Risikoanalyse zu prüfen, ob die angesprochenen Summanden zumindest näherungsweise als normalverteilt angesehen werden können und somit auch der Gewinn als Summe dann ausschließlich normalverteilter Zufallsvariablen wiederum einer Normalverteilung gehorcht.

Für diesen Fall kann man den partiellen Erwartungswert (IV.1.64) in Analogie zu (II.2.25) wie folgt ausdrücken:

$$E(K_U) = -E_{-\infty}^{G_B}(G) = \sigma_G \cdot \varphi(z_B) - \mu_G \cdot \Phi(z_B)$$

$$= \sigma_G \cdot [\varphi(-v) - v \cdot \Phi(-v)] \qquad \text{wobei}$$

$$z_B = \frac{G_B - \mu_G}{\sigma_G} = -\frac{\mu_G}{\sigma_G} = -\frac{1}{VK_G} =: -v$$

μ_G gemäß (IV.1.61); σ_G^2 gemäß (IV.1.62)

Wegen der Symmetrie der Standardnormalverteilung um den Nullpunkt folgt weiter:

$$E(K_U) = \sigma_G \cdot [\varphi(v) + v \cdot \Phi(v) - v] \quad \text{und aufgrund von (II.2.27)}$$

---

1. HEINHOLD, Josef; GAEDE, Karl-Walter (1972), S. 163. Zu ausführlichen Darstellungen des Zentralen Grenzwertsatzes vgl. u.a. RENYI, Alfréd (1962), S. 362-384.
2. Zumindest die in diesem Modell nicht erfüllte zusätzliche Voraussetzung identisch verteilter Zufallsvariablen erscheint als notwendig. So wird z.B. im Rahmen der Stichprobentheorie bei der die einzelnen Ziehungen einer Stichprobe vom Umfang n' als identisch wie die Grundgesamtheit verteilte Zufallsvariablen angesehen werden, gezeigt, daß unabhängig vom Aussehen der "wahren" unbekannten Grundgesamtheitsverteilung die Stichprobenverteilung der Summe der Zufallsvariablen für endlichen Stichprobenumfang annähernd normalverteilt ist.

ergibt sich schließlich:

(IV.1.66) $E(K_U) = \sigma_G \cdot K(v)$

Zur Bestimmung der optimalen Menge $\bar{x}$ unter Zugrundelegung der erwarteten Ungewißheitskosten als Risikomaß ist die Präferenzfunktion $\mu_G - k' \cdot E(K_U)$ mit μ_G gemäß (IV.1.61) und $E(K_U)$ gemäß (IV.1.66) nach $\bar{x}$ abzuleiten.

Da jedoch die analytische Lösung nicht praktikabel ist, wird der Vorgehensweise von Yunker/Yunker gefolgt, die als Grundlage ihres numerischen Lösungsverfahrens die graphische Darstellung von μ_G und σ_G, jeweils in Abhängigkeit von $\bar{x}$, benutzen.

Die Darstellung des Verlaufs beider Funktionen und deren Zusammenfassung in einem Koordinatensystem erfolgt in der Abbildung IV.1.2.

Dabei gilt für den Gewinnerwartungswert $\mu_G = \alpha_1 \cdot \bar{x} - \alpha_2 \cdot \bar{x}^2 - \alpha_3 \cdot \bar{x}^3 - \alpha_o$ $(\alpha_o, \alpha_1, \alpha_3 > 0)$:

$$\frac{\partial \mu_G}{\partial \bar{x}} = \alpha_1 - 2\alpha_2 \cdot \bar{x} - 3\alpha_3 \cdot \bar{x}^2$$

$$\frac{\partial^2 \mu_G}{\partial \bar{x}^2} = - 2\alpha_2 - 6\alpha_3 \cdot \bar{x}$$

Als Extremwerte ergeben sich damit:

$$\bar{x}_{Max} = - \frac{1}{3\alpha_3} \cdot [\alpha_2 - \overset{+}{\alpha_2}] > 0 \quad \text{mit} \quad \frac{\partial^2 \mu_G(\bar{x}_{Max})}{\partial \bar{x}^2} = -2\overset{+}{\alpha_2} < 0$$

$$\bar{x}_{Min} = - \frac{1}{3\alpha_3} \cdot [\alpha_2 + \overset{+}{\alpha_2}] < 0 \quad \text{mit} \quad \frac{\partial^2 \mu_G(\bar{x}_{Min})}{\partial \bar{x}^2} = 2\overset{+}{\alpha_2} > 0$$

$$\text{wegen} \quad \overset{+}{\alpha_2} = \sqrt{\alpha_2^2 + 3\alpha_1 \cdot \alpha_3} > |\alpha_2|$$

Der Graph der Funktion des Gewinnerwartungswertes wird im I. Quadranten der

Abbildung IV.1.2 dargestellt.[1]

Hinsichtlich der Varianz σ_G^2 gemäß (IV.1.62) bzw. hinsichtlich der Standardabweichung kann man im relevanten Bereich $\bar{x}' \leq \bar{x} \leq \bar{x}'' - \bar{x}'$ und $\bar{x}''$ stellen die $\bar{x}$-Werte dar, für die der Gewinnerwartungswert Null wird - von einem progressiv steigenden Funktionsverlauf ausgehen, da in diesem Bereich die positiven Vorzeichen von β_3, β_4 und β_G in Verbindung mit der hohen Potenzstufe der zugehörigen $\bar{x}$-Werte die anderen Funktionsbestandteile dominieren.[2] Die graphische Darstellung dieser Funktion erfolgt im II. Quadranten der Abbildung IV.1.2.

In Verbindung mit der 45° - Linie (Quadrant III) gelangt man schließlich zu dem im IV. Quadranten dargestellten typischen Zusammenhang von μ_G und σ_G.

Bedenkt man weiterhin, daß die Steigung des Fahrstrahls durch den Ursprung zu jedem Punkt des Graphen im IV. Quadranten den entsprechenden $v = \mu_G/\sigma_G$-Wert angibt, so erhält man für den Fall, daß der Fahrstrahl zur Tangente an den Graph wird, die Menge $\bar{x}^*$ mit maximalem v-Wert. Da man andererseits die Verlustwahrscheinlichkeit $P(G<0) = F(G=0)$ auch in der folgenden Form

$$\Phi\left[\frac{0 - \mu_G}{\sigma_G}\right] = \Phi(-v)$$

ausdrücken kann, erhält man für $\bar{x}^*$ die minimale Verlustwahrscheinlichkeit.

Was folgt nun aus alledem für die hier allein interessierenden erwarteten Ungewißheitskosten? Hierzu wird zunächst die 1. Ableitung von $E(K_U)$ gemäß (IV.1.66) nach $\bar{x}$ untersucht.

$$\text{(IV.1.67)} \qquad \frac{\partial E(K_U)}{\partial \bar{x}} = \frac{\partial \sigma_G}{\partial \bar{x}} \cdot K(v) + \sigma_G \cdot \frac{\partial K(v)}{\partial v} \cdot \frac{\partial v}{\partial \bar{x}}$$

---

1. O.B.d.A. wird $\alpha_2 > 0$ gesetzt, d.h., der Wendepunkt $\bar{x}_W = -\frac{1}{3} \cdot \alpha_2/\alpha_3$ wird für negativen Wert von $\bar{x}$ angenommen.
2. Die von Yunker/Yunker getroffene Annahme eines progressiv steigenden Funktionsverlaufs über den gesamten Bereich der positiven $\bar{x}$-Werte ist jedoch zu streng und auch unnötig. So kann es sogar möglich sein, daß die σ_G-Werte von $\beta_0 > 0$ ausgehend für sehr kleine $\bar{x}$-Werte zunächst sinken. Dies hat jedoch auf die hier vorzunehmende graphische Analyse keine besonderen Auswirkungen.

wobei:

(IV.1.68) $$\frac{\partial K(v)}{\partial v} = -v\cdot\varphi(v) + v\cdot\varphi(v) + \Phi(v) - 1 = -\Phi(-v) < 0$$

(IV.1.69) $$\frac{\partial v}{\partial \bar{x}} = \frac{\partial \frac{\mu_G}{\sigma_G}}{\partial \bar{x}} = \frac{\sigma_G \cdot \frac{\partial \mu_G}{\partial \bar{x}} - \mu_G \cdot \frac{\partial \sigma_G}{\partial \bar{x}}}{\sigma_G^2}$$

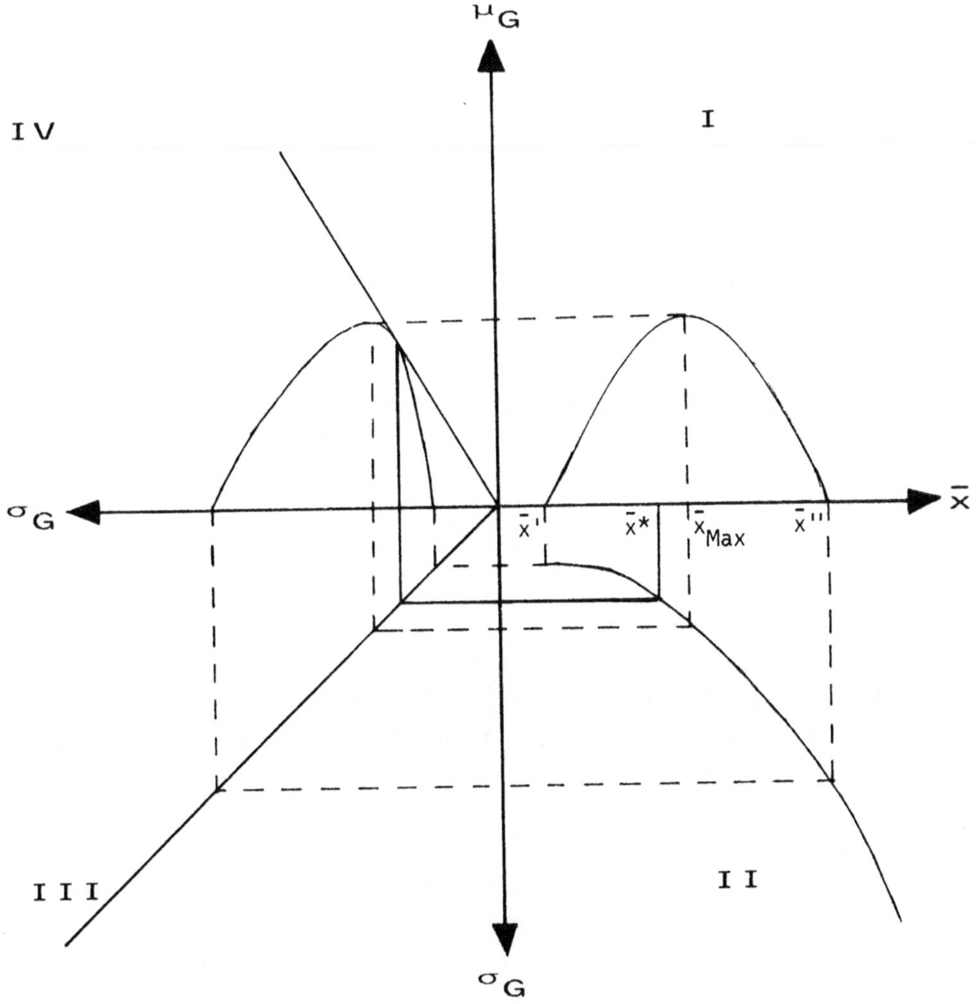

Abb. IV.1.2: Der Graph von μ_G und σ_G^2 in Abhängigkeit von $\bar{x}$

Setzt man die Ableitungen (IV.1.68) und (IV.1.69) in die Beziehung (IV.1.67) ein, so ergibt sich:

$$\frac{\partial E(K_U)}{\partial \bar{x}} = \frac{\partial \sigma_G}{\partial \bar{x}} \cdot [\varphi(v) + v \cdot \Phi(v) - v] - \sigma_G \cdot \Phi(-v) \cdot \frac{\sigma_G \cdot \frac{\partial \mu_G}{\partial \bar{x}} - \mu_G \cdot \frac{\partial \sigma_G}{\partial \bar{x}}}{\sigma_G^2}$$

$$\frac{\partial E(K_U)}{\partial \bar{x}} = \frac{\partial \sigma_G}{\partial \bar{x}} \cdot \left[\varphi(v) + v \cdot \Phi(v) - v + \frac{\mu_G}{\sigma_G} \cdot \Phi(-v)\right] - \Phi(-v) \cdot \frac{\partial \mu_G}{\partial \bar{x}}$$

$$\text{(IV.1.70)} \quad \frac{\partial E(K_U)}{\partial \bar{x}} = \frac{\partial \sigma_G}{\partial \bar{x}} \cdot \varphi(v) - \frac{\partial \mu_G}{\partial \bar{x}} \cdot \Phi(-v)$$

Wegen der Symmetrie der Standardnormalverteilung um den Nullpunkt, d.h. $\varphi(v) = \varphi(-v)$, ergibt sich die 1. Ableitung damit zu:

$$\text{(IV.1.71)} \quad \frac{\partial E(K_U)}{\partial \bar{x}} = \frac{\partial \sigma_G}{\partial \bar{x}} \cdot [\varphi(-v) - S \cdot \Phi(-v)] = \frac{\partial \sigma_G}{\partial \bar{x}} \cdot \Phi(-v) \cdot [R(-v) - S]$$

$$\text{mit} \quad S = \frac{\partial \mu_G / \partial \bar{x}}{\partial \sigma_G / \partial \bar{x}} \quad \text{und}^{1} \quad R(-v) = \frac{\varphi(-v)}{\Phi(-v)} \geqq v$$

Da die beiden Größen $\partial \sigma_G / \partial \bar{x}$ und $\Phi(-v)$ größer (gleich) Null sind, hängt das Vorzeichen der 1. Ableitung nur von der Differenz R(-v)-S ab. Beachtet man weiterhin, daß aus der Beziehung (IV.1.69)

$$\frac{\partial v}{\partial \bar{x}} \ (\gtrless)\ 0 \implies \sigma_G \cdot \frac{\partial \mu_G}{\partial \bar{x}} \ (\gtrless)\ \mu_G \cdot \frac{\partial \sigma_G}{\partial \bar{x}} \quad \text{bzw.} \quad S \ (\gtrless)\ v$$

folgt, so kann man für die einzelnen $\bar{x}$-Bereiche folgenden Verlauf der erwar-

1. Vgl. hierzu die Ausführungen auf S. 134.

teten Ungewißheitskosten ableiten:

- $\bar{x}_{Max} < \bar{x} \leq \bar{x}''$

$\frac{\partial v}{\partial \bar{x}} < 0$ [vgl. Abbildung IV.1.1, IV. Quadrant] und damit

$$S < v < R(-v)$$

Die Funktion der erwarteten Ungewißheitskosten steigt in diesem Bereich!

- $\bar{x}^* < \bar{x} \leq \bar{x}_{Max}$

$\frac{\partial v}{\partial \bar{x}} < 0$ bzw. $S < v < R(-v)$

Die Funktion der erwarteten Ungewißheitskosten steigt in diesem Bereich!

- $\bar{x}^{**} < \bar{x} \leq \bar{x}^*$

$\frac{\partial v}{\partial \bar{x}} \geq 0$ bzw. $v \leq S < R(-v)$

Die Funktion der erwarteten Ungewißheitskosten steigt in diesem Bereich!

Man beachte, daß für den Wert $\bar{x}^{**}$ gerade $S=R(-v)>v$ gilt, so daß die erwarteten Ungewißheitskosten für $\bar{x}^{**}$ einen Extremwert besitzen [vgl. auch die Beziehung (IV.1.71)]. Daß es sich um ein Minimum handelt, läßt sich ausgehend von der (IV.1.70) mittels der 2. Ableitung zeigen:[1]

$$\frac{\partial^2 E(K_U)}{\partial \bar{x}^2} = \frac{\partial^2 \sigma_G}{\partial \bar{x}^2} \cdot \varphi(v) + \frac{\partial \sigma_G}{\partial \bar{x}} \cdot \varphi(v) \cdot (-v) \cdot \frac{\partial v}{\partial \bar{x}} - \frac{\partial^2 \mu_G}{\partial \bar{x}^2} \cdot \Phi(-v) + \frac{\partial \mu_G}{\partial \bar{x}} \cdot \varphi(-v) \cdot \frac{\partial v}{\partial \bar{x}}$$

$$= \frac{\partial^2 \sigma_G}{\partial \bar{x}^2} \cdot \varphi(v) - \frac{\partial^2 \mu_G}{\partial \bar{x}^2} \cdot \Phi(-v) + \frac{\partial \sigma_G}{\partial \bar{x}} \cdot \varphi(-v) \cdot \frac{\partial v}{\partial \bar{x}} \cdot (S-v)$$

$$= \frac{\partial^2 \sigma_G}{\partial \bar{x}^2} \cdot \varphi(v) - \frac{\partial^2 \mu_G}{\partial \bar{x}^2} \cdot \Phi(-v) + \frac{1}{\sigma_G} \cdot \frac{\partial \sigma_G}{\partial \bar{x}} \cdot \varphi(-v) \cdot (S-v) \cdot \left[\frac{\partial \mu_G}{\partial \bar{x}} - v \cdot \frac{\partial \sigma_G}{\partial \bar{x}} \right]$$

und damit

1. Darüber hinaus wird gezeigt, daß die 2. Ableitung für jeden $\bar{x}$-Wert im relevanten Bereich immer ein positives Vorzeichen aufweist.

$$\frac{\partial^2 E(K_U)}{\partial \bar{x}} = \frac{\partial^2 \sigma_G}{\partial \bar{x}^2} \cdot \varphi(-v) - \frac{\partial^2 \mu_G}{\partial \bar{x}^2} \cdot \Phi(-v) + \frac{1}{\sigma_G} \cdot \varphi(-v) \cdot \left[\frac{\partial \sigma_G}{\partial \bar{x}}\right]^2 \cdot (S-v)^2 > 0$$

(>0) (>0) (<0) (>0) (>0) (>0) (>0)

- $\bar{x}' \leqq \bar{x} \leqq \bar{x}^{**}$

$$\frac{\partial v}{\partial \bar{x}} > 0 \qquad \text{bzw.} \qquad v < R(-v) \leqq S$$

Die Funktion der erwarteten Ungewißheitskosten sinkt in diesem Bereich!

Die Zusammenfassung der erwarteten Ungewißheitskosten und des Gewinnerwartungswertes in einem $[E(K_U)/\mu_G]$-Koordinatensystem [vgl. die Abbildung IV.1.3] führt zu folgenden Tendenzaussagen:

Falls $\bar{x}$ von $\bar{x}'$ auf $\bar{x}^{**}$ steigt, so sinken die erwarteten Ungewißheitskosten von $\sigma_G(\bar{x}') \cdot K(v=0) = 0{,}4\sigma_G(\bar{x}')$ ausgehend bis zu ihrem Minimum, während der Gewinnerwartungswert steigt.

In den Definitionsbereichen $\bar{x}^{**}$ bis $\bar{x}^*$ und $\bar{x}^*$ bis $\bar{x}_{Max}$ steigen beide Funktionen.

Steigt $\bar{x}$ von $\bar{x}_{Max}$ auf $\bar{x}''$, so erhöhen sich die erwarteten Ungewißheitskosten auf $0{,}4\sigma_G(\bar{x}'') > 0{,}4\sigma_G(\bar{x}')$ und die Funktion des Gewinnerwartungswertes sinkt auf Null.

Der effiziente Bereich liegt somit zwischen $\bar{x}^{**}$ und $\bar{x}_{Max}$!

Zur Bestimmung der optimalen Menge $\bar{x}_{Opt}$ genügt es demnach, über ein numerisches Verfahren den $\bar{x}$-Wert aus der Menge der effizienten $\bar{x}$-Werte herauszufinden, der zum höchsten Wert der Präferenzfunktion $\mu_G - k' \cdot E(K_U)$ führt. Graphisch erhält man diesen optimalen Wert $\bar{x}_{Opt}$ als Tangentialpunkt der Indifferenzkurven der linearen $[\mu_G, E(K_U)]$ - Regel mit der Kurve der möglichen $[E(K_U), \mu_G]$ - Kombinationen.[1]

1. Vgl. zu der Ableitung der Indifferenzkurven für das lineare $[\mu_G, E(K_U)]$ - Kriterium die Ausführungen auf S. 147.

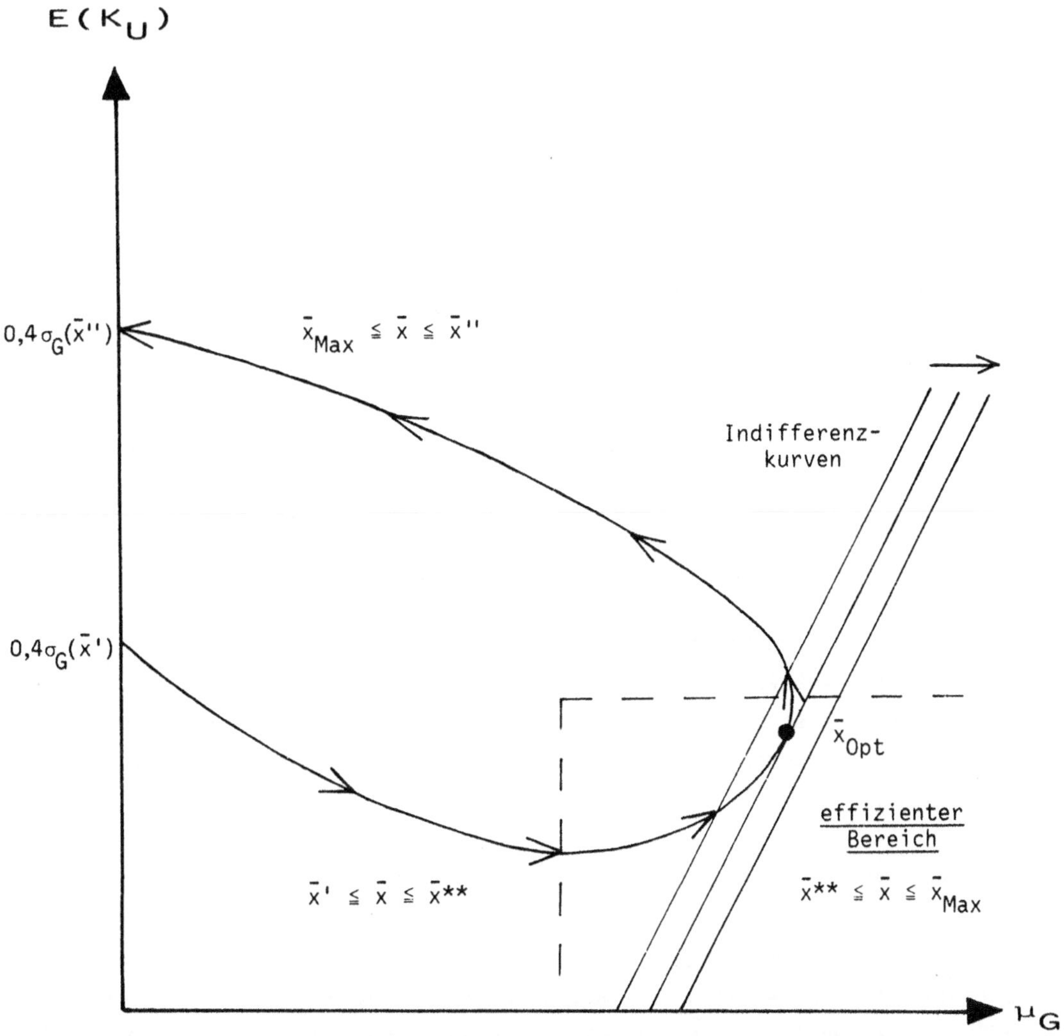

Abb.IV.1.3: Zusammenhang von $E(K_U)$ und μ_G in Abhängigkeit von $\bar{x}$

Das in diesem Abschnitt abgeleitete Break even - Modell ist ein sehr allgemeines. Neben der Berücksichtigung der Unsicherheit bezüglich aller Variablen erlaubt es zudem die Einbeziehung ökonomischer Aspekte über nichtlineare Erlös- und Kostenfunktionen und ist darüber hinaus als "Erweitertes Alternativenmodell" interpretierbar.

Im folgenden letzten Abschnitt soll nun noch die Prämisse des Einproduktfalles aufgehoben werden.

2. Stochastische Break even - Entscheidungsmodelle im Mehrproduktfall

Abschließend soll noch in einigen Sätzen auf Möglichkeiten eingegangen werden, den Mehrproduktfall im Rahmen eines stochastischen Break even - Entscheidungsmodells zu berücksichtigen.

Es wird an dieser Stelle noch einmal daran erinnert, daß für eine als Entscheidungsverfahren konzipierte Break even - Analyse die Problematik der Fixkostenauflösung nicht in Erscheinung tritt. Denn im Gegensatz zur deterministischen Break even - Analyse als ein die kurzfristige Erfolgsrechnung unterstützendes Hilfsmittel liegt der Anwendungsbereich der stochastischen Break even - Analyse im Rahmen ganz spezieller, näher spezifizierbarer Entscheidungssituationen, welche die Angabe der produktspezifischen Fixkosten erlauben.

Während im Rahmen der kurzfristigen Erfolgsrechnung ein zeitlich abgegrenztes, jedoch kein sachlich abgegrenztes Entscheidungsfeld besteht, d.h., bei einer solchen unternehmensbezogenen Betrachtungsweise[1] ist das Fixkostenzuordnungssystem zwangsläufig nur mit stark einschränkenden Prämissen zu lösen[2], handelt es sich bei den hier interessierenden kurzfristigen Entscheidungssituationen um solche , die sowohl zeitlich als auch sachlich abgegrenzt sind.

Bei diesen sachlichen Partialmodellen - in Anlehnung an Johnson und Simik sollen kurzfristige Produktdifferenzierungen betrachtet werden[3] - verschiebt sich jedoch der Aufgabenschwerpunkt in die Richtung, daß das optimale Verkaufsmix zusammenzustellen ist, wobei zusätzlich Abhängigkeiten zwischen den einzelnen Produkten über die Kovarianzen zu berücksichtigen sind.

Richtungweisend für diese stochastischen Entscheidungsmodelle sind die von Jaedicke[4] sowie die von Charnes, Cooper und Ijiri[5] aufgestellten deterministischen Entscheidungsmodelle im Mehrproduktfall. Ein Charakteristikum jener Modelle besteht darin, daß neben einer zu optimierenden Zielfunktion auch Engpässe berücksichtigt werden, die in Form von Nebenbedingungen Eingang in die Modelle finden.

---

1. Vgl. SCHOLL, Hermann-Josef (1981), S. 73 und S. 115.
2. Vgl. die Ausführungen im ersten Kapitel auf S. 51ff.
3. Vgl. JOHNSON, Glenn L.; SIMIK, Stephen S. (1971) und (1974).
4. Vgl. JAEDICKE, Robert K. (1961).
5. Vgl. CHARNES, Abraham; COOPER, William W.; IJIRI, Yuji (1963).

Jaedicke benutzt dabei die klassischen Lösungstechniken im Engpaßfall; d.h., bei einem Engpaß erfolgt die Bestimmung des optimalen Produktionsprogramms gemäß der Reihung der relativen Deckungsbeiträge[1], während im Mehrengpaßfall Lineare Optimierungsansätze Anwendung finden. Die Ansätze von Jaedicke sind jedoch noch nicht auf die Zwecke der Break even - Analyse abgestimmt.

Eine zweckmäßigere Vorgehensweise besteht darin, die Lineare Optimierung lediglich als hilfreiches Handwerkszeug zur Lösung von Break even - Modellen anzusehen, wie es im Rahmen der Goal Programming - Ansätze von Charnes, Cooper und Ijiri geschieht.[2]

Unter stochastischen Gesichtspunkten sind jedoch darüber hinaus Abhängigkeiten zwischen den einzelnen Produktlinien zu beachten, falls es sich nicht um den realitätsfremden Fall handeln soll, daß alle Produktlinien untereinander vollkommen unabhängig sind. Aus diesen Überlegungen folgt unmittelbar, daß stochastische Break even - Modelle im Mehrproduktfall mit Vorteil auch unter dem Gesichtspunkt der Portefeuilleplanung untersucht werden können.

Ansätze dieser Art können auf die beiden Arbeiten von Johnson und Simik zurückgeführt werden[3], die dabei wiederum von ausschließlich normalverteilten Absatzmengen der Produkte (j=1,...,n) mit Erwartungswerten μ_j und Varianzen σ_j^2 ausgehen:

$$x_j \sim N(\mu_j, \sigma_j^2) \qquad (j=1,\dots,n)$$

Die Zufallsvariablen sind somit gemeinsam multivariat normalverteilt. Weiterhin unterstellen sie für jedes Produkt einen konstanten Deckungsbeitrag $d_j = p_j - k_{v,j}$ (j=1,...,n) und umgehen somit die im dritten Kapitel angesprochene Problematik der Wahrscheinlichkeitsbestimmung der Zielkriteri-

1. Aufgrund des deterministischen Modellcharakters und der Annahme, daß keine zusätzlichen Fixkosten auftreten, sind somit nur die Deckungsbeiträge entscheidungsrelevant.
2. Zur Beschreibung einer Ausprägungsform der von Charnes, Cooper und Ijiri vorgestellten Goal Programming - Ansätze vgl. auch die Ausführungen auf S. 58.
3. Vgl. JOHNSON, Glenn L.; SIMIK, Stephen S. (1971) und (1974).

umsvariablen Gewinn.[1]

Unter Berücksichtigung der produktindividuellen Fixkosten $K_{Fix,j}$ ergibt sich folgende Gewinngleichung:

$$\tilde{G} = \sum_{j=1}^{n} (p_j - k_{v,j}) \cdot \tilde{x}_j - K_{Fix,j}$$

Da jede Linearkombination der normalverteilten Absatzmengen ebenfalls normalverteilt ist, folgt

$$G \sim N(\mu_G, \sigma_G^2)$$

Somit genügt es auch in diesem Modell, zur Spezifizierung der Wahrscheinlichkeitsverteilung des Gewinns die beiden Parameter μ_G und σ_G^2 zu bestimmen. Für den Gewinnerwartungswert erhält man:

$$\text{(IV.2.1)} \quad \mu_G = E\left[\sum_{j=1}^{n} G_j\right] = E\left[\sum_{j=1}^{n} d_j \cdot x_j - K_{Fix,j}\right] = \sum_{j=1}^{n} (d_j \cdot \mu_j - K_{Fix,j})$$

bzw. in der im Mehrproduktfall gebräuchlichen Matrixschreibweise

$$\text{(IV.2.2)} \quad \mu_G = \underline{d}^T \underline{\mu} - \underline{K}_{Fix}^T \underline{1} = (d_1, \ldots, d_n) \begin{pmatrix} \mu_1 \\ \vdots \\ \mu_n \end{pmatrix} - (K_{Fix,1}, \ldots, K_{Fix,n}) \begin{pmatrix} 1 \\ \vdots \\ 1 \end{pmatrix}$$

---

1. Im Mehrproduktfall können zur Wahrscheinlichkeitsbestimmung des Gewinns grundsätzlich die gleichen Methoden angewandt werden wie im Einproduktfall. Aber auch wenn man die 12%-Regel als eine brauchbare Faustregel akzeptiert und somit zur Normalverteilungsannahme der Zielkriteriumsvariablen Gewinn der Nachweis genügt, daß alle Zufallsvariablen des Mehrproduktfalles normalverteilt sind und daß für jede einzelne Produktlinie die Summe der Variationskoeffizienten von Menge und Deckungsbeitrag hinreichend klein ist, so ist jedoch einschränkend festzuhalten, daß eine solche Datenkonstellation in praxi der Ausnahmefall ist.
Gerade im Mehrproduktfall ist somit die simulative Risikoanalyse, welche ohne irgendeine Verteilungsannahme auskommt, mit Vorteil anwendbar. Erschwerend wirkt sich aber auch auf die simulative Risikoanalyse die Berücksichtigung der Abhängigkeiten zwischen den Produktlinien aus, da hierdurch der Ansatz bedingter Wahrscheinlichkeiten notwendig wird.

Zur Bestimmung der Gewinnvarianz sind zusätzlich die Abhängigkeiten zwischen den Absatzmengen der Produktlinien über die Kovarianzen bzw. die Korrelationskoeffizienten zu berücksichtigen.

Die Kovarianz zwischen zwei beliebigen Produktlinien x_i und x_j ist definiert als[1]:

$$\text{(IV.2.3)} \quad cov(x_i,x_j) = E[(x_i-\mu_i)\cdot(x_j-\mu_j)] =: \sigma_{ij} \qquad (i,j=1,\dots,n)$$

$$\text{(IV.2.4)} \quad cov(x_i,x_j) = \sigma_i \cdot \sigma_j \cdot \rho_{ij} \qquad (i,j=1,\dots,n)$$

Dabei gibt ρ_{ij} den Korrelationskoeffizienten als Maß der linearen Abhängigkeit zwischen den Produktmengen x_i und x_j an. Zudem gilt für i=j $\rho_{ij}=+1$ und damit $\sigma_{ij}=\sigma_i^2$.

Die Varianz des Gewinns bestimmt sich somit als:

$$\sigma_G^2 = var \sum_{j=1}^{n} G_j = \sum_{j=1}^{n} var\, G_j + 2 \sum_{\substack{i=1 \\ i<j}}^{n} \sum_{j=1}^{n} cov(G_i,G_j)$$

$$= \sum_{j=1}^{n} var(d_j \cdot x_j - K_{Fix,j}) + 2 \sum_{\substack{i=1 \\ i<j}}^{n} \sum_{j=1}^{n} \sigma_{G_i} \cdot \sigma_{G_j} \cdot \rho_{G_iG_j}$$

Wegen der Translationsinvarianz der Varianz und unter Berücksichtigung, daß der Korrelationskoeffizient neben der Translationsinvarianz auch invariant bezüglich Maßstabsänderungen ist, d.h. $\rho_{G_iG_j} = \rho_{ij}$, folgt

$$\text{(IV.2.5)} \quad \sigma_G^2 = \sum_{j=1}^{n} d_j^2 \cdot \sigma_j^2 + 2 \sum_{\substack{i=1 \\ i<j}}^{n} \sum_{j=1}^{n} \rho_{ij} \cdot d_i \cdot d_j \cdot \sigma_i \cdot \sigma_j$$

Da darüber hinaus auch $\rho_{ij} = \rho_{ji}$ gilt, kann man die Varianz des Gewinns auch

1. Vgl. HARTUNG, Joachim (1985), S. 119.

folgendermaßen ausdrücken:

$$(IV.2.6) \quad \sigma_G^2 = \sum_{i=1}^{n} \sum_{j=1}^{n} d_i \cdot d_j \cdot \rho_{ij} \cdot \sigma_i \cdot \sigma_j$$

In Matrixschreibweise erhält man:

$$(IV.2.7) \quad \sigma_G^2 = \underline{d}^T \, \Sigma_x \, \underline{d}$$

$$= (d_1, \ldots, d_n) \begin{bmatrix} \sigma_1^2 & \rho_{12} \cdot \sigma_1 \cdot \sigma_2 & \cdots & \rho_{1n} \cdot \sigma_1 \cdot \sigma_n \\ \rho_{21} \cdot \sigma_2 \cdot \sigma_1 & \sigma_2^2 & \cdots & \rho_{2n} \cdot \sigma_2 \cdot \sigma_n \\ \vdots & \vdots & & \vdots \\ \rho_{n1} \cdot \sigma_n \cdot \sigma_1 & \rho_{n2} \cdot \sigma_n \cdot \sigma_2 & \cdots & \sigma_n^2 \end{bmatrix} \begin{bmatrix} d_1 \\ d_2 \\ \vdots \\ d_n \end{bmatrix}$$

Durch die Kenntnis von μ_G und σ_G^2 ist es wiederum ohne Schwierigkeiten möglich, für das in dieser Arbeit präferierte lineare $[\mu_G, E(K_U)]$-Kriterium die erwarteten Ungewißheitskosten gemäß der Beziehung (IV.1.66) zu bestimmen. Problematisch ist lediglich der größere benötigte Dateninput, da nicht nur die Varianzen aller Produkte, sondern darüber hinaus auch die $n \cdot (n-1)/2$ Korrelationskoeffizienten zu schätzen sind.

Wegen der entscheidenden Bedeutung der Korrelationskoeffizienten für die Bestimmung der optimalen Produktkombinationen sollen vorab einige Möglichkeiten der Schätzung dieser Korrelationskoeffizienten zur Diskussion gestellt werden.

In Analogie zu den Portefeuilleansätzen im Rahmen der Wertpapierdiversifikation könnte man versuchen, sogenannte Index-Modelle aufzustellen.[1] Bei dem Ein-Index-Modell werden dabei nicht die Korrelationen der einzelnen Alternativen untereinander bestimmt, sondern lediglich die Korrelationen der Alternativen mit einem Index, welcher als Konglomerat der einzelnen Alternativen deren gemeinsame durchschnittliche Entwicklung angibt.

1. Zur Darstellung dieser auf Sharpe zurückgehenden Ansätze vgl. SHARPE, William F. (1963) und auch ELTON, Edwin J.; GRUBER, Martin J. (1981), S. 105-157.

Ausgangspunkt des Ein-Index-Modells ist die Aufstellung linearer Regressionsbeziehungen zwischen den Gewinngrößen der Alternativen und dem Indexgewinn G_I:

(IV.2.8) $$G_j = \alpha_j + \beta_j \cdot G_I + \varepsilon_j \qquad (j=1,\ldots,n)$$

<u>mit</u>

$$E(\varepsilon_j) = 0 \qquad (j=1,\ldots,n)$$

$$var(\varepsilon_j) = \sigma^2_{\varepsilon_j} \qquad (j=1,\ldots,n)$$

$$cov(\varepsilon_j, G_I) = 0 \qquad (j=1,\ldots,n)$$

$$cov(\varepsilon_i, \varepsilon_j) = 0 \qquad (i \neq j)$$

Die gesuchten Kovarianzen der Gewinngrößen ergeben sich schließlich über die folgenden Beziehungen:

(IV.2.9) $$\sigma_{G_i G_j} = \beta_i \cdot \beta_j \cdot \sigma^2(G_I) \qquad (i,j=1,\ldots,n)$$

Zur Bestimmung aller gesuchten Kovarianzen beziehungsweise der Korrelationskoeffizienten genügt es demnach, die n β-Faktoren zu schätzen und die Varianz des allgemeinen Index $\sigma^2(G_I)$ zu prognostizieren. Dieser Ansatz erlaubt einerseits die Verringerung des Schätzaufwandes für größeres n - statt $n \cdot (n-1)/2$ Größen sind nur noch n+1 Größen zu schätzen - und andererseits wird durch die Regressionsbeziehung (IV.2.8) gleichzeitig der Lösungsansatz für die Schätzung der β-Faktoren aus Vergangenheitsdaten gegeben.

Bei den an dieser Stelle zu untersuchenden Sachanlagemöglichkeiten (Produktdifferenzierungen) treten jedoch die folgenden Probleme auf, die die Vorgehensweise unter Zuhilfenahme von Index-Modellen in einem kritischen Licht erscheinen läßt:

- Aufgrund der Schätzung der β-Faktoren aus Vergangenheitswerten dürfen keine grundlegenden Änderungen der Rahmenbedingungen stattgefunden haben. Vor allem ergibt sich jedoch im Gegensatz zu den Aktienindices das Problem, daß in der Regel keine ausreichende Zahl von Vergangenheitsdaten vorliegt.
- Problematisch ist zudem die Auswahl des allgemeinen Index I. Bei den hier zur Diskussion stehenden Sortimentserweiterungen könnte man beispielswei-

se den zugehörigen Branchenindex heranziehen, der die Gewinnentwicklung der gesamten Branche angibt. Ein einzelner Index wird in der Regel jedoch nicht ausreichend sein, die Beziehungen zwischen den Produktlinien wiederzugeben. So bieten sich regional differenzierte Indices an, die auch auf die unterschiedlichen Gewinnentwicklungen der Produktlinien im Inland und Ausland abstellen. Mit einer solchen Vorgehensweise hat man den Übergang von den Ein-Index-Modellen zu den Mehr-Index-Modellen vollzogen. Der Vorteil der Mehr-Index-Modelle in Form einer differenzierteren Betrachtungsweise wird andererseits aber durch eine größere Zahl zu schätzender β-Faktoren im Rahmen eines multiplen linearen Regressionsmodells erkauft.

- Im Gegensatz zum Wertpapiermischungsproblem ist der Rationalisierungseffekt der Index-Modelle bei der Zusammenstellung des Produktmix in aller Regel nicht sehr groß, da nur eine relativ geringe Zahl von Sortimentsdifferenzierungen zur Disposition steht.

Es bieten sich somit eher Verfahren an, die eine subjektive Schätzung der Korrelationskoeffizienten beziehungsweise die Schätzung der Kovariationen unter Berücksichtigung bedingter Erwartungswerte erlauben.[1] Während die direkte subjektive Schätzung lediglich eine sehr vage Bestimmung des Korrelationskoeffizienten ermöglicht, kann man unter relativ schwachen Voraussetzungen eine gute Schätzung der Korrelationskoeffizienten über die bedingten Erwartungswerte erhalten. Hierzu ist zur Bestimmung des Korrelationskoeffizienten ρ_{ij} zwischen zwei Zufallsvariablen lediglich die Schätzung des bedingten Erwartungswertes der Zufallsvariablen x_j für <u>einen</u> beliebigen festen Wert der Zufallsvariablen x_i $(x_{i,h'})$ notwendig:[2]

(IV.2.10) $\hat{E}(x_j | x_{i,h'})$

Ausgangspunkt der Schätzung des Korrelationskoeffizienten ist zunächst die Annahme, daß die beiden Zufallsvariablen bivariat normalverteilt sind. Damit läßt sich die erwartete Regressionsfunktion gemäß (IV.1.1) folgender-

1. Der Ansatz, welcher die Schätzung bedingter Erwartungswerte zur Grundlage hat, geht auf Hillier zurück. Vgl. HILLIER, Frederick S. (1971), insbesondere S. 93 und zu einer ausführlichen Beschreibung KÜPPER, Willi; KNOOP, Peter (1974), insbesondere S. 245-248.
2. Die je nach zugrundeliegenden objektiven Informationen bzw. subjektiven Glaubwürdigkeitsziffern bestehenden Möglichkeiten zur Bestimmung des bedingten Erwartungswertes werden von KÜPPER, Willi; KNOOP, Peter (1974), S. 247/248 angegeben.

maßen darstellen:[1]

$$(IV.2.11) \quad g(x_i) = E(x_j|x_i) = E(x_j) + \rho_{ij} \cdot \frac{\sigma(x_j)}{\sigma(x_i)} \cdot [x_i - E(x_i)]$$

und damit

$$(IV.2.12) \quad \rho_{ij} = \frac{E(x_j|x_i) - E(x_j)}{x_i - E(x_i)} \cdot \frac{\sigma(x_i)}{\sigma(x_j)}$$

Den Schätzwert für den Korrelationskoeffizienten $\rho_{ij}(x_{i,h'})$ für einen bestimmten Wert $x_{i,h'}$ erhält man schließlich unter Berücksichtigung des Ausdrucks (IV.2.10) sowie unter Berücksichtigung der Schätzwerte für die Erwartungswerte und die Standardabweichungen der unbedingten Verteilungen der Zufallsvariablen x_i und x_j:

$$(IV.2.13) \quad \hat{\rho}_{ij}(x_{i,h'}) = \frac{\hat{E}(x_j|x_{i,h'}) - \hat{E}(x_j)}{x_{i,h'} - \hat{E}(x_i)} \cdot \frac{\hat{\sigma}(x_i)}{\hat{\sigma}(x_j)}$$

Der Ansatz gemäß (IV.2.13) ist auch dann noch sinnvoll anwendbar, wenn man die Voraussetzung der bivariaten Normalverteilung fallenläßt, da die rechte Seite von (IV.2.11) den besten linearen Schätzwert für $E(x_j|x_i)$ im Rahmen der Methode der Kleinsten Quadrate, d.h. hinsichtlich der quadratischen Schadensfunktion $E[x_j - g(x_i)]^2$, angibt.[2]

Ist man in der Lage, für mehrere ausgewählte $x_{i,h}$-Werte (h=1,...,m) die zugehörigen Schätzwerte anzugeben[3], so ergibt sich der Korrelationskoeffizient als einfaches arithmetisches Mittel der einzelnen $\hat{\rho}_{ij}(x_{i,h})$-Werte (h=1,..,m):

$$(IV.2.14) \quad \hat{\rho}_{ij} = \frac{1}{m} \sum_{h=1}^{m} \hat{\rho}_{ij}(x_{i,h})$$

1. Zum Beweis dieser Beziehungen vgl. MOOD, Alexander M.; GRAYBILL, Franklin A.; BOES, Duane C. (1974), S. 167/168.
2. Vgl. hierzu HILLIER, Frederick S. (1971), S. 94.
3. Hillier schlägt vor, zumindest die Korrelationskoeffizienten für den pessimistischen Wert $x_{i,Pes}$ und den optimistischen Wert $x_{i,Opt}$ zu schätzen. Vgl. HILLIER, Frederick S. (1971), S. 95.

Die solchermaßen geschätzten Korrelationskoeffizienten[1] sind nun für die Bestimmung der optimalen Produktkombination von entscheidender Bedeutung, da sich in Abhängigkeit von der Größe des Korrelationskoeffizienten unterschiedliche optimale Produktportefeuilles ergeben. Der Einfluß der Korrelationskoeffizienten auf die Produktportefeuilles läßt sich dabei mit Vorteil am Beispiel des Zweiproduktfalles zeigen.

Für die Varianz erhält man im Zweiproduktfall gemäß (IV.2.5):

(IV.2.15) $$\sigma_G^2 = d_1^2 \cdot \sigma_1^2 + d_2^2 \cdot \sigma_2^2 + 2\rho_{12} \cdot d_1 \cdot d_2 \cdot \sigma_1 \cdot \sigma_2$$

- Im Extremfall, daß die Absatzmengenbewegungen beider Produkte vollkommen gleichläufig sind, d.h. $\rho_{12} = +1$, ergibt sich:

$$\sigma_G^2 = d_1^2 \cdot \sigma_1^2 + d_2^2 \cdot \sigma_2^2 + 2d_1 \cdot d_2 \cdot \sigma_1 \cdot \sigma_2 = (d_1 \cdot \sigma_1 + d_2 \cdot \sigma_2)^2 \quad \text{bzw.}$$

$$\sigma_G = d_1 \cdot \sigma_1 + d_2 \cdot \sigma_2 = \sigma_{G_1} + \sigma_{G_2}$$

- Im anderen Extremfall der vollkommenen Gegenläufigkeit der Absatzmengenbewegungen beider Produkte, d.h. $\rho_{12} = -1$, erhält man:

$$\sigma_G^2 = d_1^2 \cdot \sigma_1^2 + d_2^2 \cdot \sigma_2^2 - 2d_1 \cdot d_2 \cdot \sigma_1 \cdot \sigma_2 = (d_1 \cdot \sigma_1 - d_2 \cdot \sigma_2)^2 \quad \text{bzw.}$$

$$\sigma_G = |d_1 \cdot \sigma_1 - d_2 \cdot \sigma_2| = |\sigma_{G_1} - \sigma_{G_2}|$$

- Für den Fall $\rho_{12} = 0$ ergibt sich:

$$\sigma_G^2 = d_1^2 \cdot \sigma_1^2 + d_2^2 \cdot \sigma_2^2 \quad \text{bzw.}$$

$$\sigma_G = \left[d_1^2 \cdot \sigma_1^2 + d_2^2 \cdot \sigma_2^2\right]^{0,5}$$

1. Auf die Symbolisierung der Schätzwerte durch "^" kann jetzt wieder verzichtet werden.

Die solchermaßen erhaltenen Ausdrücke für die Varianz beziehungsweise die Standardabweichung der Zielkriteriumsvariablen Gewinn stellen die klassischen Ergebnisse der Portfoliotheorie dar. Der Hauptansatzpunkt der Portfoliotheorie ergibt sich dabei im Rahmen negativ korrelierter Absatzmengen der einzelnen Produkte, da es in diesen Fällen gelingt, durch Diversifikation das Gesamtrisiko zu mindern. Bei Vorliegen eines Korrelationskoeffizienten mit dem Wert $\rho_{12} = -1$ gelingt es für $d_1/d_2 = \sigma_2/\sigma_1$ sogar, das Risiko vollkommen auszuschalten ($\sigma_G=0$).

Es verbleibt jedoch noch die Frage zu klären, wie sich die unterschiedlichen Werte der Korrelationskoeffizienten auf die erwarteten Ungewißheitskosten auswirken.

Als erstes Hauptergebnis kann festgehalten werden, daß in Übereinstimmung mit den Ergebnissen der Portfoliotheorie, die jedoch in der Regel die Varianz als Risikomaß benutzt, mit kleiner werdenden Korrelationskoeffizienten auch die erwarteten Ungewißheitskosten sinken. Dies läßt sich unter Beachtung der Ausführungen auf S. 268/269 mit Hilfe der 1. Ableitung zeigen:

$$\frac{\partial E(K_U)}{\partial \rho_{12}} = \frac{\partial[\sigma_G \cdot K(v)]}{\partial \rho_{12}} = \frac{\partial \sigma_G}{\partial \rho_{12}} \cdot K(v) + \sigma_G \cdot \frac{\partial K(v)}{\partial v} \cdot \frac{\partial v}{\partial \sigma_G} \cdot \frac{\partial \sigma_G}{\partial \rho_{12}}$$

$$= \frac{\partial \sigma_G}{\partial \rho_{12}} \cdot \left[K(v) + \sigma_G \cdot \frac{\partial K(v)}{\partial v} \cdot \frac{\partial v}{\partial \sigma_G}\right]$$

Unter Berücksichtigung der Beziehungen (IV.1.66) in Verbindung mit (II.2.27) und damit

(IV.2.16) $\quad K(v) = \varphi(v) + v \cdot \Phi(v) - v$

sowie unter Berücksichtigung der Beziehungen

(IV.2.15) $\quad \sigma_G = \left[d_1^2 \cdot \sigma_1^2 + d_2^2 \cdot \sigma_2^2 + 2\rho_{12} \cdot \sigma_1 \cdot \sigma_2\right]^{0,5}$

(IV.2.17) $\quad v := \mu_G/\sigma_G$ erhält man:

$$\frac{\partial E(K_U)}{\partial \rho_{12}} = \frac{\sigma_1 \cdot \sigma_2}{\sigma_G} \cdot [\varphi(v)+v\cdot\Phi(v)-v+\sigma_G\cdot[\varphi(v)\cdot(-v)+v\cdot\varphi(v)+\Phi(v)-1] \cdot(-\mu_G/\sigma_G^2)]$$

$$\frac{\partial E(K_U)}{\partial \rho_{12}} = \frac{\sigma_1 \cdot \sigma_2}{\sigma_G} \cdot [\varphi(v) + v\cdot\Phi(v) - v - v\cdot[\Phi(v)-1]]$$

$$\text{(IV.2.18)} \quad \frac{\partial E(K_U)}{\partial \rho_{12}} = \frac{\sigma_1 \cdot \sigma_2}{\sigma_G} \cdot \varphi(v) \overset{!}{>} 0$$

Das zweite wichtige Ergebnis besteht darin, daß unabhängig von der Größe des Korrelationskoeffizienten ρ_{12} die Bedingung[1]

$$\text{(IV.2.19)} \quad \frac{\mu_{G_1}}{\mu_{G_2}} < \frac{\sigma_{G_1}}{\sigma_{G_2}} \quad \text{bzw.} \quad \frac{\mu_{G_2}}{\mu_{G_1}} > \frac{\sigma_{G_2}}{\sigma_{G_1}} \quad \text{bzw.} \quad \frac{\mu_{G_1}+\mu_{G_2}}{\mu_{G_1}} > \frac{\sigma_{G_1}+\sigma_{G_2}}{\sigma_{G_1}}$$

hinreichend dafür ist, daß eine Diversifikation zur Verminderung des Risikos, gemessen als erwartete Ungewißheitskosten, führt.

Aufgrund der Tendenzaussagen auf S. 132 - $E(K_U)$ sinkt ceteris paribus für steigendes μ_G oder für sinkendes σ_G, d.h., $E(K_U)$ sinkt für steigendes $v=\mu_G/\sigma_G$ [$\partial E(K_U)/\partial v = \sigma_G\cdot[\Phi(v)-1] - K(v)/\mu_G < 0$] - kann die obige Behauptung über den Vergleich des v-Wertes vor der Diversifikation (v_o) mit dem v-Wert nach der Diversifikation (v_1) bewiesen werden:

$$v_o = \frac{\mu_{G_1}}{\sigma_{G_1}} \overset{?}{\lesseqgtr} \frac{\mu_{G_1}+\mu_{G_2}}{[\sigma_{G_1}^2 + \sigma_{G_2}^2 + 2\rho_{12}\cdot\sigma_{G_1}\cdot\sigma_{G_2}]^{0,5}} = v_1 \quad \text{bzw.}$$

$$\frac{\mu_{G_1}^2}{\sigma_{G_1}^2} \overset{?}{\lesseqgtr} \frac{(\mu_{G_1}+\mu_{G_2})^2}{\sigma_{G_1}^2 + \sigma_{G_2}^2 + 2\rho_{12}\cdot\sigma_{G_1}\cdot\sigma_{G_2}}$$

1. Annahmegemäß wird dabei von ausschließlich positiven Gewinnerwartungswerten ausgegangen.

Nach einigen Umformungen ergibt sich schließlich:

(IV.2.20) $$\mu_{G_1}^2 \cdot \sigma_{G_2}^2 - \mu_{G_2}^2 \cdot \sigma_{G_1}^2 \overset{?}{\gtreqless} 2\mu_{G_1} \cdot \sigma_{G_1} \cdot [\mu_{G_2} \cdot \sigma_{G_1} - \rho_{12} \cdot \mu_{G_1} \cdot \sigma_{G_2}]$$

(IV.2.21) $$(\mu_{G_1} \cdot \sigma_{G_2} - \mu_{G_2} \cdot \sigma_{G_1}) \cdot (\mu_{G_1} \cdot \sigma_{G_2} + \mu_{G_2} \sigma_{G_1})$$

$$\overset{?}{\gtreqless} 2\mu_{G_1} \cdot \sigma_{G_1} \cdot [\mu_{G_2} \cdot \sigma_{G_1} - \rho_{12} \cdot \mu_{G_1} \cdot \sigma_{G_2}]$$

Die Größenbeziehungen sollen an dieser Stelle lediglich für die drei ausgewählten Werte $\rho_{12} = +1$, $\rho_{12} = 0$ und $\rho_{12} = -1$ untersucht werden.

(1) Für den Fall $\rho_{12} = +1$ erhält man:

$$(\mu_{G_1} \cdot \sigma_{G_2} - \mu_{G_2} \cdot \sigma_{G_1}) \cdot (\mu_{G_1} \cdot \sigma_{G_2} + \mu_{G_2} \cdot \sigma_{G_1}) \overset{?}{\gtreqless} 2\mu_{G_1} \cdot \sigma_{G_1} \cdot [\mu_{G_2} \cdot \sigma_{G_1} - \mu_{G_1} \cdot \sigma_{G_2}]$$

(a) Für $\mu_{G_1} \cdot \sigma_{G_2} < \mu_{G_2} \cdot \sigma_{G_1}$ bzw. für $\frac{\mu_{G_1}}{\mu_{G_2}} < \frac{\sigma_{G_1}}{\sigma_{G_2}}$ ergibt sich

$$-(\mu_{G_1} \cdot \sigma_{G_2} + \mu_{G_2} \cdot \sigma_{G_1}) \overset{!}{<} 2\mu_{G_1} \cdot \sigma_{G_1} \; (>0)$$

$$V_o \overset{!}{<} V_1$$

Die erwarteten Ungewißheitskosten nach Diversifikation sind in diesem Fall kleiner als die erwarteten Ungewißheitskosten vor Diversifikation.

(b) Andererseits gilt für $\frac{\mu_{G_1}}{\mu_{G_2}} > \frac{\sigma_{G_1}}{\sigma_{G_2}}$:

$$\mu_{G_1} \cdot \sigma_{G_2} + \mu_{G_2} \cdot \sigma_{G_1} \overset{!}{>} -2\mu_{G_1} \cdot \sigma_{G_1} \; (<0)$$

$$V_o \overset{!}{>} V_1$$

Für $\rho_{12} = +1$ stellt $\frac{\mu_{G_1}}{\mu_{G_2}} < \frac{\sigma_{G_1}}{\sigma_{G_2}}$ somit eine notwendige und hinreichende Bedingung dafür dar, daß die erwarteten Ungewißheitskosten durch eine Diversifikation gesenkt werden können.

(2) Für $\rho_{12} = 0$ folgt aus der Beziehung (IV.2.20)

$$\mu_{G_1}^2 \cdot \sigma_{G_2}^2 - \mu_{G_2}^2 \cdot \sigma_{G_1}^2 \overset{?}{\gtreqless} 2\mu_{G_1} \cdot \mu_{G_2} \cdot \sigma_{G_1}^2$$

$$\mu_{G_1}^2 \cdot \sigma_{G_2}^2 \overset{?}{\gtreqless} \sigma_{G_1}^2 \cdot (2\mu_{G_1} \cdot \mu_{G_2} + \mu_{G_2}^2)$$

Als notwendige Bedingung für durch Diversifikation abnehmende erwartete Ungewißheitskosten gilt somit:

$$\text{(IV.2.22)} \qquad \frac{\mu_{G_1}}{[\mu_{G_2}^2 + 2\mu_{G_1} \cdot \mu_{G_2}]^{0,5}} \quad \left[\overset{!}{<} \frac{\mu_{G_1}}{\mu_{G_2}} \right] \quad < \quad \frac{\sigma_{G_1}}{\sigma_{G_2}}$$

(3) Für $\rho_{12} = -1$ erhält man aus der Beziehung (IV.2.21):

$$(\mu_{G_1} \cdot \sigma_{G_2} - \mu_{G_2} \cdot \sigma_{G_1}) \cdot (\mu_{G_1} \cdot \sigma_{G_2} + \mu_{G_2} \cdot \sigma_{G_1}) \overset{?}{\gtreqless} 2\mu_{G_1} \sigma_{G_1} \cdot (\mu_{G_2} \cdot \sigma_{G_1} + \mu_{G_1} \cdot \sigma_{G_2})$$

$$\mu_{G_1} \cdot \sigma_{G_2} \overset{?}{\gtreqless} \sigma_{G_1} \cdot (2\mu_{G_1} + \mu_{G_2})$$

Als notwendige Voraussetzung für durch Diversifikation abnehmende erwartete Ungewißheitskosten erhält man in diesem Fall ($\rho_{12} = -1$):

$$\text{(IV.2.23)} \qquad \underset{(\rho_{12} = -1)}{\frac{\mu_{G_1}}{2\mu_{G_1} + \mu_{G_2}}} \quad \left[\overset{!}{<} \underset{(\rho_{12} = 0)}{\frac{\mu_{G_1}}{[\mu_{G_2}^2 + 2\mu_{G_1} \cdot \mu_{G_2}]^{0,5}}} \overset{!}{<} \underset{(\rho_{12} = 1)}{\frac{\mu_{G_1}}{\mu_{G_2}}} \right] < \frac{\sigma_{G_1}}{\sigma_{G_2}}$$

Dieses Ergebnis steht im Einklang mit dem ersten Hauptergebnis gemäß der Beziehung (IV.2.18).

Die von Johnson und Simik in ihren Arbeiten gestellte Frage, ob es unter Beachtung der jeweiligen Präferenzfunktion sinnvoll ist, zu einem bestimmten Produkt weitere Produktlinien hinzuzufügen, kann somit auch bei Unterstellung einer auf dem Gewinnerwartungswert und den erwarteten Ungewißheitskosten beruhenden Präferenzfunktion ohne Schwierigkeiten beantwortet werden. Der Ansatz von Johnson und Simik stellt jedoch insofern eine Vereinfachung dar, daß er unter den "Initial Commitment"-Modellen einzuordnen ist und damit keine quantitativen Entscheidungsvariablen berücksichtigt, wie es bei den traditionellen Portfolioansätzen üblich ist.

Der Übergang zu solchen "Ongoing Management"-Modellen gelingt jedoch dann, wenn man lediglich den Verkaufspreis p als zufallsbehaftet und die Menge x als deterministische Entscheidungsvariable ansieht.

Benutzt man die in der Portfoliotheorie übliche Renditeschreibweise[1], so erhält man unter Berücksichtigung, daß man die Gesamtkosten als Mitteleinsatz und den Umsatz als Mittelertrag interpretieren kann, folgenden Ausdruck für die erwartete Rendite des Portefeuilles:

$$E(R) = E\left[\sum_{j=1}^{n} \frac{U_j - K_j}{K_j} \cdot \frac{K_j}{\sum_{j=1}^{n} K_j}\right]$$

$$E(R) = E\left[\sum_{j=1}^{n} \frac{d_j \cdot x_j - K_{Fix,j}}{k_{v,j} \cdot x_j + K_{Fix,j}} \cdot \frac{k_{v,j} \cdot x_j + K_{Fix,j}}{\sum_{j=1}^{n} (k_{v,j} \cdot x_j + K_{Fix,j})}\right]$$

1. Gebraucht man als Ausdruck der Zielsetzung des Entscheidungsträgers statt einer Formulierung der den Portfolioansätzen zugrundeliegenden Nutzenfunktionen über den Vermögensendwert eine Formulierung über Renditen, so ist eine solche Vorgehensweise bei normalverteiltem Endvermögen an einen fest vorgegebenen Wert des Mitteleinsatzes gebunden.
Vgl. hierzu RUDOLPH, Bernd (1979), S. 18-22.

$$(IV.2.24) \qquad E(R) = \sum_{j=1}^{n} \left[\frac{E(d_j)\cdot x_j - K_{Fix,j}}{k_{v,j}\cdot x_j + K_{Fix,j}} \cdot a_j \right] = \sum_{j=1}^{n} E(R_j)\cdot a_j$$

<u>wobei</u>

$$a_j = \frac{k_{v,j}\cdot x_j + K_{Fix,j}}{\sum_{j=1}^{n} (k_{v,j}\cdot x_j + K_{Fix,j})}$$

den zu bestimmenden Anteil des Mitteleinsatzes für die Produktlinie j am fest vorgegebenen Gesamtmitteleinsatz angibt.

Analog erhält man für die Varianz:

$$(IV.2.25) \qquad \sigma_R^2 = \sum_{j=1}^{n} a_j^2\cdot\sigma_{R_j}^2 + \sum_{i=1}^{n}\sum_{j=1}^{n} a_i\cdot a_j\cdot 2\rho_{R_iR_j}\cdot\sigma_{R_i}\cdot\sigma_{R_j}$$

<u>mit</u>

$$\sigma_{R_j}^2 = \frac{\sigma_{U_j}^2}{K_j^2} = \frac{x_j^2\cdot\sigma_{p_j}^2}{K_j^2}$$

Hirata hat einen ersten Ansatz zur Lösung dieses Portfolio-Selektionsmodells vorgestellt[1], wobei er die individuellen Renditen $R_j = (U_j-K_j)/K_j$ durch den Ausdruck $d_j/k_{v,j} = (p_j/k_{v,j})-1$ approximiert und somit den Einfluß der Fixkosten unberücksichtigt läßt. Durch die Nichtberücksichtigung der Fixkosten gewährleistet er die Operationalität des Modells in zweierlei Hinsicht:

Zum einen sind die individuellen Renditen dann unabhängig von der deterministischen Entscheidungsvariablen x_j (j=1,...,n) und andererseits umgeht Hirata damit in seinem Ansatz, welcher neben lognormalverteilten Preisen auch lognormalverteilte variable Stückkosten umfaßt, in Analogie zu den im dritten Kapitel dargestellten Modellen von Hilliard und Leitch das Additionspro-

1. Vgl. HIRATA, Masatoshi (1982). S. 546ff.

blem hinsichtlich der lognormalverteilten Zufallsvariablen.[1]

Denkbar sind darüber hinaus Weiterentwicklungen der traditionellen Portfolioansätze in Anlehnung an das sogenannte "Tobin-Theorem", welches neben risikobehafteten auch risikolose Anlagemöglichkeiten berücksichtigt.[2] Bei dem in dieser Arbeit benutzten Risikomaß der erwarteten Ungewißheitskosten liegt eine risikolose Anlagemöglichkeit dann vor, wenn mit der Aufnahme dieser Alternative fixe Erlöse verbunden sind, die den Wert der dazugehörigen Fixkosten übersteigen. In diesem Fall wird unter der Voraussetzung positiver Deckungsbeiträge der Break even - Punkt immer überschritten. Zu prüfen ist für ein solches Modell, ob das Separationstheorem noch Gültigkeit hat, wenn man statt der Varianz die erwarteten Ungewißheitskosten als Risikomaß benutzt. Dieses Theorem erlaubt die Bestimmung des optimalen Mischungsverhältnisses unabhängig (separabel) von dem Grad der Risikoaversion des Entscheidenden.[3] Der Grad der Risikoaversion kommt erst im Rahmen der zweiten Entscheidung zum Tragen, die die optimale Zusammensetzung des Gesamtportfolios aus risikofreiem und risikobehaftetem Teilportfolio zum Gegenstand hat.

Ebenfalls in den Bereich der Portfoliomodelle fällt der Ansatz von Magee[4], der das Risiko einer einzelnen Alternative in Anlehnung an die Ergebnisse der "Capital Asset Pricing" - Modelle über die Kovarianz der Rendite dieser Alternative mit der Rendite des Marktportfolios in den Entscheidungskalkül aufnimmt. Dieses Kovarianzrisiko ist dabei als das sogenannte nicht diversifizierbare Risiko zu interpretieren.[5]

---

1. Die von Hirata benutzte Lognormalverteilungsannahme erlaubt gegenüber der Normalverteilungsannahme eine realitätsnähere Beschreibung der Renditeverteilung, da die Renditen $(p_j/k_{v,j})-1$ eine nach unten begrenzte Verteilung erfordern.
2. Vgl. TOBIN, James (1958), S. 65-86.
3. Vgl. BUCHNER, Robert (1982).
4. Vgl. MAGEE, Robert P. (1975).
5, Einen guten Überblick über das Capital Asset Pricing Model in der Standardform sowie über dessen Erweiterungen geben ELTON, Edwin J.; GRUBER, Martin J. (1981), S. 274ff.

Schlußbetrachtung

Das Ziel dieser Arbeit besteht darin, die in vielen betriebswirtschaftlichen Literaturstellen getätigte Schlußfolgerung der Nichtrelevanz nicht zusätzlich auftretender fixer Kosten für kurzfristige Entscheidungssituationen in der Weise klarzustellen, daß diese Behauptung realiter nur für deterministische Entscheidungssituationen Gültigkeit hat. Dagegen wird an einem einfachen Beispiel gezeigt, daß bei Entscheidungen unter Risiko und Vorliegen eines risikoavers handelnden Entscheidungsträgers, der darüber hinaus das Niveau hinsichtlich des in dieser Arbeit unterstellten Zielkriteriums Gewinn berücksichtigt, diese Kosten durchaus entscheidungsrelevant sind, da ein solcher Entscheidungsträger Gewinnerhöhungen geringer gewichtet als gleichhohe, gleichwahrscheinliche Gewinnminderungen.

Um die adäquate Berücksichtigung des solchermaßen beschriebenen, plausiblen Risikoverhaltens zu gewährleisten, wird in dieser Arbeit ein Entscheidungskriterium entwickelt, das neben dem Zielkriteriumsmaßstab des erwarteten Gewinns ein Risikomaß benutzt, welches den Break even - Punkt zur Grundlage hat und damit auch die entscheidungsrelevanten fixen Kosten in den Kalkül aufnimmt.

Die im üblichen betriebswirtschaftlichen Sprachgebrauch als Break even - Analyse bezeichnete Bestimmung des Break even - Punktes wird dabei einmal hinsichtlich der ihrer Anwendung im Rahmen der traditionellerweise deterministisch ausgerichteten Kostenrechnung zugrundeliegenden Prämissen kritisch durchleuchtet und andererseits hinsichtlich der Notwendigkeit dieser Prämissen im Rahmen der stochastischen Break even - Entscheidungsmodelle untersucht.

Als Ergebnis der Prämissendiskussion kann festgehalten werden, daß die Prämissen hinsichtlich der Informationsgrundlagen, der Kosten- und Erlösgrößen für die als zusätzliche Auswertungsrechnung zur kurzfristigen Erfolgsplanung und Erfolgskontrolle anzusehende deterministische Break even - Analyse als logische Konsequenz aus den der Kostenrechnung inhärenten Aufgaben anzusehen sind. Die Auflösung dieser Prämissen, insbesondere im Bereich der als Entscheidungsverfahren konzipierten Break even - Analyse, bereitet jedoch keine größeren Schwierigkeiten. Dies gilt im Rahmen der als Grundlage von Entscheidungsverfahren dienenden stochastischen Break even - Analyse auch für die Auflösung der im Mehrproduktfall zur Bestimmung des Break even - Punktes notwendigen, sehr strengen Annahmen hinsichtlich der Zusammensetzung des Verkaufsmix. In diesem Fall kann man von einem zeitlich und sachlich abgegrenzten Partialmodell ausgehen, bei dem im Gegensatz zu einem unternehmensbezogenen Totalmodell, wie es die deterministische Break even - Analyse im Rahmen der kurzfristigen Erfolgsrechnung darstellt, die Problematik der Fixkostenaufteilung in vernachlässigbarer Form auftritt.

Zur Spezifizierung des auf dem Break even - Punkt beruhenden Risikomaßes werden schließlich Beurteilungskriterien an die Hand gegeben, die zum einen die Einflußfaktoren auf die absolute Höhe und zum anderen die Wahrscheinlichkeit des Anfalls der eventuell auftretenden Fixkostenunterdeckung betreffen. Dabei erweisen sich die erwarteten Ungewißheitskosten (im engeren Sinn) [$E(K_U)$] als ein geeignetes Risikomaß, da es allen geforderten Beurteilungskriterien gerecht wird und zudem die Abbildung eines risikoaversen, das Zielkriteriumsniveau berücksichtigenden Entscheidungsträgers insofern erlaubt, daß die Verbindung der erwarteten Ungewißheitskosten mit dem Erwartungswert des Gewinns μ_G in Form der Entscheidungsregel $\mu_G - k' \cdot E(K_U)$ ($k'>0$) zu Risikonutzenfunktionen aus der Klasse U_3^S [$u'(G)>0$; $u''(G)<0$; $u'''(G)>0$] führt. Damit ist diese Entscheidungsregel auch mit der stochastischen Dominanz dritten Grades vereinbar.

Im anschließenden Kapitel wird die enge Beziehung zwischen den erwarteten Ungewißheitskosten (im engeren Sinn) und dem im Rahmen von Informationsbewertungsmodellen zu bestimmenden erwarteten Wert vollkommener Zusatzinformation gezeigt.

Der erwartete Wert vollkommener Zusatzinformation ergibt sich bei Unterstellung linearer Risikonutzenfunktionen (Risikoneutralität) als Summe der erwarteten Ungewißheitskosten (im engeren Sinn), die als Bezugsgrundlage den alternativenindividuellen Break even - Punkt benutzen, und der Ungewißheitskosten (im weiteren Sinn) [$E(K_{Uw})$], welche den kritischen Punkt der Alternativen untereinander als Bezugsgrundlage haben.

Anschließend werden die Modelle zur Bestimmung der erwarteten Werte vollkommener und unvollkommener Zusatzinformation unter Berücksichtigung der in dieser Arbeit präferierten linearen [$\mu_G, E(K_U)$] - Entscheidungsregel zur Diskussion gestellt. In allen Modellen wirkt sich die Berücksichtigung der der Entscheidung zugrundeliegenden Risikobetrachtung in Form der erwarteten Ungewißheitskosten in der Weise aus, daß der aus der Informationsbeschaffungsmaßnahme resultierende Wert nicht nur die Informationskosten, sondern auch den unter Berücksichtigung der als kritischen Wert zu bestimmenden Informationskosten eventuell auftretenden Verlust (gewichtet mit k') decken muß.

Weiterhin werden Break even - Entscheidungsmodelle entwickelt, die die Auflösung der angesprochenen Prämissen zum Gegenstand haben. Daran schließt sich die Verdichtung solcher Partialmodelle zu einem umfassenden Modell an, welches neben den Abhängigkeiten einzelner Variablen in Form von Preisabsatzfunktionen und nichtlinearen Kostenfunktionen auch quantitative Entscheidungsvariablen in Form deterministischer Mengenausdrücke berücksichtigt und darüber hinaus allen den Gewinn determinierenden Größen (Menge, Preis, Kosten) einen stochastischen Charakter unterstellt. Dieses Modell erfordert einerseits die Lösung verteilungsspezifischer Probleme - die 4 Momente - Methode und die simulative Risikoanalyse erweisen sich zur Bewältigung dieser Aufgabe am geeignetsten - und andererseits die Bestimmung der optimalen Mengengröße über ein numerisches Verfahren, welches eine graphische Problemanalyse zur Grundlage hat.

In einem gesonderten Modellansatz, den Newsboy-Problemen, erfolgt schließlich auch die Bestimmung der bei dieser Modellklasse zu optimierenden Produktionsmenge unter Beachtung nicht lagerfähiger Güter. Die optimale Produktionsmenge wird dann erreicht, wenn die erwarteten Kosten der letzten zusätzlichen Produktionseinheit den korrespondierenden erwarteten Erlösen entsprechen. Dabei sind auch bei diesem Modellansatz unter Berücksichtigung der linearen $[\mu_G, E(K_U)]$ - Regel gegenüber dem risikoneutralen Fall aufgrund des damit unterstellten speziellen Risikoverständnisses mit k' gewichtete Veränderungen der Ungewißheitskosten zu berücksichtigen.

Im Rahmen von Break even - Modellen im Mehrproduktfall werden abschließend die Auswirkungen der erwarteten Ungewißheitskosten auf die Zusammenstellung des optimalen Produktmix untersucht, wobei die Abhängigkeiten zwischen den einzelnen Produkten über die Korrelationskoeffizienten Berücksichtigung finden. Als erstes Hauptergebnis kann festgehalten werden, daß in Übereinstimmung mit den Ergebnissen der Portfoliotheorie, bei der jedoch in aller Regel die Varianz als Risikomaß benutzt wird, mit kleiner werdendem Korrelationskoeffizienten auch die erwarteten Ungewißheitskosten sinken.
Das zweite Hauptergebnis manifestiert sich in der Aussage, daß unabhängig von der Größe des Korrelationskoeffizienten eine durch die Diversifikation bewirkte größere relative Zunahme des Gewinnerwartungswertes im Vergleich zu der korrespondierenden relativen Zunahme der Gewinnstandardabweichung eine

hinreichende Bedingung dafür ist, daß die Diversifikation zur Verminderung des Risikos, gemessen als erwartete Ungewißheitskosten, führt.

Als Fazit kann man festhalten, daß der in dieser Arbeit vorgenommene Nachweis der Entscheidungsrelevanz fixer Kosten für kurzfristige Entscheidungen unter Unsicherheit ein Umdenken in Theorie und Praxis erfordert. Viele der in der Praxis auftretenden kurzfristigen Entscheidungssituationen erscheinen somit in einem anderen Licht und erfordern die Anwendung spezieller Kalküle. Da in dieser Arbeit ein geeigneter Entscheidungskalkül entwickelt wird, verbleibt für den Entscheidungsträger lediglich die Aufgabe, die benötigten Daten, und hier vor allem die Wahrscheinlichkeiten einzelner unsicherer Größen, bereitzustellen. Die heute zur Verfügung stehenden Ermittlungstechniken für Wahrscheinlichkeiten führen wohl in der Regel zu hinreichend validen Ergebnissen, jedoch scheinen in diesem Bereich noch genügend Freiräume für weitere Entwicklungen zu existieren.

Literaturverzeichnis

ABEL, Peter; THIEL, Reiner (1981): Mehrstufige stochastische Produktionsmodelle - Eine praxisorientierte Darstellung mit programmierten Beispielen, Frankfurt/Main 1981.

ADAR, Zvi; BARNEA, Amir; BARTUCH, Lev (1977): A comprehensive cost-volume-profit analysis under uncertainty, in: The Accounting Review, 52(1977), S. 137-149.

ALBACH, Horst (1959): Wirtschaftlichkeitsrechnung bei unsicheren Erwartungen, Köln und Opladen 1959.

ALBRECHT, Peter (1984): Welche Risikopräferenzen berücksichtigt das Bernoulli-Prinzip? - Stellungnahme zum Beitrag von Rudolf Vetschera -, in: Zeitschrift für Betriebswirtschaft, 54(1984), S. 408-411.

ALEWELL, Karl (1974): Break Even - Analyse, in: Marketing Enzyklopädie, Bd.1, München 1974, S. 305-317.

ANDERSON, Lane K: (1975): Expanded breakeven analysis for a multi-product company, in: Management Accounting, 57(1975), S. 30-32.

AROIAN, Leo A. (1947): The probability function of the product of two normally distributed variables, in: The Annals of Mathematical Statistics, 18(1947), S. 265-271.

ARROW, Kenneth J. (1970): Essays in the theory of risk-bearing, Amsterdam und London 1970.

BAMBERG, Günter (1972): Statistische Entscheidungstheorie, Würzburg und Wien 1972.

BAMBERG, Günter; COENENBERG, Adolf Gerhard (1985): Betriebswirtschaftliche Entscheidungstheorie, 4. Aufl., München 1985.

BAMBERG, Günter; COENENBERG, Adolf Gerhard; KLEINE-DOEPKE, Rainer (1976): Zur entscheidungsorientierten Bewertung von Informationen, in: Zeitschrift für betriebswirtschaftliche Forschung, 28(1976), S. 30-42.

BARRY, Christopher B.; VELEZ-AROCHO, Jorge I.; WELCH, Paul R. (1984): A bayesian approach to CVP analysis under parameter uncertainty, in: Quarterly Review of Economics and Business, 24(1984), S. 71-90.

BATTISTA, George L.; CROWNINGSHIELD, Gerald R. (1966/67): Cost behavior and breakeven analysis - A different approach, in: Management Accounting, 48(1966/67), S. 3-15.

BELL, Albert L. (1969): Break - even charts versus marginal graphs, in: Management Accounting, 50(1969), S. 32-35 und S. 48.

BIERMAN, Harold; FOURAKER, Lawrence; JAEDICKE, Robert K. (1961): Quantitative analysis for business decisions, Homewood 1961.

BITZ, Michael (1975): Modelle zur Informationsbewertung, in: Diskussionsbeiträge des Fachbereichs Wirtschaftswissenschaften der Universität des Saarlandes, Bd. A 7501, Saarbrücken 1975.

BITZ, Michael (1981): Entscheidungstheorie, München 1981.

BITZ, Michael; ROGUSCH, Michael (1976): Risiko-Nutzen, Geldnutzen und Risikoeinstellung - Zur Diskussion um das Bernoulli-Prinzip, in: Zeitschrift für Betriebswirtschaft, 46(1976), S. 853-863.

BITZ, Michael; WENZEL, Frank (1974): Zur Preisbildung bei Informationen, in: Zeitschrift für betriebswirtschaftliche Forschung, 26(1974), S. 451-472.

BOCKHOLT, Heinrich (1977): Break-even-Analyse und Gewinnplanung, in: Leiderer, Wolfgang (Hrsg.): Studienskripten zur Betriebswirtschaftslehre, Reihe I: Grundlagen, München 1977.

BRETZKE, Wolf-Rüdiger (1974): Unternehmensbewertung und unvollkommene Information (Diss.), Köln 1974.

BROCKET, P.; CHARNES, A.; COOPER, W.W.; SHIN, H. (1984): A chance constraint programming approach to cost-volume-profit analysis, in: The Accounting Review, 59(1984), S. 474-487.

BROWN, Rex V.; KAHR, Andrew S.; PETERSON, Cameron R. (1974): Decision analysis for the manager, New York 1974.

BRUCKER, Peter (1975): Ganzzahlige lineare Programmierung mit ökonomischen Anwendungen, in: Afriat, S.N.; Bamberg, G. u.a. (Hrsg.): Mathematical Systems in Economics, Bd. 16, Meisenheim am Glan 1975.

BUCHNER, Robert (1981): Grundzüge der Finanzanalyse, München 1981.

BUCHNER, Robert (1982): Das Separationstheorem von Tobin, in: Wirtschaftswissenschaftliches Studium, 11(1982), H.1, S. 6-14.

BÜNING, Helmut; TRENKLER, Götz (1978): Nichtparametrische statistische Methoden, Berlin und New York 1978.

BURKARD, Rainer E. (1972): Methoden der Ganzzahligen Optimierung, Wien und New York 1972.

BUZBY, Stephen L. (1974): Extending the applicability of probabilistic management planning and control methods, in: The Accounting Review, 49(1974), S. 42-49.

CARNAP, Rudolf (1950): Logical foundations of probability, Chicago 1950.

CHARNES, Abraham; COOPER, William W. (1961): Management models and industrial applications of linear programming, Vol. I, New York und London 1961.

CHARNES, Abraham; COOPER, William W.; IJIRI, Yuji (1963): Breakeven budgeting and programming to goals, in: Journal of Accounting Research, 1(1963), S. 16-43.

CHATFIELD, Michael; NEILSON, Denis (1983): Cost accounting, New York usw., 1983.

CHEN, Joyse T. (1980): Cost-volume-profit analysis in stochastic programming models, in: Decision Sciences, 11(1980), S. 632-647.

CHEN, Joyse T. (1983): The effect of chance variation on revenue and cost estimations for breakeven analysis: A comment, in: The Accounting Review, 58(1983), S. 813-819.

CHESLEY, G,R. (1975): Elicitation of subjective probabilities: A review, in: The Accounting Review, 50(1975), S. 325-337.

CHMIELEWICZ, Klaus (1972): Qualitätsgestaltung und Break-Even-Analyse, in: Betriebswirtschaftliche Forschung und Praxis, 24(1972), S. 595-621.

CHMIELEWICZ, Klaus (1974): Gewinnschwellenanalyse (Break-Even-Analyse), in: Wirtschaftswissenschaftliches Studium, 3(1974), S. 49-54.

CHMIELEWICZ, Klaus (1981): Betriebliches Rechnungswesen 2 : Erfolgsrechnung, 2. Aufl., Opladen 1981.

CLELLAND, Richard C.; DE CANI, John S.; BROWN, Francis E. (1973): Basic statistics with business applications, 2.Aufl., New York, London, Sydney und Toronto 1973.

COCHRAN, William G. (1972): Stichprobenverfahren, Berlin und New York 1972.

COENENBERG, Adolf Gerhard (1967): Die Berücksichtigung des Absatzrisikos im Break-even-Modell, in: Betriebswirtschaftliche Forschung und Praxis, 19(1967), S. 343-355.

COENENBERG, Adolf Gerhard (1969): Entscheidungskriterien im Gewinnschwellenkalkül, in: Busse von Colbe, Walter; Sieben, Günter (Hrsg.): Betriebswirtschaftliche Information, Entscheidung und Kontrolle (Festschrift für Hans Münstermann), Wiesbaden 1969, S. 171-194.

COENENBERG, Adolf Gerhard; KLEINE-DOEPKE, Rainer (1975): Zur Abbildung der Risikopräferenz durch Nutzenfunktionen, in: Zeitschrift für Betriebswirtschaft, 45(1975), S. 663-665.

CONSTANTINIDES, George M.; IJIRI, Yuji; LEITCH, Robert A. (1981): Stochastic cost-volume-profit analysis with a linear demand function, in: Decision Sciences, 12(1981), S. 417-427.

CRAIG, Cecil C. (1936): On the frequency function of XY, in: The Annals of Mathematical Statistics, 7(1936), S. 1-15.

DAMMANN, Winfried (1963): Break-even-Analyse: Ein Instrument der Gewinnplanung, in: Kostenrechnungspraxis, o.Jg.(1963), S. 111-119.

DANTZIG, George B.; HIRSCH, Warren M. (1968): The fixed charge problem, in: Naval Research Logistics Quarterly, 15(1968), S. 413-424.

DEAN, Joel (1952): Methods and potentialities of break-even analysis, in: Solomons, David (Hrsg.): Studies in costing, London 1952, S. 227-266.

DELLMANN, Klaus (1980): Betriebswirtschaftliche Produktions- und Kostentheorie, Wiesbaden 1980.

DELLMANN, Klaus; NASTANSKY, Ludwig (1969): Kostenminimale Produktionsplanung bei rein intensitätsmäßiger Anpassung mit differenzierten Intensitätsgraden, in: Zeitschrift für Betriebswirtschaft, 39(1969), S. 239-268.

DEMSKI, Joel S.; KREPS, David M: (1982): Models in managerial accounting, in: Journal of Accounting Research, 20(1982), S. 117-148.

DHAVALE, Dileep G.; WILSON, Hoyt G. (1980): Breakeven analysis with inflationary cost and prices, in: The Engineering Economist, 25(1980), S. 107-121.

DICHTL, Erwin; RAFFEE, Hans; NIEDETZKY, Hans-Martin (1981): Reisende oder Handelsvertreter, München 1981.

DICKENSON, J.P. (1974): Cost-volume-profit analysis under uncertainty, in: Journal of Accounting Research, 12(1974), S. 182-187.

DILLER, Hermann (1980): Marketingplanung, München 1980.

DILLON, Ray D.; NASH, John F. (1978): The true relevance of relevant costs, in: The Accounting Review, 53(1978), S. 11-17.

DINKELBACH, Werner (1969): Sensitivitätsanalysen und parametrische Programmierung, in: Krelle, Wilhelm; Künzi, Hans Paul (Hrsg.): Ökonometrie und Unternehmensforschung, Bd. 12, Berlin, Heidelberg und New York 1969.

DINKELBACH, Werner (1973): Modell - ein isomorphes Abbild der Wirklichkeit?, in: Grochla, Erwin; Szyperski, Norbert (Hrsg.): Modell- und computer-gestützte Unternehmensplanung, Wiesbaden 1973, S. 151-162.

DINKELBACH, Werner (1978): Ziele, Zielvariablen und Zielfunktionen, in: Die Betriebswirtschaft, 38(1978), S. 51-58.

DINKELBACH, Werner (1980): Operations Research in entscheidungstheoretischer Sicht, in: Henn, Rudolf; Schips, Bernd; Stähly, Paul (Hrsg.): Quantitative Wirtschafts- und Unternehmensforschung, Berlin, Heidelberg und New York 1980, S. 330-346.

DINKELBACH, Werner (1982): Entscheidungsmodelle, Berlin und New York 1982.

DOPUCH, Nicholas; BIRNBERG, Jacob B.; DEMSKI, Joel S. (1982): Cost accounting, 3. Aufl., New York usw. 1982.

DRISCOLL, Donna A.; LIN, Thomas W.; WATKINS, Paul R. (1984): Cost-volume-profit analysis under uncertainty: A synthesis and framework for evaluation, in: Journal of Accounting Literature, 3(1984), S. 85-115.

DRUKARCZYK, Jochen (1974): Zum Problem der Bestimmung des Wertes von Informationen, in: Zeitschrift für Betriebswirtschaft, 44(1974), S. 1-18.

EDWARDS, Edgar O.; JOHNSON, Todd L. (1974): An indifference approach to profit-volume analysis, in: The Accounting Review, 49(1974), S. 579-583.

EGGER, Anton; WINTERHELLER, Manfred (1983): Kurzfristige Unternehmensplanung - Budgeting, 2. Aufl., Wien 1983.

ELDERTON, William P.; JOHNSON, Norman L. (1969): Systems of frequency curves, Cambridge 1969.

ELTON, Edwin J; GRUBER, Martin J: (1981): Modern portfolio theory and investment analysis, New York usw. 1981.

FANDEL, Günter (1983): Begriff, Ausgestaltung und Instrumentarium der Unternehmensplanung, in: Zeitschrift für Betriebswirtschaft, 53(1983), S. 479-508.

FEICHTINGER, Gustav (1972): Zur BAYES-Analyse statistischer Entscheidungsprobleme, in: Zeitschrift für Betriebswirtschaft, 42(1972), S. 449-470.

FERNER, Walter (1965): Modelle zur Programmplanung im Absatzbereich industrieller Betriebe, in: Schriftenreihe Annales Universitatis Saraviensis, H. 23, Köln, Berlin, Bonn und München 1965.

FERRARA, William L.; HAYYA, Jack C:; NACHMAN, David A. (1972): Normalcy of profit in the Jaedicke-Robichek model, in: The Accounting Review, 47(1972), S. 299-307.

FERRARA, William W.; HAYYA, Jack C.; SANIGA, Erwin M. (1978). On the accuracy of normalcy approximation in stochastic C-V-P analysis: A reply, in: The Accounting Review, 53(1978), S. 252-259.

FISHBURN, Peter C. (1970): Utility theory for decision making, New York 1970.

FISHBURN, Peter C. (1977): Mean-risk analysis with risk associated with below-target returns, in: American Economic Review, 67(1977), S. 116-126.

FISHBURN, Peter C.; VICKSON, Raymond G. (1978): Theoretical foundations of stochastic dominance, in: Whitmore, G.A.; Findlay, M.G.(Hrsg.): Stochastic dominance, Lexington und Toronto 1978, S. 39-113.

FRANKE; Günter (1982): Absatzplanung und Investitionstheorie, in: Marketing, 4(1982), S. 195-203.

FRANKE, Reimund (1972): Betriebsmodelle. Rechensysteme für Zwecke der kurzfristigen Planung, Kontrolle und Kalkulation, Düsseldorf 1972.

GALTS, Helmut (1984): Ungewißheit und Planungsmethodik, Münster 1984.

GARRISON, Ray H. (1979): Managerial accounting. Concepts for planning, control, decision making, Dallas (Texas) 1979.

GEBER, Wolfgang (1985): Diskrete Vektoroptimierung, Frankfurt/Main, Bern und New York 1985.

GODWIN, H.J. (1955): On generalization of Tscheychev's inequality, in: Journal of the American Statistical Association, 50(1955), S. 923-945.

GÖPPL, Hermann; ZOLLER, Klaus (1981): Allgemeine Betriebswirtschaftslehre 1, in: Göppl, Hermann; Opitz, Otto (Hrsg.): Quantitative Methoden der Unternehmensplanung, Bd.6, 2. Aufl., Meisenheim 1981.

GUPTA, Das S.R. (1976): Break-even analysis, in: The International Accountant, 46(1976), S. 18-20.

GUTENBERG, Erich (1962): Unternehmensführung, Organisation und Entscheidung, Wiesbaden 1962.

GUTENBERG, Erich (1965): Grundlagen der Betriebswirtschaftslehre, Bd.2: Der Absatz, 8. Aufl., Berlin, Heidelberg und New York 1965.

GUTENBERG, Erich (1983): Grundlagen der Betriebswirtschaftslehre, Bd.1: Die Produktion, 24. Aufl., Berlin, Heidelberg und New York 1983.

HADAR, Josef; RUSSELL, William (1969): Rules for ordering uncertain prospects, in: American Economic Review, 59(1969), S. 25-34.

HAIDACHER, Oskar B. (1969): Der Break-even-Punkt als Instrument unternehmerischer Führung (Diss.), München 1969.

HAMPTON, J.M.; MOORE, P.G.; THOMAS, H. (1973): Subjective probability and its measurement, in: Journal of the Royal Statistical Society, Serie A, 136(1973), S. 21-42.

HARTL, Robert L. (1975): The linear total revenue curve in cost-volume-profit analysis, in: Management Accounting, 56(1975), S. 49-52.

HARTUNG, Joachim (1985): Statistik, 4. Aufl., München und Wien 1985.

HARTWIG, Heinrich (1956): Naturwissenschaftliche und Sozialwissenschaftliche Statistik, in: Zeitschrift für die gesamte Staatswissenschaft, 112(1956), S. 252-266.

HAX, Herbert (1974): Entscheidungsmodelle in der Unternehmung, Reinbek 1974.

HAYYA, Jack C.; COPELAND, Ronald M.; CHAN, Hung K. (1975): On extensions of probabilistic profit budgets, in: Decision Sciences, 6(1975), S. 106-119.

HEIDORN, Werner (1985): Fixkostenleverage und Risiko der Unternehmung, Göttingen 1985.

HEINEN, Edmund (1970): Betriebswirtschaftliche Kostenlehre, Kostentheorie und Kostenentscheidungen, 3. Aufl., Wiesbaden 1970.

HEINEN, Edmund (1976): Grundlagen betriebswirtschaftlicher Entscheidungen - Das Zielsystem der Unternehmung, 3. Aufl., Wiesbaden 1976.

HEINHOLD, Josef; GAEDE, Karl-Walter (1972): Ingenieur-Statistik, 3. Aufl., München und Wien 1972.

HERTZ, David B. (1964a): Risk analysis in capital investment, in: Harvard Business Review, 42(1964), S. 95-106.

HERTZ, David B. (1964b): Risikoanalyse bei Kapitalanlagen, in: Fortschrittliche Betriebsführung, 13(1964), S. 107-117.

HIERONIMUS, Albert (1979): Einbeziehung subjektiver Risikoeinstellungen in Entscheidungsmodelle, Frankfurt/Main 1979.

HILDEBRANDT, Lutz; KORDINA-HILDEBRANDT, Ilse (1979): Planung bei steigender Unsicherheit des Managements, in: Rühli, Edwin; Krulis-Randa, Jan S. (Hrsg.): Schriftenreihe des Instituts für betriebswirtschaftliche Forschung an der Universität Zürich, Bd.31, Bern und Stuttgart 1979.

HILLIER, Frederick S. (1963): The derivation of probabilistic information for the evaluation of risky investments, in: Management Science, 9(1963), S. 443-457.

HILLIER, Frederick S. (1971): The evaluation of risky interrelated investments, Amsterdam und London 1971.

HILLIARD, Jimmy E.; LEITCH, Robert A. (1975): Cost-volume-profit analysis under uncertainty: A log normal approach, in: The Accounting Review, 50(1975), S. 69-80.

HILLIARD, Jimmy E.; LEITCH, Robert A. (1976): Breakeven analysis of alternatives under uncertainty, in: Management Accounting, 58(1976), S. 53-57.

HILTON, Ronald W. (1978): The use of decision theory in managerial accounting: State of the art, in: American Statistical Association (Hrsg.): Proceedings of the Business and Economic Statistics Section 1978, Washington 1978, S. 440-445.

HILTON, Ronald W. (1979): The determinants of cost information value: An illustrative analysis, in: Journal of Accounting Research, 17(1979), S. 411-435.

HIRATA, Masatoshi (1979): C-V-P analysis under the conditions of uncertainty, in: The Commercial Review of Seinan Gakuin University, 26(1979), S. 35-97.

HOLMES, Geoffrey (1970): Break even and P/V analysis, in: Accountancy, 81(1970), S. 737-740 und S. 807-810.

HOLTHAUSEN, Duncan M. (1981): A risk-return model with risk and return measured as deviations from a target return, in: American Economic Review, 71(1981), S. 182-188.

HORNGREN, Charles T. (1965): Accounting for management control: An introduction, Englewood Cliffs 1965.

HORNGREN, Charles T. (1977): Cost accounting. A managerial emphasis, 4. Aufl., Englewood Cliffs 1977.

HORVATH, Péter (1986): Controlling, 2.Aufl., München 1986.

HUBER, George P. (1974): Methods of quantifying subjective probabilities and multi-attribute utilities, in: Decision Sciences, 5(1974), S. 430-458.

HUSCHENS, Stefan (1985): Entscheidungen bei Unsicherheit, Frankfurt/Main 1985.

IJIRI, Yuji; ITAMI, Hiroyuki (1973): Quadratic cost-volume relationship and timing of demand information, in: The Accounting Review, 48(1973), S. 724-737.

ISMAIL, Badr E.; LOUDERBACK, Joseph G. (1979): Optimizing and satisfizing in stochastic cost-volume-profit analysis, in: Decision Sciences, 10(1979), S. 205-217.

JACOB, Herbert; LEBER, Wilhelm (1976a): Bernoulli-Prinzip und rationale Entscheidung bei Unsicherheit, in: Zeitschrift für Betriebswirtschaft, 46(1976), S. 177-204.

JACOB, Herbert; LEBER, Wilhelm (1976b): Bernoulli-Prinzip und rationale Entscheidung bei Unsicherheit - Eine Erwiderung auf die Bemerkungen Krelles, in: Zeitschrift für Betriebswirtschaft, 46(1976), S. 831-834.

JACOB, Herbert; LEBER, Wilhelm (1978): Bernoulli-Prinzip und rationale Entscheidung bei Unsicherheit. Ergänzung und Weiterführung, in: Zeitschrift für Betriebswirtschaft, 48(1978), S. 978-993.

JAEDICKE, Robert K. (1961): Improving B-E analysis by linear programming technique, in: N.A.A. Bulletin, o.Jg.(1961), S. 5-12.

JAEDICKE, Robert K.; ROBICHEK, Alexander A. (1964): Cost-volume-profit analysis under conditions of uncertainty, in: The Accounting Review, 39(1964), S. 917-926.

JARRETT, Jeffrey E. (1973): An approach to cost-volume-profit analysis under uncertainty, in: Decision Sciences, 4(1973), S. 405-420.

JEDAMUS, Paul; FRAME, Robert; TAYLOR, Robert (1976): Statistical analysis for business decisions, New York usw. 1976.

JOHNSON, Glenn L.; SIMIK, Stephen S.II (1971): Multiproduct C-V-P- analysis under uncertainty, in: Journal of Accounting Research, 9(1971), S. 278-286.

JOHNSON, Glenn L.; SIMIK, Stephen S.II (1974): The use of probability inequalities in multiproduct C-V-P analysis under uncertainty, in: Journal of Accounting Research, 12(1974), S. 67-79.

JOHNSON, Norman L. (1949): Bivariate distributions based on simple translation systems, in: Biometrica, 36(1949), S. 297-304.

JOSCHKE, Heinz K. (1982): Break-Even-Analyse, in: Management-Enzyklopädie, 2. Aufl., München 1982, S. 298-313.

KARNINI, Arneel (1983): Stochastic cost-volume-profit analysis in a competitive oligopoly, in: Decision Sciences, 14(1983), S. 187-193.

KARTEN, Wolfgang (1972): Die Unsicherheit des Risikobegriffs, in: Braess, Paul; Farny, Dieter; Schmidt, Reiner (Hrsg.): Praxis und Theorie der Versicherungsbetriebslehre, Karlsruhe 1972.

KEENEY, Ralph L.; RAIFFA, Howard (1976): Decisions with multiple objectives: Preferences and value tradeoffs, New York 1976.

KENDALL, Maurice G.; STUART, Alan (1963): The advanced theory of statistics, Bd.1, 2. Aufl., London 1963.

KERN, Werner (1974): Break-Even-Analysis, in: Grochla, Erwin; Wittmann, Waldemar (Hrsg.): Handwörterbuch der Betriebswirtschaft, 4. Aufl., Stuttgart 1974, Sp. 992-998.

KILGER, Wolfgang (1962): Kurzfristige Erfolgsrechnung, Wiesbaden 1962.

KILGER, Wolfgang (1965a): Kritische Werte in der Investitions- und Wirtschaftlichkeitsrechnung, in: Zeitschrift für Betriebswirtschaft, 35(1965), S. 338-353.

KILGER, Wolfgang (1965b): Planungsrechnung und Entscheidungsmodelle des Operations Research, in: AGPLAN Schriftenreihe der Arbeitsgemeinschaft Planungsrechnung e.V.: Unternehmensplanung als Instrument der Unternehmensführung, Bd.9, Wiesbaden 1965, S. 55-75.

KILGER, Wolfgang (1966): Optimale Verfahrenswahl bei gegebenen Kapazitäten, in: Moxter, Adolf; Schneider, Dieter; Wittmann, Waldemar (Hrsg.): Produktionstheorie und Produktionsplanung, Opladen 1966.

KILGER, Wolfgang (1973): Optimale Produktions- und Absatzplanung, Opladen 1973.

KILGER, Wolfgang (1975): Produktionsfaktor, in: Grochla, Erwin; Wittmann, Waldemar (Hrsg.): Handwörterbuch der Betriebswirtschaft, 4. Aufl., Stuttgart 1975, Sp. 3097-3101.

KILGER, Wolfgang (1976a): Einführung in die Kostenrechnung, Opladen 1976.

KILGER, Wolfgang (1976b): Kostentheoretische Grundlagen der Grenzplankostenrechnung, in: Zeitschrift für betriebswirtschaftliche Forschung, 28(1976), S. 679-693.

KILGER, Wolfgang (1981): Flexible Plankostenrechnung und Deckungsbeitragsrechnung, 8. Aufl., Wiesbaden 1981.

KILGER, Wolfgang (1982): Die Theorie der industriellen Produkte auf der Grundlage dispositiv variierbarer Prozeßparameter, in: Koch, Helmut (Hrsg.): Neuere Entwicklungen in der Unternehmenstheorie. Erich Gutenberg zum 85. Geburtstag, Wiesbaden 1982, S. 99-149.

KILGER, Wolfgang (1986): Industriebetriebslehre, Bd.1, Wiesbaden 1986.

KILGER, Wolfgang; GRÖGLER, Herbert; PIROTH, Erwin (1980): Investitionsrechnung, in: agplan-Handbuch zur Unternehmensplanung, Berlin 1980, Nr. 2357.

KLEINEBECKEL, Herbert (1976a): Break-even-Analysen, in: Zeitschrift für betriebswirtschaftliche Forschung-Kontaktstudium, 28(1976), S. 51-58.

KLEINEBECKEL, Herbert (1976b): Break-even-Analysen für Planung und Plan-Ist-Berichterstattung, in: Zeitschrift für betriebswirtschaftliche Forschung-Kontaktstudium, 28(1976), S. 117-124.

KLIPPER, Harold (1978): Breakeven analysis with variable product mix, in: Management Accounting, 59(1978), S. 51-54.

KNIGHT, Frank H. (1957): Risk, uncertainty and profit, 8. Aufl., Boston und New York 1957.

KNOEPPEL, Charles E. (1930): Isolating industrial loss germs, FIM, Bd. 79, 1930, S. 1072-1076 und S. 1096. Zitiert nach Haidacher, Oskar B. (1969).

KOCH, Helmut (1977): Aufbau der Unternehmensplanung, Wiesbaden 1977.

KOFLER, Eduard; MENGES, Günter (1976): Entscheidungen bei unvollständiger Information, Berlin, Heidelberg und New York 1976.

KOHLAS, Jürg (1972): Monte Carlo Simulationen im Operations Research, Berlin, Heidelberg und New York 1972.

KORTE, Bernhard (1971): Ganzzahlige Programmierung - Ein Überblick, in: Beckmann, Martin (Hrsg.): Unternehmensforschung Heute, Berlin, Heidelberg und New York 1971, S. 61-127.

KOSIOL, Erich (1964): Kostenrechnung, Wiesbaden 1964.

KOTTAS, John F.; LAU, Hon-Shiang (1978a): On the accuracy of normalcy approximation in stochastic C-V-P analysis: A comment, in: The Accounting Review, 53(1978), S.247-252.

KOTTAS, John F.; LAU; Hon-Shiang (1978b): Stochastic breakeven analysis, in: Journal of the Operational Research Society, 29(1978), S. 251-257.

KOTTAS, John F.; LAU, Hon-Shiang (1978c): Direct simulation in stochastic CVP analysis, in: The Accounting Review, 53(1978), S. 698-707.

KOTTAS, John F.; LAU, Hon-Shiang (1978d): On handling dependent random variables in risk analysis, in: Journal of the Operational Research Society, 29 (1978), S. 1209-1217.

KOTTAS, John F.; LAU, Hon-Shiang (1979): A decision model with stochastic cost and demand curves, in: Omega, 7(1979), S. 80/81.

KOTTAS, John F.; LAU, Hon-Shiang (1980): A review of the statistical foundation of a class of probabilistic planning models, in: Computer & Operations Research, 7(1980), S. 277-284.

KOTTAS, John F.; LAU, Amy Hing-Ling; LAU, Hon-Shiang (1978): A general approach to stochastic management planning models: An overview, in: The Accounting Review, 53(1978), S. 389-401.

KRELLE, Wilhelm (1957): Unsicherheit und Risiko in der Preisbildung, in: Zeitschrift für die gesamte Staatswissenschaft, 113(1957), S. 632-677.

KRELLE, Wilhelm (1976): Einige Bemerkungen zu Jacobs und Lebers "Rationaler Entscheidung bei Unsicherheit", in: Zeitschrift für Betriebswirtschaft, 46(1976), S. 522/523.

KRELLE, Wilhelm (1978): Replik zur Erwiderung von Jacob und Leber auf meine Bemerkungen zu ihrem Artikel "Rationale Entscheidungen bei Unsicherheit", in: Zeitschrift für Betriebswirtschaft, 48(1978), S. 490-498.

KRICKEBERG, Klaus (1963): Wahrscheinlichkeitstheorie, Stuttgart 1963.

KÜPPER, Willi; KNOOP, Peter (1974): Investitionsplanung, in: Müller, Wolfgang; Krink, Joachim (Hrsg.): Rationelle Betriebswirtschaft, Kapitel X, Neuwied 1974.

KUPSCH, Peter (1973): Das Risiko im Entscheidungsprozeß, Wiesbaden 1973.

KWON, Ik-Whan (1978): Statistical decision theory with business and economic applications: A bayesian approach, New York 1978.

LAND, A.H.; DOIG, A.G. (1960): An automatic method of solving discrete programming problems, in: Econometrica, 28(1960), S. 497-520.

LAPIN, Lawrence L. (1981): Quantitative methods for business decisions, 2. Aufl., New York usw. 1981.

LASSMANN, Gert (1968): Die Kosten- und Erlösrechnung als Instrument der Planung und Kontrolle in Industriebetrieben, Düsseldorf 1968.

LASSMANN, Gert (1973): Gestaltungsformen der Kosten- und Erlösrechnung im Hinblick auf Planungs- und Kontrollaufgaben, in: Die Wirtschaftsprüfung, 26(1973), S. 4-17.

LAU; Amy Hing-Ling; LAU, Hon-Shiang (1976): CVP analysis under uncertainty - A log normal approach: A comment, in: The Accounting Review, 51(1976), S. 163-167.

LAU, Hon-Shiang (1980): Some extensions of Ismail-Louderback's stochastic CVP model under optimizing and satisficing criteria, in: Decision Sciences, 11(1980), S. 557-561.

LAUX, Helmut (1976): Zur Entscheidung bei Fehlen objektiver Wahrscheinlichkeiten, in: Zeitschrift für Betriebswirtschaft, 46(1976), S.59-68.

LAUX, Helmut (1982): Entscheidungstheorie, Bd. 1 : Grundlagen und Bd.2: Erweiterung und Vertiefung, Berlin, Heidelberg und New York 1982.

LEBER, Wilhelm (1975): Zur Rationalität von Entscheidungskriterien bei Unsicherheit, in: Zeitschrift für Betriebswirtschaft, 45(1975), S. 493-497.

LEINER, Bernd (1985): Stichprobentheorie, München und Wien 1985.

LIAO, Mawsen (1975): Model sampling: A stochastic cost-volume-profit analysis, in: The Accounting Review, 50(1975), S. 780-790.

LINDLEY, Dennis (1971): Making decisions, London, New York, Sydney und Toronto 1971.

LORSCHEIDER, Ulrich (1986): Dialogorientierte Verfahren zur kurzfristigen Unternehmensplanung unter Unsicherheit, Heidelberg und Wien 1986.

LOUDERBACK, Joseph G.; MANNERS, George E: (1980/81): Integrating ROI and CVP, in: Management Accounting, 62(1980/81), S. 33-39.

MAG, Wolfgang (1977): Entscheidung und Information, München 1977.

MAGEE, Robert P. (1975): Cost-volume-profit analysis, uncertainty and capital market equilibrium, in: Journal of Accounting Research, 13(1975), S. 257-266.

MANES, René (1966): A new dimension to breakeven analysis, in: Journal of Accounting Research, 4(1966), S. 87-100.

MARETTEK, Alexander (1978): Arbeitsschritte zur Durchführung der Risikoanalyse, in: Angewandte Planung, o.Jg.(1978), S. 141-151.

MARKOWITZ, Harry M. (1965): Portfolio selection, 2. Aufl., New York, London und Sydney 1965.

MATZ, Adolph (1964): Planung und Kontrolle von Kosten und Gewinn, Wiesbaden 1964.

MENGES, Günter (1967): Über Thomas Bayes (1702-1761) und das Theorem. Versuch einer Würdigung, in: Diemer, Alwin (Hrsg.): Geschichte und Zukunft. Anton Hain zum 75. Geburtstag, Meisenheim/Glan 1967, S. 485-498.

MENGES, Günter (1974): Grundmodelle wirtschaftlicher Entscheidung, 2. Aufl., Köln und Opladen 1974.

MENGES, Günter (1982): Die Statistik, Wiesbaden 1982.

MISES, Richard von (1951): Statistik und Wahrheit, 3. Aufl., Wien 1951.

MOOD, Alexander M; GRAYBILL, Franklin A.; BOES, Duane C. (1974): Introduction to the theory of statistics, 3. Aufl., New York usw. 1974.

MOORE, Brian; TALBOTT, John (1978): An application of cost-volume-profit analysis, in: Cost and Management, 52(1978), S. 31-38.

MORIARITY, Shane; ALLEN, Carl P. (1984): Cost accounting, Cambridge und London 1984.

MORRISON, Donald G. (1967): Critique of:"Ranking procedures and subjective probability distributions", in: Management Science, 14(1967), S. B 253 - B 258.

MORRISON, Thomas A.; KASCKA, Eugene (1969): A new application of calculus and risk analysis to cost-volume-profit changes, in: The Accounting Review, 44(1969), S. 330-343.

MORSE, Wayne J.; POSEY, Imogene A. (1979/80): Income taxes do make a difference in C-V-P analysis, in: Management Accounting, 61(1979/80), S. 20-24.

MÜNSTERMANN, Hans (1976): Der Opportunitätskostenkalkül als Entscheidungsmodell und seine Bedeutung für die Planungsrechnung, in: Coenenberg, Adolf Gerhard (Hrsg.): Unternehmensrechnung, München 1976.

MURTY, Katta (1976): Linear and combinatorial programming, New York, London, Sydney und Toronto 1976.

NASH, John F. (1975): A note on cost-volume-profit analysis and price elasticity, in: The Accounting Review, 50(1975), S. 384-386.

NEUMANN, Klaus (1975): Operations Research Verfahren, Bd.1, München und Wien 1975.

NORLAND, Robert E. (1980): Refinements in the Ismail-Louderback's stochastic CVP model, in: Decision Sciences, 11(1980), S. 562-572.

PATEL, Jagdish K.; READ, Campbell B. (1982): Handbook of the normal distribution, New York und Basel 1982.

PATTRICK, A.W. (1958): Some observations on the break-even chart, in: The Accounting Review, 33(1958), S. 573-580.

PETERS, William S.; SUMMERS, George W. (1968): Statistical analysis for business decisions, Englewood Cliffs 1968.

PLAUT, Hans Georg (1955): Die Grenzplankostenrechnung, in: Zeitschrift für Betriebswirtschaft, 25(1955), S. 1-39.

POENSGEN, Otto H. (1981): Break-Even-Analysis, in: Kosiol, Erich; Chmielewicz, Klaus; Schweitzer, Marcell (Hrsg.): Handwörterbuch des Rechnungswesens, 2. Aufl., Stuttgart 1981, Sp. 303-313.

PRATT, John W. (1964): Risk aversion in the small and in the large, in: Econometrica, 32(1964), S. 122-136.

RAUN, Donald L. (1964): The limitations of profit graphs, break even analysis and budgets, in: The Accounting Review, 39(1964), S. 927-945.

RAUTENSTRAUCH, Walter (1930): The successful control of profits, New York 1930. Zitiert nach Haidacher, Oskar B. (1969).

RENYI, Alfréd (1962): Wahrscheinlichkeitsrechnung, Berlin 1962.

ROHATGI, V.K. (1976): An introduction to probability theory and mathematical statistics, New York, London, Sydney und Toronto 1976.

RUDOLPH, Bernd (1979): Kapitalkosten bei unsicheren Erwartungen, Berlin, Heidelberg und New York 1979.

SABEL, Hermann (1976): Entscheidungsprobleme auf der Basis von Kosten- und Leistungsrechnungssystemen, in: Coenenberg, Adolf Gerhard (Hrsg.): Unternehmensrechnung, München 1976, S. 114-123.

SCHÄR, Johann Friedrich (1911): Allgemeine Handelsbetriebslehre, Bd.1, Leipzig 1911.

SCHILDBACH, Thomas; EWERT, Ralf (1983): Einige Bemerkungen zur Kritik am Bernoulli-Prinzip. Stellungnahme zum Beitrag von Peter Albrecht, in: Zeitschrift für Betriebswirtschaft, 53(1983), S. 583-590.

SCHILDBACH, Thomas; EWERT, Ralf (1984a): Bernoulli-Prinzip und Risikopräferenz, in: Zeitschrift für Betriebswirtschaft, 54(1984), S. 891-893.

SCHILDBACH, Thomas; EWERT, Ralf (1984b): Gegenposition zum Beitrag von M. Bitz "Zur Diskussion um die präferenztheoretischen Implikationen des Bernoulli-Prinzips", in: Zeitschrift für Betriebswirtschaft, 54(1984), S. 1237-1241.

SCHLAIFER, Robert (1959): Probability and statistics for business decisions, New York, Toronto und London 1959.

SCHLAIFER, Robert (1961): Introduction to statistics for business decisions, New York, Toronto und London 1961.

SCHNEEWEISS, Hans (1963): Nutzenaxiomatik und Theorie des Messens, in: Statistische Hefte, 4(1963), S. 178-220.

SCHNEEWEISS, Hans (1967): Entscheidungskriterien bei Risiko, in: Krelle, Wilhelm; Künzi, Hans Paul (Hrsg.): Ökonometrie und Unternehmensforschung, Bd.6, Berlin, Heidelberg und New York 1967.

SCHNEEWEISS, Hans (1971): Ökonometrie, Würzburg und Wien 1971.

SCHNEIDER, Dieter (1975): Investition und Finanzierung, 4. Aufl., Opladen 1975.

SCHNEIDER, Dieter (1980): Investition und Finanzierung, 5. Aufl., Opladen 1980.

SCHNEIDER, Dieter (1984): Entscheidungsrelevante fixe Kosten, Abschreibungen und Zinsen zur Substanzerhaltung - Zwei Beispiele von "Betriebsblindheit" in Kostentheorie und Kostenrechnung -, in: Der Betrieb, 37(1984), S. 2521-2528.

SCHNEIDER, Heinz (1977): Approximation von empirischen (gruppierten) Häufigkeitsverteilungen durch Pearson-Funktionen anhand einer modifizierten mehrstufigen Momentenmethode (Diss.), Saarbrücken 1977.

SCHÖNFELD, Hanns-Martin (1974): Kostenrechnung, Bd.1: Traditionelle Kostenrechnung, Bd.2: Weiterentwicklung der Kostenrechnung, Bd.3: Kostenfunktionen und die Verwendung von Kosten in Entscheidungsmodellen, 7. Aufl., Stuttgart 1974.

SCHOLL, Hermann-Josef (1981): Fixkostenorientierte Plankostenrechnung, Würzburg und Wien 1981.

SCHÜTT, Klaus-Peter (1981): Wahrscheinlichkeitsschätzungen im Computer-Dialog, Stuttgart 1981.

SCHWARZ, Horst (1986): Kostenrechnung als Instrument der Unternehmensführung, 3. Aufl., Herne und Berlin 1986.

SCHWEITZER, Marcell; KÜPPER, Hans-Ulrich (1974): Produktions- und Kostentheorie der Unternehmung, Reinbek 1974.

SHARPE, William F. (1963): A simplified model for portfolio selection, in: Management Science, 9(1963), S. 277-293.

SHIH, Wei (1979): A general decision model for cost-volume-profit analysis under uncertainty, in: The Accounting Review, 54(1979), S. 687-706.

SHILLINGLAW, Gordon (1972): Cost accounting, analysis and control, 3. Aufl., Homewood 1972.

SIEBEN, Günter; SCHILDBACH, Thomas (1980): Betriebswirtschaftliche Entscheidungstheorie, 2. Aufl., Düsseldorf 1980.

SOLDOWSKY, Robert M. (1959): Accountant's versus economist's concepts of break-even analysis, in: N.A.A. Bulletin, Dezember 1959, S. 5-18.

SOLOMONS, David (1968): Breakeven analysis under absorption costing, in: The Accounting Review, 43(1968), S. 447-452.

SPETZLER, Carl S.; STAËL VON HOLSTEIN, Carl-Axel S. (1975): Probability encoding in decision analysis, in: Management Science, 22(1975), S. 340-358.

STARR, Martin K.; TAPIERO, Charles S. (1975): Linear breakeven analysis under risk, in: Operations Research Quarterly, 26(1975), S. 847-856.

SZYPERSKI, Norbert; WINAND, Udo (1974): Entscheidungstheorie, Stuttgart 1974.

TELLER, Robert (1984): Evolution et insuffisance des analyses "profit-coût-volume" pour le contrôle de gestion, in: Economies et Societés, 18(1984), S. 293-321.

TIETZ, Bruno (1975): Die Grundlagen des Marketing, Bd.1: Die Marketing-Methoden, 2. Aufl., München 1975.

TOBIN, James (1958): Liquidity preference as behavior towards risk, in: The Review of Economic Studies, 25(1958), S. 65-86.

TUCKER, Spencer A. (1966): Break-even-Analyse. Die praktische Methode der Gewinnplanung. Übersetzt und bearbeitet von Albrecht Deyhle, München 1966.

TUCKER, Spencer A. (1980): Profit planning decisions with the break-even system, New York 1980.

VETSCHERA, Rudolf (1984): Welche "Risikopräferenzen" berücksichtigt das Bernoulli-Prinzip?, in: Zeitschrift für Betriebswirtschaft, 54(1984), S. 401-407.

VOHARIWATT, Pongtawan (1983): A study of specific curvilinear break-even functions with varying inflationary cost and selling prices (Diss.), San Diego 1983.

WALD, Abraham (1961): Statistical decision functions, New York 1961.

WALLIN, Jan (1978): Computer-aided multiattribute profit planning (Diss.), Åbo 1978.

WEDEKIND, H. (1968): Ein Vorhersagemodell für sporadische Nachfragemengen bei der Lagerhaltung, in: Ablauf- und Planungsforschung, 9(1968), S. 1-11.

WEINWURM, Ernest H. (1970): Break-Even-Analysis, in: Kosiol, Erich; Chmielewicz, Klaus; Schweitzer, Marcell (Hrsg.): Handwörterbuch des Rechnungswesens, Stuttgart 1970, Sp. 302-307.

WENZEL, Frank (1975): Entscheidungsorientierte Informationsbewertung, in: Albach, Horst; Hax, Herbert u.a. (Hrsg.): Beiträge zur betriebswirtschaftlichen Forschung, Bd.42, Opladen 1975.

WHITMORE, G.A. (1970): Third-degree stochastic dominance, in: American Economic Review, 60(1970), S. 457-459.

WILD, Jürgen (1974a): Führung als Prozeß der Informationsverarbeitung, in: Macharzina, K.; Rosenstiel, L. (Hrsg.): Führungswandel in Unternehmung und Verwaltung, Wiesbaden 1974, S. 153-168.

WILD, Jürgen (1974b): Grundlagen der Unternehmensplanung, Reinbek 1974.

WILHELM, Jochen (1977): Zur Diskussion über das Bernoulli-Prinzip. Anmerkungen zu einem Aufsatz von Bitz und Rogusch, in: Zeitschrift für Betriebswirtschaft, 47(1977), S. 203-205.

WILHELM, Jochen (1985): Bernoulli-Prinzip und kein Ende?, in: Zeitschrift für Betriebswirtschaft, 55(1985), S. 635-639.

WILHELM, Jochen (1986): Zum Verhältnis von Höhenpräferenz und Risikopräferenz - eine theoretische Analyse, in: Zeitschrift für Betriebswirtschaft, 56(1986), S. 467-492,

WINKLER, Robert (1967): The assessment of prior distribution in bayesian analysis, in: Journal of the American Statistical Association, 62(1967), S. 776-800.

WITTMANN, Waldemar (1959): Unternehmung und unvollkommene Information, Köln und Opladen 1959.

WÖHE, Günter (1981): Einführung in die allgemeine Betriebswirtschaftslehre, 14. Aufl., München 1981.

YILMAZ, Mustafa R. (1983): Risk-return analysis with particular attention to large losses and satisfactory gains, in: Decision Sciences, 14(1983), S. 299-313.

YUNKER, James A.; YUNKER, Penelope J. (1982): Cost-volume-profit analysis under uncertainty: An integration of economic and accounting concepts, in: Journal of Economics and Business, 34(1982), S. 21-37.

YUNKER, Penelope J. (1980): Cost-volume-profit analysis under uncertainty: A survey of operational results. Arbeitspapier 1980-10 des Department of Accountancy, Western Illinois University 1980.

ZACHARIAS, Claus-Otto (1981): Ein heuristisches Verfahren zur Behandlung des Lost-Sales Falles bei der (s,S,t)-Bestellpolitik, in: Scheer, August-Wilhelm (Hrsg.): Veröffentlichungen des Instituts für Wirtschaftsinformatik der Universität des Saarlandes, H.27, Saarbrükken Februar 1981.

ZENTES, Joachim (1976): Die Optimalkomplexion von Entscheidungsmodellen, in: Schriftenreihe Annales Universitatis Saraviensis, Bd.88, Köln, Berlin, Bonn und München 1976.

ZUR NIEDEN, Manfred (1972): Zur Anwendbarkeit von Informationswertrechnungen, in: Zeitschrift für Betriebswirtschaft, 42(1972), S. 493-512.

ZWEIFEL, Sybille (1983): Management Accounting - Versuch einer Definition, in: Büchner, Richard; Käfer, Karl; Weilenmann, Paul; Hässig, Kurt (Hrsg.): Mitteilungen aus dem Handelswissenschaftlichen Seminar der Universität Zürich, Bd.160: Management Accounting, Zürich 1983, S. 3-9.